高等学校土建类专业“十三五”规划教材

土力学与地基基础

第2版

李章政　主编

李光范　黄小兰　副主编

化学工业出版社

·北京·

本书为高等学校土建类专业“十三五”规划教材，内容包括：绪论、工程地质概述、土的物理性质和工程分类、地基应力计算、地基沉降计算、土的抗剪强度和地基承载力、土压力和土坡稳定性、岩土工程勘察、浅基础设计、桩基础设计、软弱地基处理、区域性地基。比较系统地介绍了土力学的基本概念、基本原理，基础工程设计原理和方法，考虑了知识体系的系统性和实用性。书中选配了很多工程实际图片，以增强初学者的感性认识；各章还安排了大量的思考题、选择题和计算题，以巩固所学知识、掌握账务实际设计技能。

本书可作为高等学校土木工程专业建筑工程方向或工民建方向、工程管理专业、工程造价专业等的教学用书，也可供广大工程技术人员参考。

图书在版编目（CIP）数据

土力学与地基基础/李章政主编．—2版．—北京：化学工业出版社，2019.4（2025.1重印）
高等学校土建类专业“十三五”规划教材
ISBN 978-7-122-33740-5

Ⅰ．①土…　Ⅱ．①李…　Ⅲ．①土力学-高等学校-教材②地基-基础（工程）-高等学校-教材　Ⅳ．①TU4

中国版本图书馆CIP数据核字（2019）第010117号

责任编辑：陶艳玲　　装帧设计：史利平
责任校对：杜杏然

出版发行：化学工业出版社（北京市东城区青年湖南街13号　邮政编码100011）
印　　刷：三河市航远印刷有限公司
装　　订：三河市宇新装订厂
787mm×1092mm　1/16　印张 $20\frac{1}{2}$　字数510千字　2025年1月北京第2版第7次印刷

购书咨询：010-64518888　　售后服务：010-64518899
网　　址：http://www.cip.com.cn
凡购买本书，如有缺损质量问题，本社销售中心负责调换。

定　　价：59.00元

《土力学与地基基础》涵盖工程地质、土壤力学、岩土工程勘察和基础工程等方面的内容，主体可分为土力学和基础工程两部分。 土力学属于力学原理和方法知识领域，它以地基土为研究对象，讨论应力和变形及强度、稳定等方面的问题，理论性较强；基础工程属于结构基本原理和方法知识领域，涉及地基基础设计，地基处理等方面的理论和技术，具有明确的专业性、实践性。 有一些学校作为两门课程分别开设，也有一些学校作为一门课程讲授，本教材都具有适用性，可作为高等学校土木工程专业建筑工程方向或工民建方向、工程管理专业、工程造价专业等的教学用书。 本书也可供广大工程技术人员参考。

《土力学与地基基础》第 2 版是在第 1 版的基础上修订而成的。 其主要工作体现在以下三个方面：一是按照现行国家标准、规范对书中的公式、提法进行校对，以减少差错；由于 2015 年版混凝土结构设计规范对 HPB300 级热轧光圆钢筋和 HRB335 级热轧带肋钢筋的直径选用做出了限制，不应超过 14mm，因此对浅基础底板和桩基础承台的配筋算例，重新进行了解算。 二是对一些章节进行了重写，以统一全书的风格，并删去了某些公式繁杂的理论推导，降低难度，使其更加符合初学者的需求。 三是在保证基本内容和基本要求不变的前提下，对篇幅进行了适度压缩，以应对目前各高校课时普遍偏少的现实。修订时主要参考了《高等学校土木工程本科指导性专业规范》所提出的知识单元和知识点，现行《建筑地基基础设计规范》(GB 50007—2011)的有关条文。 全书内容共 12 章，包括：绪论、工程地质概述、土的物理性质和工程分类、地基应力计算、地基沉降计算、土的抗剪强度和地基承载力、土压力和土坡稳定性、岩土工程勘察、浅基础设计、桩基础设计、软弱地基处理、区域性地基。比较系统地介绍了土力学的基本概念、基本原理，基础工程设计原理和方法，考虑了知识体系的系统性和实用性。书中选配了很多工程实际图片，以增强初学者的感性认识；各章还安排了大量的思考题、选择题和计算题，以巩固所学知识、掌握实际设计技能。 完成全书教学任务，需要 48~60 学时。

本书第 2 版由四川大学李章政完成修订。 书中如有不妥之处，敬请读者提出指正。

编者
2018 年 12 月

土力学与地基基础由土力学和基础工程两部分组成，前者属于基础理论，后者专业性极强。一些学校作为两门课程分别开设，另一些学校作为一门课程讲授，本教材都具有适用性，可作为高等学校土木工程专业建筑工程方向、工程管理专业、工程造价专业等的教学用书。本书也可供广大工程技术人员参考。

根据审定的教学大纲，全书内容包括绪论、工程地质概述、土的物理性质和工程分类、地基应力计算、地基沉降计算、土的抗剪强度和地基承载力、土压力和土坡稳定分析、岩土工程勘察、浅基础设计、深基础设计、软弱地基处理、区域性地基，一共12章。比较系统地介绍了土力学的基本概念、基本原理，基础工程设计原理和方法，考虑了知识体系的系统性和实用性。书中选配了很多工程实际图片，以增强初学者的感性认识；各章还安排了大量的思考题、选择题和计算题，以巩固所学知识、掌握实际设计技能。

全书由李章政主编。编写分工如下：武汉工业学院黄小兰编写第6、7章，海南大学李光范编写第4、5、10、11章，四川大学李章政编写第1、2、3、8、9、12章。

土力学既是经典学科，又在不断发展之中，基础工程也随着科学技术的进步而前进，但编者的学识和眼界都十分有限，书中难免存在疏漏和不妥之处，恳请读者批评指正。

编者

2010年10月

目录
CONTENTS

第1章 绪论

内容提要

本章内容包括土和土力学、地基与基础的概念，地基基础失效案例，学科发展简介等几个方面。

基本要求

通过本章的学习，能了解土和土力学的概念，明白地基与基础的区别与联系，了解地基基础失效的教训，对地基基础的重要性有所认识，熟悉学科发展简史。

1.1 土和土力学

1.1.1 土的概念

地球表面上的岩石经风化、剥蚀、搬运、沉积，形成的固体矿物、水和气体的集合体，工程上称之为土。也就是说土是岩石主要依靠物理风化和化学风化，并通过暴雨、洪水等作用进行剥蚀、搬运（图1-1），在流速缓慢的地方沉积下来而形成的混合物，有的土是岩石风化后未经剥蚀、搬运而留在原地的，还有一些土是通过风力搬运飘落地表沉积而成的。土中的固体矿物颗粒，形成骨架。颗粒之间的空间，形成孔隙。孔隙是相互连通的，其中充满水和气体。因此，土是由固体颗粒、水和气体所组成的三相（三种物态）物质，三者的成分及比例均对土的性质产生影响。

图1-1 剥蚀、搬运

土与其他建筑材料相比，具有强度低、变形大、透水性大等特性。

土的强度指抗剪强度，由摩擦力或摩擦力和黏聚力组成。土的强度值为千帕（kPa）数量级，而建筑材料中的钢材、混凝土、砖石、木材等的强度值则是兆帕（MPa）数量级，相差很悬殊，所以土的强度比其他建筑材料的强度低得多。因为土颗粒之间联结很弱或无联结，在荷载作用下土颗粒很容易发生相对位移，土中水和气体从孔隙排出而使孔隙体积减小，所以土的变形较大。几种材料的弹性模量分别为，HRB400级热轧带肋钢筋 200×10^3 MPa，C30混凝土 30×10^3 MPa，普通土<20MPa。由此可知，压应力与材料厚度相同时，土的压缩量比C30混凝土大千倍，比钢材大万倍。并且，土的变形并不是在加荷瞬间就完成的，而是要经历一定时间才能完成（排水固结），除了弹性变形外，还有部分不可恢复的塑性变形存在。

土颗粒之间具有无数连通的孔隙，水可以通过孔隙流动。砂、石的孔隙大，透水性很大；黏性土的孔隙小，透水性较小。无论如何，与混凝土等材料相比，土的透水性大。

土可以作为建筑材料直接利用，比如修筑土石坝、路基，砂土和碎石土中的砂、碎石作为混凝土的集料。在广大农村地区，还有一些村民居住在干打垒房屋内或土坯房内。这种房屋，以土坯或夯筑的土墙作为房屋结构的承重墙［图1-2(a)］。21世纪以来，不少地方都在积极改造土坯房，以改善居住环境。也有利用片石作为屋面材料之一［图1-2(b)］，这在贵州的山区民居中较常见。土也是建筑材料中砖、瓦的直接材料，从秦砖汉瓦算起，已有二千多年的历史。土的另一个作用，就是作为建筑物或构筑物的地基，承受其上的所有荷载。

(a) 土墙房屋　　(b) 片石屋面

图1-2　岩土在建筑上的直接应用

1.1.2　土力学

土力学就是利用力学原理，研究土的应力、应变、强度、稳定和渗透性等特性及其随时间变化的规律的学科，它是以土为研究对象的力学，是力学的一个分支，更是地基基础设计的理论基础。

虽然土体有别于一般建筑材料，力学性能差异较大，不能完全照搬材料力学（或工程力学）、弹性力学的结果，但是，研究方法和手段却是相似的。一是理论探寻，土力学的研究在于寻找其力学行为的一般规律，这是理论工作者的追求；二是试验测定，通过试验可以验证理论公式的正确与否，还可以测定一些力学参数，监测建筑物的沉降与倾斜；三是计算机仿真分析，将土体离散为有限单元，进行各种数值计算，弥补理论求解中的不足，为建立理论提供帮助，为工程决策、设计提供依据。

1.2　地基与基础

1.2.1　建筑地基

支承基础的土体或岩体，称为地基。任何建筑物或构筑物都是建造在地层上的，地基是地层的一部分。基础上的压力通过一定深度和宽度的土体（或岩体）来传承，这部分土体（或岩体）就是地基。直接和基础底面接触的土层，称为基础的持力层，简称持力层。土层、地基和基础之间的关系，如图 1-3 所示。

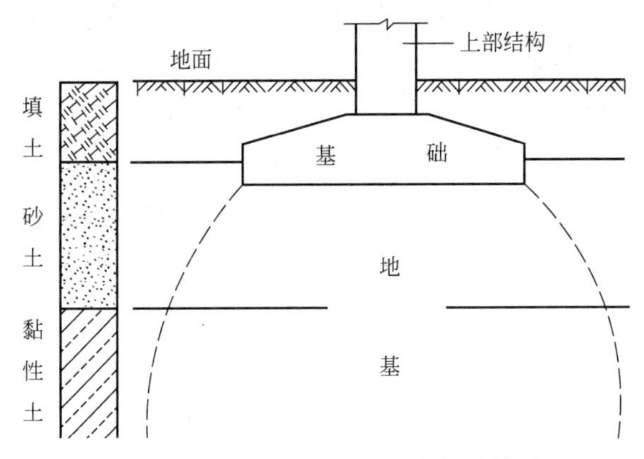

图 1-3　土层、地基和基础之间的关系

地基包括岩石地基和土层地基两类。凡是未经人工处理就能满足设计要求的地基，称为天然地基；如地基软弱，则需要经过人工加固处理，才能满足设计要求，这样的地基称为人工地基。很明显，人工地基的施工成本高于天然地基。为了保证建筑物的安全，地基需要满足以下两个基本条件。

① 稳定且具有一定的承载能力。在建筑物使用期间，地基不应发生开裂、滑移和塌陷等有害地质现象。并要求作用于地基上的荷载不超过地基的承载能力，防止发生剪切破坏。

② 变形不超过允许值。地基变形导致建筑物产生的沉降、沉降差、倾斜和局部倾斜等量值不超过允许值，从而保证建筑物不因地基变形而发生开裂、损坏或者影响正常使用。

1.2.2　建筑基础

将房屋上部结构所承受的各种作用传递到地基上的结构组成部分，称为基础。基础是建筑结构的最下面部分，通常位于地面以下，所以又称为下部结构。基础的作用是承上启下，即承担上部荷载，并将上部荷载和自身重量（重力）传递给地基。基础底面直接和地基接触，单位面积上的接触压力（地基和基础之间的作用与反作用），称为基底压力。因为地基的承载能力较低，所以基础底面尺寸要加以扩大，以减小基底压力，满足地基承载力和变形要求。同时，基础自身还应满足安全性、适用性和耐久性方面的功能要求。

基础底面到地面的距离，称为基础的埋置深度。根据埋置深度的不同，可将基础分为浅基础和深基础两类。通常把埋置深度 $d \leqslant 5$m 或 $d \leqslant$ 基底宽度 b 的基础，称为浅基础，如柱下单独基础［图 1-4（a）］、墙下条形基础、筏形基础、箱形基础等；而对于浅层土质不良，需要利用深处良好地层的承载能力，采用专门施工方法和机具建造的基础，称为深基础，如桩基础［图 1-4（b）］、沉井基础、沉箱基础和地下连续墙等。

基础的设计和施工，不仅要考虑上部结构的具体情况和要求，还要注意建筑场地土层的具体条件。基础和地基相互关联，不能忽视地基情况孤立考虑基础的设计和施工。虽然建筑物的地基、基础和上部结构的功能不同，研究方法各异，但在荷载作用下，它们是彼此联系、相互制约的一个整体。设计、施工一定要有整体思想、全局观念，全面地加以考虑，才能收到理想的效果。

(a) 浅基础: 柱下单独基础

(b) 深基础: 桩基础

图 1-4 典型的基础型式

1.2.3 地基基础的重要性

万丈高楼从地起，地基与基础是整个建筑工程中的一个重要组成部分，是房屋的根基之所在。地基基础的重要性体现在以下两个方面。

① 占用相当的造价和工期。基础工程位于地下或水下，施工难度较大，造价、工期和劳动力消耗量在整个工程中所占的比重也较大。有统计资料表明，我国多层建筑基础造价超过总造价的 25%，工期占总工期的 25%～30%。如果是人工地基或深基础，造价比重更大。高层和超高层建筑，还要增加基坑开挖和支护费用。

② 属于隐蔽工程。基坑回填后，基础埋于地下，属于隐蔽工程，这里是施工管理或监理的重点工作之一，通常被确定为质量控制点。一旦发生地基事故，因在建筑物下方，整改不易或后果严重。所以，地基、基础的勘察、设计和施工质量，直接关系着建筑物的安危。统计资料表明，在工程事故中，以地基基础事故为最多。

设计时必须坚持因地制宜、就地取材、保护环境和节约资源的原则；根据岩土工程勘察资料，综合考虑结构类型、材料情况与施工条件等因素，区分不同设计等级，精心设计。

根据地形复杂程度、建筑物规模和功能特征以及由于地基问题可能造成建筑物破坏或影响正常使用的程度，《建筑地基基础设计规范》(GB 50007—2011) 将地基基础设计分为甲级、乙级和丙级三个设计等级；《建筑桩基技术规范》(JGJ 94—2008) 将桩基设计也分为甲、乙、丙三个等级。

各类建筑物的地基计算均应满足承载力计算的要求；设计等级为甲级、乙级的建筑物还应按地基变形条件设计，以防止因地基过度变形而致上部结构的破坏和裂缝。在满足承载力计算的前提下，应按控制地基变形的正常使用极限状态设计。设计等级为丙级的建筑物，一部分需要考虑地基变形，另一部分可不考虑地基变形。

1.3 地基基础失效案例

经过长期的实践，人类在地基基础设计与施工方面均取得了不少成功的经验，使大量的高楼大厦如雨后春笋般出现在人们眼前，在解决城市人口激增、用地面积受限的矛盾方面，做出了重要贡献。但是，在工程实践中也出现了一些地基基础失效的教训，不容忘记。

1.3.1 地基失效案例

地基失效表现为沉降过大或不均匀沉降过大、地基剪切破坏，其经典案例就是比萨斜塔、虎丘塔和特朗斯康谷仓。

1.3.1.1 比萨斜塔

比萨斜塔，位于意大利西部古城比萨市，是比萨大教堂的钟楼，共8层，总高55m，如图1-5所示。

该塔于1173年破土动工，修建到4层24m高时出现倾斜。限于当时的技术水平，因不知原因而于1178年停工。一百年后的1272年重新开工，倾斜问题仍然不能解决，1278年又停工；1360年再次复工，直到1370年全塔竣工。该塔楼以斜闻名，伽利略曾在此做过自由落体的科学试验，现已成为意大利的重要旅游景点。

图1-5 比萨斜塔

全塔总重大约14500t，塔北侧沉降超过1m，南侧下沉近3m，倾斜严重时塔顶偏离竖直中心线5m多。这是典型的地基不均匀沉降导致的倾斜。1932年曾经做过一次纠偏处理，当时在塔基灌注了1000t水泥，但未能奏效。21世纪初，经过科学家和工程技术人员的不懈努力，该塔的倾斜程度明显减小，加固取得成功。

1.3.1.2 虎丘塔

虎丘塔位于苏州西北虎丘公园山顶，原名云岩寺塔，如图1-6所示。此塔落成于961年（宋太祖建隆二年），共7层，塔高47.5m，塔底直径13.66m。虎丘塔平面呈八角形，由外廊、回廊和塔心组成，砖砌体结构。1961年国务院将其列为重点文物保护单位。1980年测定塔身向东北方向倾斜，倾角2°47′2″，塔顶偏离中垂线2.31m。并

图1-6 虎丘塔

且还发现，塔身东北面有若干垂直裂缝，西南面出现水平裂缝。

经过岩土工程勘察，发现虎丘山由硬质凝灰岩和晶屑流纹岩构成，山顶岩面倾斜，西南高，东北低。塔的地基为1～2m厚的大块石人工地基，厚薄不均匀，人工地基下面的土层厚度也不均匀。土层厚度不均匀，压缩量自然不相等，也就会发生不均匀沉降，从而导致塔的倾斜。此外，南方多暴雨，雨水渗入地基块石层，冲走块石之间的细粒土，形成很多空洞，导致大量雨水下渗至地基土层，加剧了地基的不均匀沉降，这也是塔身倾斜的一个原因。

对虎丘塔斜塔进行过地基加固处理，其做法是先在塔四周建造一圈桩排式地下连续墙，目的是避免塔基土流失和侧向变形，然后进行钻孔注浆和树根桩加固塔基，但效果并不理想。

1.3.1.3 特朗斯康谷仓

加拿大特朗斯康谷仓，呈矩形平面，长度为59.44m，宽度为23.47m；谷仓高度为31.00m，总容积36368m^3。每排13个圆形筒仓，共布置5排，总计65个筒仓构成一个整体。基础为钢筋混凝土筏形基础，其中筏板厚度为61cm，埋深3.66m。

工程于1911年开工，1913年秋竣工。当年9月起，往谷仓中装稻谷，仔细装载，均匀分布。10月，当装入稻谷31822m^3时，发现谷仓下沉，一小时内达到30.5cm，没有引起重视和采取有效措施，任其发展。24h内西端下沉7.32m，东端上抬1.52m，整个谷仓倾斜26°53′，如图1-7所示。事后经过检查，钢筋混凝土筒仓除个别部位出现裂纹外，其余部分完好无损。

图1-7　特朗斯康谷仓

该工程未做岩土工程勘察，根据邻近工程基槽开挖试验结果进行设计。谁知基础下有厚达16m的软土层，承载能力远低于设计采用值。在自重和稻谷重量共同作用下，基底实际压力远远大于地基土的极限承载力，引起土体整体剪切滑移破坏，致使结构下陷、倾斜。

纠偏复位措施，是在筒仓下增设70个支承于基岩上的混凝土墩，采用388个500kN量级的千斤顶，逐渐将倾斜的基础顶起来，使其水平，谷仓扶正。经过处理后，谷仓于1916年恢复正常使用，但标高比原来降低了4m。

1.3.2 基础失效案例

基础失效通常是基础自身承载力不足（设计、施工原因或外荷载过大），基础可发生冲切破坏、剪切破坏和弯曲破坏等，轻者使房屋倾斜不能使用，重者会引起建筑物倒塌。

1.3.2.1 德阳某商住楼

1995年12月5日，四川省德阳市旌阳区内一幢在建的商住楼发生倒塌，造成17人死亡。如图1-8所示为正在清理中的事故现场。

该楼房为八层现浇钢筋混凝土框架结构，灌注桩基础，基础承台厚500mm。事故原因在于，一侧框架柱将承台压穿（冲切破坏），直接刺入土层中达数米深，致使楼房瞬间倾倒，装修工人来不及逃生。

图1-8 楼房倒塌现场

图1-9 莲花河畔景苑

这是典型的基础事故。承台设计的承载力严重不足，在没有楼面活荷载的情况下，承台厚度都还不足以抵抗冲切破坏。

1.3.2.2 莲花河畔景苑

2009年6月27日，上海市闵行区莲花南路“莲花河畔景苑”小区一幢13层楼顷刻倒覆，如图1-9所示。该楼房处于装修阶段，事故造成一名安徽籍民工死亡。

莲花河畔景苑小区共有十余幢楼房，倒塌的是7号楼，13层。事故调查组给出的倒楼原因是：紧贴7号楼的北侧在短期内堆土过高，最高处达10m左右；与此同时，紧邻大楼的南侧地下车库基坑正在开挖，开挖深度4.6m，大楼两侧的压力差使土体产生水平位移，过大的水平力超过了桩基的抗侧能力，预制桩断裂导致房屋倾倒。

经过检测和复核，勘察、设计符合要求，PHC管桩（高强度混凝土预应力管桩）质量符合规范要求。

1.4 本学科的发展简况

土力学与地基基础这门学科，其发展经历了漫长的历史过程，是人类在长期的生产实践中知识和经验的不断积累，逐步发展起来的一门学科。它既是一门古老的工程技术，又是一门新兴的应用学科。

1.4.1 古代经验积累

早在几千年以前，人类就懂得利用土进行建筑，如西安半坡村遗址[1]，就有土台和石础存在，这是古代的地基基础。陕西考古工作者近年对西安附近的阿房宫遗址进行了考古发掘，发现了大型的夯土台基。夯土台基是人工夯筑的高于周围地面的土台，房屋修建在该夯土台基上，一方面显示建筑物的高大、雄伟，另一方面有利于及时排除雨水。夯土台基作为建筑物的地基，属于人工地基。古代宫殿和庙宇建筑大多采用夯土台基这种人工地基，如北京故宫的太和殿、乾清宫等都是坐落于高大的台基之上的。如图 1-10 所示为四川平武县报恩寺大殿，它同样坐落于高台上。

图 1-10 四川平武县报恩寺台基

古代建筑以木结构为主，不能像今天的钢筋混凝土结构那样，将承重柱埋于地面以下。木柱若埋于土中或与土直接接触，会因为潮气作用而致腐朽，影响耐久性。因此，在地基和木柱之间通常都要设置露出地面的石础（或石磉、础石、磉墩）。《鲁班经》[2]曰："……使过步梁、眉梁、眉枋，或使斗磉者，皆在地盘上停当。""石磉切须安得正，地盘先要镇中心。"石础或石磉，又称垫基石或垫脚石，它是柱的基础，如图 1-11 所示。石础承受屋柱压力，并将压力传给地基。凡木架结构房屋，可谓是柱柱皆有础，缺一不可。石础的另一作用是使柱脚与地坪隔离，起到防腐作用，提高结构的耐久性。

石础用作一般木结构的基础，现代仍然采用。对于大型的宫殿或寺庙建筑，每柱传递的力相当大，需要扩大基础的底面积，减小基底压力。为此，古人发明了须弥座，代替石础。须弥座，又称金刚座，一般用砖或石砌成（实际上形成砖石砌体），上有凹凸线脚和纹饰，具有一定的艺术性，如图 1-12 所示。金刚座作为古代的建筑基础，类似于现代的无筋扩展基础；它还可以作为佛像的底座（基础），在寺庙中都能见到。佛像底座（基础）也可以做成莲花状，通常称为"莲花座"。更大规模的建筑采用几个须弥座相叠形成的基础，如北京故宫三大殿，山东曲阜孔庙大成殿。

公元前二世纪修建的万里长城（秦长城）、明代修建的明长城，隋唐时期修建的京杭大运河、赵州桥，黄河大堤，西安城墙，古埃及金字塔，古罗马桥梁等著名工程，也都有坚固的地基与基础，经历地震、强风考验，留存至今。四川自贡等地的先民采用泥浆护壁钻探法打盐井，西北地区在黄土中修建窑洞，以及在建筑中采用料石垫基、木桩、石灰桩、灰土地基等做法，证明古代劳动人民在长期的实践中，积累了有关土力学与地基基础方面的宝贵知识和经验，取得了相当高的土木工程成就。为后来的总结提高，上升为科学理论奠定了

---

[1] 半坡村遗址是我国新石器时代仰韶文化的重要遗址，位于陕西省西安市东郊半坡村。1954 年开始发掘，1958 年在遗址上建立了半坡博物馆，是全国重点文物保护单位之一。

[2]《鲁班经》是中国古代的一本民间建筑技术专著。1949 年以前还有石印本，在民间流传甚广。鲁班其人，乃春秋时期鲁国人，公输氏，名般。般与班同音，故称鲁班。他是我国古代的建筑工匠，曾创造攻城的云梯，发明木作工具，是建筑工匠的"祖师"。中国建筑行业的最高奖，名为"鲁班金像奖"，也是对历史的一种传承。

图 1-11 柱下石础（础石）

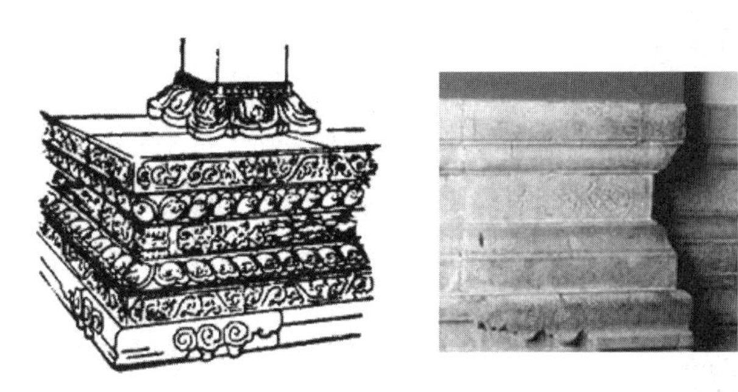

图 1-12 须弥座

基础。

1.4.2 西方科学研究

18 世纪欧洲工业革命开始以后，加快了铁路、水利设施、市政工程的建设步伐，出现了许多与地基土有关的问题，需要人们解决。土的力学问题研究成为当时的课题之一，涌现出了一批土力学研究的先驱。

1773 年，法国学者库仑（Coulomb）根据对土的试验研究，创立了著名的土的抗剪强度公式，同时还提出了挡土墙的滑楔理论，建立了土压力计算公式。1857 年，英国人朗肯（Rankine）研究了半无限体的极限平衡，通过与库仑不同的假定，提出另一种土压力理论。这对后来土体强度理论的发展起到了很大的促进作用。此外，1856 年，法国工程师达西（Darcy）研究了砂土的渗透性，根据试验结果，提出了达西定律，用来分析土中渗流问题。1885 年，法国人布辛奈斯克（Boussinesq）求得半无限弹性体在垂直集中力作用下，物体内任意一点的应力和位移的理论解答，这既是弹性力学的研究成果，又是地基附加应力计算和地基沉降计算的理论基础。以上这些理论和研究成果，对土力学的发展起到了很大的推动作用。

20 世纪初，土力学的研究取得了较快发展。1920 年，法国学者普朗特尔（Prandtl）根据塑性极限平衡理论，得到地基剪切破坏时的滑动面形状和极限承载力公式。1922 年，瑞典工程师费兰纽斯（Fellenius）为解决铁路坍方问题，研究出土坡稳定分析方法。1924年，雷斯诺（Reissner）对普朗特尔极限承载力公式进行了修正。随后，太沙基也在普朗特尔研究的基础上提出了新的假定，得到地基土的极限承载力公式。正是因为太沙基，才使土力学从力学中分离出来成为一门独立的学科。

1.4.3 当今独立学科

卡尔·太沙基（Karl Terzaghi，1883—1963，图1-13），美籍奥地利人，现代土力学的创始人，哈佛大学教授。在总结前人成果的基础上，他于1925年用德文撰写了第一本土力学专著《建立在土的物理学基础上的土力学》，使土力学正式成为一门独立学科，并培育了一批学术骨干。1936年召开第一届国际土力学与基础工程会议，名称为“Soil Mechanics & Foundation Engineering”，提交了大量的论文、研究报告和技术资料。此后，每隔4年左右就会召开一次国际盛会，学术氛围空前活跃，学科逐步走向成熟。20世纪70年代以后，国际会议将Soil Mechanics & Foundation Engineering改为Geotechnique（土工学）。

图1-13 土力学家卡尔·太沙基

中华人民共和国于1962年召开全国第一届土力学与基础工程学术会议，此后，广大土力学工作者，在这一学科领域内辛勤耕耘，每隔几年就有一次全国性的学术交流、讨论，对促进国内土力学与地基基础的教学、科研起到了积极的作用。半个多世纪以来，广大学者和工程技术人员在该领域取得了令人瞩目的研究成果，不少人成为该领域的专家、院士。

随着试验仪器设备的现代化，土工测试手段有了长足的发展；计算机技术，给土力学的发展带来新的机遇，也使基础工程不论在设计环节，还是在施工技术方面都得到了迅速发展。人们已不满足于将地基、基础、上部结构三者各自脱离，分开计算的传统做法，对于复杂的建筑结构，可以考虑上部结构-地基-基础之间的共同作用，使内力、变形计算更切合实际。新的基础设计理论与施工技术也得到了迅速发展，比如出现了补偿性基础、桩-筏基础、桩-箱基础、巨型沉井基础等新的基础型式；在地基加固处理方面，诸如强夯法、沙井预压法、振冲法、深层搅拌法、压力注浆法、加筋土、CFG桩等方法，都得到了发展与完善。

虽然土力学与基础工程的理论、试验方法和施工技术都得到了迅猛的发展，达到了一定的高度，但工程实践中仍然会不断出现新的问题，等待人们去研究、去探索。实际工程问题解决了，具有经济效益和社会效益，同时也推动技术进步，学科发展。展望未来，土力学与基础工程的理论与实践将以更快的速度向前发展，并为人类的未来做出更大的贡献。

思考题

1.1 什么是工程上所说的“土”？

1.2 何谓地基？如何分类？它起什么作用？

1.3 建筑物对地基有什么要求？

1.4 什么是基础？它与地基之间有什么联系？

1.5 地基基础的重要性如何体现？

1.6 地基失效和基础失效的主要原因有哪些？各有什么危害？

1.7 古代柱础石、须弥座为什么不直接埋入地下？

选择题

1.1 建筑地基可分为天然地基和（　　）两类。

A. 人工地基　　B. 岩土地基

C. 须弥地基　　D. 莲花地基

1.2 建筑物的地基是（　　）的一部分。

A. 结构　　B. 基础

C. 房屋　　D. 地层

1.3 基础底面到地面的距离，称为基础的（　　）。

A. 高度　　B. 埋置深度

C. 厚度　　D. 长度

1.4 埋置深度为3m的柱下钢筋混凝土独立基础（单独基础）属于（　　）。

A. 浅基础　　B. 深基础

C. 甲级基础　　D. 乙级基础

1.5 灌注桩基础属于（　　）。

A. 人工基础　　B. 天然基础

C. 浅基础　　D. 深基础

1.6 砌体结构房屋的砖墙开裂，一般是由（　　）引起的。

A. 地基失稳　　B. 地基托换

C. 地基变形　　D. 地基承载力

1.7 古代的夯土台是（　　）。

A. 人工地基　　B. 人工基础

C. 军事建筑　　D. 建筑结构

1.8 所谓土的强度是指土的（　　）。

A. 抗压强度　　B. 抗拉强度

C. 抗弯强度　　D. 抗剪强度

1.9 1925年（　　）出版了第一本土力学专著，成为现代土力学的创始人。

A. 库仑　　B. 太沙基

C. 布辛奈斯克　　D. 朗肯

1.10 中国于（　　）年召开了全国第一届土力学与基础工程学术会议。

A. 1936　　B. 1949

C. 1962　　D. 1978

第2章 工程地质概述

Chapter 02

内容提要

本章讲述地质作用，地质构造，岩石的成因类型，土的成因类型，不良地质条件，地下水和土的渗透性。

基本要求

通过本章的学习，应了解地质作用和地质构造的概念及类型；熟悉地质构造，岩石和土的成因类型；了解最常见的几种不良地质条件可能引起的地质灾害；了解地下水的基本概念，掌握达西定理，渗透系数测定。

2.1 地质作用与地质构造

因为各类建筑物和构筑物无不建造于地球表面上，所以它们安全与否和工程地质关系密切。地球自形成起至今约60亿年的历史，在漫长的地质年代里，经历了一系列的演变过程，形成了各种类型的地质构造和地形地貌，以及复杂多样的岩石和土。

2.1.1 地球的组成介绍

地球是太阳系的九大行星之一，形状像扁球体，平均半径约6400km。自外至内分为地壳、地幔和地核三个层圈。

地壳是地球层圈的最外层，为由岩石组成的硬壳。其底层为莫霍洛维奇界面[1]。大陆上地壳平均厚度35km，海底地壳平均厚度6km。根据成分不同，地壳可分为上下两层，上层为花岗岩层，富含硅和铝，又称硅铝层；下层为玄武岩层，富含硅和镁，又称硅镁层。表面层因受大气、水、生物的作用，形成土壤层、风化壳和沉积层，建筑上的土就位于这一层。

地幔是地球内部构造的一个层圈，位于地壳以下，地核以上，又称中间层。地幔的下界在2900km深处，其组成物质具有固态特征。

地核是地球内部构造的中心层圈，位于地幔以下到地球中心的部分。地震波在该处的传播速度与在高压状态下铁的传播速度相等，据此推测地核可能是由高压状态下的铁、镍成分的物质所组成，因横波不能通过，故疑为液态。

---

[1] 地壳和地幔的界面，1909年瑞典地震学家莫霍洛维奇（1857—1936）根据研究地震波所得资料而发现，故名。大陆上平均深度30～40km，孤岛地区50～75km，大洋地区5～10km。

2.1.2 地质作用的概念

建筑物场地的地形、地貌和组成物质的成分、分布、厚度及特性取决于地质作用。所谓地质作用是指改变地球表面地貌形态，改变组成地壳的物质（岩石）成分与构造，破坏原来的岩石以及形成新的岩石等的自然作用。根据能量来源的不同，地质作用可分为内力地质作用和外力地质作用。

2.1.2.1 内力地质作用

内力地质作用一般认为是由于地球自转产生的旋转能和放射性元素蜕变产生的热能等引起地壳物质成分、内部构造以及地表形态发生变化的地质作用，如岩浆活动、地壳运动（构造运动）、变质作用等。

（1）岩浆活动

岩浆是存在于地壳以下深处、高温（800～1200℃左右）、高压的复杂硅酸盐熔融体，金属硫化物、硫化物和富含挥发性成分组成的物质。岩浆活动可使岩浆沿着地壳薄弱地带上升侵入地壳或喷出地表。岩浆冷凝后生成的岩石，称为岩浆岩。

（2）地壳运动

地壳运动是指由地球内力引起的地壳内部物质缓慢变化的机械运动。它使地球表面海陆发生上拱和下拗，形成大型的构造隆起和凹陷，并使岩层发生各种形态的褶皱和断裂。地壳运动按照运动方式可以分为水平运动和升降运动。水平运动是指组成地壳的物质沿平行于地球表面方向的运动，这种运动使地壳受到挤压、拉伸或平移甚至旋转。如相邻块体分离、剪切、错开，它使岩层产生褶皱、断裂，形成峡谷、盆地等地质现象。升降运动是指组成地壳的物质沿垂直于地球表面方向的运动，主要表现为地壳上升或下降，如海洋和陆地的变化，地势高低的改变。

（3）变质作用

在岩浆活动和地壳运动过程中，原岩（原来生成的各种岩石）处在特定的地质环境中（高温、高压及渗入挥发性物质如 SO_2、H_2O、CO_2 等），由于物理化学条件的改变，使其在固态下改变其矿物成分、结构和构造，从而生成另一种新类型岩石的过程，称为变质作用。经过变质作用形成新的岩石称为变质岩。简言之，变质作用就是岩石在风化带以下，受温度、压力和流体物质的影响，在固态下转变成新的岩石的作用。

2.1.2.2 外力地质作用

外力地质作用是由于太阳辐射能和地球重力位能引起的地质作用。它是指地壳的表层在气温变化、雨雪、山洪、河流、湖泊、海洋、冰川、风、生物等的作用下，使地壳不断地被风化、剥蚀，将高处物质搬运到低洼处沉积下来的过程。外力地质作用的方式，可以分为风化作用、搬运作用和沉积作用等种类。

（1）风化作用

外力（包括大气、水，温度、生物）对原岩发生机械破碎和化学变化的作用，统称为风化作用。如昼夜和季节的气温变化，可使地表各种原岩不断发生热胀脱离、冷缩开裂等机械破碎。水和水溶液的存在，可使原岩不断发生水化、氧化、碳酸盐化、溶解以及缝隙水冻胀引起崩裂等化学变化和机械破碎。动植物和微生物的活动，也可使原岩不断发生机械破碎和化学变化。

（2）搬运作用

地表风化和剥蚀作用的产物分为碎屑物质和溶解物质，它们除了少量残留在原地外，大部分都被运动介质搬运走。自然界中的风化、剥蚀产物被运动介质从一个地方转移到另一个地方的过程称为搬运作用。搬运方式分为机械搬运和化学搬运两种：机械搬运主要是推移、跃移和载移等方式，化学搬运主要是胶体溶液和真溶液方式。

（3）沉积作用

原岩风化产物——碎屑物质，在雨雪水流、山洪急流、河流、湖浪、海浪、冰川或风等外力作用下，被剥蚀、搬运到大陆低洼处或海洋底部沉积下来，在漫长的地质年代里，沉积的物质逐渐加厚，在覆盖压力和含有碳酸钙、二氧化硅、氧化铁等胶结物的作用下，使起初沉积的松软碎屑物质逐渐压密、脱水、胶结，硬化生成新的岩石的过程称为沉积作用。沉积过程中形成的岩石称为沉积岩。未经成岩作用所生成的沉积物，就是通常所说的土（图2-1）。

图 2-1　沉积物和沉积作用

外力地质作用过程中的风化、剥蚀、搬运及沉积，是彼此密切联系的。风化作用为剥蚀作用创造了条件，而风化、剥蚀、搬运又为沉积作用提供了物质的来源。剥蚀作用与沉积作用在一定时间和空间范围内，以某一方面的作用为主导，例如，河流上游地区以剥蚀为主，下游地区以沉积为主，山地以剥蚀占优势，平原以沉积占优势。

内力地质作用与外力地质作用彼此独立而又相互依存，但对地壳的发展而言，内力地质作用一般占主导地位。它引起地壳的升降，形成地表的隆起和凹陷，从而改变了外力地质作用的过程。一般来说，地壳上升与剥蚀作用相联系，而地壳下降则与沉积作用相联系。因此，地壳的升降运动造成了地表起伏的基本轮廓，而剥蚀与沉积又力图破坏起伏不平的地表形态，将其削平补齐。

在地质作用下，地壳形成了各种类型的地形，称为地貌。地表形态可按其不同的成因划分为各种相应的地貌单元，如山地、丘陵、高原、平原、盆地等。地貌单元下部原来生成的、具有一定连续性的岩石称为基岩，而覆盖在基岩上的各种成因的沉积物称为覆盖土。山区覆盖土层较薄，基岩常露出地表，而平原地区覆盖层则往往很厚。

2.1.3　地质年代分类

岩石与土的性质与其生成的地质年代有关。一般来说，生成年代越久远，岩土的性质越好。所谓地质年代就是指地壳上不同年代的岩石在形成过程中的时间和顺序，又分绝对地质年代和相对地质年代两种。绝对地质年代由放射性测定，它是根据岩层中放射性同位素蜕变产物的含量加以测定的，可明确说明岩石生成距今的年数；相对地质年代主要依据古生物学方法加以划分，说明岩石在生成时间上的新老顺序。

相对地质年代分为隐生宙和显生宙，宙下共分为五大代，每代分若干纪，每纪又细分为若干世，每世下面再分若干期。隐生宙内分太古代和元古代，显生宙里分古生代、中生代和新生代。

① 太古代　距今24亿～45亿年。晚期有菌类和低等蓝藻存在，但可靠的化石记录不多。

② 元古代　距今5.7亿～24亿年。蓝藻和菌类开始繁盛。至末期，无脊椎动物出现。

③ 古生代　距今2.3亿～5.7亿年

a. 寒武纪　距今5.0亿～5.7亿年。红藻绿藻等开始繁盛。

b. 奥陶纪　距今4.4亿～5.0亿年。藻类广泛发育。海生无脊椎动物非常繁盛。

c. 志留纪　距今4.0亿～4.4亿年。至晚期，原始鱼类出现。

d. 泥盆纪　距今3.5亿～4.0亿年。昆虫和原始两栖类出现，鱼类发展。

e. 石炭纪　距今2.85亿～3.5亿年。蕨类大量繁荣，两栖类进一步发展，爬行类出现。

f. 二叠纪　距今2.3亿～2.85亿年。裸子植物开始发展。

④ 中生代　距今6700万～2.3亿年

a. 三叠纪　距今1.95亿～2.3亿年。裸子植物进一步发展，哺乳类出现。

b. 侏罗纪　距今1.37亿～1.95亿年。苏铁、银杏、松柏繁荣，巨大爬行类（恐龙）发展，鸟类出现。

c. 白垩纪　距今6700万～1.37亿年。被子植物大量发现。

⑤ 新生代　距今＜6700万年

a. 早第三纪　距今2500万～6700万年。分古新世，始新世，渐新世。植物和动物逐渐接近现代。

b. 晚第三纪　距今100万～2500万年。分中新世和上新世。至晚期，人类出现。

c. 第四纪Q　距今100万年以内。

在每一个地质年代中，都划分有相应的地层。对应于地质年代单位，地层单位分为界、系、统和阶（层）。在新生代中，距今最近的一个纪为第四纪，地表上的土几乎都是第四纪沉积物。在岩土勘察报告中会提到地基土的地质年代或地层单位，其对应关系见表2-1。

表2-1　第四纪地质年代（第四系地层单位）细分表

纪(系)	世(统)		距今年代/万年
第四纪(第四系)Q	全新世(全新统)Q_h 或 Q_4		＜2.5
	更新世(更新统)Q_p	晚更新世(上更新统)Q_3	2.5～15.0
		中更新世(中更新统)Q_2	15.0～50.0
		早更新世(下更新统)Q_1	50.0～100.0

2.1.4　地质构造类型

地壳中的岩体由于受到地壳运动的作用而发生的连续或不连续的永久性变形所形成的种种构造形态，统称为地质构造。地质构造与建筑场地的稳定性密切相关。常见的地质构造有褶皱和断裂两种基本类型，如图2-2所示。

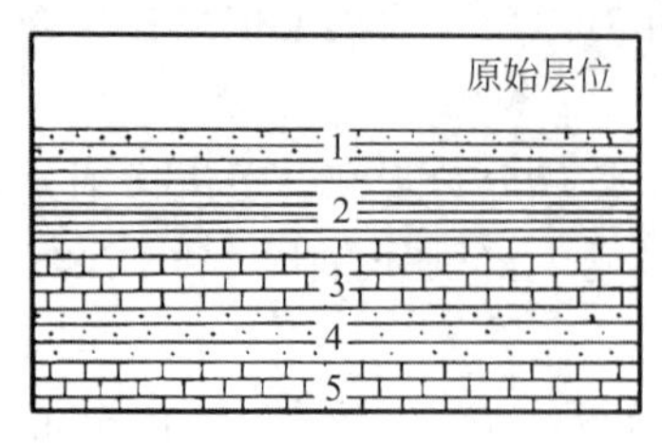

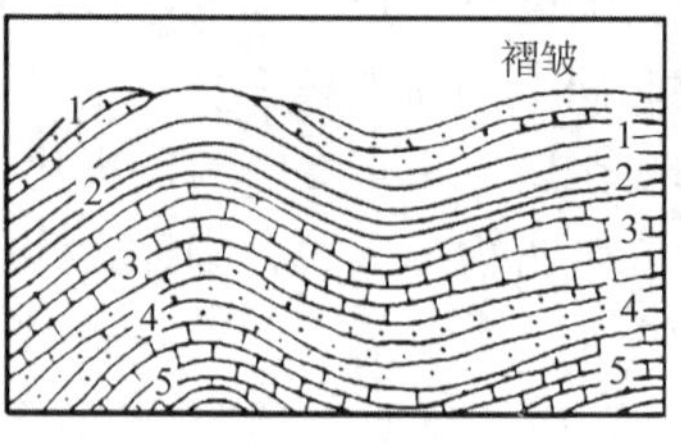

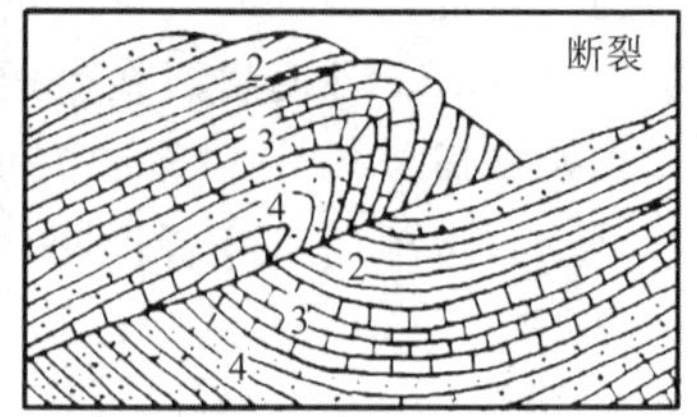

图 2-2 地质构造类型

1,4—砂岩；2—页岩；3,5—石灰岩

2.1.4.1 褶皱构造

褶皱构造也叫褶曲构造，是成层岩石受力作用水平形状遭受破坏而发生波状弯曲，但连续性没有受到破坏的一种构造变形，如图 2-3 所示。

褶皱构造的基本单元是褶曲，它是褶皱中的一个弯曲，如图 2-4 所示。向上隆起的部分叫背斜褶皱，向下弯曲的部分叫向斜褶皱。弯曲的中心部位叫核部，两侧部分叫翼。背斜的核部由较老的岩层组成，而且新岩层对称重复出现在老岩层的两侧，它在横剖面上的形态呈向上凸起状；向斜的核部由新岩层组成，翼部由老岩层组成，且对称重复出现在新岩层的两侧，它在横剖面上的形态呈向下凹曲状。

图 2-3 褶皱构造

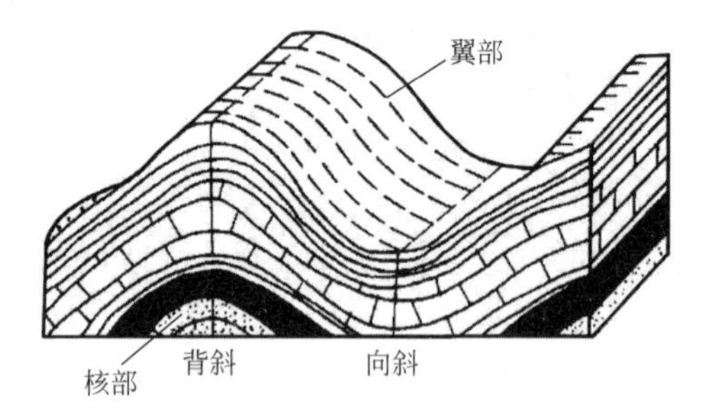

图 2-4 褶曲

在褶曲山区，岩层遭受的构造变动常较大，故节理发育，地形起伏不平，坡度也较大。坡面倾斜方向与岩层倾斜方向相同的山坡称为顺向坡，其稳定性一般与岩层性质、倾角大小和有无软弱结构面有关；坡面倾斜方向与岩层倾斜方向相反的山坡称为逆向坡，其稳定性较好，如图 2-5 所示。对于顺向坡，如果施工开挖切去斜坡或坡脚，则上部岩体可能沿岩层层面发生滑动，此时应该修建挡土结构（挡土墙）或做护坡工程。如果在逆向坡的 A 处修建房屋或构筑物，则无滑坡隐患存在。

2.1.4.2 断裂构造

在地壳运动的作用下，岩层丧失了原有的连续完整性，在其内部产生了许多断裂面，统称为断裂构造，如图 2-6 所示。根据断裂面两侧岩层（岩体）有无显著相对位移，断裂构造可分为节理和断层两种类型。

（1）节理

沿断裂面两侧的岩体未发生位移或仅有微小错动的断裂构造称为节理，如图 2-7 所示。节理多半成群出现，大小不一，有的相互平行，有的纵横交错。它是矿液和地下水的良好通道和沉淀场所，也是岩石容易风化的地带。

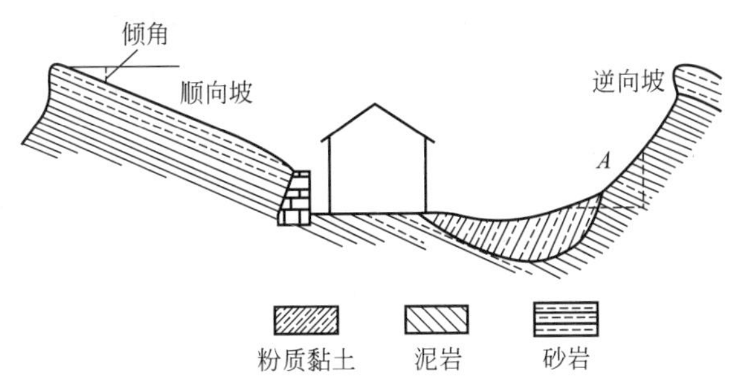

图 2-5　顺向坡与逆向坡

图 2-6　断裂构造

图 2-7　节理

（2）断层

沿断裂面两侧的岩体发生了显著的位移的一种断裂构造称为断层。断裂面又称为断层面，断层面两侧的岩块称为“盘”。如果断层面是倾斜的，则断层面以上的一盘称为上盘，断层面以下的一盘称为下盘。根据断层两盘的相对移动的性质，断层可以分为正断层、逆断层和平移断层三类，如图 2-8 所示。上盘相对下降，下盘相对上升的断层为正断层；上盘相对上升、下盘相对下降的断层为逆断层；断层面竖直，两盘直立，在水平方向发生相对错动，称为平移断层。

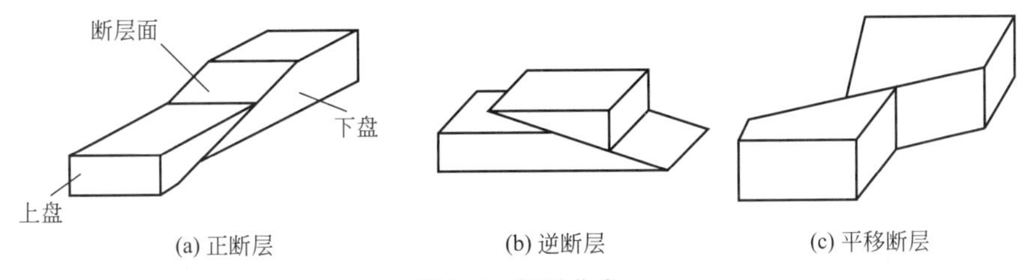

图 2-8　断层分类

地壳中的断层活动，往往不是局限在一个断层面上进行的，而是沿着断裂面运动。因此，断层不是一个单纯的面，而是具有一定宽度的带。断层规模越大，这个带就越宽，破坏程度也越严重。断层规模大小不一，小的几米，大的几百公里，甚至数千公里。断层活动，往往会导致地震，因此不宜在断层上建造永久性建筑物或构筑物。

2.2 岩石的成因类型

组成地壳的岩石，都是在一定的地质条件下，由一种或几种矿物自然组合而成的矿物集合体。集合体中的这些矿物称为造岩矿，其成分、性质及其在各种因素下的变化，都会对岩石的强度和稳定性产生影响。

2.2.1 岩石的矿物成分

矿物是组成岩石的细胞，是地壳中具有一定化学成分和物理性质的自然元素和化合物。地壳上已发现的矿物有三千多种，但常见的造岩矿物仅三十多种，按生成条件可分为原生矿物和次生矿物两大类。

原生矿物一般由岩浆冷凝而成，如石英、长石、辉石、角闪石、云母等。石英的化学成分为二氧化硅（SiO_2），三方晶系，晶体呈六方柱状，颜色不一，无色透明的晶体称为“水晶”。长石为长石族矿物的总称，为钾、钠、钙以及钡的铝硅酸盐；长石族矿物是分布最广的构造矿物，见于各种岩石中。辉石为辉石族矿物的总称，是镁、铁、钙、钠等的硅酸盐或铝硅酸盐。角闪石为角闪石族矿物的总称，是镁、铁、钙、钠等的硅酸盐或铝硅酸盐，在成分上以含（OH）区别于辉石族。云母为云母族矿物的总称，为钾、镁、锂、铝等的铝硅酸盐，单斜晶系，集合体为鳞片状，商业上多称“千层纸”。

次生矿物通常由原生矿物风化产生或由水溶液中析出产生。如由长石风化形成高岭石，由辉石或角闪石风化形成绿泥石；从水溶液中析出方解石和石膏。高岭石的化学成分为$Al_4[Si_4O_{10}](OH)_8$，因最初在我国江西景德镇附近的高岭地方发现而得名，常成致密块状集合体，又称为“高岭土”或“瓷土”；绿泥石为绿泥石族矿物的总称，化学成分$(Mg,Al,Fe)_6[(Si,Al)_4O_{10}](OH)_8$；方解石的化学成分为$CaCO_3$；石膏的化学成分为$CaSO_4 \cdot 2H_2O$。

2.2.2 岩石的成因类型

自然界中的岩石种类繁多，按其形成原因（成因）可分为岩浆岩、沉积岩和变质岩三类。

2.2.2.1 岩浆岩

岩浆岩又称火成岩，是由地球内部的岩浆侵入地壳或喷出地面冷凝后形成的岩石。岩浆在地表以下冷凝形成的岩浆岩称为侵入岩，岩浆喷出地表后冷凝形成的岩浆岩称为喷出岩。

岩浆岩的矿物成分有两类，一类是石英、正长石、斜长石、云母等含铝硅酸盐矿物，为浅色矿物；另一类是角闪石、辉石、黑云母、橄榄石等含铁镁硅酸盐矿物，为深色矿物。岩浆岩的结构，根据矿物的结晶程度、颗粒大小和均匀程度，分为显晶质、隐晶质、玻璃质和斑状四种结构。显晶质结构是岩石中的矿物以肉眼可见的结晶颗粒为主所组成的结构，为侵入岩所特有；隐晶质、玻璃质和斑状结构是岩浆喷出地表后迅速冷凝而成，为喷出岩所特有。

岩浆岩可根据二氧化硅的含量进行分类：①超基性岩（SiO_2含量$<45\%$）；②基性岩（SiO_2含量$45\%\sim52\%$）；③中性岩（SiO_2含量$52\%\sim66\%$）；④酸性岩（SiO_2含量$>66\%$）。

常见的岩浆岩有花岗岩、花岗斑岩、正长岩、闪长岩、安山岩、辉长岩、玄武岩等。

花岗岩也称花岗石，俗称麻石，是分布最广的侵入岩。其构造致密、强度高、密度大、吸水率极低、质地坚硬、耐磨，属酸性硬石材。因其不易风化，外观色泽可保持百年以上，所以广泛应用于室内外地面、墙面，也用于纪念性雕像（图 2-9）。

图 2-9 花岗岩雕像

图 2-10 峨眉山二叠纪玄武岩

玄武岩是分布最广的基性喷出岩。在我国西南诸省有二叠纪玄武岩，东部有第三纪及第四纪玄武岩。如图 2-10 所示为峨眉山金顶附近的二叠纪玄武岩，色深、质硬。玄武岩除本身可用作优良耐磨耐酸的铸石原料外，其气孔中往往充填有铜、钴、冰洲石等有用矿产。其中冰洲石的化学成分为 $CaCO_3$，无色透明且具有显著的双折射现象，是光学仪器中的一种重要材料。

2.2.2.2 沉积岩

沉积岩是在地表条件下，由原岩（岩浆岩、变质岩和早期的沉积岩）经风化剥蚀作用形成的岩石碎屑、溶液析出物或有机质等，经流水、风、冰川等搬运到陆地低洼处或海洋中沉积，再经成岩作用（压紧或化学作用硬结）而形成的岩石。沉积岩分布广，约占地球表面积的 3/4。

沉积岩的成分包括矿物和胶结物。矿物中有石英、长石、云母等原生矿物，也有方解石、白云石、石膏、黏土矿物等次生矿物。其中黏土矿物、方解石、白云石是沉积岩所特有的，是区别于岩浆岩的一个重要特征。胶结物按其硬度与抗风化力的大小，有硅质（SiO_2）、钙质（$CaCO_3$）、铁质（FeO、Fe_2O_3）和泥质四种。沉积岩的结构，按成因和组成物质不同，分为碎屑结构、泥质结构、化学结构和生物结构四种。

沉积岩的构造最显著的特征是具有层理。这是它区别于其他岩类最明显的特征之一。所谓层理，就是在垂直于沉积岩层的方向上，由于沉积过程中沉积环境的变化，而使沉积物质成分、颗粒大小、形状或颜色的不同而显示出的成层现象。如图 2-11 所示为典型层理构造，层与层之间的接触面叫层面，上下层面之间的垂直距离叫岩层的厚度。

常见的沉积岩有砾岩、砂岩、石灰岩、凝灰岩、泥岩、泥灰岩、页岩等。

砂岩是颗粒直径为 0.1～2mm 的砂粒经胶结而成的碎屑沉积岩，分布很广。如图 2-12 所示为唐代在砂岩上开凿的大佛石像—乐山大佛，该处砂岩为红色，较易风化。

石灰岩，俗称“青石”，是一种在海、湖盆地生成的灰色或灰白色沉积岩，如图 2-13 所示。它是烧制石灰的主要原料，在冶金、水泥、玻璃等工业及建筑行业中有广泛的用途。石灰石经过水溶蚀后，形成多孔且玲珑剔透，太湖石是其代表。太湖石用于庭院或园林，可叠成假山，在江南园林艺术中占有重要地位。

图 2-11 层理构造

图 2-12 砂岩大佛

石灰岩

太湖石

图 2-13 石灰岩与太湖石

页岩是由各种黏土经压紧而成的黏土岩，是沉积岩中分布最广的一种岩石，页岩层理明显，沿层理易剥成薄片。页岩颜色不定，一般为灰色、褐色或黑色。常见类型有钙质页岩、硅质页岩和碳质页岩等。页岩砖（图 2-14）已替代黏土砖，广泛用作墙体材料。

图 2-14 烧结页岩砖

2.2.2.3 变质岩

组成地壳的岩石因地壳运动和岩浆活动，在高温、高压和化学性活泼的物质作用下，使其发生矿物成分、结构构造改变，从而形成的新岩石，称为变质岩。

变质岩的矿物成分有两种：一是与岩浆岩或沉积岩共有的矿物，如石英、长石、云母、角闪石和方解石等；二是变质岩具有的矿物，如滑石、硅线石、红柱石、蛇纹石和绿泥石等。

变质岩的结构，多为结晶结构，与岩浆岩相似，通常加“变晶”二字以示区别。变质岩的结构有变晶结构（等粒、斑粒、鳞片）和变余结构两种。变质岩的构造分块状构造、板状构造、片状构造、片麻状构造和千枚状构造。

常见的变质岩有片麻岩、云母片岩、绿泥石片岩、大理岩、石英岩等。

图 2-15 所示为片麻岩，是区域变质的产物。变质程度较深，因此结晶较粗。具片麻状构造，并具花岗变晶结构和斑状变晶结构，矿物成分大致和花岗岩相近，主要是石英、长石和深色矿物（黑云母或角闪石）。由岩浆岩变质而成的称为“正片麻岩”，由沉积岩变质而成的称为“副片麻岩”。东岳泰山，又称岱山，是由片麻岩构成的断块山地。从松山谷底至岱顶南天门的一段盘路，俗称十八盘，全程一公里多，磴道全部采用泰山片麻岩修砌而成。

图 2-15　片麻岩

大理岩因盛产于云南大理而得名，如图 2-16 所示。它是石灰岩或白云岩受接触或区域变质作用而重结晶的产物。矿物成分主要为方解石，遇盐酸发生气泡。具等粒的或不等粒的变晶结构，颗粒粗细不一。大理岩磨光后非常美观，可作建筑材料，也可供艺术雕刻和装饰品之用。汉白玉是大理岩的一种，颜色洁白、细粒，质地坚硬，是上等的建筑材料。北京许多建筑如故宫、颐和园、天安门前的华表所用的白色石材，就是汉白玉。

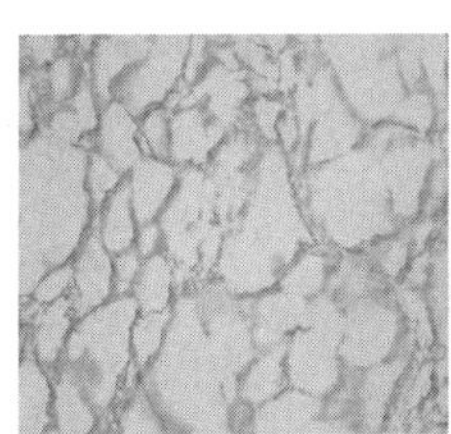

图 2-16　大理岩

石英岩乃区域变质岩之一，由砂岩或化学硅质岩重结晶而成。主要矿物为石英，一般为浅色或白色，质密坚硬，但其颗粒常结成致密块状，肉眼不易区分。石英岩为很好的建筑石料，并可作耐火材料和玻璃的原料。

2.2.3 三大岩类的互相转化

沉积岩、岩浆岩和变质岩是地球上组成岩石圈的三大岩石，它们都是在各种地质作用下的产物，都是母岩由于所处环境不同而转化为其他类型的岩石（图 2-17）。

出露地表的岩浆岩、变质岩与沉积岩在大气圈、水圈和生物圈的共同作用下，经过风化、剥蚀、搬运作用而成为沉积物，沉积物埋藏地下浅处胶结而变成沉积岩。埋藏到地下的沉积岩或岩浆岩在温度不太高的条件下可以在

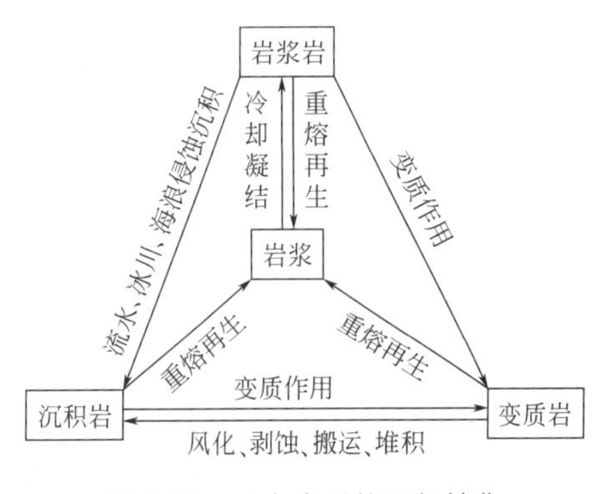

图 2-17　三大岩石的互相转化

基本保持固态的情况下发生变质，变成变质岩。沉积岩或变质岩一旦进入高温状态，岩石都将逐渐熔融成岩浆。岩浆在上升过程中冷却（在地下冷凝或喷出地表冷凝），从而形成岩浆岩。综上所述，三大岩石是完全可以相互转化，它们之间不断运动、变化，完全是岩石圈自身动力作用以及岩石圈与大气圈、水圈、生物圈相互作用的结果。

2.3 土的成因类型

土是在第四纪由岩石风化、剥蚀、搬运、沉积而形成的沉积物，在地表分布极广，成因类型也很复杂。不同成因类型的土，各具有一定的分布规律、地形形态及工程性质。根据成因不同，可以将土体划分为残积土、坡积土、洪积土、冲积土等类型。

2.3.1 残积土

岩石经风化、剥蚀，未被搬运而残留于原地的那一部分碎屑物称为残积土。而另一部分较细的碎屑已被雨水和风带走。

残积土主要分布在岩石出露的地表，经受强烈风化作用的山区、丘陵地带与剥蚀平原。其基本特征是：①残积土处于风化壳上部，向下依次为半风化、半坚硬层。②粒度成分上部较细，随深度增加而变粗。③气候条件和基岩的岩性影响其成分，在干旱地区，以物理风化为主，主要是粗碎屑物和砂，而潮湿地区则以化学风化和生物风化为主，黏粒较多。结晶类岩石风化作用下主要变为黏粒，细砂岩风化成细砂，也就是说残积土的矿物成分与下卧基岩一致。④残积土的厚度一般不超过 10m，且不均匀，变化较大。⑤表层孔隙大、强度低、压缩性高，下层为夹碎石、砂的黏性土，强度较高。⑥残积土通常发育于宽广的分水岭地带、缓坡地带。

残积土裂隙多、无层次、不均匀，若作为建筑物地基，应当注意不均匀沉降和土坡稳定问题。

2.3.2 坡积土

一部分残积土，由于雨水或雪水的搬运，或由于重力的作用，沉积在较平缓的山坡或山麓处，逐渐堆积形成坡积土。它一般分布在山腰或坡脚，上部与残积土相接。

坡积土搬运距离不远，随斜坡自上而下逐渐变缓，呈现由粗而细的分选作用，矿物成分与下卧基岩没有直接关系。

坡积土厚薄不均，土质不均，孔隙大，压缩性高，如作为建筑物地基，应注意不均匀沉降和稳定性。

2.3.3 洪积土

洪积土是由暴雨或大量融雪形成山洪急流，冲刷搬运大量碎屑物，流至山谷出口或山前倾斜平原所形成的堆积物。

因为山洪流出谷口后，流速骤减，所以洪积土在谷口附近颗粒较粗，多为块石、碎石、砾石和粗砂，而离谷口较远的地方颗粒变细。其地貌特征表现为，靠谷口处窄而陡，离谷口后逐渐变为宽而缓，形如扇状，称为洪积扇。

洪积土离山区由近而远颗粒呈现由粗到细的分选特点，碎屑颗粒的磨圆度由于搬运距离短而仍然不佳。由于山洪的发生是周期性的，每次山洪的大小也不相同，故堆积物也随之不同。有鉴于此，洪积土常为不规则的层理构造，往往有黏性土夹层、尖灭和透镜体等存在。所谓尖灭，就是沉积土层厚度逐渐变薄而消灭的现象；透镜体则是指土层形成中间厚边缘薄或中间薄边缘厚的凸透镜或凹透镜形状的现象。

洪积土作为建筑物地基，一般认为是较理想的，但应当注意尖灭和透镜体引起的不均匀沉降。

2.3.4 冲积土

河流两岸基岩及其上部覆盖的松散物质被河流流水剥蚀后搬运、沉积在河床较平缓地带形成的沉积物称为冲积土。冲积土的特点是具有明显的层理构造。由于搬运作用显著，因此碎屑颗粒磨圆度好。随着河流的流速从上游到下游逐渐减小，冲积土有明显的分选现象。上游沉积物多为磨圆粗大颗粒，中下游沉积物大多由砂粒逐渐过渡到粉粒和黏粒。

河流冲积土在地表分布很广，主要类型有平原河谷冲积土、山区河谷冲积土和三角洲冲积土等。

2.3.4.1 平原河谷冲积土

平原河谷大多数有河床、河漫滩及阶地等单元，如图2-18所示。平原河流河谷不深而宽度很大，两岸形成许多阶地。冲积土比较复杂，包括河床沉积土、河漫滩沉积土、河流阶地沉积土以及古河道沉积土等。

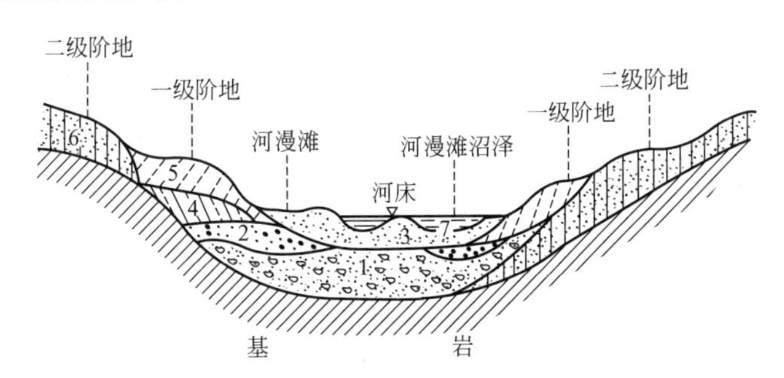

图2-18 平原河谷横断面示例（垂直比例尺放大）

1—砾卵石；2—中粗砂；3—粉细砂；4—粉质黏土；5—粉土；6—黄土；7—淤泥

① 河床沉积土 上游颗粒粗，下游颗粒细，具有一定的磨圆度。河床沉积土大多为中密砂砾，是良好的天然地基。

② 河漫滩沉积土 常为上下两层结构。下层为砂砾、卵石等粗颗粒物质，上层则为河水泛滥时沉积的较细颗粒的土，局部夹有淤泥和泥炭层。故上层不宜作为持力层，下层是良好地基。

③ 河流阶地沉积土 河谷阶地是在地壳升降运动与河流侵蚀、沉积等作用相互配合下形成的。由河漫滩向上，依次为一级阶地、二级阶地等。阶地越高，形成年代越早，土质越好。

④ 古河道沉积土 在弯曲的河道，河水冲刷凹岸，冲蚀下来的物质带到凸岸沉积下来，河道的弯曲逐渐发展，在洪水期水流截弯取直，原来弯曲部逐渐淤塞形成古河道沉积土。这种沉积土通常存在较厚的淤泥、泥炭土，压缩性高，强度低，为不良地基。

2.3.4.2 山区河谷冲积土

山区河谷两岸一般比较陡峭，大多仅有河谷阶地，而没有河漫滩，如图 2-19 所示。河流流速大，故沉积土颗粒较粗，多为砂粒所填充的漂石、卵石与圆砾。山区河谷冲积土的厚度通常不超过 10～15m。山间盆地和宽谷中有河漫滩冲积土，主要为含泥的砾石，分选性较差，具有透镜体和倾斜层理构造。高阶地，往往是岩石或坚硬土层，是良好地基。

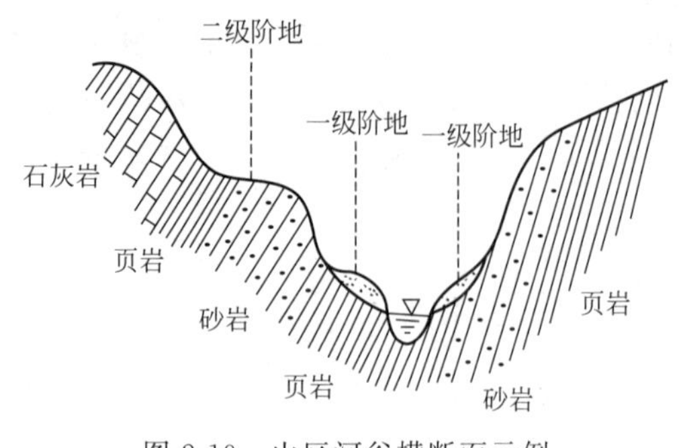

图 2-19 山区河谷横断面示例

2.3.4.3 三角洲冲积土

河流搬运的大量物质在河流入海、入湖的地方沉积成为三角洲冲积土，厚度可达数百米以上，分布范围很广，水系密布，地下水位较高。

三角洲冲积土的颗粒较细，含水量大，多呈饱和状态，有较厚的淤泥或淤泥质土层分布，承载力较低。在最上层，由于经过长期的干燥和压实，形成一个“硬壳”层，承载力较下面土层为高，应善加利用。

2.3.5 其他沉积土

除前述四种成因类型的沉积土以外，还有海洋沉积土、湖泊沉积土、冰川沉积土和风积土等类型，因遇到的机会不多，故不再介绍。

2.4 不良地质条件

良好地质条件对建筑工程有利，不良地质条件对建筑工程不利，甚至有可能导致建筑地基基础事故，应特别加以注意。常见的不良地质条件有节理发育、断层，滑坡、泥石流，河岸冲淤、岸坡失稳，沟渠侧移等。

2.4.1 节理发育、断层

相互平行的两个节理，称为一组节理。若岩层具有三组以上的节理，则称为节理发育。在节理发育的地区，节理的间距多数小于 0.4m，它将岩体切割成小块状，破坏了岩层的整体性，增强了岩体的透水性，加速了岩体的风化速度，从而使岩体的强度和稳定性下降。节理发育的场地，一般不宜作为建筑物的地基。

形成年代越近的断层，活动的可能性越大。大的断层形成断裂带，断裂带处断层活动往往会导致地震发生。如龙门山断裂带长达数百公里，2008 年 5 月 12 日发生 8.0 级地震；起于营口终于庐江的大断裂带，长度超过两千公里，1969 年渤海 7.4 级地震，1975 年海城 7.3 级地震，都与断裂带的活动有关。长度在几米至数千米的中小断层数量较多，断层错动也会导致上方建筑物的破坏。

在断层附近建房，应按规定进行抗震设防。永久性建筑应避免横跨在断层上。

2.4.2 滑坡、泥石流

斜坡上有大量的岩土体，在一定的自然条件及其重力的作用下，使部分岩土体失去稳定性，沿斜坡内部一个或几个滑动面（带）整体地向下滑动的现象，称之为滑坡。滑坡可分为三个阶段，即蠕动变形阶段、滑动破坏阶段、渐趋稳定阶段。

天然山坡经历漫长的地质年代，已趋稳定。但由于人类的活动和自然环境的因素，会使原本稳定的山坡失稳而滑动，形成地质灾害，对坡上建筑和坡下建筑可能带来危害。如图2-20所示为因暴雨所致的山体滑坡，造成民房被摧毁，村庄被埋没，甚至是人员伤亡，损失重大。在山坡上或山脚下修造建筑物时，应特别注意山坡的稳定性。

图2-20 暴雨所致的山体滑坡

含有大量泥砂、石块等固体物质，突然爆发的，具有很大破坏力的特殊洪流称之为泥石流。形成泥石流的条件有，地形条件（泥石流形成区、泥石流流通区、泥石流堆积区）、地质条件（松散固体物质）、水文气象条件（大量的流水）。

2010年8月7日深夜至8日凌晨，甘肃省南部地区特大暴雨，舟曲县境内山体滑坡与山洪一起形成泥石流，顺白龙江而下，舟曲县城关镇及其附近村子被冲毁。这次特大山洪泥石流冲毁房屋五千余间，造成一千多人死亡，数百人失踪，损失巨大。这为建筑选址和防灾减灾提出了值得进一步思索的问题。

2.4.3 河岸冲淤、岸坡失稳

平原河道往往有弯曲，凹岸受水流的冲刷坍岸，危及岸上建筑物安全。凸岸水流的流速慢，产生淤积。冲淤平衡的河道，河道稳定；冲淤不平衡的河道，河流自然改道。所谓“三十年河东，四十年河西”，因此形成如黄河故道、海河故道等废弃河道。河岸的冲淤多在砂河，尤其以黄河的干支流为甚。当含有大量泥砂的河流冲淤不平衡时，人为不让其改道，就应不断加高、加宽堤防，形成所谓的地上悬河，黄河开封段便是如此。

河岸、湖岸、海岸在天然条件下是稳定的，但如果在岸边建造房屋，由于建筑物的自重作用于岸边，则可能发生岸坡失稳，产生滑动，危及建筑物的安全。如果地基土质软弱，则还应考虑到在地震作用下，土的抗剪强度降低，岸坡可能产生滑动这一不利因素。

2.4.4 沟渠侧移

排水沟、输水渠等排灌通道中，干渠、支渠（干沟、支沟）的深度、宽度仅几米或几十米，往往不为人们所重视。但若靠近沟渠修房造屋，当地基土为含水量高、密度低的黏性土时，则建筑物地基可能向沟渠方向侧向位移，导致房屋倾斜和墙体开裂等事故。

某些大、中城市的河流、沟渠和防洪通道两侧，规划部门通常要求50～100m范围内不得修建房屋。

2.5 地下水与土的渗透性

2.5.1 地下水

以各种形式存在于地壳岩石或土壤孔隙、裂隙、溶洞中的水，称为地下水。地下水的存在，会给地基基础的设计和施工带来不便，比如基坑降水、地下室防水，腐蚀性对结构的不利影响等。

2.5.1.1 地下水按埋藏条件分类

人们将透水的地层称为透水层，而相对不透水的地层称为隔水层。地下水按埋藏条件可分为上层滞水、潜水和承压水三种类型，如图 2-21 所示。

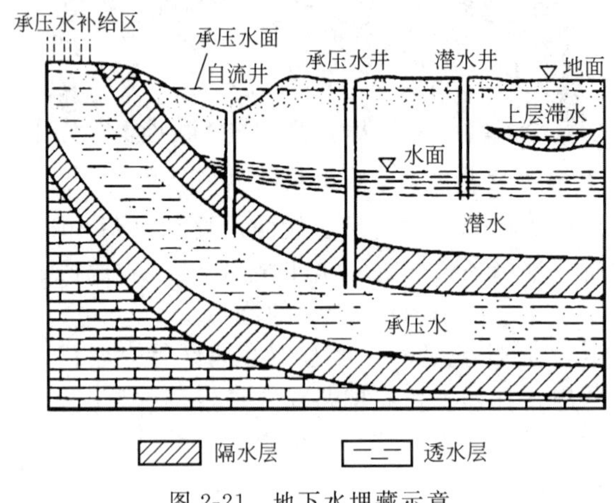

图 2-21 地下水埋藏示意

(1) 上层滞水

地表水下渗，积聚在局部透水性小的黏土隔水层上的水，称为上层滞水。这种水具有自由水面，靠雨水补给，具有季节性，存在于雨季，旱季可能干涸。

(2) 潜水

埋藏在地表以下第一个连续分布的稳定隔水层以上，具有自由水面的重力水，称为潜水。

潜水的分布很广，一般埋藏在第四纪松散沉积层和基岩风化层中，由雨水和河水补给，同时，因蒸发或流入河流而排泄。潜水受气候条件影响，埋藏深度各地不一，南方一些地区不足 1m，西北黄土高原可深达 100～200m。

(3) 承压水

埋藏在两个连续分布的隔水层之间，完全充满的有压地下水，称为承压水。在地面打井至承压水层时，水便在井中上升，有时甚至喷出地表，形成自流井。由于承压水的上面存在隔水顶板的作用，它的埋藏区与地表补给区不一致，因此，承压水的动态变化，受局部气候因素影响不明显。

地下水的表面称为地下水面，潜水面指自由水面，承压水面则是指承压水揭露后的稳定水面。地下水面相对于基准面的高程，称为地下水位。通常以绝对高程计算，潜水面的高程称为潜水位，承压水面的高程称为承压水位。打井或钻探时，开始发现地下水的高程称为“初见水位”，经过一定时间后，水位稳定在某一高度，称为“静止水位”。

2.5.1.2 地下水的水质

地下水的水质和所含矿物成分或化学元素有关，可能是洁净的饮用水和工业用水，也可能是具有侵蚀性的水，从而影响结构的耐久性。

(1) 矿化度

矿化度是地下水中各种元素的离子、分子和化合物的总称。通常根据一定体积的水在105～110℃的温度下蒸干后所得残渣的质量来判定，常用单位为g/L。根据矿化度的大小，可把地下水分为五类：①淡水，矿化度小于1g/L；②微咸水（弱矿化水），矿化度1～3g/L；③咸水（中等矿化水），矿化度3～10g/L；④盐水（强矿化水），矿化度10～50g/L；⑤卤水，矿化度大于50g/L。

矿泉水，又称矿水，是具有医疗意义或保健作用的地下水。由于水中含有一定数量的特殊化学成分、有机质和气体，或者具有较高的温度（超过20℃，温泉），故能影响人体的生理作用。

(2) 侵蚀性

在含有化学物质的工业废水渗入地区、硫化矿及煤矿等矿水渗入地区、盐湖与海水渗入地区等，地下水质对混凝土、可溶性岩石及钢材可能有侵蚀的危害。地下水对混凝土的侵蚀性可分为结晶性侵蚀和分解性侵蚀两种基本类型。

结晶性侵蚀是指地下水中含硫酸离子(SO_4^{2-})过多，渗入混凝土中与$Ca(OH)_2$起作用生成石膏结晶($CaSO_4 \cdot 2H_2O$)，体积增大。硫酸钙还能与混凝土中的铝酸盐生成铝与钙复硫酸盐，由于生成物的体积比化合前膨胀2.5倍，故可致混凝土破坏。

分解性侵蚀主要是指地下水中氢离子浓度（pH值）和侵蚀性二氧化碳含量过多时，对混凝土的破坏作用。地下水中氢离子浓度用pH值表示，浓度愈高，pH值愈小。当水中pH值<7时，呈酸性，地下水对混凝土中的$Ca(OH)_2$及$CaCO_3$起溶解破坏作用；地下水含游离CO_2时，能与混凝土中的$Ca(OH)_2$起作用而生成一层$CaCO_3$硬壳，但含有过多的CO_2时，其中一些CO_2又与碳酸钙作用生成溶解度较大的$Ca(HCO_3)_2$，引起所谓的碳酸腐蚀作用。这种过多的能与碳酸钙起作用的那一部分游离二氧化碳叫做侵蚀性二氧化碳。

2.5.2 土的渗透性

土中水在各种势能的作用下，通过土中的孔隙，从势能高的位置向势能低的位置流动，这种现象称为土的渗流。土被水渗流通过的性能，称为渗透性。

2.5.2.1 达西定律

1856年，法国学者达西（Darcy）进行了水的渗流试验，其常水头试验装置如图2-22所示。该试验装置包括一个直立的开口圆筒、筒的侧壁安有测压管，上部设有溢流装置，下部有泄水管。在圆筒底部为碎石，上覆多孔滤板。粗颗粒土试样置于滤板之上，断面面积为A，试样长度为L，两个测压管分别位于试样的顶部1和底部2。试验时，保持上部水位不

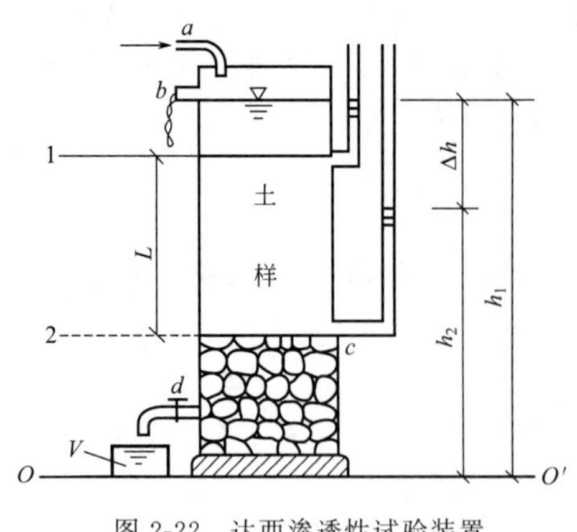

图 2-22　达西渗透性试验装置

变，以 $O—O'$ 线为基准面，分别测定测压管的水头（高度）h_1 和 h_2，同时测定时间段 t 内通过试样渗流的水量 V。

达西通过大量试验，发现砂土的渗透规律，被人们称之为达西定律：

$$v=ki \tag{2-1}$$

式中　v——水在土中的渗流速度，mm/s，它不是地下水在孔隙中流动的实际速度，而是单位时间内流过土的单位面积的水量；

i——水头梯度（或水力坡降），$i=\Delta h/L$，Δh 为水头差或水头损失，L 为渗流途径（距离）；

k——土的渗透系数，mm/s。

对于黏性土，达西定律的公式如下：

$$v=k(i-i_0) \tag{2-2}$$

式中　i_0——起始水头梯度。

2.5.2.2　渗透系数

渗透系数的测定可以分为现场试验和室内试验两大类。一般地讲，现场试验比室内试验得到的成果较准确可靠。因此，对于重要工程常需进行现场测定。现场试验常用野外井点抽水试验。各种土的渗透系数变化范围可参见表 2-2。

表 2-2　土的渗透系数参考值

土的名称	渗透系数 k/(mm/s)	土的名称	渗透系数 k/(mm/s)
致密黏土	$10^{-6}\sim10^{-10}$	粉砂、细砂	$10^{-2}\sim10^{-3}$
粉质黏土	$10^{-5}\sim10^{-6}$	中砂	$1.0\sim10^{-2}$
粉土、裂隙黏土	$10^{-3}\sim10^{-5}$	粗砂、砾石	$1.0\sim10^{3}$

（1）实验室测定

室内试验测定土的渗透系数的仪器和方法较多，但就原理来说可分为常水头试验和变水头试验两种。对于常水头试验，已知土样长度 L，截面面积 A，测定水头差 Δh，历时 t 的渗流量 V。因为

$$V=Qt=vAt=kiAt=kAt\ \frac{\Delta h}{L}$$

式中　Q——水的流量。

所以渗透系数为

$$k=\frac{VL}{At\Delta h} \tag{2-3}$$

（2）抽水试验

在现场钻一口抽水井，贯穿要测试 k 值的土层，并在该井附近设置两个观测孔，它们

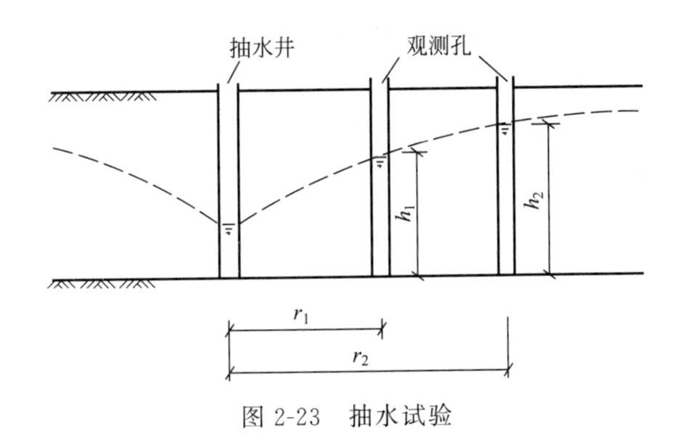

图 2-23 抽水试验

与抽水井的水平距离分别为 r_1 和 r_2，如图 2-23 所示。用水泵在井内连续均匀排水，记录抽水量，同时观测旁边观测孔内的水位变化。设 q 为单位时间内的抽水量（mm^3/s），h_1 和 h_2 为观测孔水位高度，则渗透系数 k 的计算公式为

$$k=\frac{2.3q\lg(r_2/r_1)}{\pi(h_2^2-h_1^2)} \tag{2-4}$$

【例 2-1】 一粉砂试样长 100mm，截面面积 $500mm^2$，试验水头差 200mm，10 分钟内测得渗流量为 $6000mm^3$，求该土样的渗透系数。

【解】

由式（2-3），得

$$k=\frac{VL}{At\Delta h}=\frac{6000\times100}{500\times(10\times60)\times200}=1.0\times10^{-2}(mm/s)$$

2.5.3 动水力和流砂

水在土中渗流，受到土骨架的阻力，同时也对土骨架施加推力。地下水的渗流对土单位体积内的骨架产生的力称为动水力或渗流力，用 G_D 表示。

如图 2-24 所示为动水力分析简图，设土样的截面面积为 A，进水口（B—B 面）与出水口（A—A 面）两测压管的水位高差为 h，它表示从进水口流过厚度为 l 的土样到达出水口时，必须克服整个土样内土颗粒对水流的阻力所引起的水头损失。因此，土颗粒对水流的阻力 $F_R=\gamma_w hA$。作用于土样总动水力 F_D 和土体中土颗粒对水流的阻力 F_R 为作用力与反作用力的关系，其大小相等，即 $F_D=F_R=\gamma_w hA$。渗流力或动水力为：

$$G_D=\frac{F_D}{Al}=\frac{\gamma_w hA}{Al}=\gamma_w\frac{h}{l}=\gamma_w i \tag{2-5}$$

动水力是一种体积力，量纲与 γ_w 相同，常用单位为 kN/m^3。动水力的大小与水头梯度成正比，方向与渗流方向一致。γ_w 为单位体积水的重力，或水的重度，$\gamma_w=9.81kN/m^3$，工程上为方便计算，通常近似地取 $\gamma_w\approx10kN/m^3$。

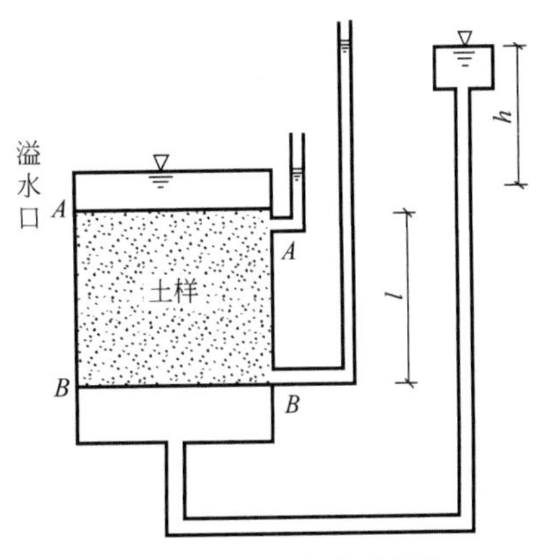

图 2-24 动水力分析简图

当渗流方向与土的重力方向一致时（自上而下流动），动水力加大土颗粒间的压力，对土骨架起压密作用，对工程有利；当渗流方向与土的重力方

向相反时（从下往上流动），动水力减小土颗粒间的压力，对土体起浮托作用，对土体的稳定不利。当地下水从下往上流动且动水力的大小等于或大于土的有效重度 γ'(扣除浮力的重度)时，土体随水流动，这种现象称为流土或流砂。

流土或流砂产生的条件为

$$G_D=\gamma_w i \geqslant \gamma' \quad 或 \quad i \geqslant \gamma'/\gamma_w$$

令

$$i_{cr}=\gamma'/\gamma_w \tag{2-6}$$

称其为临界水头梯度（临界水力坡降），则流砂（流土）产生的条件成为

$$i \geqslant i_{cr} \tag{2-7}$$

在地下水位以下开挖基坑时，如果从基坑中直接抽水，将导致地下水从下向上流动而产生向上的动水力。当水头梯度等于或大于临界水头梯度时，就会出现流土或流砂。这种现象在细砂、粉砂、粉土中较常发生，给施工带来困难，严重时还会危及邻近建筑物的安全。

当渗流的水头梯度 i 很大时，会引起水流紊乱，水流将会把土体粗颗粒孔隙中充填的细粒土带走，破坏土的结构，这种现象称为潜蚀。长时间的潜蚀，会在土层中形成管状空洞，故又称为管涌。管涌可造成地表塌陷，影响建筑物、堤坝等结构的安全。如图 2-25 所示为 2010 年夏季发生在我国南方地区因管涌造成的地表塌陷，左图为农田塌陷坑，右图为高速公路上的塌陷坑。仅湖南一省，现存的这种塌陷坑就有数百个，小则几立方米，最大的达十万立方米，故百姓称之为“天坑”。

图 2-25 塌陷坑

【例 2-2】 某基坑在细砂层中开挖，施工抽水，水头差 2.5m，渗流途径 10.0m，细砂层的有效重度为 8.7kN/m³。试判别该基坑是否会产生流砂?

【解】

水头梯度：
$$i=\frac{\Delta h}{L}=\frac{2.5}{10.0}=0.25$$

临界水头梯度：
$$i_{cr}=\frac{\gamma'}{\gamma_w}=\frac{8.7}{10}=0.87$$

因为 $i=0.25<i_{cr}=0.87$，所以基坑不会产生流砂。

思考题

2.1 什么是地质作用和地质构造？地质构造有哪些基本类型?

2.2 相对地质年代如何划分?

2.3 对应于第四纪的地层单位是什么？如何再向下细分？

2.4 何谓节理和节理发育？断层如何分类？

2.5 岩石的成因类型有哪些？试举例说明各类岩石的代表性岩石及其应用。

2.6 土的成因类型有哪几种？

2.7 什么是地下水？按埋藏条件划分有哪些类型？

2.8 什么是土的渗透性？

2.9 何谓动水力？流砂和管涌是如何产生的？

选择题

2.1 侏罗纪巨大爬行动物发展，鸟类出现，它属于（　　）。

A. 新生代　B. 中生代　C. 古生代　D. 元古代

2.2 常见的花岗岩是岩浆岩中的一种，它属于（　　）岩石。

A. 超基性　B. 基性　C. 中性　D. 酸性

2.3 玄武岩是一种分布极广的基性喷出岩，我国西南地区的玄武岩生成于（　　）。

A. 二叠纪　B. 三叠纪　C. 石炭纪　D. 寒武纪

2.4 沉积岩最主要的构造特征是具有（　　）。

A. 气孔构造　B. 变质构造　C. 层理构造　D. 块状构造

2.5 下列岩石中，属于变质岩的是（　　）。

A. 玄武岩　B. 砂岩　C. 石灰岩　D. 大理岩

2.6 由于雨雪水流地质作用，将高处岩石风化产物缓慢冲刷、剥蚀、搬运，沉积在较平缓的山坡上的沉积物是（　　）。

A. 残积土　B. 坡积土　C. 冲积土　D. 洪积土

2.7 （　　）的颗粒由于搬运作用呈现分选性，其构造呈不规则的交错层理构造，并具有夹层、尖灭或透镜体等产状。

A. 残积土　B. 坡积土　C. 洪积土　D. 冲积土

2.8 埋藏在地表浅处、局部隔水层的上部，且具有自由水面的地下水称为（　　）。

A. 上层滞水　B. 潜水　C. 承压水　D. 矿泉水

计算题

2.1 实验室进行砂土的渗透试验，已知土样直径 75mm，长 200mm，测得水头损失 80mm，在 1 分钟内的渗流量为 72000mm^3，试求土的渗透系数 k。

2.2 某工程的基坑中，由于抽水引起水流由下往上流动，水头差为 60cm，水流途径 80cm，土的有效重度 9.5kN/m^3。问该基坑是否会产生流砂？

第3章 土的物理性质和工程分类

Chapter 03

内容提要

本章内容包括土的三相组成、土的结构和构造、土的物理性质指标、土的物理状态、岩土的工程分类，重点讲述三相比例指标的计算、无黏性土的物理状态、黏性土的界限含水量和塑性指数、液性指数。

基本要求

通过本章的学习，要求了解土中固体颗粒、水和气体的分类和对土的影响，熟悉土的结构和构造，掌握无黏性土和黏性土物理状态的判定方法、土的击实试验方法和压实系数的意义，掌握岩土的工程分类，熟练掌握三相比例指标的定义、测定方法和换算公式。

3.1 土的三相组成

土是由岩石风化生成的松散沉积物，其物质成分包括构成土骨架的矿物颗粒及填充在孔隙中的水和气体，形成所谓的三相体系，即固相（颗粒）、液相（水）和气相（空气）。特殊情况下，土由两相所组成：干土由颗粒和气所组成，没有水；饱和土由颗粒和水组成，没有气。土的三相组成物质的性质，相对含量以及土的构造，都会对土的物理力学性质产生影响。

3.1.1 土中固体颗粒

固体颗粒构成土的骨架，土粒的大小与颗粒的形状、矿物成分、结构构造存在一定关系。岩石经物理风化形成的碎屑，形状成块状或粒状，颗粒粗大；化学风化形成次生矿物和有机质，多呈片状，颗粒细小。

3.1.1.1 粒径分组

土由大小不同的土粒所组成，其粒径由粗到细逐渐变化时，土的性质会相应发生变化。土粒的大小称为粒度，通常以粒径表示。介于一定粒度范围内的土粒，称为粒组。根据土粒的粒径大小，可将土粒划分为以下六大粒组。

① 漂石或块石颗粒　粒径＞200mm。透水性很大，无黏性，无毛细水。

② 卵石或碎石颗粒　粒径 20～200mm。透水性大，无黏性，无毛细水。

③ 圆砾或角砾颗粒　粒径 2～20mm。透水性大，无黏性，毛细水上升高度不超过粒径

大小。

④ 砂粒　粒径0.075～2mm。易透水，当混入云母等杂质时，透水性减小，而压缩性增加；无黏性，遇水不膨胀，干燥时松散；毛细水上升高度较小，随粒径变小而增大。

⑤ 粉粒　粒径0.005～0.075mm。透水性小；湿时稍有黏性，遇水膨胀小，干时稍有收缩；毛细水上升高度较大、速度较快，极易出现冻胀现象。

⑥ 黏粒　粒径<0.005mm。透水性很小；湿时有黏性、可塑性，遇水膨胀大，干时收缩显著；毛细水上升高度大，且速度较慢。

同一粒组的土，其物理力学性质较为接近。

3.1.1.2　颗粒级配

土中土颗粒的大小及其组成情况，通常用颗粒级配来表示。所谓颗粒级配，就是土中各个粒组的相对含量，即各粒径的质量占总质量的百分数。土的颗粒级配是通过试验测定的，常用的测定方法有筛分法和沉降分析法两种。

（1）筛分法

当粒径≥0.075mm时，采用筛分法测定颗粒级配。试验时，将风干、分散的土样，放入一套从上到下筛孔由大到小的标准筛［如60、40、20、10、5、2、1、0.5、0.25、0.075(mm)］进行筛分，称量出留在各个筛子上的颗粒质量，便可计算得到各个粒组的相对含量。

（2）沉降分析法

当粒径<0.075mm时，采用沉降分析法。该法通常采用密度计法或移液管法，因为土粒直径大小不同，在水中沉降的速度也不同，所以用特制的密度计便可分离出不同粒径的土。

根据颗粒分析试验结果，常采用累计曲线法表示土的级配。如图3-1所示，以横坐标表示粒径，由于土粒粒径的取值范围很宽，且相差较大，因此采用对数坐标；纵坐标表示小于（或大于）某粒径的土的含量（以质量的百分比表示）。由累计曲线的坡度，可以大致判断土的均匀程度或级配是否良好。如曲线较陡，则表示粒径大小相差不多，土粒较均匀，级配不良；反之，若曲线平缓，则表示粒径大小相差悬殊，土粒不均匀，级配良好。

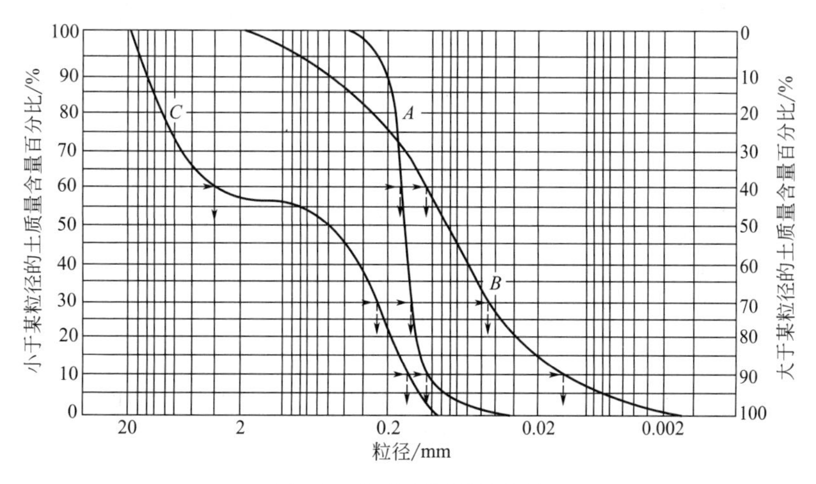

图3-1　颗粒级配累计曲线

根据级配的累计曲线，还可定义不均匀系数 C_u 和曲率系数 C_c，以此来定量反映土颗粒级配的不均匀程度：

$$C_u = d_{60}/d_{10} \tag{3-1}$$

$$C_c = \frac{d_{30}^2}{d_{10}d_{60}} \tag{3-2}$$

式中 d_{60}——小于某粒径的土粒质量累计百分数为 60%时所对应的粒径，又称限定粒径，mm；

d_{30}——小于某粒径的土粒质量累计百分数为 30%时所对应的粒径，又称中值粒径，mm；

d_{10}——小于某粒径的土粒质量累计百分数为 10%时所对应的粒径，又称有效粒径，mm。

很显然，对同一种土而言，限定粒径、中值粒径和有效粒径满足关系：$d_{60}>d_{30}>d_{10}$。一般情况下，工程上把 $C_u<5$ 的土看作是级配均匀的土，属于级配不良；将 $C_u>10$ 的土看作是级配不均匀的土，属于级配良好。对于级配连续的土，采用单一指标 C_u 即可达到比较满意的判别结果。但对于缺乏中间粒径的土，即级配不连续，累计曲线上出现台阶状（如图 3-1 中 C 曲线），采用单一指标 C_u 难以有效判定土的级配好坏，此时应采用 C_u 和 C_c 共同判定土的级配。一般认为，同时满足 $C_u \geqslant 5$ 和 $C_c=1\sim3$ 时的土，级配良好，否则级配不良。

级配良好的土，较细颗粒填充粗颗粒之间的孔隙，密实度较好。作为建筑地基，承载力较高，稳定性较好，透水性和压缩性也较小；而作为填筑工程的建筑材料，则比较容易夯实，是堤坝、路基及其他土方工程中良好的填方用土。

3.1.1.3 矿物成分

土粒的矿物成分主要有原生矿、次生矿和腐殖质胶态物质，取决于母岩的成分及其所经受的风化作用。粗大颗粒中存在原生矿和次生矿，而细粒土中则含次生矿和有机质。

漂石、卵石、砾石等粗大颗粒都是岩石的碎屑，它们的矿物成分与母岩相同。砂粒大部分是母岩中的单矿物颗粒，如石英、云母和长石等。其中石英的抗风化能力强，在砂粒中尤为多见。粉粒的矿物成分主要是石英和难溶的盐类如碳酸钙、碳酸镁等颗粒。黏粒的矿物成分主要是黏土矿（蒙脱石、伊利石、高岭石）、氧化物（Al_2O_3、Fe_2O_3 等）、氢氧化物等各种难溶盐类。

土粒中的腐殖质等胶态物质，其粒子细小，能吸附大量水分子。若黏土中含有大量的蒙脱石、伊利石和胶态腐殖质，则极易与水结合，使土具有高塑性、膨胀性和黏性，并极易受外界条件的影响，工程性质复杂多变。

3.1.2 土中水

土孔隙中的水可以处于液态、固态和气态。当环境温度低于 0℃时，土中水便冻结成冰，形成冻土。冻土的强度提高，体积可能会增大（冻胀）。但融化以后，强度会急剧降低，体积缩小。冻融交替，可能会引起不均匀沉降和抬升，对建筑物不利。气态水对土的性质影响不大。土中以液态水为主，它是成分复杂的电解质水溶液，与土粒有复杂的相互作用。根据作用力的不同，土中水可分为结合水和自由水两类。

3.1.2.1 结合水

当土粒与水相互作用时，土粒会吸附一部分水分子，在土粒表面形成一定厚度的水膜，称为结合水。细小土粒表面一般带有负电荷，在土粒周围形成电场，使水分子或水溶液中的阳离子一起被吸附在土粒表面，吸引力可达数千甚至上万个大气压。

根据吸附力的强弱，结合水可分为强结合水和弱结合水。

(1) 强结合水

强结合水是指紧靠土粒表面的结合水。其特征是没有溶解盐类的能力，不能传递静水压力，只有吸热变成蒸汽时才会移动。这种水牢固地结合在土粒表面，其性质接近于固体。

(2) 弱结合水

弱结合水是指存在于强结合水外围的一层结合水膜，又称为薄膜水。弱结合水仍不能传递静水压力，但较厚的水膜能向邻近较薄的水膜缓慢转移。黏土含有较多的弱结合水时，土具有一定的可塑性。弱结合水离土粒表面愈远，电分子吸引力愈弱，并逐渐过渡到自由水。

3.1.2.2 自由水

不受土粒表面电场作用影响的水，称为自由水。它的性质和正常水一样，有溶解能力，能传递静水压力，冰点为0℃。自由水按其移动所受作用力不同，可以分为重力水和毛细水。

(1) 重力水

重力水是指受重力作用或水头压力作用下移动的自由水。它通常存在于潜水位以下的透水土层中，对土粒有浮力作用。

(2) 毛细水

毛细水是指受到水与空气交界面处表面张力作用的自由水，它存在于潜水位以上的透水土层中。由于表面张力的作用，地下水会沿毛细管上升，这种现象称为毛细现象。毛细水的上升高度与土粒的粒度和成分有关。碎石土中，无毛细现象产生；砂土中，毛细水的上升高度取决于土粒粒度，一般不超过2m；在粉土中，由于其粒度较小，毛细水上升高度最大，往往超过2m；黏性土的粒度虽然更小，但由于黏土矿物颗粒与水作用，产生了具有黏滞性的结合水，阻碍了毛细通道，因此黏性土中的毛细水上升高度反而较低。

在工程实践中，毛细水的上升高度和上升速度对于建筑物地下部分的防潮措施和地基土的浸蚀、冻胀等有重要影响。此外，在干旱地区，地下水中的可溶盐随毛细水上升后不断蒸发，盐分便积聚，在靠近地表处形成盐渍土。

3.1.3 土中气体

土中气体存在于土孔隙中未被水所占据的空间。与大气相通的气体为自由气体，它对土的性质影响不大；与大气隔绝的气体形成封闭气泡，常存在于细粒土中，它在外力作用下具有弹性，使土的透水性减小。

对于淤泥和泥炭等有机质土，由于微生物的分解作用，在土中蓄积了某种可燃气体（如硫化氢、甲烷等），使土层在自重作用下长期得不到压密，而形成高压缩性土层。

3.2 土的结构和构造

3.2.1 土的结构

土粒或土粒集合体的大小、形状、相互排列与联结等称为土的结构，一般将土分为单粒结构、蜂窝结构和絮状结构三种基本类型。

(1) 单粒结构

单粒结构是土粒在水或空气中下沉形成的一种土的结构。由碎石（砾石）颗粒或砂粒组成的土，具有单粒结构。这种结构颗粒粗大，在重力作用下沉积，土粒之间的分子引力很小，颗粒之间几乎没有联结，如图 3-2 所示。

呈紧密状态的单粒结构的土，强度较高，压缩性较小，是比较好的天然地基；疏松状态的单粒结构的土，其骨架不稳定，当受到振动或其他外力作用时，土粒容易发生相对移动，引起很大的变形。疏松状态的单粒结构的土，需要经过压实处理才能作为建筑物或构筑物的地基。

(2) 蜂窝结构

蜂窝结构是由较细土粒下沉形成的一种土结构。土粒在水中单个下沉，当碰到已经沉积的土粒时，由于土粒之间的分子吸引力大于土粒的重力，因此土粒就停留在最初的接触点上不再下沉，逐渐形成土粒链。土粒链组成弓架，形成孔隙体积很大的蜂窝状结构，如图 3-3 所示。

形成蜂窝结构的土粒主要是粉粒。该结构的土孔隙很大，因为弓架作用和一定程度的粒间联结，所以可承载一定大小的静力荷载。但是，当承受高应力或动应力时，其结构将破坏，并可导致严重的地基沉降。

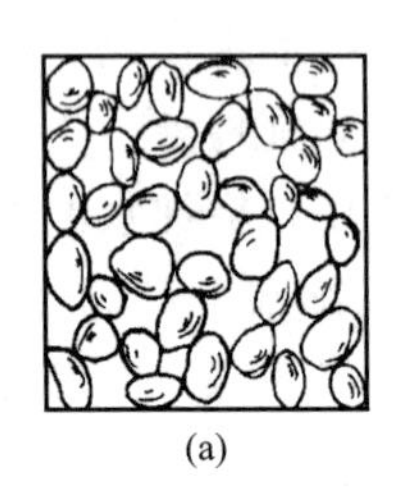

(a)

(b)

图 3-2 土的单粒结构

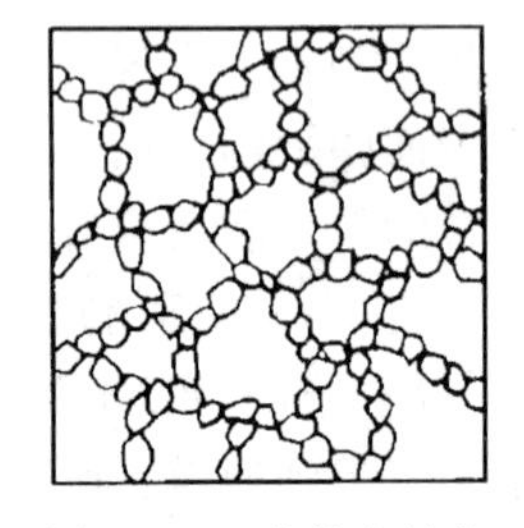

图 3-3 土的蜂窝结构

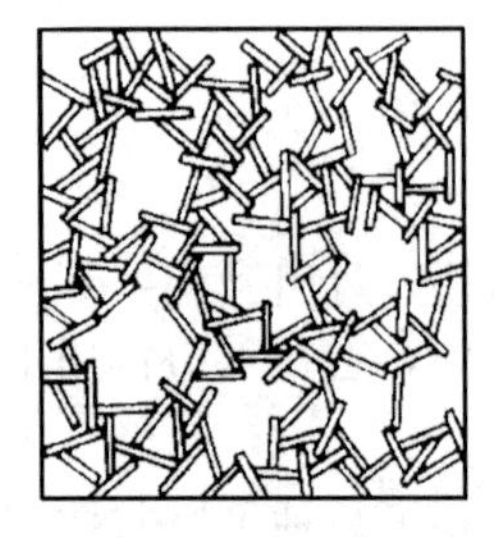

图 3-4 土的絮状结构

(3) 絮状结构

黏粒重力作用很小，能够在水中长期悬浮，不因自重而下沉。当悬浮液介质发生变化时，黏粒便凝聚成絮状的集粒絮凝体，并相继和已沉积的絮状集粒接触，从而形成孔隙体积很大的絮状结构，如图 3-4 所示。

絮状结构的土骨架不稳定，随着溶液性质的改变或受到振荡作用后，可重新分散。具有絮状结构的黏性土，在长期的固结作用和胶结作用下，土粒之间的联结得到加强，具有一定的承载能力。

3.2.2 土的构造

在同一土层中其结构不同部分相互排列的特征，称为土的构造。土的构造有层理构造和裂隙构造两种。

(1) 层理构造

土的成层性，就是层理构造。它是土在形成过程中，由于不同阶段沉积的物质成分、颗粒大小或颜色不同，而沿竖向呈现的成层特征。常见有水平层理构造和交错层理构造，其中交错层理构造带有夹层、尖灭和透镜体。

(2) 裂隙构造

所谓裂隙构造就是土体被许多不连续的小裂隙所分割，在裂隙中常充填有各种盐类的沉积物。不少坚硬和硬塑状态的黏性土具有这种构造，黄土中具有特殊的柱状裂隙。裂隙的存在会大大降低土体的强度和稳定性，增大透水性，对工程不利。

此外，土中的包裹物（如腐殖质、贝壳和结核体等）以及天然的或人为的孔洞等构造特征，也会造成土的不均匀性。

3.2.3 土的灵敏度和触变性

天然状态下的黏性土通常都具有一定的结构性。土的结构性是指天然土的结构受到扰动影响而改变的特性。当黏性土受到外来因素的扰动时，土粒间的胶结物质以及土粒、离子、水分子所组成的平衡体系受到破坏，土的强度降低，压缩性增大。这种不利影响用灵敏度 S_t 来衡量。土的灵敏度是以原状土的强度与该土经重塑（土的结构彻底破坏）后的强度之比来表示。

$$S_t = q_u / q_u' \tag{3-3}$$

式中 q_u——原状土试样的无侧限抗压强度，kPa；

q_u'——重塑土试样的无侧限抗压强度，kPa。

根据灵敏度的大小，可将饱和黏性土分为低灵敏土（$S_t \leqslant 2$）、中灵敏土（$2 < S_t \leqslant 4$）和高灵敏土（$S_t > 4$）三类。土的灵敏度越高，结构性越强，受扰动后强度降低越多。施工中应注意保护基坑和基槽，尽量减少对坑底土结构的扰动。

饱和黏性土的结构受到扰动，导致强度降低，但当扰动停止后，土的强度又会缓慢恢复或部分恢复。这是因为土体中土颗粒、离子和水分子体系随时间而逐渐趋于新的平衡状态的缘故。黏性土的这种性质，称为土的触变性。

3.3 土的三相比例指标

土的固相、液相和气相三相组成中，各部分的质量（或重量、重力）和体积之间的比例关系，反映了土的不同物理性状和工程性质。土的三相比例指标表明土的物理性质，是质量（或重量）之间、质量（或重量）与体积之间以及各部分体积之间的数量关系。

3.3.1 三项比例指标的定义

如图 3-5 所示为土的三相组成示意图。左边表示土中各相的质量，右边表示各相所占的体积。各符号的意义如下。

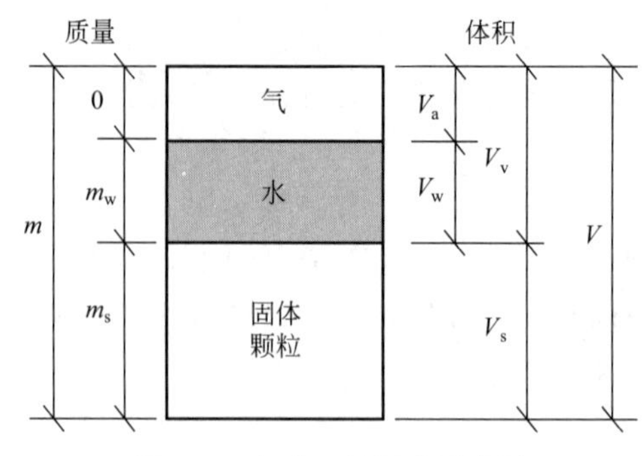

图 3-5 土的三相组成示意图

m——土的质量（总质量）。空气的质量可以不计，故土的质量等于土粒质量和水的质量之和。质量乘以重力加速度 g 就是重量或重力 $W=mg$，计算中可近似地取 $g=10\text{m/s}^2$。

m_w——土中水的质量，重量用 W_w 表示。

m_s——土粒的质量，重量用 W_s 表示。

V_a——土中气的体积。

V_w——土中水的体积。

V_v——土中孔隙的体积，$V_v=V_w+V_a$。

V_s——土粒的体积。

V——土的体积（总体积），$V=V_s+V_v=V_s+V_w+V_a$。

3.3.1.1 三项基本指标

基本指标就是需要通过试验测定的指标，共有三项。

① 密度　密度包含质量密度和重量密度。质量密度就是单位体积土的质量，简称土的密度，用符号 ρ 表示，定义为：

$$\rho=m/V \tag{3-4}$$

而土的重量密度就是单位体积土的重量或重力，又称重力密度，简称重度，用符号 γ 表示：

$$\gamma=\frac{W}{V}=\frac{mg}{V}=\rho g \tag{3-5}$$

重度等于密度乘以重力加速度，或密度等于重度除以重力加速度。密度并不直接应用于工程计算，工程实际计算都采用重度。天然状态下，砂土重度 $\gamma=16\sim20\text{kN/m}^3$，粉土和黏性土重度 $\gamma=18\sim20\text{kN/m}^3$。

② 含水量　土中水的质量与土粒质量之间的百分比，称为土的含水量，用 w 表示：

$$w=\frac{m_w}{m_s}\times100\% \tag{3-6}$$

在数值上它和土中水的重量与土粒的重量之百分比相同。含水量是表示土的湿度的一个指标，对粉土、黏性土的性质影响较大，对粉砂、细砂稍有影响，对碎石土没有影响。天然状态下土的含水量变化范围很大，砂土一般 $w=0\sim40\%$，黏性土 $w=20\%\sim60\%$。

③ 土粒比重 土粒比重是单位体积的土粒重力（重量）与同体积纯水4℃时的重力（重量）之比，用符号 G_s 表示

$$G_s=\frac{\text{固体颗粒的重度}}{\text{纯水 4℃时的重度}}=\frac{W_s/V_s}{\gamma_w}=\frac{W_s}{V_s\gamma_w} \tag{3-7}$$

这是一个无量纲的量，在数值上也等于土粒质量与同体积纯水4℃时的质量之比，又称为相对密度。常见的土粒比重：砂土 $G_s=2.65\sim2.69$，粉土 $G_s=2.70\sim2.71$，黏性土 $G_s=2.72\sim2.74$。

3.3.1.2 六项非基本指标

非基本指标是不需要经过实测，直接由基本指标计算得到的三相比例指标，共有六项。

① 孔隙比 孔隙比定义为土中孔隙体积与土颗粒体积的比值，用 e 表示：

$$e=V_v/V_s \tag{3-8}$$

这是表示土密实程度的一个重要指标。根据孔隙比 e 的数值，可以初步评价天然土层的密实程度：$e<0.6$ 的土是密实的，压缩性小；$e>1.0$ 的土是疏松的，压缩性高。

② 孔隙率 土中孔隙体积与总体积之间的百分比，称为土的孔隙率，用 n 表示：

$$n=\frac{V_v}{V}\times100\% \tag{3-9}$$

③ 饱和度 土中水的体积与孔隙体积之间的百分比，称为土的饱和度，用 S_r 表示：

$$S_r=\frac{V_w}{V_v}\times100\% \tag{3-10}$$

根据饱和度 S_r，砂土的湿度可分为稍湿（$0<S_r\leqslant50\%$）、很湿（$50\%<S_r\leqslant80\%$）和饱和（$80\%<S_r\leqslant100\%$）三种状态。

④ 干重度 干土的重度称为干重度，也就是土单位体积中固体颗粒那部分的重力。干重度用 γ_d 表示：

$$\gamma_d=\frac{W_s}{V}=\frac{m_s g}{V}=\rho_d g \tag{3-11}$$

它等于干密度 ρ_d 乘以重力加速度 g。

⑤ 饱和重度 土中孔隙完全被水充满时土的重度称为饱和重度，用 γ_{sat} 表示：

$$\gamma_{sat}=\frac{W_s+\gamma_w V_v}{V} \tag{3-12}$$

⑥ 有效重度 在地下水位以下的土受到水的浮力作用，扣除浮力后单位体积土所受的重力，称为土的有效重度，用 γ' 表示：

$$\gamma'=\frac{W_s-\gamma_w V_s}{V} \tag{3-13}$$

3.3.2 三项比例指标之间的换算

试验测定土的三个物理性质指标 ρ（或 γ）、w、G_s，根据定义和三相组成图，可得到

其余指标的换算公式，见表 3-1。根据表 3-1 给出的换算公式，可计算其他物理性质指标；也可以先根据基本指标填写三相组成图，然后按定义计算其他物质性质指标。

表 3-1　土的三相组成比例指标换算公式

指标	符号	定义式	换算公式	单位
密度	ρ	$\rho=\frac{m}{V}$	$\rho=\frac{\gamma}{g}$	t/m^3
重度	γ	$\gamma=\frac{W}{V}$	$\gamma=\gamma_d(1+w)$，$\gamma=\frac{\gamma_w(G_s+S_re)}{1+e}$	kN/m^3
含水量	w	$w=\frac{m_w}{m_s}\times100\%$	$w=\frac{S_re}{G_s}$，$w=\frac{\gamma}{\gamma_d}-1$	
土粒比重	G_s	$G_s=\frac{W_s}{V_s\gamma_w}$	$G_s=\frac{S_re}{w}$	
孔隙比	e	$e=\frac{V_v}{V_s}$	$e=\frac{G_s(1+w)\gamma_w}{\gamma}-1$，$e=\frac{G_s\gamma_w}{\gamma_d}-1$	
孔隙率	n	$n=\frac{V_v}{V}\times100\%$	$n=\frac{e}{1+e}$，$n=1-\frac{\gamma_d}{G_s\gamma_w}$	
饱和度	S_r	$S_r=\frac{V_w}{V_v}\times100\%$	$S_r=\frac{wG_s}{e}$，$S_r=\frac{w\gamma_d}{n\gamma_w}$	
干重度	γ_d	$\gamma_d=\frac{W_s}{V}$	$\gamma_d=\frac{\gamma}{1+w}$，$\gamma_d=\frac{G_s\gamma_w}{1+e}$	kN/m^3
饱和重度	γ_{sat}	$\gamma_{sat}=\frac{W_s+\gamma_wV_v}{V}$	$\gamma_{sat}=\frac{(G_s+e)\gamma_w}{1+e}$	kN/m^3
有效重度	γ'	$\gamma'=\frac{W_s-\gamma_wV_s}{V}$	$\gamma'=\frac{(G_s-1)\gamma_w}{1+e}$，$\gamma'=\gamma_{sat}-\gamma_w$	kN/m^3

【例 3-1】 某土样经试验测得：体积 $V=100cm^3$，质量 $m=190g$，烘干后的质量 $m_s=148g$，土粒比重 $G_s=2.70$。试求除比重以外的物理性质指标。

【解】

（1）土的重度

$$\gamma=\frac{W}{V}=\frac{mg}{V}=\frac{190\times10^{-3}\times10}{100\times10^{-6}}=19.0\times10^3N/m^3=19.0\ (kN/m^3)$$

（2）干重度

$$\gamma_d=\frac{W_s}{V}=\frac{m_sg}{V}=\frac{148\times10^{-3}\times10}{100\times10^{-6}}=14.8\times10^3N/m^3=14.8\ (kN/m^3)$$

（3）含水量

$$w=\frac{m_w}{m_s}\times100\%=\frac{m-m_s}{m_s}\times100\%=\frac{190-148}{148}\times100\%=28.4\%$$

（4）孔隙比

$$e=\frac{G_s(1+w)\gamma_w}{\gamma}-1=\frac{2.70\times(1+28.4\%)\times10}{19.0}-1=0.82$$

（5）孔隙率

$$n=\frac{e}{1+e}\times100\%=\frac{0.82}{1+0.82}\times100\%=45\%$$

(6) 饱和度

$$S_r=\frac{wG_s}{e}=\frac{28.4\%\times 2.70}{0.82}=93.5\%$$

(7) 饱和重度

$$\gamma_{sat}=\frac{G_s+e}{1+e}\gamma_w=\frac{2.70+0.82}{1+0.82}\times 10=19.3\ (kN/m^3)$$

(8) 有效重度

$$\gamma'=\gamma_{sat}-\gamma_w=19.3-10=9.3\ (kN/m^3)$$

【例 3-2】 已知土样三个基本物理性质指标：$\gamma=18kN/m^3$，$w=25\%$，$G_s=2.62$。假设体积 $V=1m^3$，试填写由重力、体积表示的三相组成图（图 3-6），并按定义计算其余六个三相比例指标。

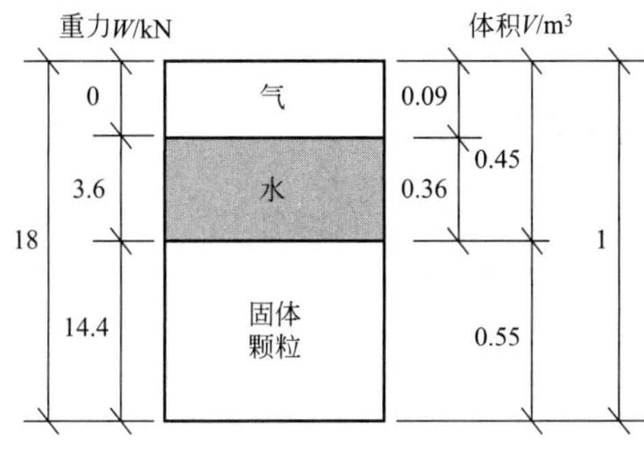

图 3-6 例 3-2 图

【解】

(1) 由已知条件填图

由重度计算重力

$$W=\gamma V=18\times 1=18\ (kN)$$

由含水量计算土粒和水的重力

$$w=\frac{m_w}{m_s}=\frac{W_w}{W_s}=\frac{W-W_s}{W_s}$$

$$W_s=\frac{W}{1+\omega}=\frac{18}{1+0.25}=14.4\ (kN)$$

$W_w=W-W_s=18-14.4=3.6$ (kN)，空气的重力不计 $W_a=0$

将土的各相重力填入图 3-6 的左边。

以下计算体积

$$V_w=\frac{W_w}{\gamma_w}=\frac{3.6}{10}=0.36\ (m^3)$$

$$G_s=\frac{W_s}{V_s\gamma_w}\Rightarrow V_s=\frac{W_s}{G_s\gamma_w}=\frac{14.4}{2.62\times 10}=0.55\ (m^3)$$

$$V_v = V - V_s = 1 - 0.55 = 0.45\ (m^3)$$

$$V_a = V_v - V_w = 0.45 - 0.36 = 0.09\ (m^3)$$

将土的各相体积填入图 3-6 的右边。

(2) 按定义计算指标

$$e = \frac{V_v}{V_s} = \frac{0.45}{0.55} = 0.818,\ n = \frac{V_v}{V} \times 100\% = \frac{0.45}{1} \times 100\% = 45\%$$

$$S_r = \frac{V_w}{V_v} \times 100\% = \frac{0.36}{0.45} \times 100\% = 80\%,\ \gamma_d = \frac{W_s}{V} = \frac{14.4}{1} = 14.4\ (kN/m^3)$$

$$\gamma_{sat} = \frac{W_s + \gamma_w V_v}{V} = \frac{14.4 + 10 \times 0.45}{1} = 18.9\ (kN/m^3)$$

$$\gamma' = \frac{W_s - \gamma_w V_s}{V} = \frac{14.4 - 10 \times 0.55}{1} = 8.9\ (kN/m^3)$$

3.4 土的物理状态指标

土的物理状态是指土的疏松与密实、软硬等性状，它们与孔隙比 e 或含水量 w 有密切的关系，不同类型的土，其物理状态指标或参数不同。

3.4.1 无黏性土的物理状态

无黏性土指砂土和碎石土。这类土中缺乏黏土矿物，不具有可塑性，呈单粒结构，物理状态就是密实程度。孔隙比 e 可作为判断指标，e 大说明土质疏松，e 小表明土质密实。但现场采取原状不扰动的砂土样和碎石土样比较困难，所以孔隙比及其与孔隙比有关的参数均不能很好地判断无黏性土的密实程度。《建筑地基基础设计规范》采用标准贯入试验或动力触探试验，以锤击数作为判别其物理状态的指标。

3.4.1.1 砂土的密实度

砂土用标准贯入试验锤击数 N 来确定其密实度。所谓标准贯入试验就是在现场（图 3-7）将质量为 63.5kg 的穿心锤以 760mm 的落距自由下落，先将贯入器打入土中 150mm，然后记录每打入 300mm 的锤击数 N。砂土越疏松或孔隙比越大，锤击数越少；砂土越密实或孔隙比越小，锤击数越多。

根据实测得到的 N 值，可将砂土的密实度分为松散（$N \leqslant 10$）、稍密（$10 < N \leqslant 15$）、中密（$15 < N \leqslant 30$）和密实（$N > 30$）四个层次。

3.4.1.2 碎石土的密实度

对于平均粒径小于或等于 50mm 且最大粒径不超过 100mm 的卵石、碎石和砾石，采用重型圆锥动力触探锤击数确定其密实度。实测锤击数，经杆长修正后的数值记为 $N_{63.5}$，据此将土的密实度划分为松散（$N_{63.5} \leqslant 5$）、稍密（$5 < N_{63.5} \leqslant 10$）、中密（$10 < N_{63.5} \leqslant 20$）和密实（$N_{63.5} > 20$）四个层次。

图 3-7 标准贯入试验现场

对于平均粒径大于 50mm 或最大粒径超过 100mm 的碎石土，现场触探试验难度大，通常采用野外鉴别法确定其密实度。

3.4.2 黏性土的物理状态

黏性土的物理状态和含水量有关，可处于固态、半固态、可塑状态和流动状态，如图 3-8 所示。其中固态和半固态时，土较坚硬，统称为坚硬状态。可塑状态下，用外力将土塑成任何形状而不发生裂纹，并且当外力移去后仍能保持既得的形状。

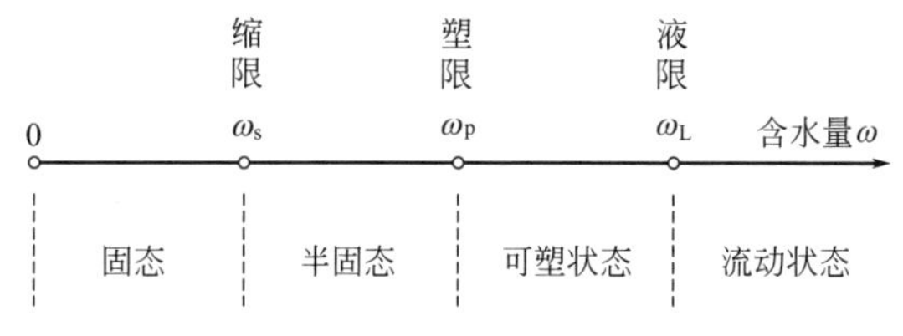

图 3-8 黏性土物理状态和含水量的关系

3.4.2.1 界限含水量

黏性土由一种状态转到另一种状态的分界含水量，称为界限含水量。黏性土由可塑状态转到流动状态的界限含水量称为液限，用符号 ω_L 表示；由半固态转到可塑状态的界限含水量称为塑限，用符号 ω_P 表示；由固态转到半固态的界限含水量称为缩限，用符号 ω_s 表示。界限含水量都以百分数表示，但省去%符号。

(1) 液限

我国采用锥式液限仪来测定黏性土的液限 ω_L，如图 3-9 所示。将调成均匀的浓糊状土样装满置于底座上的盛土杯（试杯）内，刮平杯口表面，再将质量为 76g、锥角为 30°的圆锥体放入土试样表面的中心，使其在自重作用下沉入土样。若圆锥体经 5s 时恰好沉入 10mm 深度，则杯内土样的含水量就是液限 ω_L 值。用调土刀取锥孔附近土样 10～15g，测定其含水量，该含水量即是 ω_L。若圆锥体沉入土中超过或低于 10mm，则应将土样全部取出，放在毛玻璃板上，边调边用吹风机吹干或用滴管适当加水重新拌合，重新试验。

国外也有采用碟式液限仪来测定黏性土的液限。它是将调成浓糊状土样装在碟内，刮平表面，用切槽器在土中成槽，槽底宽为 2mm，如图 3-10 所示。试验时将碟子抬高 10mm，使碟自由下落，如此反复 25 次后，如土槽合拢长度为 13mm，这时土样的含水量就是液限。

对同一种土，锥式液限仪和碟式液限仪测得的液限值并不相同。研究表明，锥式液限仪

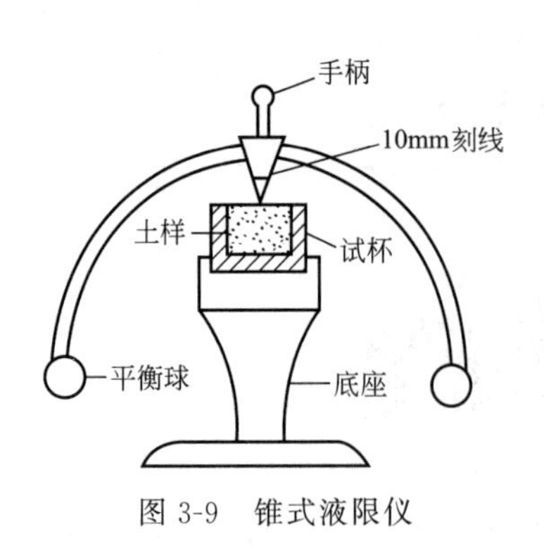

图 3-9 锥式液限仪

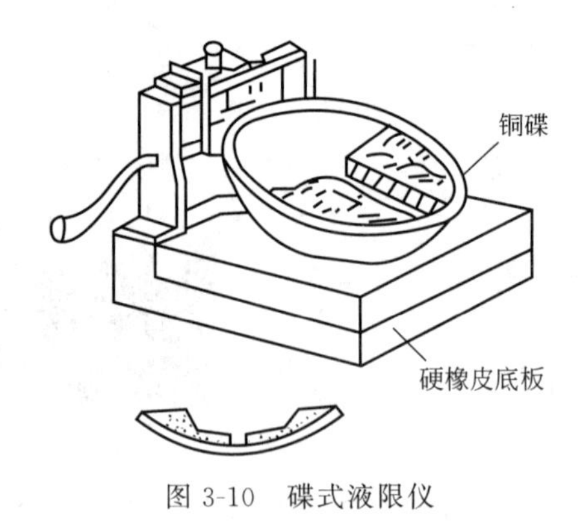

图 3-10 碟式液限仪

圆锥下沉 17mm 时的含水量与碟式液限仪测出的液限值相当，说明碟式液限仪的结果偏大。

（2）塑限

塑限通常采用“搓条法”来测定。取一小块制备好的土样，用手掌在毛玻璃上轻轻滚搓，如图 3-11 所示。当土条搓到直径为 3mm 时，表面出现很多裂纹，并断成若干段，此时土样的含水量就是塑限 ω_P。如果土样搓到直径 3mm 时不断，则说明土样太湿；如果土样搓到 3mm 以上就断了，说明土样太干。太湿和太干的土样，都要进行重新制备（蒸发或加水），直到符合要求为止。

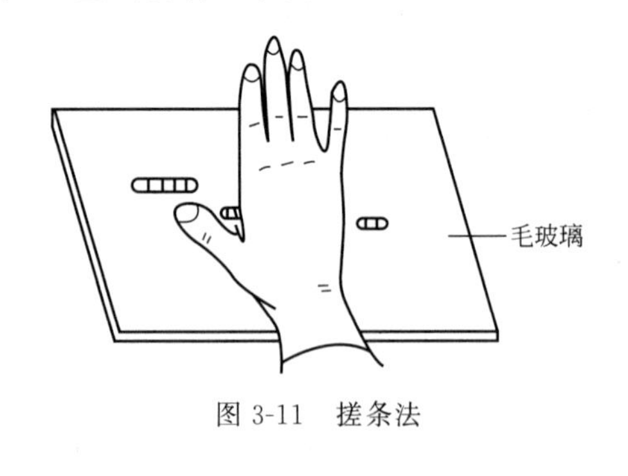

图 3-11 搓条法

搓条法的技术要求较高，不易掌握。可利用锥式液限仪联合测定液限和塑限。以电磁放锥法对黏性土试样以不同的含水量进行若干次试验（一般为 3 组），测定锥体入土深度。按测定结果在双对数纸上作出 76g 圆锥体的入土深度与土样含水量的关系曲线，在曲线上取入土深度为 10mm 的点所对应的含水量就是液限，入土深度 2mm 的点所以对应的含水量为塑限。

（3）缩限

黏性土的缩限 ω_s，一般采用收缩皿法测定。用收缩皿或环刀盛满含水量为液限的土试样，放在室内逐渐晾干，至试样的颜色变淡时，放入烘箱中烘至恒重，测定烘干后的收缩体积和干土质量，就可求得缩限。

3.4.2.2 塑性指数

液限和塑限是土处于可塑状态时的上限和下限含水量。液限与塑限的差值（省去%符号）称为塑性指数，用 I_P 表示：

$$I_P=\omega_L-\omega_P \tag{3-14}$$

塑性指数表示黏性土处于可塑状态的含水量变化范围。塑性指数的大小与土中结合水的可能含量有关。土粒愈细，则比表面积愈大，结合水含量愈高，I_P 随之增大；黏土矿物含量愈多，水化作用剧烈，结合水含量愈高，I_P 也愈大。在一定程度上，塑性指数综合反映了影响黏性土特征的各种因素，因此，常按 I_P 对黏性土进行分类。

3.4.2.3 液性指数

将土的天然含水量和塑限的差值（除去%号）与塑性指数的比值，定义为土的液性指数，用 I_L 表示：

$$I_L=\frac{w-w_P}{I_P}=\frac{w-w_P}{w_L-w_P} \tag{3-15}$$

液性指数是判定黏性土软硬程度的指标。当天然含水量小于塑限时，$I_L<0$，天然土处于坚硬状态；当 $w>w_L$ 时，$I_L>1$，天然土处于流动状态；当 w 介于液限和塑限之间时，I_L 在 0～1 之间变化，则天然土处于可塑状态。I_L 愈小，土质愈坚硬；反之，I_L 愈大，土质愈软。黏性土的状态，根据 I_L 的大小分为坚硬、硬塑、可塑、软塑和流塑五种，见表 3-2。

表 3-2　黏性土的状态

状态	坚硬	硬塑	可塑	软塑	流塑
液性指数 I_L	$I_L\leqslant0$	$0<I_L\leqslant0.25$	$0.25<I_L\leqslant0.75$	$0.75<I_L\leqslant1$	$I_L>1$

3.4.3　土的压实性

平整建筑场地时需要填土，修筑路堤时也需要填土，填土分层压实后，才能进入下一道工序。填土不同于天然土层，因为经过挖掘、运输后，土的原状结构已被破坏，含水量也发生了变化。

土的压实就是通过碾压或振动的方法，将具有一定级配、含水量的松散土压实到具有一定强度的土层。土的压实效果除取决于压实功能以外，还与土的颗粒级配和含水量密切相关。颗粒级配好的土，容易被压实；级配不良的土，不容易被压实。含水量的影响主要表现在润滑作用促使颗粒移动以及当孔隙中出现自由水时可以阻止压实两方面。

3.4.3.1　击实试验

击实试验是用锤击的方法使土的密度增加，以模拟现场土的压实。将过 5mm 筛的土样，加水润湿至预计的制备含水量，并充分拌和。将拌和土样分三层装入击实筒中，第一层虚土装至 2/3 筒高，击实至 1/3 处；第二层虚土装至筒高，击实至 2/3 处；安上套筒，再装虚土至套筒平，击实后的土样略高于击实筒。然后卸下套筒，将土削平至筒高。最后称出土样的质量，计算土样的密度 ρ，并测定含水量 w。击实试验的锤击功能：锤质量 2.5kg，落距 300～460mm；锤击次数，砂土 20 次，粉土 25 次，粉质黏土 40 次，黏土大于 40 次。

土样的干密度，按式（3-16）计算

$$\rho_d=\frac{\rho}{1+w} \tag{3-16}$$

对不同含水量的土样依次进行击实试验，可以得到击实后的干密度和含水量的对应的关系。以含水量为横坐标，干密度为纵坐标，绘制干密度与含水量的关系曲线，如图 3-12 所示。曲线上的峰值为最大干密度 ρ_{dmax}，与之相应的横坐标（制备含水量）称为最优含水量，用 w_{op} 表示。

压实填土的最大干密度和最优含水量应采用击实试验确定。对于碎石、卵石、或岩石碎屑等填料，其最大干密度取 2.1～2.2t/m³。对于黏性土或粉土填料，当无试验资料时，可按下式计算最大干密度：

$$\rho_{dmax}=\eta\frac{\rho_w G_s}{1+0.01w_{op}G_s} \tag{3-17}$$

式中 η——经验系数，粉质黏土取0.96，粉土取0.97；

ρ_w——水的密度，kg/m^3；

G_s——土粒相对密度（或土粒比重）；

w_{op}——最优含水量，%。

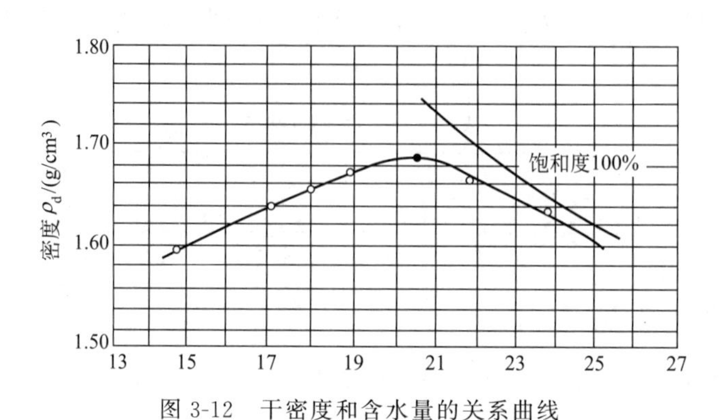

图 3-12 干密度和含水量的关系曲线

3.4.3.2 压实系数

施工时所控制的土干密度 ρ_d 与最大干密度 ρ_{dmax} 之比，称为压实系数，用 λ_c 表示

$$\lambda_c=\rho_d/\rho_{dmax} \tag{3-18}$$

压实填土的压实施工质量以压实系数控制。对于砌体承重结构及框架结构，在地基主要受力层范围内，$\lambda_c\geqslant0.97$；在地基主要受力层范围以下，$\lambda_c\geqslant0.95$。对于排架结构，在地基主要受力层范围内，$\lambda_c\geqslant0.96$；在地基主要受力层范围以下，$\lambda_c\geqslant0.94$。

填土压实施工的控制含水量（%）为：$w_{op}\pm2$。

【例 3-3】 某施工现场需要填土，填土体积为$2000m^3$。土方来源是附近土丘开挖，其土粒比重2.70，含水量15%，孔隙比0.60。要求填土的含水量是17%，干密度$1.76t/m^3$。问题：(1) 取土场土的γ、γ_d、S_r为多少？(2) 应从取土场开挖多少方土？(3) 碾压时应加多少水？

【解】

(1) 取土场土的性质指标

$$\gamma=\frac{G_s(1+w)\gamma_w}{1+e}=\frac{2.70\times(1+0.15)\times10}{1+0.60}=19.4(kN/m^3)$$

$$\gamma_d=\frac{\gamma}{1+w}=\frac{19.4}{1+0.15}=16.88(kN/m^3)$$

$$S_r=\frac{wG_s}{e}=\frac{0.15\times2.70}{0.60}=0.675=67.5\%$$

(2) 挖方量计算

填土所需干土质量

$$m_d = \rho_d V = 1.76 \times 2000 = 3520 \text{ (t)}$$

取土场土的干密度

$$\rho_{d场} = \frac{\gamma_d}{g} = \frac{16.88}{10} = 1.688 \text{ (t/m}^3\text{)}$$

挖方体积

$$V_{挖方} = \frac{m_d}{\rho_{d场}} = \frac{3520}{1.688} = 2085.3 \text{ (m}^3\text{)}$$

(3) 加水量

$$\Delta m_w = (w_2 - w_1) m_d = (0.17 - 0.15) \times 3520 = 70.4 \text{(t)}$$

3.5 岩土的工程分类

岩土的分类方法很多，在建筑工程中，主要依据岩土的工程性质、地质成因类型来进行分类。作为建筑物地基的岩土，可分为岩石、碎石土、砂土、粉土、黏性土和人工填土[1]。除此之外，还存在性质与一般土不一样的所谓特殊土。

3.5.1 岩石

岩石应为颗粒间牢固联结，呈整体或具有节理裂隙的岩体。岩石的分类可分为地质分类和工程分类。地质分类主要根据其地质成因，矿物成分、结构构造和风化程度进行，可以用地质名称加风化程度表达，如强风化花岗岩、微风化砂岩等。岩石的工程分类应在地质分类的基础上进行，考虑岩块的坚硬程度和岩体的完整程度，以较好地概括其工程性质，便于进行工程评价。

岩石的风化程度可分为未风化、微风化、中风化、强风化和全风化五级，其风化程度和野外特征如下：

① 未风化　岩质新鲜，偶见风化痕迹；

② 微风化　结构基本未变，仅节理面有渲染或略有变色，有少量风化裂隙；

③ 中风化　结构部分破坏，沿节理面有次生矿物，风化裂隙发育，岩体被切割成岩块，用镐难挖，岩芯钻方可钻进；

④ 强风化　结构大部分破坏，矿物成分显著变化，风化裂隙很发育，岩体破碎，用镐难挖，干钻不易钻进；

⑤ 全风化　结构基本破坏，但尚可辨认，有残余结构强度，可用镐挖，干钻可钻进。

岩石按坚硬程度分为坚硬岩、较硬岩、较软岩、软岩和极软岩五级，其坚硬程度由岩块的饱和单轴抗压强度标准值 f_{rk} 来确定，见表 3-3。当缺乏饱和单轴抗压强度资料或不能进行该项试验时，可在现场通过观察定性划分。岩石的坚硬程度直接和地基的强度、变形性质

---

[1] 在岩土工程中，也可分为巨粒土，含巨粒的土（混合巨粒土、巨粒混合土），粗粒土（砾类土、砂类土），细粒土含（砾粒细粒土、含砂细粒土）等类型。

等有关，因此显得格外重要。

表 3-3　岩石坚硬程度的划分

坚硬程度类别	坚硬岩	较硬岩	较软岩	软岩	极软岩
饱和单轴抗压强度标准值 f_{rk}/MPa	$f_{rk}>60$	$60\geqslant f_{rk}>30$	$30\geqslant f_{rk}>15$	$15\geqslant f_{rk}>5$	$f_{rk}\leqslant 5$

岩石按岩体的完整程度划分为完整、较完整、较破碎、破碎和极破碎五级，见表 3-4。其中完整性指数为岩体纵波波速与岩块纵波波速之比的平方。选定岩体、岩块测定波速时应具有代表性。破碎岩石测定岩块的纵波波速有时会有困难，不易准确测定，此时，岩块的纵波波速可用现场测定岩性相同但岩体完整的纵波波速代替。岩体的完整程度反映了它的裂隙性，而裂隙性是岩体十分重要的特性，破碎岩石的强度和稳定性较完整岩石大大削弱，尤其对边坡和基抗工程更为突出。

表 3-4　岩体完整程度划分

完整程度等级	完整	较完整	较破碎	破碎	极破碎
完整性指数	>0.75	0.75～0.55	0.55～0.35	0.35～0.15	<0.15

3.5.2　碎石土

碎石土为粒径大于 2mm 的颗粒含量超过全重 50%的土。根据颗粒形状和粒组含量，按表 3-5 分为漂石、块石、卵石、碎石、圆砾和角砾。

表 3-5　碎石土的分类

土的名称	颗粒形状	粒组含量
漂石	圆形及亚圆形为主	粒径大于 200mm 的颗粒含量超过全重 50%
块石	棱角形为主	
卵石	圆形及亚圆形为主	粒径大于 20mm 的颗粒含量超过全重 50%
碎石	棱角形为主	
圆砾	圆形及亚圆形为主	粒径大于 2mm 的颗粒含量超过全重 50%
角砾	棱角形为主	

注：分类时应根据粒组含量栏从上到下以最先符合者确定。

3.5.3　砂土

砂土为粒径大于 2mm 的颗粒含量不超过全重 50%、粒径大于 0.075mm 的颗粒含量超过全重 50%的土。砂土可按表 3-6 分为砾砂、粗砂、中砂、细砂和粉砂。

表 3-6　砂土的分类

土的名称	粒组含量
砾砂	粒径大于 2mm 的颗粒含量占全重 25%～50%
粗砂	粒径大于 0.5mm 的颗粒含量超过全重 50%
中砂	粒径大于 0.25mm 的颗粒含量超过全重 50%
细砂	粒径大于 0.075mm 的颗粒含量超过全重 85%
粉砂	粒径大于 0.075mm 的颗粒含量超过全重 50%

注：分类时应根据粒组含量栏从上到下以最先符合者确定。

3.5.4　粉土

粉土为塑性指数 $I_P\leqslant 10$ 且粒径大于 0.075mm 的颗粒含量不超过全重 50%的土。它介于砂土和黏性土之间。砂粒含量较多、黏粒含量≤10％的粉土为砂质粉土，地震时可能产生液化，类似于砂土的性质。黏粒含量>10％的粉土为黏质粉土，地震时不会液化，性质近似于黏性土。

3.5.5 黏性土

黏性土为塑性指数 I_P 大于 10 的土。根据塑性指数的不同，黏性土分为黏土（$I_P>17$）和粉质黏土（$10<I_P\leqslant17$）两类。

3.5.6 人工填土

人工填土根据其组成和成因，可分为素填土、压实填土、杂填土和冲填土四类。

素填土为由碎石土、砂土、粉土、黏性土等组成的填土。经过压实或夯实的素填土为压实填土。杂填土为含有建筑垃圾、工业废料、生活垃圾等杂物的填土。冲填土为由水力冲填泥砂形成的填土。

3.5.7 特殊土

物理力学性质有别于常规土的土，归入特殊土范畴，它具有一定的区域性。主要的特殊土有淤泥、红黏土、膨胀土、湿陷性土等。

淤泥为在静水或缓慢的流水环境中沉积，并经生物化学作用形成，其天然含水量大于液限、天然孔隙比大于或等于 1.5 的黏性土。当天然含水量大于液限而天然孔隙比小于 1.5 但大于或等于 1.0 的黏性土或粉土为淤泥质土。含有大量未分解的腐殖质，有机质含量大于60％的土为泥炭，有机质含量大于或等于 10％且小于或等于 60％的土为泥炭质土。

红黏土为碳酸盐系的岩石经红土化作用形成的高塑性黏土。其液限一般大于 50。红黏土经再搬运后仍保持其基本特征，其液限大于 45 的土为次生红黏土。

膨胀土为土中黏粒成分主要由亲水性矿物组成，同时具有显著的吸水膨胀和失水收缩特性，其自由膨胀率大于或等于 40％的黏性土。

湿陷性土为在一定压力下浸水后产生附加沉降，其湿陷系数大于或等于 0.015 的土。黄土的湿陷性更为典型，又称湿陷性黄土。

【例 3-4】 某土样体积 $50cm^3$，已知湿土质量 88g，烘干后的质量 67g，液限 $w_L=33.5$，塑限 $w_P=17.3$。试确定土的名称和物理状态。

【解】

（1）土的名称

$$I_P=w_L-w_P=33.5-17.3=16.2$$

$$10<I_P=16.2<17 \quad \text{该土样为粉质黏土}$$

（2）物理状态

$$w=\frac{m_w}{m_s}\times100\%=\frac{88-67}{67}\times100\%=31.3\%$$

$$I_L=\frac{w-w_P}{I_P}=\frac{31.3-17.3}{16.2}=0.86$$

因为 $0.75<I_L=0.86<1$，所以土处于软塑状态。

思考题

3.1 土是由哪几部分组成的？什么情况下只有两相而不是三相？

3.2 什么是土的颗粒级配？不均匀系数 $C_u>10$ 反应土的什么性质？

3.3 土中水包括哪几种？结合水有何特征？

3.4 什么是土的结构？土的结构有哪几种基本类型？

3.5 土的三相比例指标如何定义？哪些指标需要由试验测定？

3.6 砂土的密实度是如何划分的？

3.7 何谓黏性土的界限含水量？如何测定？

3.8 什么是土的塑性指数？有何应用？

3.9 什么是液性指数？如何利用液性指数来评价土的软硬状态？

3.10 何谓土的最优含水量，如何测定？

3.11 平整建筑场地时对压实系数有何要求？

3.12 碎石土和砂土如何分类？

选择题

3.1 若土的粒径级配曲线很陡，则表示（　　）。

A. 粒径分布较均匀　　B. 不均匀系数较大

C. 级配良好　　D. 填土易于夯实

3.2 对土骨架产生浮力作用的水是（　　）。

A. 毛细水　　B. 重力水　　C. 弱结合水　　D. 强结合水

3.3 低灵敏土的灵敏度 $S_t\leqslant$（　　）。

A. 1　　B. 2　　C. 3　　D. 4

3.4 不同状态下同一种土的重度由大到小的排列顺序是（　　）。

A. $\gamma_{sat}>\gamma>\gamma_d>\gamma'$　　B. $\gamma_{sat}>\gamma'>\gamma>\gamma_d$　　C. $\gamma_d>\gamma>\gamma_{sat}>\gamma'$　　D. $\gamma_d>\gamma'>\gamma>\gamma_{sat}$

3.5 已知一个土样的试验结果：$\gamma=17\text{kN/m}^3$，$w=22.0\%$，$G_s=2.72$，则该土样的孔隙比为（　　）。

A. 0.794　　B. 0.980　　C. 0.867　　D. 0.952

3.6 已知砂土的标准贯入锤击数 $N=25$，该砂土的密实度为（　　）。

A. 密实　　B. 中密　　C. 稍密　　D. 松散

3.7 填土压实施工的控制含水量（%）应为（　　）。

A. $w_{op}\pm1$　　B. $w_{op}\pm2$　　C. $w_{op}\pm3$　　D. $w_{op}\pm4$

3.8 黏性土以塑性指数 I_P 的大小来进行分类，当 I_P（　　）时为黏土。

A. 小于 17　　B. 等于 17　　C. 大于 17　　D. 大于 10 而小于 17

3.9 粒径大于 0.5mm 的颗粒含量超过总重 50%的土是（　　）。

A. 细砂　　B. 中砂　　C. 粗砂　　D. 砾砂

3.10 （　）是指塑性指数 I_P 小于或等于 10，且粒径大于 0.075mm 的颗粒含量不超过全重 50%的土。

A. 黏土　　B. 粉质黏土　　C. 红黏土　　D. 粉土

计算题

3.1 某原状土样，经试验测得：重度 $\gamma=16.7\text{kN/m}^3$，含水量 $w=12.9\%$，土粒比重 $G_s=2.67$，试求孔隙比 e，孔隙率 n 和饱和度 S_r。

3.2 今有一个湿土样，质量 200g，含水量 $w=15.0\%$。若要制备含水量为 $w=20.0\%$ 的试样，问需加多少水？

3.3 某建筑地基土的试验中已测得土样的 $\gamma_d=15.4\text{kN/m}^3$，$w=19.3\%$，$G_s=2.71$，$w_L=28.3$，$w_P=16.7$，试求土样的天然重度 γ、有效重度 γ' 和孔隙比 e，并确定土的名称和软硬状态。

3.4 某无黏性土试样的颗粒分析结果表 3-7 所列，试确定出该土的名称。

表 3-7 某无黏性土试样的颗粒分析结果

粒径/mm	10～2	2～0.5	0.5～0.25	0.25～0.075	<0.075
相对含量/%	7.5	12.4	35.5	30.5	14.1

3.5 由土的三相组成图证明如下关系：

(1) $\gamma_d=(1-n)G_s\gamma_w$

(2) $e=\dfrac{G_s(1+w)\gamma_w}{\gamma}-1$

第4章 地基应力计算

Chapter 04

内容提要

本章内容为自重应力在地基土中的分布规律、计算方法，基底附加压力的概念及计算方法，地基附加应力的计算方法以及有效应力原理，重点为土中自重应力和附加应力的计算。

基本要求

通过本章的学习，要求掌握土中应力的基本形式及定义；熟练掌握土中各种应力在不同条件下的计算方法；熟知附加应力在土中的分布规律；理解并简单运用有效应力原理。

4.1 土的自重应力

地基中的应力通常分为由土体自重引起的自重应力和由建筑物（或构筑物）引起的附加应力两部分，前者一般与沉降无关，后者是引起沉降的主要原因。自重应力一般是自土体形成之日起就产生于土中，与土体的重度和厚度有关。

目前计算土中应力的方法，通常是采用经典的弹性力学方法求解，即假定地基土是连续、均匀、各向同性的半无限空间线弹性体[1]。这样的假定与土的实际情况不尽相符，实际地基土体往往是层状、非均质、各向异性的弹塑性材料。但在通常情况下，尤其在中、小应力条件下，用弹性理论计算结果与实际较为接近，且其计算方法比较简单，能够满足工程的要求。

4.1.1 单层土的自重应力

土体在自身重力作用下任一竖直面均是对称面，竖直面上不存在剪应力。因此，在深度 z 处平面上，土体因自身重力产生的竖向正应力 σ_{cz}（称竖向自重应力）等于单位面积上土柱体的重力，如图 4-1 所示。在深度 z 处土的自重应力为

$$\sigma_{cz}=\frac{G}{A}=\frac{\gamma V}{A}=\frac{\gamma zA}{A}=\gamma z \tag{4-1}$$

---

[1] 所谓半无限体就是无限空间体的一半，也即该物体在水平向 x 及 y 轴的正负方向是无限延伸的，而在竖直向 z 轴仅只在向下的正方向是无限延伸的，向上的负方向均等于零。地基土在水平方向及深度方向相对于建筑物基础的尺寸而言，可以认为是无限延伸的，因此，可以认为地基土符合半无限体的假定。

式中 γ——土的重度，kN/m^3；

A——土柱体的截面积，m^2。

从式（4-1）可知，自重应力随深度 z 线性增加，呈三角形分布。

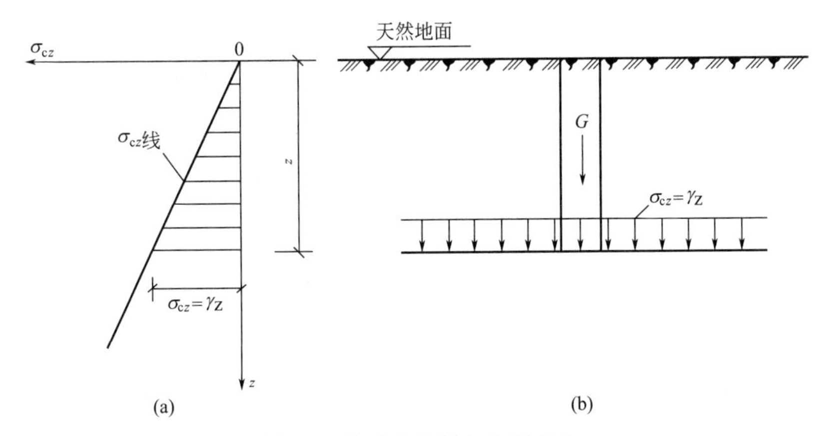

图 4-1 均质土的竖向自重应力

地基中除竖向自重应力外，还有水平向的自重应力。由于土柱体在自重应力作用下无侧向变形和剪切变形，故 $\varepsilon_x=\varepsilon_y=0$，由广义胡克定律

$$\varepsilon_x=\frac{1}{E}[\sigma_{cx}-\mu(\sigma_{cy}+\sigma_{cz})]=0$$

$$\varepsilon_y=\frac{1}{E}[\sigma_{cy}-\mu(\sigma_{cz}+\sigma_{cx})]=0$$

整理得到水平向(侧向)自重应力为：

$$\sigma_{cx}=\sigma_{cy}=\frac{\mu}{1-\mu}\sigma_{cz}=K_0\sigma_{cz} \tag{4-2}$$

式中 K_0——土的侧压力系数，一般砂土可取 0.35～0.50，黏性土为 0.50～0.70；

μ——土的泊松比。

侧向自重应力计算公式（4-2）可用于静止土压力计算，详见第 7 章。而水平面和竖直面上的剪应力均为零，即 $\tau_{zx}=\tau_{yz}=\tau_{xy}=0$。

4.1.2 成层土的竖向自重应力

一般情况下，地基土往往由成层土组成，因而各层土具有不同的重度。设天然地面下各层土的厚度自上而下分别为 h_1，h_2，h_3，…，h_n，相应土的重度分别为 γ_1，γ_2，γ_3，…，γ_n，则 z 深度处土的竖向自重应力可按下式进行计算：

$$\sigma_{cz}=\gamma_1h_1+\gamma_2h_2+\gamma_3h_3+\cdots+\gamma_nh_n=\sum_{i=1}^{n}\gamma_ih_i \tag{4-3}$$

式中 γ_i——第 i 层土的天然重度，地下水位以下的土层若受到水的浮力作用，则水下部分土的重度应采用有效重度 γ_i'，kN/m^3；

h_i——第 i 层土的厚度，m；

n——从天然地面起到深度 z 处的土层数。

由式（4-3）可知，因土的重度值不同，故土的竖向自重应力沿深度的分布呈折线状，转折点位于土层分界面处，如图 4-2 所示。

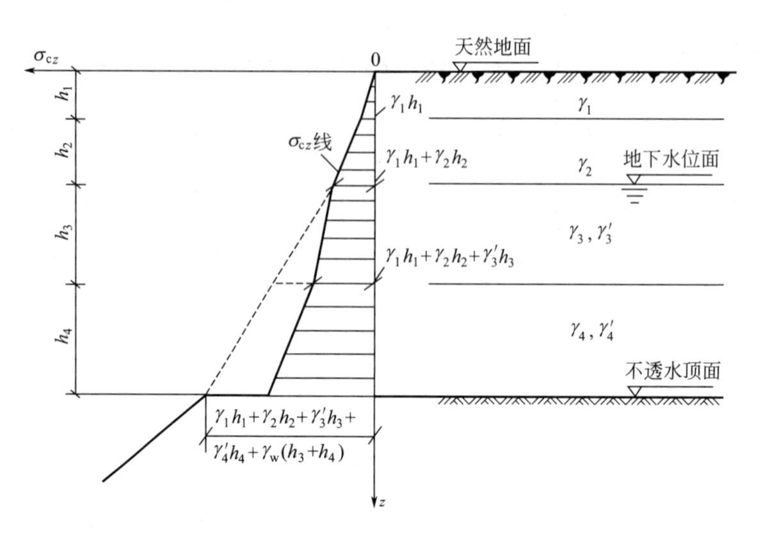

图 4-2 成层土中竖向自重应力沿深度的分布

4.1.3 地下水对自重应力的影响

当计算地下水位以下土的自重应力时，应根据土的性质确定是否需要考虑水的浮力作用。通常认为水下的砂性土是应该考虑浮力作用的。黏性土则视其物理状态而定，一般认为，若水下的黏性土其液性指数 $I_L>1$，则土处于流塑状态，土颗粒之间存在着大量自由水，可认为土体受到水浮力作用，若 $I_L\leqslant 0$，则土处于坚硬状态，土中自由水受到土颗粒间结合水膜的阻碍不能传递静水压力，故认为土体不受水的浮力作用，若 $0<I_L\leqslant 1$，土处于塑性状态（硬塑、可塑、软塑），土颗粒是否受到水的浮力作用就较难肯定，在工程实践中一般均按土体受到水浮力作用来考虑。

若地下水位以下的土受到水的浮力作用，则水下部分土的重度按有效重度 γ' 计算，自重应力的计算同成层土体情况，此时的自重应力称为有效自重应力。

地下水位的升降，会使地基土中的自重应力发生变化。地下水位下降时，地基中的有效自重应力增加，从而可引起地面大面积沉降；地下水位上升，地基中的有效自重应力减小，可能导致地基土湿陷、膨胀以及地基承载力降低等问题。

在地下水位以下，如埋藏有不透水层（基岩或只含强结合水的坚硬黏土层），因不透水层不存在水的浮力，故层面以下的自重应力应按上覆土层水土的总重量（重力）计算，如图 4-2 中的虚线所示。

【例 4-1】 某建筑场地的地质剖面如图 4-3（a）所示，试绘制竖向自重应力沿深度的分布图。

【解】 地下水位高程 35.5m，水位以上采用天然重度，水位以下采用有效重度。

（1）计算各分层底面竖向自重应力

第 1 层（高程 37.5m）：$h_1=40-37.5=2.5$（m）

$$\sigma_{cz1}=\gamma_1 h_1=18.6\times 2.5=46.5\ (\text{kPa})$$

第 2 层（高程 35.5m）：$h_2=37.5-35.5=2.0$（m）

$$\sigma_{cz2}=\gamma_1 h_1+\gamma_2 h_2=\sigma_{cz1}+\gamma_2 h_2=46.5+19.0\times 2.0=84.5\ (\text{kPa})$$

第 3 层（高程 34.0m）：$h_3=35.5-34.0=1.5$（m）

$$\sigma_{cz3}=\sigma_{cz2}+\gamma'_3 h_3=84.5+(20-10)\times 1.5=99.5\ (\text{kPa})$$

第 4 层（高程 32.0m）：$h_4=34.0-32.0=2.0$（m）

$$\sigma_{cz4}=\sigma_{cz3}+\gamma'_4 h_4=99.5+(19.6-10)\times 2.0=118.7\ (\text{kPa})$$

（2）绘制竖向自重应力沿深度的分布图

根据计算结果，绘制土中自重应力分布图，如图 4-3（b）所示。

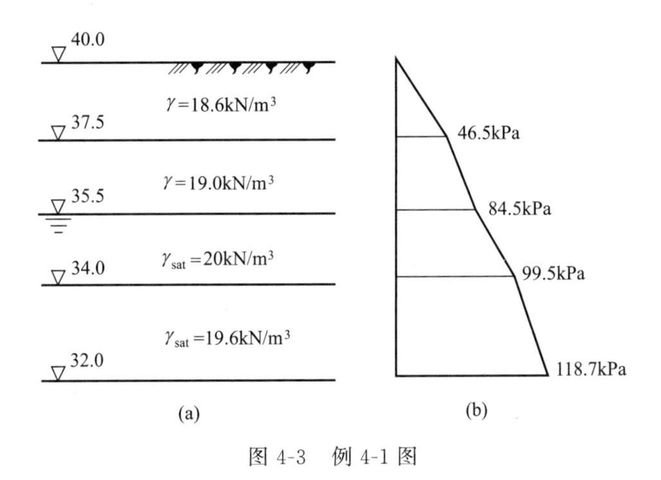

图 4-3 例 4-1 图

4.2 基底附加压力

土中的附加应力是由于建筑物等外荷载作用所引起的应力增量，而建筑物荷载是通过基础传给地基的，因此为了计算上部建筑物荷载在地基土层中引起的附加应力，必须首先研究基底压力的大小与分布情况。

4.2.1 基底压力与附加压力的概念

上部结构荷载和基础自重通过基础底面传递至地基表面上的单位面积压力，称为基底压力，又称接触压力。而地基反向施加于基础底面上的压力称为基底反力。

人们把基底压力中扣除基底标高处原有土的自重应力后的数值，称之为基底附加压力，此压力才是基底处新增加给地基的附加压力，因此也称为基底净压力。基底附加压力将在地基中产生附加应力并引起地基沉降。

4.2.2 基底压力分布规律

准确地确定基底压力的数值大小与分布是一个相当复杂的问题。因为基础与地基不是一种材料、一个整体，两者的刚度相差很大，变形不能协调。此外，它还与荷载的大小和分布、基础的埋深、基础的刚度以及土的性质等诸多因素有关。目前在弹性理论中主要是研究不同刚度的基础与弹性半空间表面间的接触压力分布问题。

① 对于柔性基础，其刚度很小（可认为抗弯刚度 $EI \to 0$），在垂直荷载作用下没有抵抗弯曲变形的能力，基础随地基土一起变形，基础就像橡胶膜似的传递压力，因此，柔性基础基底压力大小及分布与其上部的荷载大小及分布相同。如图 4-4 所示，理想柔性基础上部荷载均匀分布，基底压力也均匀分布；由岩土填筑而成的路堤，其自重引起的地基反力分布与路堤断面形状相同。

② 对于刚性基础，其自身刚度大（可认为抗弯刚度 $EI \to \infty$），受荷后基础不发生挠曲变形，地基与基础的变形基本协调一致。中心荷载作用下，刚性基础置于硬黏性土层上时，由于硬黏性土不容易发生土颗粒侧向挤出，因此基底压力分布是马鞍形，如图 4-5（a）所示；如将刚性基础置于砂土表面上，由于基础边缘的砂粒容易朝侧向挤出，故基底压力呈抛物线分布，如图 4-5（b）所示；如果将刚性基础上的中心荷载增大，当荷载接近于地基的破坏荷载时，基底压力分布又由抛物线形继续发展成中部突出的钟形，见图 4-5（c）。

有限刚度基础底面的压力分布，可按基础的实际刚度及土的性质，用弹性地基上梁（板）的方法计算，在本课程中不做介绍。

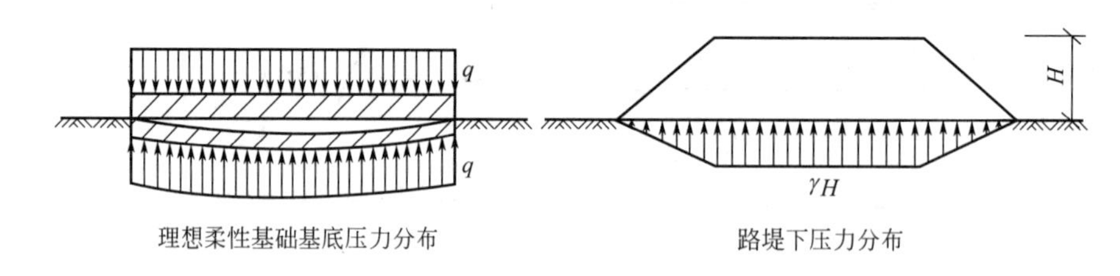

图 4-4 柔性基础基底压力分布图

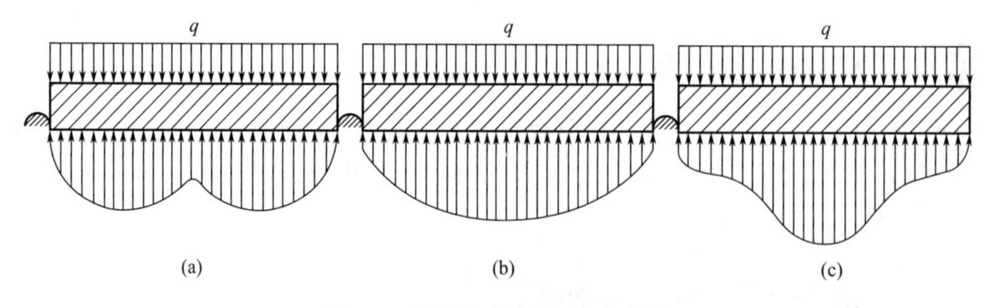

图 4-5 刚性基础基底压力分布图

4.2.3 基底压力的近似计算

基底压力分布是比较复杂的，但根据圣维南原理以及从土中实际应力的测量结果得知，当作用在基础上的荷载总值一定时，基底压力分布形状对土中应力分布的影响，只在一定深度范围内，一般距基底的深度超过基础宽度的 1.5～2.0 倍时，它的影响已很不显著。因此，在工程应用中，对于具有一定刚度以及尺寸较小的扩展基础，其基底压力的分布可近似地认为是按直线规律变化，所以基底压力分布可近似地按材料力学公式进行计算，使计算工作大大简化。

4.2.3.1 中心荷载作用下基底压力

当基础受中心荷载作用时，其所受荷载的合力通过基底形心。基底压力假定为均匀分布（图 4-6），基底压力等于平均压力 p（kPa）：

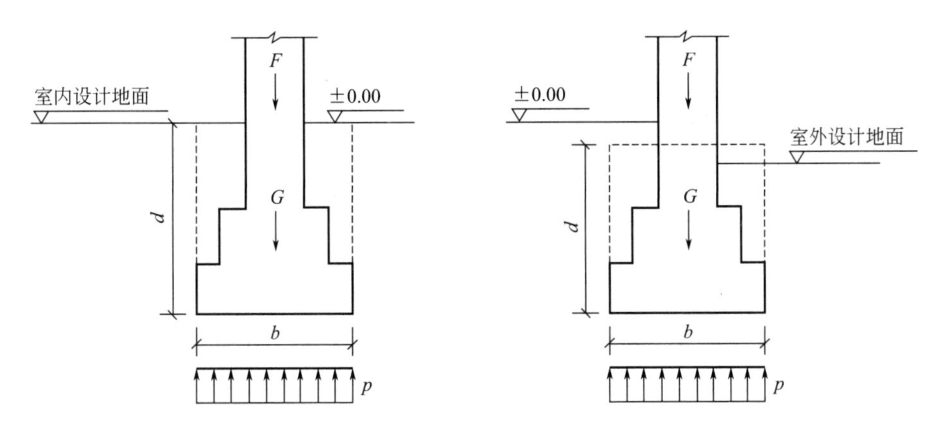

图 4-6 中心荷载作用下的基底压力分布

$$p=\frac{F+G}{A} \tag{4-4}$$

式中 F——上部结构传至基础顶面的竖向力值，kN；

G——基础自重和基础上的土重的总和（kN），$G=\gamma_G Ad$，其中 γ_G 为基础及回填土的平均重度，一般取 20kN/m^3，地下水位以下取 10kN/m^3；d 为基础埋深，内墙或内柱基础从室内设计地面算起、而外墙或外柱基础从室内外的平均设计地面算起，m；

A——基底面积，m^2，矩形面积 $A=l\times b$，l 和 b 分别为矩形基底的长度和宽度。

对于条形基础，可沿长度方向取 1m 计算，此时式（4-4）中的 F 及 G 则代表每延米内的相应值，kN/m。

4.2.3.2 偏心荷载作用下基底压力

单向偏心荷载作用下的矩形基础基底压力如图 4-7 所示。设计时通常取基底长边方向与偏心方向一致，此时两短边边缘最大压力 p_{max} 与最小压力 p_{min} 可按材料力学短柱偏心受压公式计算：

$$p_{max}=\frac{F+G}{A}+\frac{M}{W}=\frac{F+G}{A}\left(1+\frac{6e}{l}\right) \tag{4-5}$$

$$p_{min}=\frac{F+G}{A}-\frac{M}{W}=\frac{F+G}{A}\left(1-\frac{6e}{l}\right) \tag{4-6}$$

式中 M——作用于矩形基底的力矩设计值，kN·m；

e——荷载偏心距，m，$e=M/(F+G)$；

W——基础底面的抵抗矩，m^3，矩形基础 $W=bl^2/6$。

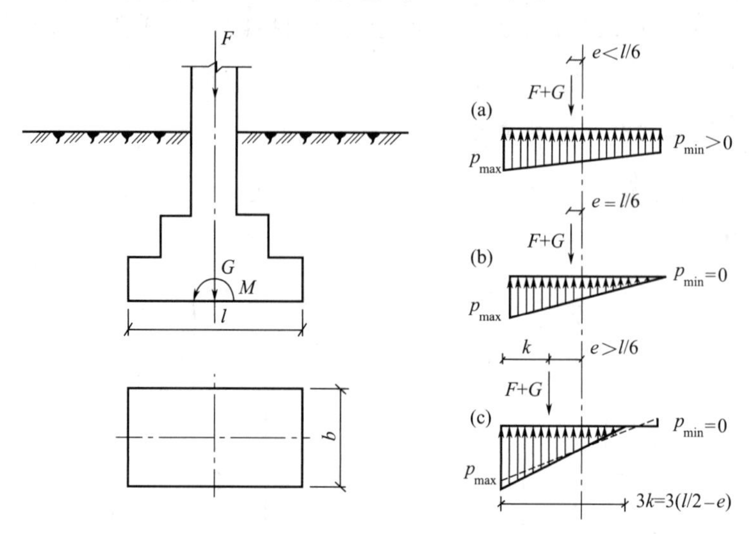

图 4-7 单向偏心荷载作用下基底压力分布

根据荷载偏心距 e 的大小不同，基底压力的分布可能出现以下三种情况：

① 当 $e<l/6$ 时，基底压力分布图呈梯形，见图 4-7（a）；

② 当 $e=l/6$ 时，则呈三角形分布，如图 4-7（b）所示；

③ 当 $e>l/6$ 时，按式（4-6）计算出的结果为负值，即 $p_{\min}<0$，图 4-7（c）中虚线所示。由于基底与地基之间不能承受拉力，此时产生拉应力部分的基底将与地基土脱开，致使基底压力重新分布，如图 4-7（c）中实线所示。根据基底压力应与上部荷载相平衡的条件，荷载合力应通过三角形反力分布图的形心，由此可得基底边缘的最大压力 $p_{\max}$ 为：

$$p_{\max}=\frac{2(F+G)}{3bk} \tag{4-7}$$

式中 k——单向偏心荷载作用点至基础底面最大压力边缘的距离，m，$k=l/2-e$。

一般而言，工程上不允许基底出现拉应力，因此在设计基础尺寸时，应使合力偏心距满足 $e\leqslant l/6$ 的条件。为了减小因地基应力不均匀而引起过大的不均匀沉降，通常要求：$p_{\max}/p_{\min}\leqslant1.5\sim3.0$；对压缩性大的黏性土应取小值，对压缩性小的无黏性土可采用大值。对于偏心受压基础，基底的平均压力仍然按式（4-4）计算。

【例 4-2】 某框架柱矩形基础，如图 4-8（a）所示。已知基底长 $l=2$m，宽 $b=1.6$m，上部结构传至基础顶面的荷载为 $F=378$kN，$M'=31$kN·m，$V=50$kN。基础埋置深度 1.8m，阶梯形基础高度 1.5m。试计算基底压力，并绘出分布图。

【解】

（1）基底压力

$$G=20Ad=20\times2\times1.6\times1.8=115.2\ (\text{kN})$$

$$M=M'+Vh=31+50\times1.5=106\ (\text{kN}\cdot\text{m})$$

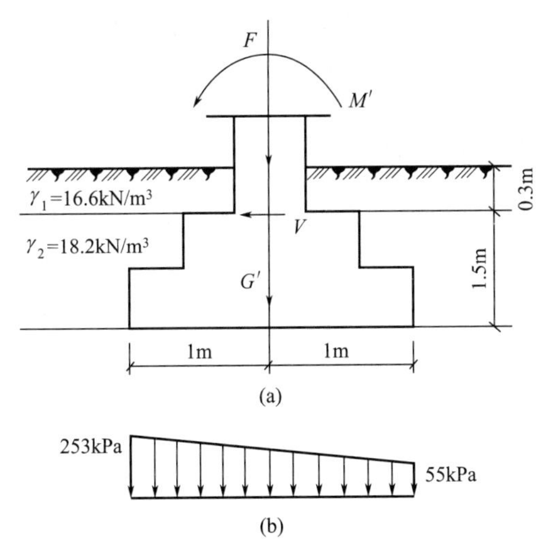

图 4-8 例 4-2 图

$$e=\frac{M}{F+G}=\frac{106}{378+115.2}=0.215(\mathrm{m})<\frac{l}{6}=\frac{2}{6}=0.333\ (\mathrm{m})，基底压力梯形分布$$

$$p=\frac{F+G}{A}=\frac{378+115.2}{2\times1.6}=154\ (\mathrm{kPa})$$

$$p_{\max}=p(1+6e/l)=154\times(1+6\times0.215/2)=253\ (\mathrm{kPa})$$

$$p_{\min}=p(1-6e/l)=154\times(1-6\times0.215/2)=55\ (\mathrm{kPa})$$

(2) 基底压力分布图

基底压力分布如图 4-8 (b) 所示，左侧边缘最大，右侧边缘最小。

4.2.4 基底平均附加压力

一般情况下，建筑物建造前天然土层在自重作用下的变形早已结束，因此，只有基底附加压力才能引起地基的附加应力和压缩变形。

基础总是埋置在天然地面下的一定深度处，建筑物建造后的基底压力（总压力）中扣除基底标高处原有的土中自重应力后，才是基底平面处新增加给地基的附加压力，或基底净压力。基底平均附加压力 p_0 值按式（4-8）计算：

$$p_0=p-\sigma_{cd}=p-\gamma_m d \tag{4-8}$$

式中 p_0——基底平均附加压力，kPa；

p——基底平均压力值，kPa；

σ_{cd}——基底处土的自重应力（不包括新填土所产生的自重应力增量），kPa；

γ_m——基底标高以上天然土层按厚度加权的平均重度，kN/m³：$\gamma_m=(\gamma_1 h_1+\gamma_2 h_2+\cdots+\gamma_n h_n)/(h_1+h_2+\cdots+h_n)$；

d——基础埋深，m，必须从天然地面算起，新填土场地则应从老天然地面起算。

4.3 地基附加应力

对建筑物来说，地基附加应力是由基底附加压力产生的。目前采用的地基附加应力计算方法，是将基底附加压力或其他外荷载作为柔性荷载作用在半无限弹性体的表面上，然后采用弹性力学中关于弹性半无限空间的理论解答求解地基中的附加应力。

4.3.1 竖向集中力作用下地基的竖向应力

半无限弹性体在水平表面上受到竖向集中力 F 作用，如图 4-9 所示。取力 F 的作用点为坐标原点，求弹性体内任意点 M（x，y，z）的应力、应变和位移分量。这个问题由法国学者布辛奈斯克提出，并于 1885 年得到解答，故称布辛奈斯克问题，它是地基附加应力和基础中心点沉降计算的理论依据。

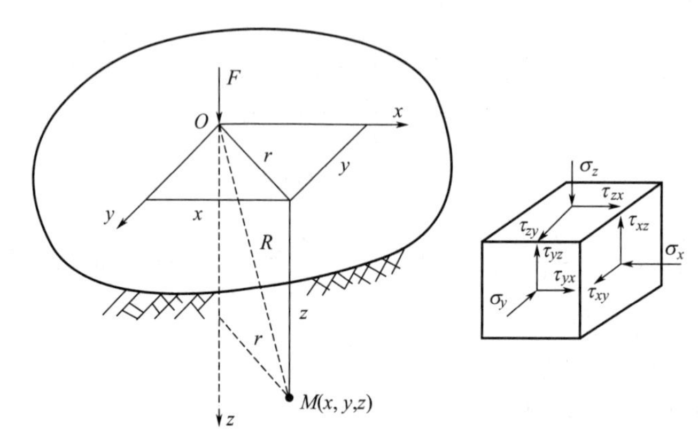

图 4-9 竖向集中力作用下地基的竖向附加应力

根据布辛奈斯克解答，地基中任意一点 M 的竖向附加应力为

$$\sigma_z=\frac{3F}{2\pi}\frac{z^3}{R^5} \tag{4-9}$$

式中 z——计算应力的点 M 的深度，m；

R——计算应力的点 M 到坐标原点（集中力作用点）的距离，m。

设 M 点到集中力作用线的距离为 r，则应有

$$R=(r^2+z^2)^{1/2} \tag{4-10}$$

将式（4-10）代入式（4-9），得

$$\sigma_z=\frac{3F}{2\pi}\frac{z^3}{(r^2+z^2)^{5/2}}=\frac{F}{z^2}\times\frac{3}{2\pi[1+(r/z)^2]^{5/2}} \tag{4-11}$$

若令

$$\alpha=\frac{3}{2\pi[1+(r/z)^2]^{5/2}} \tag{4-12}$$

则竖向附加应力计算公式为

$$\sigma_z=\frac{3F}{2\pi}\frac{z^3}{R^5}=\alpha\frac{F}{z^2} \tag{4-13}$$

式中，α 称为集中荷载作用下地基竖向附加应力系数，它是 r/z 的函数，可以直接由式（4-12）计算，也可查表 4-1 取值。

表 4-1 集中荷载作用下的地基竖向附加应力系数 α

r/z	α	r/z	α	r/z	α	r/z	α	r/z	α
0.00	0.4775	0.50	0.2733	1.00	0.0844	1.50	0.0251	2.00	0.0085
0.05	0.4745	0.55	0.2466	1.05	0.0744	1.55	0.0224	2.20	0.0058
0.10	0.4657	0.60	0.2214	1.10	0.0658	1.60	0.0200	2.40	0.0040
0.15	0.4516	0.65	0.1978	1.15	0.0581	1.65	0.0179	2.60	0.0029
0.20	0.4329	0.70	0.1762	1.20	0.0513	1.70	0.0160	2.80	0.0021
0.25	0.4103	0.75	0.1565	1.25	0.0454	1.75	0.0144	3.00	0.0015
0.30	0.3849	0.80	0.1386	1.30	0.0402	1.80	0.0129	3.50	0.0007
0.35	0.3577	0.85	0.1226	1.35	0.0357	1.85	0.0116	4.00	0.0004
0.40	0.3294	0.90	0.1083	1.40	0.0317	1.90	0.0105	4.50	0.0002
0.45	0.3011	0.95	0.0956	1.45	0.0282	1.95	0.0095	5.00	0.0001

由式（4-9）或式（4-13）可对集中荷载作用下 σ_z 的分布特征进行讨论。

（1）在集中力 F 作用线上的 σ_z 分布

附加应力 σ_z 随着深度 z 的增加而递减。但需要指出的是，附加应力计算公式在集中力作用点处是不适用的，因为当 $R\rightarrow 0$，由式（4-9）可知 $\sigma_z=\infty$，即应力趋于无穷大，这时土已发生塑性变形，按弹性理论解已不适用了。

（2）在 $r>0$ 的竖直线上的 σ_z 分布

在地表面（$z=0$）的附加应力 σ_z 为零（$\sigma_z=0$）；随着深度 z 的增加，σ_z 从零逐渐地增大，但到某一深度后，σ_z 又随深度 z 的增加而减小。

（3）在某一深度 z（z=常数）的水平面上的 σ_z 分布

在同一水平面上，附加应力 σ_z 在集中力作用线上最大，并随着 r 的增大而减小。

当地基表面作用有几个集中力时，可分别算出各集中力在地基中引起的附加应力，然后根据弹性体中的应力叠加原理求出附加应力的总和。

实际工程中，当基础底面形状不规则或荷载分布较复杂时，可将基底分为若干个小面积，把小面积上的荷载当成集中荷载，然后利用上述公式计算附加应力。

【例 4-3】 在半无限体的水平表面上作用有竖向集中力 $F=100$kN，作用点位于坐标原点，试求点 A（0，0，2）和点 B（0，1，2）的竖向正应力（坐标单位为：m）。

【解】

（1）点 A（0，0，2）应力

$r=0$，$z=2$，$r/z=0$，查表 4-1 得 $\alpha=0.4775$

$$\sigma_z=\alpha\frac{F}{z^2}=0.4775\times\frac{100}{2^2}=11.9\ \text{(kPa)}$$

（2）点 B（0，1，2）应力

$r=1$，$z=2$，$r/z=0.5$，查表 4-1 得 $\alpha=0.2733$

$$\sigma_z=\alpha\frac{F}{z^2}=0.2733\times\frac{100}{2^2}=6.8\ \text{(kPa)}$$

A、B 两点位于同一深度（z 坐标相同），A 点在力作用线上，B 点在力作用线外，故前者应力大于后者应力。

4.3.2 矩形基础均布荷载作用下地基的竖向附加应力

矩形基础是最常用的基础，在竖向均布荷载作用下的附加应力计算问题，可以利用集中荷载引起的应力计算方法和弹性体中的应力叠加原理来完成。

4.3.2.1 角点下的附加应力

角点下的地基附加应力是指图 4-10 中 O、A、C、D 四个角点下任意深度处的应力，显然，只要深度 z 一样，则四个角点下的地基附加应力 σ_z 都相同。将坐标的原点取在角点 O 上，在矩形荷载面积内任取一个微面积 $\mathrm{d}A=\mathrm{d}x\mathrm{d}y$，并将其上作用的分布荷载以集中力 $\mathrm{d}F$ 代替，则 $\mathrm{d}F=p_0\mathrm{d}A=p_0\mathrm{d}x\mathrm{d}y$。则该集中力所引起的角点 O 下任意深度 z 处 M 点的竖向附加应力 $\mathrm{d}\sigma_z$ 可按式（4-9）计算，即

$$\mathrm{d}\sigma_z=\frac{3\mathrm{d}F}{2\pi}\frac{z^3}{R^5}=\frac{3p_0}{2\pi}\frac{z^3\mathrm{d}x\mathrm{d}y}{(x^2+y^2+z^z)^{5/2}} \tag{4-14}$$

对上式积分，得到角点 O 以下 M 点的竖向附加应力

$$\begin{aligned}\sigma_z&=\frac{3p_0z^3}{2\pi}\int_0^l\int_0^b\frac{\mathrm{d}x\mathrm{d}y}{(x^2+y^2+z^2)^{5/2}}\\&=\frac{p_0}{2\pi}\left[\arctan\frac{lb}{z\sqrt{l^2+b^2+z^2}}+\frac{lbz(l^2+b^2+2z^2)}{(l^2+z^2)(b^2+z^2)\sqrt{l^2+b^2+z^2}}\right]\end{aligned} \tag{4-15}$$

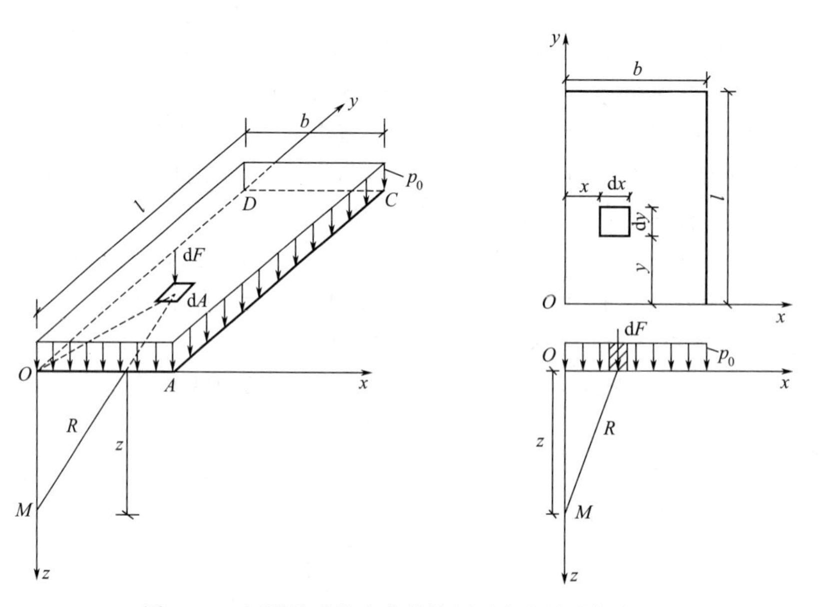

图 4-10 矩形基础均布荷载作用下角点的附加应力

设 $m=l/b$，$n=z/b$，则有

$$\sigma_z=\frac{p_0}{2\pi}\left[\arctan\frac{m}{n\sqrt{m^2+n^2+1}}+\frac{mn(m^2+2n^2+1)}{(m^2+n^2)(n^2+1)\sqrt{m^2+n^2+1}}\right] \tag{4-16}$$

再令

$$\alpha_c=\frac{1}{2\pi}\left[\arctan\frac{m}{n\sqrt{m^2+n^2+1}}+\frac{mn(m^2+2n^2+1)}{(m^2+n^2)(n^2+1)\sqrt{m^2+n^2+1}}\right] \tag{4-17}$$

则附加应力计算公式为

$$\sigma_z=\alpha_c p_0 \tag{4-18}$$

其中系数 α_c 称为均布矩形荷载角点下竖向附加应力系数，可由式（4-17）制成表格。实际计算时直接由 m、n 查表 4-2 得 α_c，代入式（4-18）计算附加应力。因 $l/b>10$ 的矩形基础与 $l/b\rightarrow\infty$ 的条形基础，角点附加应力系数已无明显区别，故可将 $l/b>10$ 的矩形基础按条形基础对待。

表 4-2 矩形面积上均布荷载作用下角点附加应力系数 α_c

$n=z/b$	$m=l/b$										
	1.0	1.2	1.4	1.6	1.8	2.0	3.0	4.0	5.0	6.0	10.0	条形
0.0	0.250	0.250	0.250	0.250	0.250	0.250	0.250	0.250	0.250	0.250	0.250	0.250
0.2	0.249	0.249	0.249	0.249	0.249	0.249	0.249	0.249	0.249	0.249	0.249	0.249
0.4	0.240	0.242	0.243	0.243	0.244	0.244	0.244	0.244	0.244	0.244	0.244	0.244
0.6	0.223	0.228	0.230	0.232	0.232	0.233	0.234	0.234	0.234	0.234	0.234	0.234
0.8	0.200	0.207	0.212	0.215	0.216	0.218	0.220	0.220	0.220	0.220	0.220	0.220
1.0	0.175	0.185	0.191	0.195	0.198	0.200	0.203	0.204	0.204	0.204	0.205	0.205
1.2	0.152	0.163	0.171	0.176	0.179	0.182	0.187	0.188	0.189	0.189	0.189	0.189
1.4	0.131	0.142	0.151	0.157	0.161	0.164	0.171	0.173	0.174	0.174	0.174	0.174
1.6	0.112	0.124	0.133	0.140	0.145	0.148	0.157	0.159	0.160	0.160	0.160	0.160
1.8	0.097	0.108	0.117	0.124	0.129	0.133	0.143	0.146	0.147	0.148	0.148	0.148
2.0	0.084	0.095	0.103	0.110	0.116	0.120	0.131	0.135	0.136	0.137	0.137	0.137
2.2	0.073	0.083	0.092	0.098	0.104	0.108	0.121	0.125	0.126	0.127	0.128	0.128
2.4	0.064	0.073	0.081	0.088	0.093	0.098	0.111	0.116	0.118	0.118	0.119	0.119
2.6	0.057	0.065	0.072	0.079	0.084	0.089	0.102	0.107	0.110	0.111	0.112	0.112
2.8	0.050	0.058	0.065	0.071	0.076	0.080	0.094	0.100	0.102	0.104	0.105	0.105
3.0	0.045	0.052	0.058	0.064	0.069	0.073	0.087	0.093	0.096	0.097	0.099	0.099
3.2	0.040	0.047	0.053	0.058	0.063	0.067	0.081	0.087	0.090	0.092	0.093	0.093
3.4	0.036	0.042	0.048	0.053	0.057	0.061	0.075	0.081	0.085	0.086	0.088	0.088
3.6	0.033	0.038	0.043	0.048	0.052	0.056	0.069	0.076	0.080	0.082	0.084	0.084
3.8	0.030	0.035	0.040	0.044	0.048	0.052	0.065	0.072	0.075	0.077	0.080	0.080
4.0	0.027	0.032	0.036	0.040	0.044	0.048	0.060	0.067	0.071	0.073	0.076	0.076
4.2	0.025	0.029	0.033	0.037	0.041	0.044	0.056	0.063	0.067	0.070	0.072	0.073
4.4	0.023	0.027	0.031	0.034	0.038	0.041	0.053	0.060	0.064	0.066	0.069	0.070
4.6	0.021	0.025	0.028	0.032	0.035	0.038	0.049	0.056	0.061	0.063	0.066	0.067
4.8	0.019	0.023	0.026	0.029	0.032	0.035	0.046	0.053	0.058	0.060	0.064	0.064
5.0	0.018	0.021	0.024	0.027	0.030	0.033	0.043	0.050	0.055	0.057	0.061	0.062
6.0	0.013	0.015	0.017	0.020	0.022	0.024	0.033	0.039	0.043	0.046	0.051	0.052
7.0	0.009	0.011	0.013	0.015	0.016	0.018	0.025	0.031	0.035	0.038	0.043	0.045
8.0	0.007	0.009	0.010	0.011	0.013	0.014	0.020	0.025	0.028	0.031	0.037	0.039
9.0	0.006	0.007	0.008	0.009	0.010	0.011	0.016	0.020	0.024	0.026	0.032	0.035
10.0	0.005	0.006	0.007	0.007	0.008	0.009	0.013	0.017	0.020	0.022	0.028	0.032
12.0	0.003	0.004	0.005	0.005	0.006	0.006	0.009	0.012	0.014	0.017	0.022	0.026
14.0	0.002	0.003	0.003	0.004	0.004	0.005	0.007	0.009	0.011	0.013	0.018	0.023
16.0	0.002	0.002	0.003	0.003	0.003	0.004	0.005	0.007	0.009	0.010	0.014	0.020
18.0	0.001	0.002	0.002	0.002	0.003	0.003	0.004	0.006	0.007	0.008	0.012	0.018
20.0	0.001	0.001	0.002	0.002	0.002	0.002	0.004	0.005	0.006	0.007	0.010	0.016
25.0	0.001	0.001	0.001	0.001	0.001	0.002	0.002	0.003	0.004	0.004	0.007	0.013
30.0	0.001	0.001	0.001	0.001	0.001	0.002	0.002	0.002	0.003	0.003	0.005	0.011
35.0	0.000	0.000	0.001	0.001	0.001	0.001	0.001	0.002	0.002	0.002	0.004	0.009
40.0	0.000	0.000	0.000	0.000	0.001	0.001	0.001	0.001	0.001	0.002	0.003	0.008

注：l—基础长度，m；b—基础宽度，m；z—计算点离基础底面的垂直距离，m。

4.3.2.2 角点法计算任意点的附加应力

矩形荷载作用下，荷载平面上任意一点 o（不论是否在角点处，也不论是否在荷载面积范围内）之下任意深度 z 的竖向附加应力可利用式（4-18）计算。基本思路是将荷载面积分块，设法使 o 点位于若干矩形的公共角点，每个矩形都能利用式（4-18）计算附加应力，各部分分别引起的附加应力叠加，即得最后结果。这种方法称为“角点法”。

如图 4-11（a）所示为 o 点在矩形 $abcd$ 的边上，欲求该点以下的附加应力，过 o 作平行于边 ab 的辅助直线，将矩形面积分为两个小矩形，o 处于这两个矩形面积的角点，此时

$$\sigma_z=(\alpha_{c\mathrm{I}}+\alpha_{c\mathrm{II}})p_0 \tag{4-19}$$

式中，$\alpha_{c\mathrm{I}}$、$\alpha_{c\mathrm{II}}$ 为角点附加应力系数，分别由矩形Ⅰ和矩形Ⅱ的边长查表 4-2。

如图 4-11（b）所示为 o 点位于矩形面积内，过 o 点作两条辅助线分别平行于长边和短边，将荷载面积分为四块小面积Ⅰ、Ⅱ、Ⅲ和Ⅳ，于是

$$\sigma_z=(\alpha_{c\mathrm{I}}+\alpha_{c\mathrm{II}}+\alpha_{c\mathrm{III}}+\alpha_{c\mathrm{IV}})p_0 \tag{4-20}$$

特别是当 o 点位于矩形面积的中心点之时，四块小矩形面积完全相等 $\alpha_{c\mathrm{I}}=\alpha_{c\mathrm{II}}=\alpha_{c\mathrm{III}}=\alpha_{c\mathrm{IV}}$，此时中点附加应力为：

$$\sigma_z=4\alpha_{c\mathrm{I}}\,p_0 \tag{4-21}$$

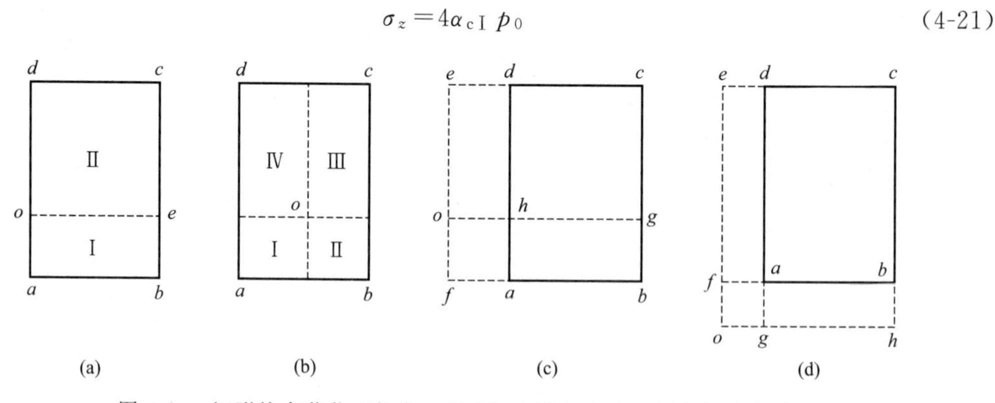

图 4-11 矩形均布荷载下任意一点的竖向附加应力—角点法的应用

如图 4-11（c）所示为 o 点在矩形 $abcd$ 的一条边以外，经过作辅助线，使 o 点成为各矩形的公共角点，由各矩形角点下的附件应力系数得

$$\sigma_z=[\alpha_{c(ofbg)}+\alpha_{c(ogce)}-\alpha_{c(ofah)}-\alpha_{c(ohde)}]p_0 \tag{4-22}$$

如图 4-11（d）所示为 o 点在矩形 $abcd$ 的角点以外，经过作辅助线，使 o 点成为各矩形的公共角点，由各矩形角点下的附件应力系数得

$$\sigma_z=[\alpha_{c(ohce)}-\alpha_{c(ogde)}-\alpha_{c(ohbf)}+\alpha_{c(ogaf)}]p_0 \tag{4-23}$$

【例 4-4】 如图 4-12 所示为一矩形基础下地基的俯视图。已知作用于基底的均布附加压力 $p_0=190\text{kPa}$，试用角点法分别计算点 O 下深度为 4m 处、点 A 下深度为 4.8m 处竖向附加应力。

【解】

(1) 点 O 下深度为 4m 处竖向附加应力

点 O 位于矩形的中点，整个矩形分为四个 3m×2m 的小矩形。

$$l_1/b_1=3/2=1.5,\ z/b_1=4/2=2$$

查表 4-2 得（线性插值）

$$\alpha_{cI}=(0.103+0.110)/2=0.1065$$

附加应力

$$\sigma_z=4\alpha_{cI}p_0=4\times0.1065\times190=80.9(\text{kPa})$$

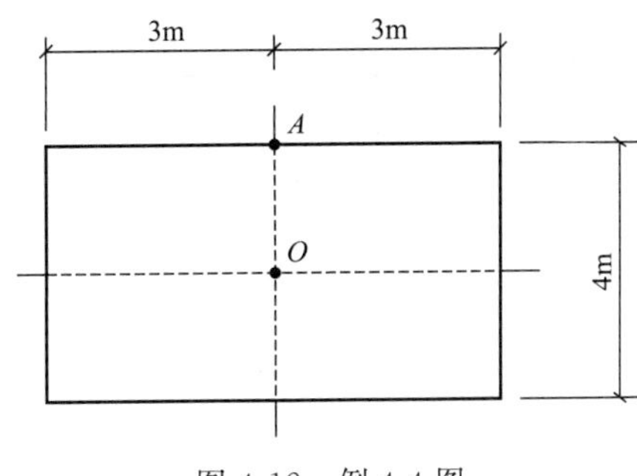

图 4-12 例 4-4 图

(2) 点 A 下深度为 4.8m 处竖向附加应力

点 A 位于矩形的长边中点，将整个矩形分为两个 4m×3m 的小矩形。

$$l_1/b_1=4/3=1.333,z/b_1=4.8/3=1.6$$

查表 4-2 得(线性插值)

$$\alpha_{cI}=0.124+\frac{0.133-0.124}{1.4-1.2}\times(1.333-1.2)=0.130$$

附加应力

$$\sigma_z=2\alpha_{cI}p_0=2\times0.130\times190=49.4(\text{kPa})$$

【例 4-5】 以角点法计算图 4-13 所示矩形基础甲的基底中心点 O 下不同深度处的地基附加应力 σ_z 的分布，并考虑左右两相邻基础乙的影响（两相邻柱距为 6m，荷载同基础甲）。中心荷载 $F=1940\text{kN}$，地基土重度为 18kN/m^3，基底尺寸为 5m×4m，基础埋深 1.5m。

【解】

(1) 计算基础甲的基底平均附加压力

基础及其上回填土的总重：$G=\gamma_G Ad=20\times5\times4\times1.5=600$ (kN)

基底平均压力值：$p=\dfrac{F+G}{A}=\dfrac{1940+600}{5\times4}=127$ (kPa)

基底平均附加压力值：$p_0=p-\sigma_{cd}=127-18\times1.5=100$ (kPa)

(2) 计算基础甲中心点 O 下的竖向附加应力 σ_z

矩形荷载面积分块，计算过程见表 4-3 和表 4-4，附加应力沿深度的分布曲线见图 4-13。

表 4-3 σ_z 计算表（由基础甲荷载引起的）

计算点	$l/b(oabc)$	z/m	z/b	α_c	$\sigma_z=4\alpha_c p_0$/kPa
0	1.25	0	0.0	0.250	4×0.250×100=100
1	1.25	1	0.5	0.235	94
2	1.25	2	1.0	0.187	75
3	1.25	3	1.5	0.135	54
4	1.25	4	2.0	0.097	39
5	1.25	5	2.5	0.071	28
6	1.25	6	3.0	0.054	22
7	1.25	7	3.5	0.042	17
8	1.25	8	4.0	0.032	13
9	1.25	10	5.0	0.022	9

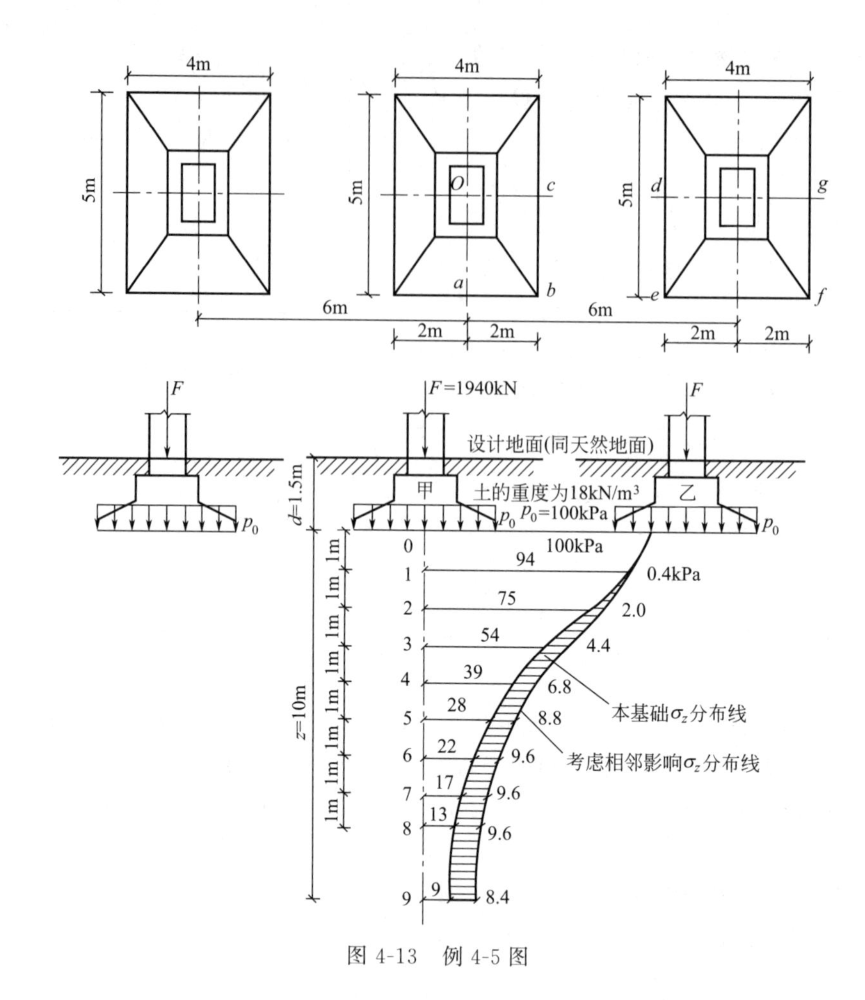

图 4-13 例 4-5 图

表 4-4 σ_z 计算表（由左右基础乙的荷载引起的）

计算点	l/b		z/m	z/b	α_c		$\sigma_z=4(\alpha_{cI}-\alpha_{cII})p_0$/kPa
	Ⅰ($oafg$)	Ⅱ($oaed$)			α_{cI}	α_{cII}	
0	8/2.5=3.2	4/2.5=1.6	0	0.0	0.250	0.250	4×(0.250−0.250)×100=0.0
1			1	0.4	0.244	0.243	0.4
2			2	0.8	0.220	0.215	2.0
3			3	1.2	0.187	0.176	4.4
4			4	1.6	0.157	0.140	6.8
5			5	2.0	0.132	0.110	8.8
6			6	2.4	0.112	0.088	9.6
7			7	2.8	0.095	0.071	9.6
8			8	3.2	0.082	0.058	9.6
9			10	4.0	0.061	0.040	8.4

4.3.3 矩形基础三角形荷载角点下地基的竖向附加应力

如图 4-14 所示为矩形基础三角形分布竖向荷载的情形，且沿 b 方向按斜直线变化、沿 l

方向为常数。荷载最大值为 p_0，最小值为 0。对荷载为 0 的 1 角点下深度为 z 处的 M 点坐标为（0，0，z），且单位面积上的荷载集度 $p(x, y)=x\ p_0/b$，由式（4-11）可以求得微元面积 $\mathrm{d}x\mathrm{d}y$ 上的荷载 $\mathrm{d}F=p(x, y)\mathrm{d}x\mathrm{d}y$ 引起 M 点的竖向应力 $\mathrm{d}\sigma_{z1}$：

$$\mathrm{d}\sigma_{z1}=\frac{3z^3 p_0 x\mathrm{d}x\mathrm{d}y}{2\pi b(r^2+z^2)^{5/2}}=\frac{3p_0 x z^3\mathrm{d}x\mathrm{d}y}{2\pi b(x^2+y^2+z^2)^{5/2}} \tag{4-24}$$

积分上式，得

$$\sigma_{z1}=\frac{3z^3 p_0}{2\pi b}\int_0^l\int_0^b\frac{x}{(x^2+y^2+z^2)^{5/2}}\mathrm{d}x\mathrm{d}y=\alpha_{t1}p_0 \tag{4-25}$$

其中角点 1 的附加应力系数 α_{t1}，为

$$\begin{aligned}\alpha_{t1}&=\frac{l}{2\pi b}\left[\frac{z}{\sqrt{l^2+z^2}}-\frac{z^3}{(b^2+z^2)\sqrt{l^2+b^2+z^2}}\right]\\&=\frac{mn}{2\pi}\left[\frac{1}{\sqrt{m^2+n^2}}-\frac{n^2}{(1+n^2)\sqrt{m^2+n^2+1}}\right]\end{aligned} \tag{4-26}$$

说明附加应力系数 α_{t1} 是 $m=l/b$ 和 $n=z/b$ 的函数，可由式（4-26）计算，也可从表 4-5 中查得。

同理，可求得荷载最大值边的角点 2 下任意深度 z 处的竖向附加应力 σ_{z2}：

$$\sigma_{z2}=(\alpha_c-\alpha_{t1})p_0=\alpha_{t2}p_0 \tag{4-27}$$

角点 2 的附加应力系数 α_{t2} 可查表 4-5。

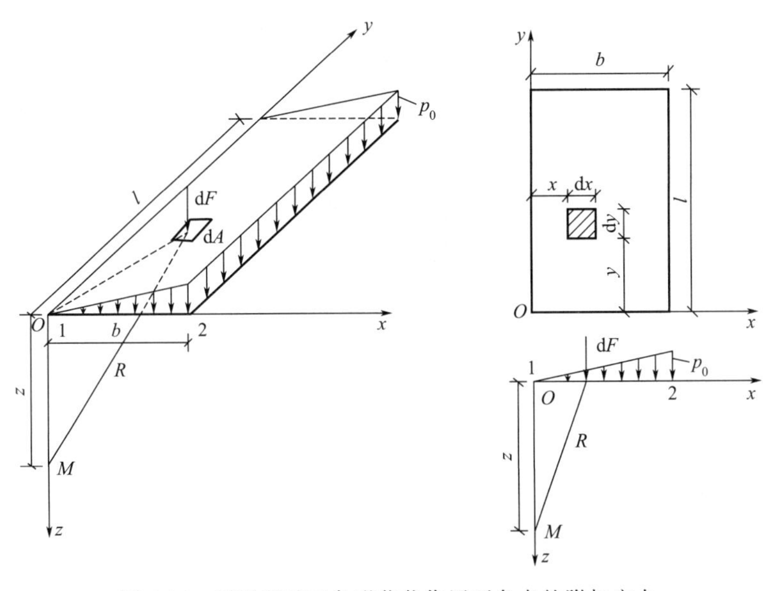

图 4-14 矩形基础三角形荷载作用下角点的附加应力

表 4-5 三角形分布矩形荷载作用下角点的竖向附加应力系数 α_{t1} 和 α_{t2}

l/b \ z/b	0.2		0.4		0.6		0.8		1.0	
	1	2	1	2	1	2	1	2	1	2
0.0	0.0000	0.2500	0.0000	0.2500	0.0000	0.2500	0.0000	0.2500	0.0000	0.2500

续表

z/b \ l/b	0.2		0.4		0.6		0.8		1.0	
	1	2	1	2	1	2	1	2	1	2
0.2	0.0223	0.1821	0.0280	0.2115	0.0296	0.2165	0.0301	0.2178	0.0304	0.2182
0.4	0.0269	0.1094	0.0420	0.1604	0.0487	0.1781	0.0517	0.1844	0.0534	0.1870
0.6	0.0259	0.0700	0.0448	0.1165	0.0560	0.1405	0.0621	0.1520	0.0654	0.1575
0.8	0.0232	0.0480	0.0421	0.0853	0.0553	0.1093	0.0637	0.1232	0.0688	0.1311
1.0	0.0201	0.0346	0.0375	0.0638	0.0508	0.0852	0.0602	0.0996	0.0666	0.1086
1.2	0.0171	0.0260	0.0324	0.0491	0.0450	0.0673	0.0546	0.0807	0.0615	0.0901
1.4	0.0145	0.0202	0.0278	0.0386	0.0392	0.0540	0.0483	0.0661	0.0554	0.0751
1.6	0.0123	0.0160	0.0238	0.0310	0.0339	0.0440	0.0424	0.0547	0.0492	0.0628
1.8	0.0105	0.0130	0.0204	0.0254	0.0294	0.0363	0.0371	0.0457	0.0435	0.0534
2.0	0.0090	0.0108	0.0176	0.0211	0.0255	0.0304	0.0324	0.0387	0.0384	0.2456
2.5	0.0063	0.0072	0.0125	0.0140	0.0183	0.0205	0.0236	0.0265	0.0284	0.0318
3.0	0.0046	0.0051	0.0092	0.0100	0.0135	0.0148	0.0176	0.0192	0.0214	0.0233
5.0	0.0018	0.0019	0.0036	0.0038	0.0054	0.0056	0.0071	0.0074	0.0088	0.0091
7.0	0.0009	0.0010	0.0019	0.0019	0.0028	0.0029	0.0038	0.0038	0.0047	0.0047
10.0	0.0005	0.0004	0.0009	0.0010	0.0014	0.0014	0.0019	0.0019	0.0023	0.0024

z/b \ l/b	1.2		1.4		1.6		1.8		2.0	
	1	2	1	2	1	2	1	2	1	2
0.0	0.0000	0.2500	0.0000	0.2500	0.0000	0.2500	0.0000	0.2500	0.0000	0.2500
0.2	0.0305	0.2184	0.0305	0.2185	0.0306	0.2185	0.0306	0.2185	0.0306	0.2185
0.4	0.0539	0.1881	0.0543	0.1886	0.0545	0.1889	0.0546	0.1891	0.0547	0.1892
0.6	0.0673	0.1602	0.0684	0.1616	0.0690	0.1625	0.0694	0.1630	0.0696	0.1633
0.8	0.0720	0.1355	0.0739	0.1381	0.0751	0.1396	0.0759	0.1405	0.0764	0.1412
1.0	0.0708	0.1143	0.0735	0.1176	0.0753	0.1202	0.0766	0.1215	0.0774	0.1225
1.2	0.0664	0.0962	0.0698	0.1007	0.0721	0.1037	0.0738	0.1055	0.0749	0.1069
1.4	0.0606	0.0817	0.0644	0.0864	0.0672	0.0897	0.0692	0.0921	0.0707	0.0937
1.6	0.0545	0.0696	0.0586	0.0743	0.0616	0.0780	0.0639	0.0806	0.0656	0.0826
1.8	0.0498	0.0596	0.0528	0.0644	0.0560	0.0681	0.0585	0.0709	0.0604	0.0730
2.0	0.0434	0.0513	0.0474	0.0560	0.0507	0.0596	0.0533	0.0625	0.0553	0.0649
2.5	0.0326	0.0365	0.0362	0.0406	0.0393	0.0440	0.0419	0.0469	0.0440	0.0491
3.0	0.0249	0.0270	0.0280	0.0303	0.0307	0.0333	0.0331	0.0359	0.0352	0.0380
5.0	0.0104	0.0108	0.0120	0.0123	0.0135	0.0139	0.0148	0.0154	0.0161	0.0167
7.0	0.0056	0.0056	0.0064	0.0066	0.0073	0.0074	0.0081	0.0083	0.0089	0.0091
10.0	0.0028	0.0028	0.0033	0.0032	0.0037	0.0037	0.0041	0.0042	0.0046	0.0046

z/b \ l/b	3.0		4.0		6.0		8.0		10.0	
	1	2	1	2	1	2	1	2	1	2
0.0	0.0000	0.2500	0.0000	0.2500	0.0000	0.2500	0.0000	0.2500	0.0000	0.2500
0.2	0.0306	0.2186	0.0306	0.2186	0.0306	0.2186	0.0306	0.2186	0.0306	0.2186
0.4	0.0548	0.1894	0.0549	0.1894	0.0549	0.1894	0.0549	0.1894	0.0549	0.1894
0.6	0.0701	0.1638	0.0702	0.1639	0.0702	0.1640	0.0702	0.1640	0.0702	0.1640
0.8	0.0773	0.1423	0.0776	0.1424	0.0776	0.1426	0.0776	0.1426	0.0776	0.1426
1.0	0.0790	0.1244	0.0794	0.1248	0.0795	0.1250	0.0796	0.1250	0.0796	0.1250
1.2	0.0774	0.1096	0.0779	0.1103	0.0782	0.1105	0.0783	0.1105	0.0783	0.1105
1.4	0.0739	0.0973	0.0748	0.0982	0.0752	0.0986	0.0752	0.0987	0.0753	0.0987
1.6	0.0697	0.0870	0.0708	0.0882	0.0714	0.0887	0.0715	0.0888	0.0715	0.0889
1.8	0.0652	0.0782	0.0666	0.0797	0.0673	0.0805	0.0675	0.0806	0.0675	0.0808
2.0	0.0607	0.0707	0.0624	0.0726	0.0634	0.0734	0.0636	0.0736	0.0636	0.0738
2.5	0.0504	0.0559	0.0529	0.0585	0.0543	0.0601	0.0547	0.0604	0.0548	0.0605
3.0	0.0419	0.0451	0.0449	0.0482	0.0469	0.0504	0.0474	0.0509	0.0476	0.0511
5.0	0.0214	0.0221	0.0248	0.0256	0.0283	0.0290	0.0296	0.0303	0.0301	0.0309
7.0	0.0124	0.0126	0.0152	0.0154	0.0186	0.0190	0.0204	0.0207	0.0212	0.0216
10.0	0.0066	0.0066	0.0084	0.0083	0.0111	0.0111	0.0128	0.0130	0.0139	0.0141

对于 b 边方向的中点，其下方任意一点的竖向附加应力 σ_z，可按 $p_0/2$ 的均布荷载进行计算。对于梯形分布荷载，可分解为均布荷载和三角形荷载叠加；在求矩形面积上梯形荷载中点下的 σ_z 时，可采用中点处的附加压力值（平均附加压力）按均布荷载方法计算。

4.3.4 圆形基础均布荷载中点下地基的竖向附加应力

圆形基础承受均布荷载时，传给地基的均布附加压力为 p_0，荷载中心点 O 下任意深度 z 处 M 点的附加应力 σ_z，仍然可以通过布辛奈斯克解，在圆形面积内积分求得。

设圆形荷载面积的半径为 r_0，如以圆形截面的中心点为极坐标原点 O，并在荷载面积上取微面积 $dA=rd\theta dr$，将微面积上的分布荷载视为集中力 $dF=p_0dA=p_0rd\theta dr$，如图4-15所示。则可运用式（4-11）以积分法求得圆形基础均布荷载中点下任意深度 z 处 M 点的 σ_z 如下：

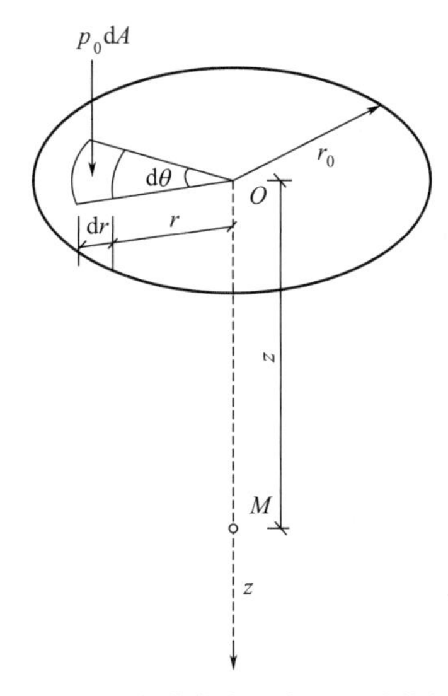

图 4-15 圆形基础均布荷载中心点下地基的竖向附加应力

$$\sigma_z=\iint_A d\sigma_z=\frac{3p_0}{2\pi}\int_0^{2\pi}\int_0^{r_0}\frac{z^3rdrd\theta}{(r^2+z^2)^{5/2}}=\left[1-\left(\frac{z^2}{z^2+r_0^2}\right)^{3/2}\right]p_0=\alpha_0p_0 \tag{4-28}$$

式中 α_0——圆形面积均布荷载作用时，圆心点下的竖向附加应力系数，由 z/r_0 查表 4-6。

表 4-6 圆形均布荷载中心点下的附加应力系数 α_0

z/r_0	α	z/r_0	α	z/r_0	α	z/r_0	α
0.0	1.000	1.2	0.547	2.4	0.213	3.6	0.106
0.1	0.999	1.3	0.502	2.5	0.200	3.7	0.101
0.2	0.993	1.4	0.461	2.6	0.187	3.8	0.010
0.3	0.976	1.5	0.424	2.7	0.175	3.9	0.091
0.4	0.949	1.6	0.390	2.8	0.165	4.0	0.087
0.5	0.911	1.7	0.360	2.9	0.155	4.2	0.079
0.6	0.864	1.8	0.332	3.0	0.146	4.4	0.073
0.7	0.811	1.9	0.307	3.1	0.138	4.6	0.067
0.8	0.756	2.0	0.285	3.2	0.130	4.8	0.062
0.9	0.701	2.1	0.264	3.3	0.124	5.0	0.057
1.0	0.646	2.2	0.246	3.4	0.117	6.0	0.040
1.1	0.595	2.3	0.229	3.5	0.111	10.0	0.015

4.3.5 成层土地基对附加应力分布的影响

以上介绍的地基附加应力计算都是考虑柔性荷载和均质各向同性的土体情况，因此土中附加应力计算与土的性质无关，这显然是合理的。然而实际上地基往往是非均质和各向异性的，比如有的是由不同压缩性土质组成的成层地基；有的是同一土层的压缩性随深度增加而减小（这种现象在砂土中尤为显著）；有的土层竖直方向和水平方向的性质不同。对于这样一些问题的考虑是比较复杂的，目前也未得到完全满意的解答。

但从一些简单情况的解答中发现，由两种压缩性不同的土层构成的双层地基的附加应力分布与各向同性地基相比较，对地基竖向应力的影响有两种情况：一种是坚硬土层上覆盖着不厚的可压缩土层（即上软下硬）；一种是软弱土层上有一层压缩模量较高的硬壳层（即上硬下软）。其对应的地基竖向应力的影响，前者将发生应力集中现象，而后者将发生应力扩散现象。

如图 4-16 所示，当上层土的压缩模量比下层土低时（上软下硬），即 $E_1 < E_2$，则土中附加应力分布将发生应力集中的现象，两土层分界面上的地基附加应力如图 4-16（a）所示。当上层土的压缩模量比下层土高时（上硬下软），即 $E_2 < E_1$，则土中附加应力分布将发生应力扩散的现象，两土层分界面上的地基附加应力如图 4-16（b）所示。

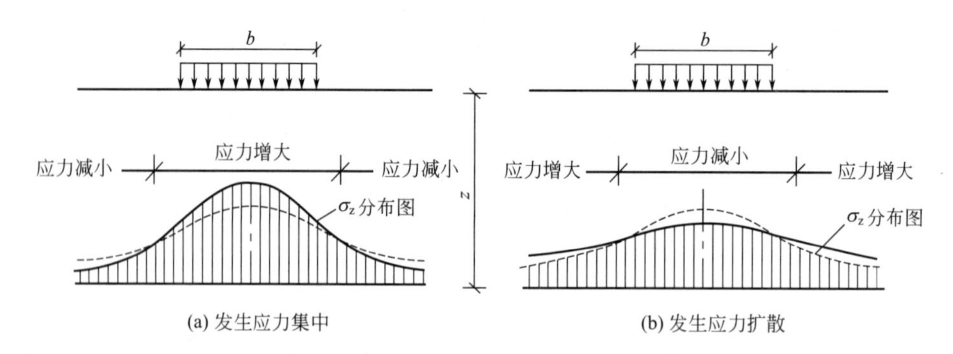

(a) 发生应力集中

(b) 发生应力扩散

图 4-16　双层地基界面上地基附加应力分布

（虚线表示均质地基中水平面上的附加应力分布）

由于下卧刚性岩层的存在而引起的应力集中的现象与岩层的埋藏深度有关，岩层埋深越浅，应力集中的影响越显著。当可压缩土层的厚度≤荷载面积宽度的一半（如大面积堆载、填土）时，荷载中点下的 σ_z 不随深度变化，此时 $\sigma_z = p_0$。

表层有硬层是工程中经常遇到的，如机场跑道、混凝土或沥青路面、地基表面有硬壳层的天然地基及表面经人工处理的地基，都属于这类情况。表面硬层可吸收能量，使下层应力降低。在坚硬的上层、软弱下卧层这种双层地基中引起的应力扩散随上层厚度的增大更加显著，并且它还与双层地基的变形模量 E、泊松比 μ 有关，即随参数 β 的增加而更为明显。

$$\beta = \frac{E_1}{E_2} \cdot \frac{1-\mu_2^2}{1-\mu_1^2} \tag{4-29}$$

式中　E_1、E_2——上面硬层与下卧软层的变形模量；

μ_1、μ_2——上面硬层与下卧软层的泊松比。

因为土的泊松比变化不大，一般为 $\mu = 0.3 \sim 0.4$，因此参数 β 的大小主要取决于上下土层变形模量的比值。

4.4 有效应力原理

计算土中应力的目的是为了研究土体受力后的变形和强度问题，但是土的体积变化和强度大小并不是直接决定于土体所受的全部应力（即总应力），而是决定于总应力与孔隙水压力之间的差值——有效应力。饱和土有效应力原理的基本概念是由太沙基于1923年最早提出，该原理阐明了碎散介质的土体与连续固体介质在应力-应变关系上的重大区别，从而使土力学从一般固体力学中分离出来，成为一门独立的分支学科。

4.4.1 饱和土有效应力原理

在土中某点截取一水平截面，其面积为A，截面上作用应力σ（图4-17），它由土体的重力、外荷载p所产生的应力以及静水压力组成，称为总应力。总应力的一部分是由土颗粒间的接触面承担和传递，称为有效应力；另一部分是由孔隙内的水和气体承担，称为孔隙压力（包括孔隙水压力与孔隙气压力）。

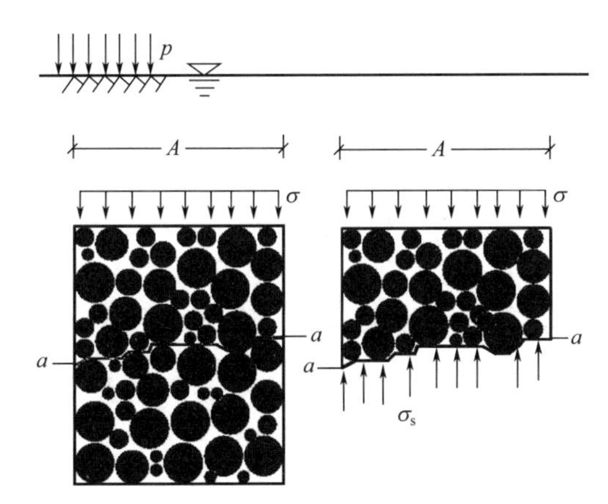

图4-17 有效应力示意图

如图4-17所示的土体，沿$a—a$截面取脱离体，$a—a$截面是沿土颗粒间接触面截取的曲线状截面，在此截面上各土颗粒间接触面间的作用法向应力为σ_s，各土颗粒之间的接触面积之和为A_s，孔隙内的水压力为u_w，孔隙气压力为u_a，其相应的面积分别为A_w和A_a，由此可建立如下平衡条件：

$$\sigma A=\sigma_s A_s+u_w A_w+u_a A_a \tag{4-30}$$

对于饱和土，上式中的u_a、A_a均等于零，则此时上式可写成：

$$\sigma A=\sigma_s A_s+u_w A_w=\sigma_s A_s+u_w (A-A_s)$$

或

$$\sigma=\frac{\sigma_s A_s}{A}+u_w\left(1-\frac{A_s}{A}\right) \tag{4-31}$$

由于颗粒间的接触面积A_s是很小的，毕肖普和伊尔定（Bishop & Eldin，1950）根据粒状土的试验结果，结论为 A_s/A 一般小于 0.03，有可能小于 0.01。因此，式（4-31）中第二项内的 A_s/A 可略去不计，但第一项中因为土颗粒间的接触应力 σ_s 很大，故不能略去。此时式（4-31）变为：

$$\sigma=\frac{\sigma_s A_s}{A}+u_w \tag{4-32}$$

式中，$\sigma_s A_s/A$ 实际上是土颗粒间的接触压力在截面积 A 上的平均应力，称为土的有效应力，通常用 σ' 表示，并把孔隙水压力 u_w 用 u 表示。于是式（4-32）可写成：

$$\sigma=\sigma'+u \tag{4-33}$$

这个关系式在土力学中非常重要，称为饱和土的有效应力原理。在工程实践中，直接测定有效应力 σ' 很困难，通常是在已知总应力 σ 和测定了孔隙水压力 u 后，利用式（4-34）求 σ'：

$$\sigma'=\sigma-u \tag{4-34}$$

上式也称为饱和土的有效应力原理。

应该指出的是，对于饱和土，土中任意点的孔隙水压力 u 对各个方向作用是相等的，因此它只能使土颗粒产生压缩（由于土颗粒本身的压缩量是很微小的，在土力学中均不考虑），而不能使土颗粒产生位移。土颗粒间的有效应力作用，则会引起土颗粒的位移，使孔隙体积改变，土体发生压缩变形，同时有效应力的大小也影响土的抗剪强度，这是土力学有别于其他力学（如固体力学）的重要原理之一。由此可将土力学中最常用的饱和土有效应力原理的主要内容归纳为以下两点：

① 土的有效应力 σ' 等于总应力 σ 减去孔隙水压力 u；

② 土的有效应力控制了土的变形及强度性能。

4.4.2 部分饱和土有效应力原理

对于非饱和土（或部分饱和土），u_a、A_a 不等于零，则由式（4-30）可得：

$$\begin{aligned}\sigma&=\frac{\sigma_s A_s}{A}+u_w\frac{A_w}{A}+u_a\frac{A-A_s-A_w}{A}\\&=\sigma'+u_a-\frac{A_w}{A}(u_a-u_w)-u_a\frac{A_s}{A}\end{aligned} \tag{4-35}$$

因为 A_s/A 可略去不计，从而可得到非饱和土（部分饱和土）的有效应力公式为：

$$\sigma'=\sigma-u_a+\chi(u_a-u_w) \tag{4-36}$$

式（4-36）是由毕肖普等（1961）提出的，式中 $\chi=A_w/A$ 是由试验确定的参数，取决于土的类型及饱和度。有效应力原理能正确的应用于饱和土，而对于非饱和土（部分饱和土），由于水、气界面上的表面张力和弯液面的存在，问题较为复杂，尚存在一些问题有待深入研究。

思考题

4.1 何谓自重应力？何谓附加应力？

4.2 地下水位下降对自重应力大小有何影响？

4.3 大面积填土对自重应力大小的影响如何？

4.4　何谓基底压力？何谓基底附加压力？二者如何区别？

4.5　在中心荷载和偏心荷载作用下基底反力分布是怎样的？

4.6　怎样计算地基中的自重应力、附加应力？

4.7　采用角点法计算地基附加应力时，基底面积划分之后，如何确定 b、l？

4.8　矩形基础梯形分布荷载作用下，如何计算中点和角点的附加应力？

4.9　地基附加应力分布规律有哪些？

4.10　何谓饱和土的有效应力原理？

选择题

4.1　土的自重应力计算中假定的应力状态为（　　）。

A. $\sigma_z \neq 0$、$\sigma_x \neq 0$、$\tau_{zx} \neq 0$　　B. $\sigma_z \neq 0$、$\sigma_x \neq 0$、$\tau_{zx} = 0$

C. $\sigma_z \neq 0$、$\sigma_x = 0$、$\tau_{zx} \neq 0$　　D. $\sigma_z \neq 0$、$\sigma_x = 0$、$\tau_{zx} = 0$

4.2　土的自重应力在均匀土层中沿深度呈（　　）分布。

A. 折线　　B. 曲线　　C. 直线　　D. 抛物线

4.3　在均匀地基中开挖基坑，地基土重度 $\gamma = 18.0\text{kN/m}^3$，基坑开挖深度 2m，则基坑底面以下 2m 处的自重应力为（　　）。

A. 36kPa　　B. 54kPa　　C. 72kPa　　D. 86kPa

4.4　某场地表层为 4m 厚的粉质黏土，天然重度 $\gamma = 18\text{kN/m}^3$；其下为饱和重度 $\gamma_{sat} = 19\text{kN/m}^3$ 的很厚的黏土层，地下水位在地表下 4m 处。地表下 2m 处土的竖向自重应力为（　　）。

A. 72kPa　　B. 36kPa　　C. 16kPa　　D. 38kPa

4.5　当上部结构荷载的合力大小不变时，荷载偏心距越大，则基底压力平均值（　　）。

A. 越大　　B. 越小　　C. 不变　　D. 无法确定

4.6　基底总压力与基底附加压力哪一个大？（　　）

A. 基底附加压力　　B. 基底总压力　　C. 二者相等　　D. 无法确定

4.7　某一条形基础，宽 $b = 2\text{m}$，埋深 $d = 1.5\text{m}$，由上部承重墙传下的竖向力为 $F = 500\text{kN/m}$，则该条形基础的基底压力 p 为（　　）。

A. 280kPa　　B. 260kPa　　C. 310kPa　　D. 276kPa

4.8　地基附加应力计算中对地基土采用的基本假设之一是（　　）。

A. 非均质弹性体　　B. 均质线性弹性体

C. 均质塑性体　　D. 非线性弹性体

4.9　在基底总压力不变时，增大基础埋深对土中应力分布的影响是（　　）。

A. 土中应力增大　　B. 土中应力减小

C. 土中应力不变　　D. 两者没有联系

4.10　在集中力作用下，地基中某一点的附加应力与该集中力的大小（　　）。

A. 成正比　　B. 成反比

C. 有时成正比，有时成反比　　D. 无关

4.11　利用角点法及角点下的附加应力系数表可求得（　　）。

A. 基底中点下的附加应力　　　B. 基底投影范围外的附加应力
C. 基底投影范围内的附加应力　　D. 地基中任意点的附加应力

4.12　荷载面积以外地基附加应力沿深度的分布规律是（　　）。

A. 大—小—大　　B. 小—大—小　　C. 大—大—小　　D. 小—大—大

4.13　在建筑工程中，设有一无限长的条形受荷面积，若用荷载面积的长宽比 l/b（　　），计算的附加应力值 σ_z 与按 $l/b=\infty$ 计算的 σ_z 相比误差甚小。

A. ≥5　　B. >5　　C. ≥8　　D. >10

4.14　均匀条形荷载作用下，在基底下同一个深度的水平面上，地基竖向附加应力 σ_z 随着离基底中心线距离的增加而（　　）。

A. 增加　　B. 不变　　C. 减小　　D. 为中心线处的 1.5 倍

4.15　基础埋置于地下水位以上，若地下水位下降，则地基土中附加应力（　　）。

A. 不变　　B. 减小　　C. 增大　　D. 无法确定

计算题

4.1　某建筑场地的地质剖面如图 4-18 所示，试计算各土层界面及地下水位面的自重应力 σ_{cz}，并绘制自重应力 σ_{cz} 曲线。

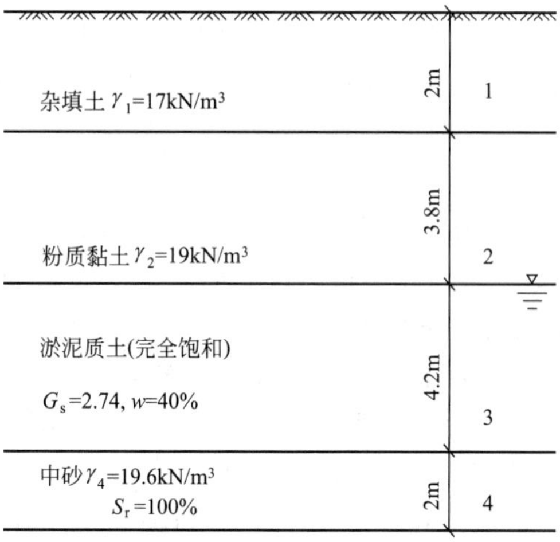

杂填土 γ_1=17kN/m³　2m　1
粉质黏土 γ_2=19kN/m³　3.8m　2
淤泥质土(完全饱和)
G_s=2.74, w=40%　4.2m　3
中砂 γ_4=19.6kN/m³
S_r=100%　2m　4

图 4-18　计算题 4.1 图

4.2　若图 4-18 中，设淤泥质黏土的静止侧压力系数 $K_0=0.3$，试求地下水位以下 2m 处土的侧向自重应力 σ_{cx}。

4.3　某外墙下条形基础底面宽度 $b=1.5$m，基底标高为 −1.50m，室内地面标高为 ±0.00，室外地面标高为 −0.60m，墙体作用在基础顶面的竖向荷载 $F=240$kN/m，试求基底压力 p。

4.4　已知矩形基础底面尺寸 $b=3$m、$l=5$m，作用在基础底面中心的荷载 $F+G=2250$kN、$M=630$kN·m（沿长边方向偏心），试求基底压力的最大值和最小值。

4.5　某柱下方形基础边长为 4m，基底压力为 300kPa，基础埋深为 1.5m，地基土重度为 18kN/m³，试求基底中心点下 4m 深处的竖向附加应力。

4.6 已知条形均布荷载 $p_0=200\text{kPa}$，荷载面宽度 $b=2\text{m}$，试按均布矩形荷载下的附加应力公式计算条形荷载面中心点下 2m 深处的竖向附加应力。

4.7 某矩形基础基底尺寸 2m×6m、均布附加压力 $p_0=250\text{kPa}$，试分别求矩形长边中点下深度为 0、2m 处的竖向附加应力值以及中心点下深度为 0、2m 处的竖向附加应力值。

4.8 某矩形基础底面尺寸为 2m×6m，在基底均布附加压力作用下，基础角点下 10m 深度处的竖向附加应力为 4.3kPa，试求该基础中心点下深度为 5m 处的竖向附加应力值。

4.9 某框架柱传给基础的荷载为：轴心荷载 $F=1100\text{kN}$，弯矩 $M=320\text{kN}\cdot\text{m}$（沿基础长边方向作用），基础埋深为 1.5m，基底尺寸为 2m×3m。地基土为粉土，重度为 18kN/m³。试求基底中心点下 2m 深处的竖向附加应力。

4.10 有相邻两荷载面 A 和 B，其尺寸、相对位置及所受荷载如图 4-19 所示，其中荷载面 A 的附加压力为梯形分布、荷载面 B 的附加压力均匀分布。试考虑相邻荷载面 B 的影响，求出 A 荷载面中心点下 $z=2\text{m}$ 处的竖向附加应力。

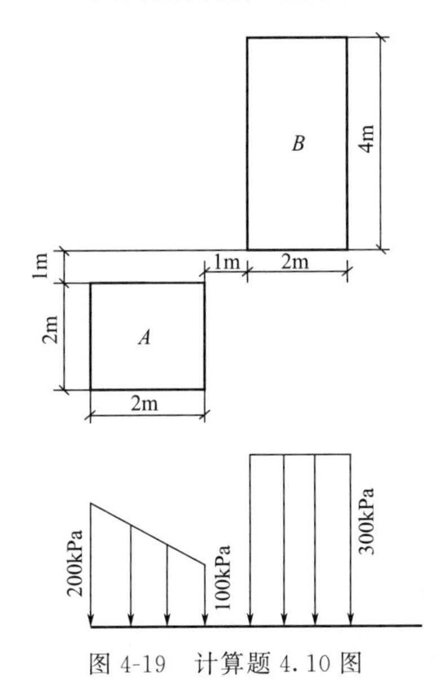

图 4-19 计算题 4.10 图

第5章 地基沉降计算

Chapter 05

内容提要

荷载作用在建筑物上，随之被传递到地基土层中，使地基土层发生变形，建筑物基础亦随之沉降。本章主要内容为土的压缩性，地基的最终沉降量计算以及沉降与时间的关系。

基本要求

通过本章的学习，要求了解土的压缩性，熟悉压缩试验方法，掌握土的压缩性指标确定方法，熟练掌握地基最终沉降计算的分层总和法和规范修正法，了解一维固结理论。

5.1 土的压缩性

地基土在外荷载作用下的压缩变形因地基土的性质不同而不同，有些土中发生以弹性变形为主的压缩变形；有些土中发生以固结变形为主的压缩变形；有些土不可忽视蠕变。孔隙水压力的消散，有效应力增加，土体逐渐被压密，这个过程称为固结。压缩等同于固结。

5.1.1 土的压缩性概念

土的压缩性指的是土在压力作用下体积缩小的特性。土是三相体系，地基土被压缩，主要表现在下列三个方面：①固体颗粒被压缩；②土中水及封闭的气体被压缩；③孔隙中的水和气体被挤出。

通过试验表明：在一般的压力作用下，固体颗粒和水的压缩量不到地基土压缩量的1/400，可以忽略不计。因此，土的压缩可以被认为是土中水和气体从孔隙中被挤出，土颗粒相应发生移动，重新排列、靠拢挤紧，从而使孔隙体积减小。对于饱和土，其压缩主要是孔隙水被挤出。

土的压缩变形的快慢与土的渗透性有关。在荷载作用下，渗透性大的无黏性土，压缩过程所需要的时间很短，压缩变形很快完成；但对于渗透性小的饱和黏性土来说，压缩过程所需要的时间很长，几十年甚至上百年才能达到沉降稳定。这种压缩过程与时间的关系，用固结来表示。土的固结指的是土体在外力作用下，压缩量随着时间增长的过程。对于饱和黏性土体来说，土的固结问题尤为重要。

在计算地基变形时，必须先取得土的各项压缩性指标才能进行相关的计算。

5.1.2 土的侧限压缩试验

压缩试验在压缩仪（也称为固结仪）中完成，如图 5-1 所示。试验时，用环刀取土，然后将土样连同环刀一起放入压缩仪中，上下各盖一块透水石，以便土样受压后能够自由排水，在上透水石的上面再施加垂直荷载。在这种装置中，由于土样受到环刀、压缩容器的束缚，在整个压缩过程中只能发生竖直方向的变形，不可能发生侧向变形，所以这种试验方法也被称为侧限压缩试验。这种侧限是模拟真实地基土在建筑物荷载作用下的变形，即只能发生竖向变形（沉降），而水平方向受到周围土体的约束不能有位移发生。

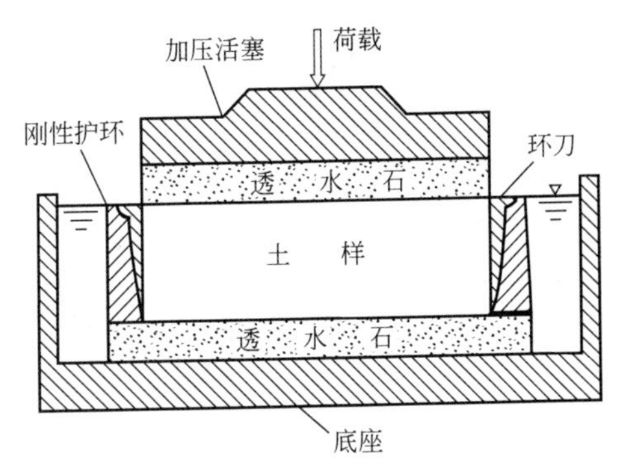

图 5-1 固结仪的固结容器简图

土体在天然状态或是人工饱和后，进行逐级加压。在每级竖向压力 p_i 的作用下使土样变形至稳定，用百分表测出土样稳定后的变形量 s_i，继而通过换算便可得出每级压力 p_i 作用下对应的孔隙比 e_i。

设土样的初始高度为 H_0，受压后土样的高度为 H_i，则有 $H_i=H_0-s_i$，其中 s_i 为测得的在外荷载 p_i 作用下土样压缩至稳定的变形量；土样的横截面面积 A 和土颗粒体积 V_s 均保持不变。设加荷载前孔隙比为 e_0，则孔隙体积 $V_v=e_0V_s$，因为土样总体积 $V=H_0A=V_s+V_v=(1+e_0)V_s$，所以 $V_s/A=\dfrac{H_0}{1+e_0}$；同理，加荷后存在关系 $V_s/A=\dfrac{H_i}{1+e_i}$。据此，容易得到

$$\frac{H_0}{1+e_0}=\frac{H_i}{1+e_i}=\frac{H_0-s_i}{1+e_i} \tag{5-1}$$

则有

$$s_i=\frac{e_0-e_i}{1+e_0}H_0 \tag{5-2}$$

或

$$e_i=e_0-\frac{s_i}{H_0}(1+e_0) \tag{5-3}$$

上式中的 e_0 表示土的初始孔隙比，可由土的三个基本实验指标求得，即为：

$$e_0=\frac{G_s(1+w)\rho_w}{\rho}-1=\frac{G_s(1+w)\gamma_w}{\gamma}-1 \tag{5-4}$$

因此，只要测定了土样在各级压力 p_i 下的稳定变形量 s_i，就可以按照式（5-3）算出相应的孔隙比 e_i。试验结束后，得到土样压力和孔隙比之间的对应关系，可以用表格的形式表达，也可以绘制出试验曲线。

侧限压缩试验曲线可按两种方式绘制。一种方式是以压力 p 为横坐标，孔隙比 e 为纵坐标，绘制出 e-p 曲线，该曲线称为压缩曲线，如图 5-2（a）所示；这种普通坐标绘制的 e-p 曲线，在常规试验中，一般按 25、50、100、200、300、400、800（kPa）等加荷，最后一级荷载必须大于土层的计算压力 100～200kPa。另一种方式是以 lg$p$ 为横坐标，e 为纵坐标，绘制 e-lg$p$ 曲线，如图 5-2（b）所示；横坐标按 p 的常用对数取值，试验时以较小的压力开始，采用小增量多级加荷，并加到较大的荷载为止，压力等级宜为 12.5、18.75、25、37.5、50、100、200、400、800、1600、3200（kPa）。

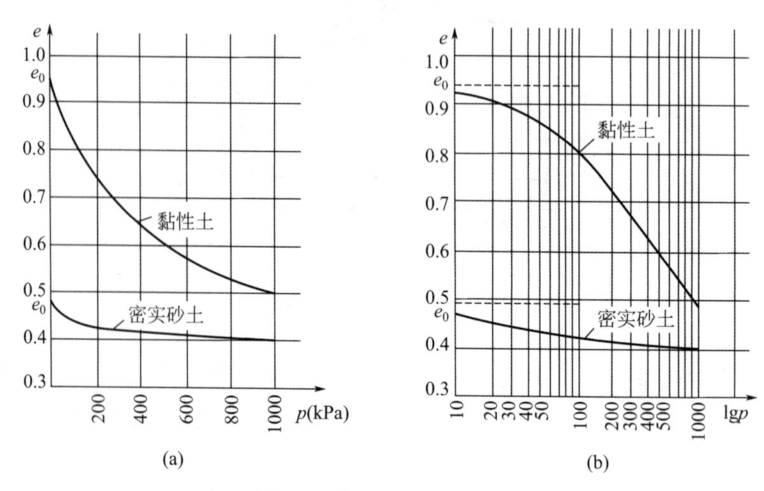

图 5-2　侧限压缩试验曲线

5.1.3　土的压缩性指标

根据土试样的侧限压缩试验结果，可以定义评价土体压缩性的如下指标：压缩系数、压缩指数和压缩模量。

5.1.3.1　压缩系数

压缩性不同的土，其 e-p 曲线的形状不一样。曲线越陡，说明在相同的压力作用下，土体孔隙比的减小越显著，因而土的压缩性就越高。土的压缩系数 a 定义为曲线上任一点的切线斜率的绝对值，即

$$a=-\frac{\mathrm{d}e}{\mathrm{d}p} \tag{5-5}$$

式中，负号表示随着压力 p 的增加，孔隙比 e 逐渐减小。实用上，当外荷载引起的压力变化范围不大时，如图 5-3（a）所示，当压力由 p_1 增加到 p_2，相应的孔隙比由 e_1 减小到 e_2，则与压力增量 $\Delta p=p_2-p_1$ 相对应的孔隙比变化为 $\Delta e=e_1-e_2$。此时，土的压缩性可用图中割线 M_1M_2 的斜率的绝对值 $\tan\alpha$ 表示，则有

$$a=\frac{\Delta e}{\Delta p}=\frac{e_1-e_2}{p_2-p_1} \tag{5-6}$$

式中 a——土的压缩系数，MPa^{-1}；

p_1——地基某深度处土中竖向自重应力；

p_2——地基某深度处自重应力与附加应力之和；

e_1——相应于 p_1 作用下压缩稳定后土的孔隙比；

e_2——相应于 p_2 作用下压缩稳定后土的孔隙比。

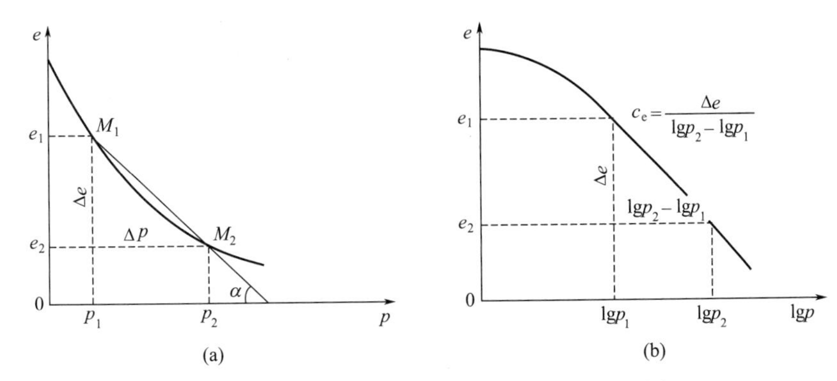

图 5-3 由侧限压缩试验曲线确定土的压缩性指标

压缩系数是评价地基土压缩性高低的重要指标之一。从 e-p 曲线上可以看出，压缩系数不是一个常量，与所取的起始压力有关，也与压力范围有关。在一般工程的岩土勘察报告中所提供的 $a_{1\text{-}2}$值，它代表的是当 $p_1=100$kPa、$p_2=200$kPa 时 e-p 曲线割线斜率的绝对值，即

$$a_{1\text{-}2}=\frac{e_1-e_2}{p_2-p_1}=\frac{e_1-e_2}{200-100}=0.01(e_1-e_2)\text{kPa}^{-1}$$

$$=10(e_1-e_2)\text{MPa}^{-1} \tag{5-7}$$

地基土的压缩性根据 $a_{1\text{-}2}$的大小分为低压缩性土、中压缩性土和高压缩性土三类：

当 $a_{1\text{-}2}<0.1\text{MPa}^{-1}$时，为低压缩性土；

当 $0.1\text{MPa}^{-1}\leqslant a_{1\text{-}2}<0.5\text{MPa}^{-1}$时，为中压缩性土；

当 $a_{1\text{-}2}\geqslant 0.5\text{MPa}^{-1}$时，为高压缩性土。

5.1.3.2 压缩指数

土的压缩指数是指土体在侧限条件下孔隙比减小量与压应力常用对数值增量的比值。对于 e-lg$p$ 曲线，它的后半段接近直线，如图 5-3（b）所示。用 e-lg$p$ 曲线中某一压力段的直线段斜率的负值来表示压缩指数 C_c：

$$C_c=\frac{e_1-e_2}{\lg p_2-\lg p_1}=\frac{\Delta e}{\lg(p_2/p_1)} \tag{5-8}$$

压缩指数 C_c 同压缩系数 a 一样，用来确定土的压缩性的大小。C_c 值越大，土的压缩性就越高。一般认为：

$C_c<0.2$ 时，为低压缩性土；

$C_c=0.2\sim0.4$ 时，为中压缩性土；

$C_c>0.4$ 时，为高压缩性土。

5.1.3.3 压缩模量

土的压缩模量定义为：土体在侧限条件下的竖向压应力的增量与竖向压应变的增量之比，也称为侧限压缩模量，用 E_s 表示。

假如 e-p 曲线中的土样孔隙比变化 $\Delta e=e_1-e_2$ 为已知，可反算相应的土样高度变化 $\Delta H=H_1-H_2$，如图 5-4 所示，在侧限条件下压力增量 $\Delta p=p_2-p_1$ 施加前后土颗粒体积不变，又假设土颗粒体积等于 1 的条件，则有受压 p_1 时的土粒高度 $H_1/(1+e_1)$ 相等于受压 p_2 时的土粒高度 $H_2/(1+e_2)$，即：

$$\frac{H_2}{H_1}=\frac{1+e_2}{1+e_1}=\frac{H_1-\Delta H}{H_1} \tag{5-9}$$

继而可以推出：

$$\frac{\Delta H}{H_1}=\frac{e_1-e_2}{1+e_1} \tag{5-10}$$

由 a 和 E_s 的定义有：

$$E_s=\frac{\Delta p}{\Delta H/H_1}=\frac{\Delta p}{\dfrac{e_1-e_2}{1+e_1}}=\frac{1+e_1}{a} \tag{5-11}$$

压缩模量 E_s 是土的又一个压缩性指标，其单位为 MPa。由式（5-11）可知，压缩模量 E_s 与压缩系数 a 成反比，E_s 越大，土的压缩性就越低。

假设某地基第 i 土层厚度为 $h_i=H_1$，压缩量或沉降为 $\Delta s_i'=\Delta H$，压力增量就是平均附加应力 $\Delta p=\bar{\sigma}_{zi}$，则由式（5-10）和式（5-11）得

$$\Delta s_i'=\frac{e_1-e_2}{1+e_1}h_i=\frac{a\bar{\sigma}_{zi}}{1+e_1}h_i=\frac{\bar{\sigma}_{zi}}{E_s}h_i \tag{5-12}$$

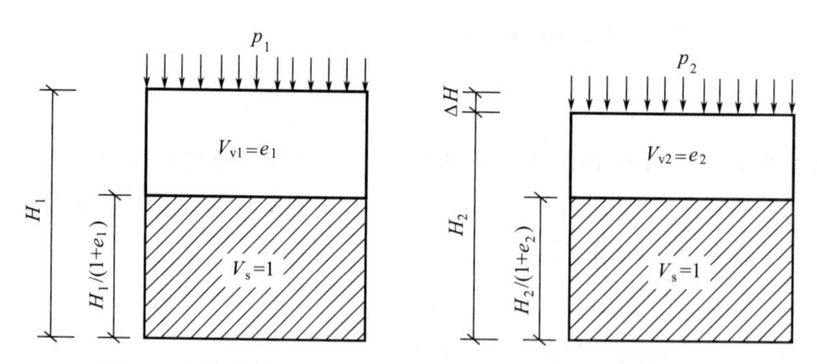

图 5-4 侧限条件下压力增量 Δp 施加前后土粒高度的变化

5.1.3.4 变形模量

现场载荷试验可以测定地基土的压缩性。实测刚性承压板稳定沉降 s 与压力 p 的关系，再利用地基沉降的弹性理论计算出地基土的变形模量 E_0，还可以确定地基的承载力。土的

变形模量 E_0 是土体在无侧限条件下的应力与应变的比值，通过现场载荷试验测定；而土的压缩模量 E_s 则是土体在侧限条件下的应力与应变的比值，由室内压缩试验而得。E_0 与 E_s 两者在理论上是可以互相换算的。

从侧限压缩试验土样中取出一个微单元土体，如图 5-5 所示。在 z 轴方向（竖向）压应力 σ_z 作用下，侧向受限应变为零，即 $\varepsilon_x=\varepsilon_y=0$，所以由材料力学中的广义胡克定律：

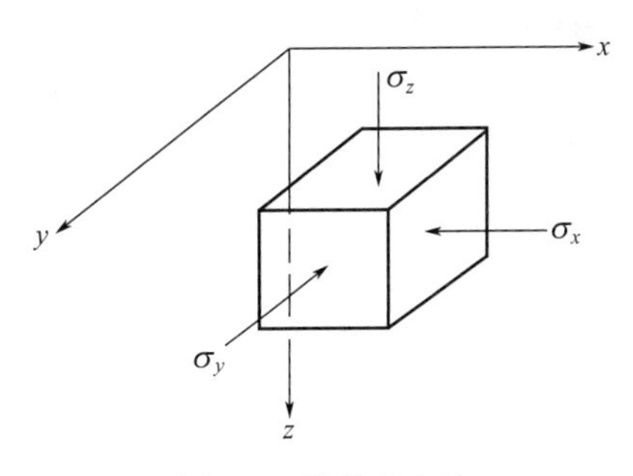

图 5-5 微单元土体

$$\varepsilon_x=\frac{1}{E_0}[\sigma_x-\mu(\sigma_y+\sigma_z)]=0$$

$$\varepsilon_y=\frac{1}{E_0}[\sigma_y-\mu(\sigma_z+\sigma_x)]=0$$

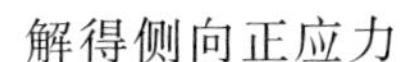
解得侧向正应力

$$\sigma_x=\sigma_y=\frac{\mu}{1-\mu}\sigma_z \tag{5-13}$$

再来分析沿着 z 轴的应变 ε_z，可得

$$\varepsilon_z=\frac{1}{E_0}[\sigma_z-\mu(\sigma_x+\sigma_y)]=\frac{\sigma_z}{E_0}\frac{(1+\mu)(1-2\mu)}{1-\mu} \tag{5-14}$$

根据侧限条件 $\varepsilon_z=\sigma_z/E_s$，对比式（5-14）则有：

$$E_0=\beta E_s \tag{5-15}$$

其中系数 β 为

$$\beta=\frac{(1+\mu)(1-2\mu)}{1-\mu} \tag{5-16}$$

必须指出，式（5-15）只不过是 E_0 与 E_s 之间的理论关系。实际上，由于现场载荷试验测定 E_0 和室内压缩试验测定 E_s 时，各有很多无法考虑到的因素，使得式（5-15）不能准确反映 E_0 与 E_s 之间的关系。有资料显示 E_0 值可能是 βE_s 值的几倍，土愈坚硬则倍数愈大，而软土的 E_0 值与 βE_s 比较接近。国内已经有针对不同土类对理论 β 值进行修正的研究。

由于土样并非理想的弹性体，压缩变形中既有可恢复的弹性变形，又有不可恢复的残余变形，因此变形模量和压缩模量都不是力学意义上的弹性模量。

5.1.4 天然土层的固结状态

天然土层在历史上所经受的最大固结压力（有效应力），称为先期固结压力，或前期固结压力，以 p_c 来表示。前期固结压力可由原状土样通过侧限压缩试验进行测定。

在研究沉降土层的应力历史时，通常将先期固结压力与现有覆盖土重 $p=\sigma_{cz}$ 的比值定义为超固结比（OCR）

$$OCR=p_c/p \tag{5-17}$$

根据应力历史可将土层分为正常固结土（$OCR=1$）、超固结土（$OCR>1$）和欠固结土（$OCR<1$）三类。正常固结土在历史上所经受的先期固结压力等于现有覆盖土重，在自重作用下固结已完成；超固结土历史上曾经受过大于现有覆盖土重的先期固结压力，在自重作用下固结已完成；欠固结土的先期固结压力小于现有覆盖土重，在自重作用下固结尚未完

成，如果在此修建房屋，不仅附加应力会引起地基沉降，而且土体自重会导致地基沉降。

5.2 地基的最终沉降量

地基土在附加应力作用下将产生变形，并使建筑物产生下沉，即建筑物基础或地基表面产生沉降。地基土达到完全固结的沉降量，习惯上称为基础（或地基）的最终沉降量。计算地基最终沉降量的目的是确定建筑物的最大沉降量、沉降差、倾斜和局部倾斜等，并将其控制在允许范围内，以保证建筑物的安全和正常使用。

5.2.1 分层总和法

计算地基的最终沉降量最常用的方法是分层总和法。该法的基本假定有三：一是地基土在外荷载作用下只产生竖向压缩，无侧向变形（膨胀），可利用侧限压缩指标计算沉降量；二是地基变形只发生在有限厚度的范围内（即压缩层），将压缩层厚度内的地基土分层，计算各层的沉降量，并相加；三是取基底中心点下的附加应力计算地基的变形。

依据计算公式的形式和计算精度的不同，可分为普通分层总和法和改进分层总和法。

5.2.1.1 普通分层总和法

普通分层总和法先分别求出各分层的应力，假定在每个分层内应力呈直线变化，取其平均应力，再计算各分层的压缩变形量，最后求和得到地基的最终沉降量。

将基底以下的压缩土层分为 n 个薄层，假定第 i 层土的厚度为 h_i，其上下表面的自重应力分别为 $\sigma_{cz(i-1)}$ 和 σ_{czi}，取其平均值 $p_{1i}=[\sigma_{cz(i-1)}+\sigma_{czi}]/2$，压缩曲线上与之对应的孔隙比为 e_{1i}；该土层上下表面的附加应力分别为 $\sigma_{z(i-1)}$ 和 σ_{zi}，取其平均值为 $\overline{\sigma}_{zi}=[\sigma_{z(i-1)}+\sigma_{zi}]/2$，压缩曲线上与自重应力和附加应力之和 $p_{2i}=p_{1i}+\overline{\sigma}_{zi}$ 所对应的孔隙比为 e_{2i}。由式（5-12）得该分层的压缩变形量 $\Delta s_i'$ 为

$$\Delta s_i'=\frac{e_{1i}-e_{2i}}{1+e_{1i}}h_i \tag{5-18}$$

若已知压缩系数 a_i，则应有

$$\Delta s_i'=\frac{a_i}{1+e_{1i}}\overline{\sigma}_{zi}h_i \tag{5-19}$$

若事先求得压缩模量 E_{si}，则应有

$$\Delta s_i'=\frac{\overline{\sigma}_{zi}}{E_{si}}h_i \tag{5-20}$$

最后叠加得到地基最终沉降量 s'

$$s'=\sum_{i=1}^{n}\Delta s_i' \tag{5-21}$$

分层原则既要考虑土层的性质，又要考虑土中应力的变化，还要考虑地下水位。因为在分层计算地基变形量时，每一分层的自重应力与附加应力用的是平均值，所以为了使自重应

力与附加应力在分层内变化不大，分层厚度不宜过大。一般要求分层厚度不大于基础底面宽度的0.4倍，即$h_i \leqslant 0.4b$。另外，不同性质的土层，其重度γ、压缩系数a与孔隙比e都不一样，故土层的分界面应为分层面。在同一土层内，地下水位应为分层面，因为地下水位以上和以下土的重度不同。按照上述要求分层后，每层的平均应力可取该层中点的应力，或取该层顶面和底面应力的平均值。

【例5-1】 有一矩形基础，基底下可压缩土共分6层，其中第二层土厚0.5m，顶层自重应力24.7kPa、附加应力52kPa，层底自重应力34.2kPa、附加应力35kPa。地基土的压缩曲线坐标点（p/kPa，e）分别为：(0,1.00)(50,0.92)(100,0.85)(150,0.80)(200,0.77)，试求第二层土的压缩变形量。

【解】

(1) 计算第二层土的平均应力

$$\bar{\sigma}_{cz}=(24.7+34.2)/2=29.45\ (\text{kPa})$$

$$\bar{\sigma}_{z}=(52+35)/2=43.5\ (\text{kPa})$$

(2) 确定孔隙比变化

$$p_1=\bar{\sigma}_{cz}=29.45\ (\text{kPa})$$

$$p_2=\bar{\sigma}_{cz}+\bar{\sigma}_{z}=29.45+43.5=72.95\ (\text{kPa})$$

由内插法得与p_1、p_2对应的孔隙比分别为$e_1=0.95$、$e_2=0.89$。

(3) 第二层土的压缩量（沉降量）

$$\Delta s_2'=\frac{e_1-e_2}{1+e_1}h_2=\frac{0.95-0.89}{1+0.95}\times 500=15.4\ (\text{mm})$$

5.2.1.2 改进分层总和法

普通分层总和法将曲线分布的附加应力在层内线性化，计算精度与分层厚度有关，分层越厚计算量越小，但误差越大；而分层越薄计算量越大，但精度越高。根据经验，规定每个土层厚度不超过基底宽度的0.4倍。

改进分层总和法的思路是土层中的附加应力按实际分布考虑，而又可减少计算工作量。为此，以第i土层为例来推导公式。设基础底面到第i土层的顶层和层底的深度分别为z_{i-1}和z_i，如图5-6所示。在该土层中取厚度为dz的无限小薄层，压缩量（沉降量）为d（$\Delta s_i'$），由式（5-20）得

$$\mathrm{d}(\Delta s_i')=\frac{\sigma_z}{E_{si}}dz$$

沿土层厚度积分上式，得

$$\Delta s_i'=\frac{1}{E_{si}}\int_{z_{i-1}}^{z_i}\sigma_z \mathrm{d}z=\frac{A_i}{E_{si}} \tag{5-22}$$

式中，A_i为第i层土附加应力分布图形的面积图（图5-6中3-4-6-5-3所围面积），故该

法又称为应力面积法。

由积分关系，应有

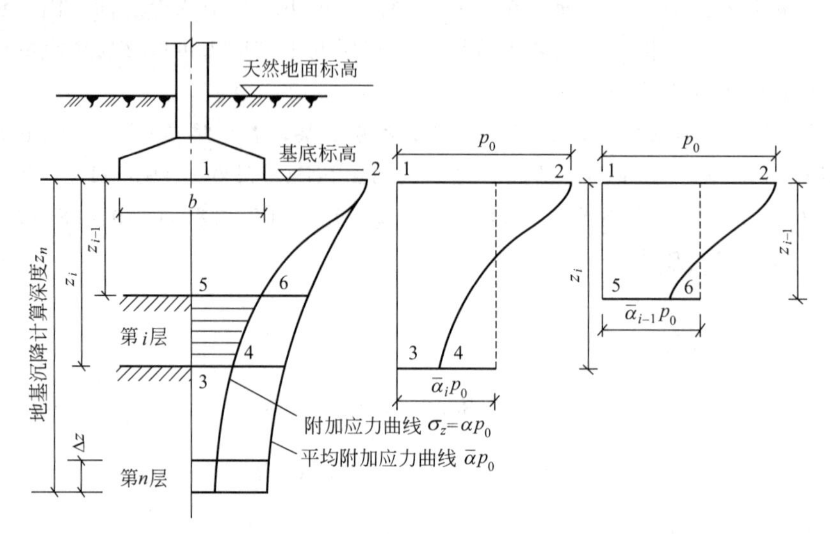

图 5-6　改进分层总和法计算地基沉降示意图

$$A_i=\int_{z_{i-1}}^{z_i}\sigma_z\,\mathrm{d}z=\int_0^{z_i}\sigma_z\,\mathrm{d}z-\int_0^{z_{i-1}}\sigma_z\,\mathrm{d}z \tag{5-23}$$

因为基底中心线下的附加应力为附加应力系数和基底附加压力的乘积，即 $\sigma_z=\alpha p_0$，所以

$$\int_0^z\sigma_z\,\mathrm{d}z=\int_0^z p_0\alpha\,\mathrm{d}z=p_0\left(\frac{1}{z}\int_0^z\alpha\,\mathrm{d}z\right)z=p_0\,\bar{\alpha}z \tag{5-24}$$

式中，$\bar{\alpha}=\frac{1}{z}\int_0^z\alpha\,\mathrm{d}z$ 称为深度 z 范围内平均附加应力系数。与附加应力系数 α 一样，对于矩形面积上作用有均布荷载时，平均附加应力系数$\bar{\alpha}$也是 l/b 和 z/b 的函数。矩形面积上均布荷载作用下角点的平均附加应力系数可查表 5-1（其他荷载形式的平均附加应力系数可参见 GB 50007—2011《建筑地基基础设计规范》附录 K），基底中心点的平均附加应力系数可采用“角点法”计算。利用式（5-24），式（5-23）成为

$$A_i=p_0\bar{\alpha}_i z_i-p_0\bar{\alpha}_{i-1}z_{i-1}=p_0(z_i\bar{\alpha}_i-z_{i-1}\bar{\alpha}_{i-1}) \tag{5-25}$$

将式（5-25）代入式（5-22）得

$$\Delta s_i'=\frac{p_0}{E_{si}}(z_i\bar{\alpha}_i-z_{i-1}\bar{\alpha}_{i-1}) \tag{5-26}$$

分层总和法的总沉降量为

$$s'=\sum_{i=1}^{n}\Delta s_i'=\sum_{i=1}^{n}\frac{p_0}{E_{si}}(z_i\,\bar{\alpha}_i-z_{i-1}\,\bar{\alpha}_{i-1}) \tag{5-27}$$

由公式推导过程可知，改进分层总和法对土体的分层厚度并无要求，仅仅按土的压缩性分层，只要压缩指标相同（E_s 或 a 相同）的土即可作为同一层，而不管它有多厚。

表5-1 矩形面积上均布荷载作用下角点的平均附加应力系数$\bar{\alpha}$

z/b	l/b												
	1.0	1.2	1.4	1.6	1.8	2.0	2.4	2.8	3.2	3.6	4.0	5.0	10.0
0.0	0.2500	0.2500	0.2500	0.2500	0.2500	0.2500	0.2500	0.2500	0.2500	0.2500	0.2500	0.2500	0.2500
0.2	0.2496	0.2497	0.2497	0.2498	0.2498	0.2498	0.2498	0.2498	0.2498	0.2498	0.2498	0.2498	0.2498
0.4	0.2474	0.2479	0.2481	0.2483	0.2483	0.2484	0.2485	0.2485	0.2485	0.2485	0.2485	0.2485	0.2485
0.6	0.2423	0.2437	0.2444	0.2448	0.2451	0.2452	0.2454	0.2455	0.2455	0.2455	0.2455	0.2455	0.2456
0.8	0.2346	0.2372	0.2387	0.2395	0.2400	0.2403	0.2407	0.2408	0.2409	0.2409	0.2410	0.2410	0.2410
1.0	0.2252	0.2291	0.2313	0.2326	0.2335	0.2340	0.2346	0.2349	0.2351	0.2352	0.2352	0.2353	0.2353
1.2	0.2149	0.2199	0.2229	0.2248	0.2260	0.2268	0.2278	0.2282	0.2285	0.2286	0.2287	0.2288	0.2289
1.4	0.2043	0.2102	0.2140	0.2164	0.2180	0.2191	0.2204	0.2211	0.2215	0.2217	0.2218	0.2220	0.2221
1.6	0.1939	0.2006	0.2049	0.2079	0.2099	0.2113	0.2130	0.2138	0.2143	0.2146	0.2148	0.2150	0.2152
1.8	0.1840	0.1912	0.1960	0.1994	0.2018	0.2034	0.2055	0.2066	0.2073	0.2077	0.2079	0.2082	0.2084
2.0	0.1746	0.1822	0.1875	0.1912	0.1938	0.1958	0.1982	0.1966	0.2004	0.2009	0.2012	0.2015	0.2018
2.2	0.1659	0.1737	0.1793	0.1833	0.1862	0.1883	0.1911	0.1927	0.1937	0.1943	0.1947	0.1952	0.1955
2.4	0.1578	0.1657	0.1715	0.1757	0.1789	0.1812	0.1843	0.1862	0.1873	0.1880	0.1885	0.1890	0.1895
2.6	0.1503	0.1583	0.1642	0.1686	0.1719	0.1745	0.1779	0.1799	0.1812	0.1820	0.1825	0.18332	0.1838
2.8	0.1433	0.1514	0.1574	0.1619	0.1654	0.1680	0.1717	0.1739	0.1753	0.1763	0.1769	0.1777	0.1784
3.0	0.1369	0.1449	0.1510	0.1556	0.1592	0.1619	0.1658	0.1682	0.1698	0.1708	0.1715	0.1725	0.1733
3.2	0.1310	0.1390	0.1450	0.1497	0.1533	0.1562	0.1602	0.1628	0.1645	0.1657	0.1664	0.1675	0.1685
3.4	0.1256	0.1334	0.1394	0.1441	0.1478	0.1508	0.1550	0.1577	0.1595	0.1607	0.1616	0.1628	0.1639
3.6	0.1205	0.1282	0.1342	0.1389	0.1427	0.1456	0.1500	0.1528	0.1548	0.1561	0.1570	0.1583	0.1595
3.8	0.1158	0.1234	0.1293	0.1340	0.1378	0.1408	0.1452	0.1482	0.1502	0.1516	0.1526	0.1541	0.1554
4.0	0.1114	0.1189	0.1248	0.1294	0.1332	0.1362	0.1408	0.1438	0.1459	0.1474	0.1485	0.1500	0.1516
4.2	0.1073	0.1147	0.1205	0.1251	0.1289	0.1319	0.1365	0.1396	0.1418	0.1434	0.1445	0.1462	0.1479
4.4	0.1035	0.1107	0.1164	0.1210	0.1248	0.1279	0.1325	0.1357	0.1379	0.1396	0.1407	0.1425	0.1444
4.6	0.1000	0.1070	0.1127	0.1172	0.1209	0.1240	0.1287	0.1319	0.1342	0.1359	0.1371	0.1390	0.1410
4.8	0.0967	0.1036	0.1091	0.1136	0.1173	0.1204	0.1250	0.1283	0.1307	0.1324	0.1337	0.1357	0.1379
5.0	0.0935	0.1003	0.1057	0.1102	0.1139	0.1169	0.1216	0.1249	0.1273	0.1291	0.1304	0.1325	0.1348
5.2	0.0906	0.0972	0.1026	0.1070	0.1106	0.1136	0.1183	0.1217	0.1241	0.1259	0.1273	0.1295	0.1320
5.4	0.0878	0.0943	0.0996	0.1039	0.1075	0.1105	0.1152	0.1186	0.1211	0.1229	0.1243	0.1265	0.1292
5.6	0.0852	0.0916	0.0968	0.1010	0.1046	0.1076	0.1122	0.1156	0.1181	0.1200	0.1215	0.1238	0.1266
5.8	0.0828	0.0890	0.0941	0.0983	0.1018	0.1047	0.1094	0.1128	0.1153	0.1172	0.1187	0.1211	0.1240
6.0	0.0805	0.0866	0.0916	0.0957	0.0991	0.1021	0.1067	0.1101	0.1126	0.1146	0.1161	0.1185	0.1216
6.2	0.0783	0.0842	0.0891	0.0932	0.0966	0.0995	0.1041	0.1075	0.1101	0.1120	0.1136	0.1161	0.1193
6.4	0.0762	0.0820	0.0869	0.0909	0.0942	0.0971	0.1016	0.1050	0.1076	0.1096	0.1111	0.1137	0.1171
6.6	0.0742	0.0799	0.0847	0.0886	0.0919	0.0948	0.0993	0.1027	0.1053	0.1073	0.1088	0.1114	0.1149
6.8	0.0723	0.0779	0.0826	0.0865	0.0898	0.0926	0.0970	0.1004	0.1030	0.1050	0.1066	0.1092	0.1129
7.0	0.0705	0.0761	0.0806	0.0844	0.0877	0.0904	0.0949	0.0982	0.1008	0.1028	0.1044	0.1071	0.1109
7.2	0.0688	0.0742	0.0787	0.0825	0.0857	0.0884	0.0928	0.0962	0.0987	0.1008	0.1023	0.1051	0.1090
7.4	0.0672	0.0725	0.0769	0.0806	0.0838	0.0865	0.0908	0.0942	0.0967	0.0988	0.1004	0.1031	0.1071
7.6	0.0656	0.0709	0.0752	0.0789	0.0820	0.0846	0.0889	0.0922	0.0948	0.0968	0.0984	0.1012	0.1056
7.8	0.0642	0.0693	0.0736	0.0771	0.0802	0.0828	0.0871	0.0904	0.0929	0.0950	0.0966	0.0994	0.1036
8.0	0.0627	0.0678	0.0720	0.0755	0.0785	0.0811	0.0853	0.0886	0.0912	0.0932	0.0948	0.0976	0.1020
8.2	0.0614	0.0663	0.0705	0.0739	0.0769	0.0795	0.0837	0.0869	0.0894	0.0914	0.0931	0.0959	0.1004
8.4	0.0601	0.0649	0.0690	0.0724	0.0754	0.0779	0.0820	0.0852	0.0878	0.0893	0.0914	0.0943	0.0938
8.6	0.0588	0.0636	0.0676	0.0710	0.0739	0.0764	0.0805	0.0836	0.0862	0.0882	0.0898	0.0927	0.0973
8.8	0.0576	0.0623	0.0663	0.0696	0.0724	0.0749	0.0790	0.0821	0.0846	0.0866	0.0882	0.0912	0.0959
9.2	0.0554	0.0599	0.0637	0.0670	0.0697	0.0721	0.0761	0.0792	0.0817	0.0837	0.0853	0.0882	0.0931
9.6	0.0533	0.0577	0.0614	0.0645	0.0672	0.0696	0.0734	0.0765	0.0789	0.0809	0.0825	0.0855	0.0905
10.0	0.0514	0.0556	0.0592	0.0622	0.0649	0.0672	0.0710	0.0739	0.0763	0.0783	0.0799	0.0829	0.0880
10.4	0.0496	0.0537	0.0572	0.0601	0.0627	0.0649	0.0686	0.0716	0.0739	0.0759	0.0775	0.0804	0.0857

续表

z/b	l/b												
	1.0	1.2	1.4	1.6	1.8	2.0	2.4	2.8	3.2	3.6	4.0	5.0	10.0
10.8	0.0479	0.0519	0.0553	0.0581	0.0606	0.0628	0.0664	0.0693	0.0717	0.0736	0.0751	0.0781	0.0834
11.2	0.0463	0.0502	0.0535	0.0563	0.0587	0.0609	0.0644	0.0672	0.0695	0.0714	0.0730	0.0759	0.0813
11.6	0.0448	0.0486	0.0518	0.0545	0.0569	0.0590	0.0625	0.0652	0.0675	0.0694	0.0709	0.0738	0.0793
12.0	0.0435	0.0471	0.0502	0.0529	0.0552	0.0573	0.0606	0.0634	0.0656	0.0674	0.0690	0.0719	0.0774
12.8	0.0409	0.0444	0.0474	0.0499	0.0521	0.0541	0.0573	0.0599	0.0621	0.0639	0.0654	0.0682	0.0739
13.6	0.0387	0.0420	0.0448	0.0472	0.0493	0.0512	0.0543	0.0568	0.0589	0.0607	0.0621	0.0649	0.0707
14.4	0.0367	0.0398	0.0425	0.0448	0.0468	0.0486	0.0516	0.0540	0.0561	0.0577	0.0592	0.0619	0.0677
15.2	0.0349	0.0379	0.0404	0.0426	0.0446	0.0463	0.0492	0.0515	0.0535	0.0551	0.0565	0.0592	0.0650
16.0	0.0332	0.0361	0.0385	0.0407	0.0425	0.0442	0.0469	0.0492	0.0511	0.0527	0.0540	0.0567	0.0625
18.0	0.0297	0.0323	0.0345	0.0364	0.0381	0.0396	0.0422	0.0442	0.0460	0.0475	0.0487	0.0512	0.0570
20.0	0.0269	0.0292	0.0312	0.0330	0.0345	0.0359	0.0383	0.0402	0.0418	0.0432	0.0444	0.0468	0.0524

【例 5-2】 某正方形基础 $b=2.0$m，基底附加压力 $p_0=150$kPa，基底下 4.8m 土层为可压缩土层，$E_s=5.0$MPa，试用分层总和法计算该基础中点的沉降量。

【解】

为了对比，本题同时选用普通分层总和法和改进分层总和法。

(1) 普通分层总和法计算基础中点沉降

普通分层法要求分层厚度不超过 $0.4b=0.4\times2.0=0.8$m，取 $h_i=0.8$m 均分为 6 层。利用角点法计算中点附加应力，需将边长 2.0m 正方形分成 4 个小正方形，$b_1=l_1=b/2=2.0/2=1.0$m，计算过程见表 5-2。

表 5-2 例 5-2 基底中点附加应力计算

计算点深度/m	l_1/b_1	z/b_1	α_{cI}	$\sigma_z=4\alpha_{cI}p_0$/kPa
0	1.0	0	0.250	150.0
0.8	1.0	0.8	0.200	120.0
1.6	1.0	1.6	0.112	67.2
2.4	1.0	2.4	0.064	38.4
3.2	1.0	3.2	0.040	24.0
4.0	1.0	4.0	0.027	16.2
4.8	1.0	4.8	0.019	11.4

$$\Delta s'_i=\frac{\bar{\sigma}_{zi}}{E_{si}}h_i=\frac{\bar{\sigma}_{zi}}{5.0}\times0.8=0.16\bar{\sigma}_{zi}$$

$$\Delta s'_1=0.16\times(150.0+120.0)/2=21.6\text{mm}$$

$$\Delta s'_2=0.16\times(120.0+67.2)/2=15.0\text{mm}$$

$$\Delta s'_3=0.16\times(67.2+38.4)/2=8.4\text{mm}$$

$$\Delta s'_4=0.16\times(38.4+24.0)/2=5.0\text{mm}$$

$$\Delta s'_5=0.16\times(24.0+16.2)/2=3.2\text{mm}$$

$$\Delta s'_6=0.16\times(16.2+11.4)/2=2.2\text{mm}$$

$$s'=\sum_{i=1}^{5}\Delta s'_i=21.6+15.0+8.4+5.0+3.2+2.2=55.4\text{ mm}$$

如果均分为 12 层，每层土厚 0.4m，则计算结果为 $s'=55.6\text{mm}$。

（2）改进分层总和法计算基础中点沉降

土只分一层，$z_0=0$、$z_1=4.8\text{m}$。$l_1/b_1=1.0/1.0=1.0$，$z_1/b_1=4.8/1.0=4.8$，利用角点法查表 5-1：

$$\bar{\alpha}_1=4\times0.0967=0.3868$$

$$s'=\Delta s_1'=\frac{p_0}{E_s}(z_1\bar{\alpha}_1-z_0\bar{\alpha}_0)=\frac{150}{5.0}\times(4.8\times0.3868-0)=55.7\text{mm}$$

理论上讲，普通分层总和法是近似的，只有当层数达到相当多时，计算结果才趋近于精确解答。从本算例可以看出，同样是分层总和法，计算的简繁程度却不一样，说明改进分层总和法中“改进”二字的效果不错。

5.2.2 规范修正法

《建筑地基基础设计规范》(GB 50007—2011)采用改进分层总和法计算地基沉降，并根据不同地基条件引进经验系数，同时明确了压缩层深度的确定方法。

5.2.2.1 地基最终变形量计算公式

经理论计算与建筑物沉降观测相比较发现，对于中等压缩性地基，按式（5-27）计算的沉降量与实际情况基本吻合；对于高压缩性地基，计算沉降量小于实测沉降量，最多可相差40%以上；对于低压缩性地基，计算沉降量大于实测沉降量。为此，引入沉降计算经验系数 8 3ψ_s3, 8对A式2（35-827）进行修正，即：

$$s=\psi_s s'=\psi_s\sum_{i=1}^{n}\frac{p_0}{E_{si}}(z_i\bar{\alpha}_i-z_{i-1}\bar{\alpha}_{i-1})\tag{5-28}$$

式中 s——地基最终变形，mm；

s'——按分层总和法计算出的地基变形量，mm；

ψ_s——沉降计算经验系数，根据地区沉降观测资料及经验确定，无地区经验时可根据变形计算深度范围内压缩模量的当量值、基底附加压力按表 5-3 取值；

n——地基变形计算深度范围内所划分的土层数；

p_0——相应于作用的准永久组合时基础底面处的附加压力，kPa；

E_{si}——基础底面下第 i 层土的压缩模量，MPa，应取土的自重应力至土的自重应力与附加应力之和的压力段计算；

z_i、z_{i-1}——基础底面至第 i 层土、第 $i-1$ 层土底面的距离，m；

$\bar{\alpha}_i$、$\bar{\alpha}_{i-1}$——基础底面计算点至第 i 层土，第 $i-1$ 层土底面范围内平均附加应力系数，矩形基础均布荷载可按表 5-1 查用。

当存在相邻荷载时，应计算相邻荷载引起的地基变形，其值可按应力叠加原理，采用角点法计算。

5.2.2.2 沉降计算经验系数

式（5-28）中的沉降计算经验系数 ψ_s 是任何沉降计算公式都需要考虑的问题。一方面，地基变形计算公式是在没有考虑上部结构刚度影响下进行的，而且还有其他不能量化的因素都无法直接计入；另一方面，地基变形允许值是根据实际建筑物在不同类型地基上长期沉降观测资料归纳整理而制订的。为了使两者之间建立起一个统一的关系式，必须引入一个调整系数。应根据当地的土质条件、建筑物状况、长期沉降观测资料等，分析确定本地区沉降经验系数 ψ_s。当无地区经验时，可由土层当量压缩模量 $\overline{E}_s$ 和基底附加压力，按表 5-3 确定沉降计算经验系数 ψ_s，表列之间的数据允许采用内插方法确定。

表 5-3　沉降计算经验系数 ψ_s

基底附加压力	$\overline{E}_s$/MPa				
p_0/kPa	2.5	4.0	7.0	15.0	20.0
$p_0 \geqslant f_{ak}$	1.4	1.3	1.0	0.4	0.2
$p_0 \leqslant 0.75f_{ak}$	1.1	1.0	0.7	0.4	0.2

当量模量 $\overline{E}_s$ 的定义是根据总沉降量相等的原则按土层的分层变形量进行的加权平均值，或定义为按附加应力面积 A 的加权平均值，即

$$\overline{E}_s = \frac{\sum A_i}{\sum \frac{A_i}{E_{si}}} = \frac{p_0 z_n \overline{\alpha}_n}{s'} \tag{5-29}$$

5.2.2.3　地基变形计算深度 z_n

地基沉降由附加应力引起，而附加应力随深度的增加而减小，到达一定深度以后，其影响就可以忽略不计，这一深度 z_n 为地基沉降计算深度。地基沉降计算深度 z_n 的确定方法，一是应力比法，二是变形比法。中国早期采用苏联 1955 年规范所提出的方法，以地基附加应力与自重应力之比为 0.2（一般土）或 0.1（软弱土）作为控制计算深度的标准，故简称应力比法。但该法没有考虑到土层的构造与性质，过于强调荷载对压缩层深度的影响而对基础大小这一更为重要的因素重视不足。自 1974 年以来，采用变形比法的规定，纠正了应力比法的毛病，并取得了不少经验，对存在的一些问题也得到了解决。

变形比法要求地基沉降计算深度 z_n 可通过试算确定，即要求满足条件：

$$\Delta s'_n \leqslant 0.025 \sum_{i=1}^{n} \Delta s'_i \tag{5-30}$$

式中　$\Delta s'_i$——在计算深度 z_n 范围内，第 i 层土的计算沉降值，mm；

$\Delta s'_n$——在计算深度 z_n 处向上取厚度为 Δz 的土层计算变形值，mm；Δz 见图 5-6 并按表 5-4 确定。

按式（5-30）确定地基沉降计算深度的方法称为变形比法。具体计算时，先假设一个沉降计算深度，进行校核，如不满足，再改变沉降计算深度，直至满足为止。如按式（5-30）计算确定的 z_n 下仍有软弱土层时，在相同条件下，变形会较大，所以尚应继续往下计算，直至软弱土层中所取规定厚度的计算沉降量满足式（5-30）为止。

表 5-4　土层厚度 Δz 取值

b/m	$b \leqslant 2$	$2 < b \leqslant 4$	$4 < b \leqslant 8$	$b > 8$
Δz/m	0.3	0.6	0.8	1.0

当无相邻荷载影响，基础宽度在 1～30m 范围内时，基础中点的地基沉降计算深度 z_n 也可由基底宽度 b 按下式估算

$$z_n=b(2.5-0.4\ln b) \tag{5-31}$$

此外，在计算深度范围内存在基岩时，z_n 可取至基岩表面；当存在较厚的坚硬黏性土层，其孔隙比小于 0.5、压缩模量大于 50MPa，或存在较厚的密实砂卵石层，其压缩模量大于 80MPa 时，z_n 可取至该层土表面。此时，地基土附加应力分布应考刚性下卧层的影响。

5.2.2.4 具有刚性下卧层的地基变形计算

当地基受力层范围内存在刚性下卧层时，会使上覆土体中出现应力集中现象，从而引起土层变形增大。此时，应按式（5-32）计算地基的最终变形量：

$$s_{gz}=\beta_{gz}s_z \tag{5-32}$$

式中 s_{gz}——具有刚性下卧层时，地基土的变形计算值，mm；

β_{gz}——刚性下卧层时对上覆土层的变形增大系数，按表 5-5 采用；

s_z——变形计算深度相当于实际土层厚度按式（5-28）计算确定的地基最终变形计算值，mm。

表 5-5 具有刚性下卧层时地基变形增大系数 β_{gz}

h/b	0.5	1.0	1.5	2.0	2.5
β_{gz}	1.26	1.17	1.12	1.09	1.00

注：h—基底下的土层厚度；b—基础底面宽度。

【例 5-3】 某矩形基础底面尺寸为 3.5m×2.5m，埋置深度 $d=1.0$m，作用在基础顶面上的轴心竖向荷载 $F=1120$kN。地基分为上下两层，上层为粉质黏土，厚 6.0m，$\gamma=18\text{kN/m}^3$，$e_1=0.8$，$a=0.4\text{MPa}^{-1}$，承载力特征值 $f_{ak}=180$kPa；下层为基岩。试计算基础的最终沉降量。

【解】

基底附加压力

$$p_0=p-\sigma_{cd}=\frac{F+G}{A}-\gamma_m d$$

$$=\frac{1120+20\times3.5\times2.5\times1.0}{3.5\times2.5}-18\times1.0=130\text{kPa}$$

$$<0.75f_{ak}=0.75\times180=135\text{kPa}$$

粉质黏土的侧限压缩模量

$$E_s=\frac{1+e_1}{a}=\frac{1+0.8}{0.4}=4.5\text{MPa}$$

沉降计算深度

$$z_n=b(2.5-0.4\ln b)=2.5\times(2.5-0.4\ln 2.5)=5.33\text{m}$$

因为该深度已超越粉质黏土层(6.0－1.0＝5.0m)进入基岩，所以取至基岩顶面，只分一层，压缩层厚度为

$$z_n=z_1=6.0-1.0=5.0\text{m}$$

$$z_1/b_1=5.0/1.25=4.0,\ l_1/b_1=1.75/1.25=1.4$$

利用角点法，查表5-1得：$\bar{\alpha}_1=4\times0.1248=0.4992$

$$s'=\Delta s_1'=\frac{p_0}{E_s}(z_1\bar{\alpha}_1-z_0\bar{\alpha}_0)=\frac{130}{4.5}\times(5.0\times0.4992-0)=72.1\text{mm}$$

查表5-3得沉降计算经验系数（线性插值）$\psi_s=0.95$，所以最终沉降量为

$$s=\psi_s s'=0.95\times72.1=68.5\text{mm}$$

因下卧刚性基岩，且$h/b=5.0/2.5=2.0$，由表5-5得$\beta_{gz}=1.09$，故地基变形（沉降）计算值为：

$$s_{gz}=\beta_{gz}s_z=1.09\times68.5=74.7\text{mm}$$

【例5-4】 已知某厂房柱下独立正方形基础，底面尺寸为4.0m×4.0m，埋置深度$d=2\text{m}$，上部荷载传至基础顶面的轴心竖向荷载$F=1712\text{kN}$。地基为黏性土，地下水位距天然地面4.4m，土的天然重度$\gamma=17\text{kN/m}^3$，持力层承载力特征值$f_{ak}=160\text{kPa}$，地下水位以上土的侧限压缩模量为$E_s=5.50\text{MPa}$；地下水位以下土的侧限压缩模量为$E_s=6.87\text{MPa}$。试用规范法计算基础的最终沉降量。

【解】

（1）基底附加压力

$$p_0=p-\sigma_{cd}=\frac{F+G}{A}-\gamma_m d$$

$$=\frac{1712+20\times4.0\times4.0\times2}{4.0\times4.0}-17\times1=113\ (\text{kPa})$$

$$<0.75f_{ak}=0.75\times160=120\ (\text{kPa})$$

（2）确定沉降计算深度

无相邻基础影响，按下式估算

$$z_n=b(2.5-0.4\ln b)=4.0\times(2.5-0.4\ln4.0)=7.8(\text{m})$$

为查表计算方便，可取$z_n=8.0\text{m}$。因为地下水位必须分层，所以分两层，地下水位以上为第一层，$z_1=4.4-2=2.4$（m），地下水位以下为第二层$z_2=z_n=8.0$（m）。

（3）计算地基土的压缩量

$$z_1/b_1=2.4/2.0=1.2,\ l_1/b_1=1.0，查表5\text{-}1得\ \ \bar{\alpha}_1=4\times0.2149=0.8596$$

$$z_2/b_1=8.0/2.0=4.0,\ l_1/b_1=1.0，查表5\text{-}1得\ \ \bar{\alpha}_1=4\times0.1114=0.4456$$

$$\Delta s_1'=\frac{p_0}{E_{s1}}(z_1\bar{\alpha}_1-z_0\bar{\alpha}_0)=\frac{113}{5.50}\times(2.4\times0.8596-0)=42.4(\text{mm})$$

$$\Delta s_2'=\frac{p_0}{E_{s2}}(z_2\bar{\alpha}_2-z_1\bar{\alpha}_1)=\frac{113}{6.87}\times(8.0\times0.4456-2.4\times0.8596)=24.7(\text{mm})$$

$$s'=\Delta s_1'+\Delta s_2'=42.4+24.7=67.1(\text{mm})$$

(4) 检验所取计算深度是否合适

由表 5-4 可知，$\Delta z=0.6\text{m}$，即从 $z_{\text{n}}=8.0\text{m}$ 向上取 0.6m，计算该土层的压缩量，此时 $z=7.4\text{m}$，所以

$$z/b_1=7.4/2.0=3.7，l_1/b_1=1.0，查表 5-1 得$$

$$\bar{\alpha}=4\times(0.1205+0.1158)/2=0.4726$$

$$\Delta s_{\text{n}}'=\frac{p_0}{E_s}(z_2\bar{\alpha}_2-z\bar{\alpha})=\frac{113}{6.87}\times(8.0\times0.4456-7.4\times0.4726)=1.1(\text{mm})$$

$<0.025\sum_{i=1}^{n}\Delta s_i'=0.025\times67.1=1.7$（mm），满足要求，所取计算深度可行。

(5) 确定沉降计算经验系数 ψ_{s}

$$\overline{E}_s=\sum A_i/\sum\frac{A_i}{E_{si}}=\frac{p_0z_{\text{n}}\bar{\alpha}_{\text{n}}}{s'}=\frac{113\times8.0\times0.4456}{67.1}=6.0(\text{MPa})$$

查表 5-3 得沉降计算经验系数（线性插值）$\psi_{\text{s}}=0.8$。

(6) 最终沉降量

$$s=\psi_s s'=0.8\times67.1=53.7(\text{mm})$$

5.3 地基沉降与时间的关系

前面介绍的方法是确定地基的最终沉降量，即地基土在建筑荷载作用下达到压缩稳定后的沉降量。而一般多层建筑物在施工期间完成的沉降量，对于碎石或砂土可认为其最终沉降量已完成 80%以上，对于其他低压缩性土可认为已完成最终沉降量的 50%～80%，对于中压缩性土可认为已完成 20%～50%，对于高压缩性土可认为已完成 5%～20%，其余沉降量在使用过程中逐步完成。

在工程实践中，常需预估建筑物完工一定时间后的沉降量和达到某一沉降所需要的时间，这就需要解决沉降与时间的关系问题。渗透固结理论是土力学的重要理论，本节介绍饱和黏性土体的一维渗透固结理论及其简单应用。

5.3.1 饱和黏性土一维渗透固结理论

饱和黏性土在压力作用下，孔隙水将随时间的迁延而逐渐被排出，同时孔隙体积也随之减小，这一过程称为饱和黏性土的渗透固结。渗透固结所需时间的长短与土的渗透性和土的厚度有关，土的渗透性越小，土层越厚，孔隙水被挤出所需的时间越长。

5.3.1.1 渗透固结模型

饱和黏性土在外荷载引起的单向渗透固结过程，可借助图 5-7 所示的弹簧-活塞模型来说明。在一个盛满水的刚性容器中，装一个与弹簧相连的带孔活塞，弹簧表示土的固体颗粒组成的土骨架，容器内的水表示土中孔隙水，带孔的活塞象征土的透水性。由于模型中只有固液两相介质，则外荷载 σ_z 只由水和弹簧共同承担，根据有效应力原理，有：

$$\sigma_z = \sigma' + u \tag{5-33}$$

很明显，式（5-33）表明了土的孔隙水压力 u 与有效应力 σ' 对外荷载 σ_z 的分担作用，但这种分担作用与时间有关：

① 当 $t=0$ 时，活塞瞬间施加压力，水来不及排出，弹簧没有变形，附加应力全部由水承担，即 $u=\sigma_z$，$\sigma'=0$，如图 5-7（a）所示。

② 当 $t>0$ 时，随着荷载作用时间的延续，水受到压力后逐步排出，弹簧开始受力。σ' 逐步增长，孔隙水压力 u 相应减小，但仍然满足关系 $\sigma_z=\sigma'+u$，$\sigma'<\sigma_z$，$u<\sigma_z$，如图 5-7（b）所示。

③ 当 $t=\infty$ 时，即固结变形的最终时刻，水从孔隙中充分排出，孔隙水压力完全消散，活塞最终下降到外荷载 σ_z 全部由弹簧承担，饱和土的渗透固结完成，即 $\sigma_z=\sigma'$，$u=0$，如图 5-7（c）所示。

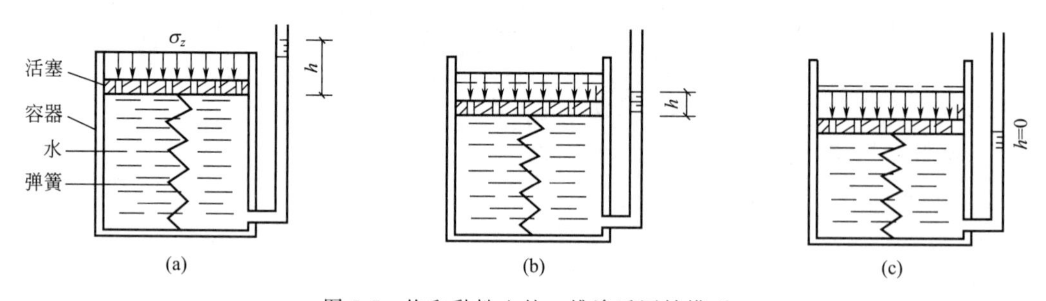

图 5-7 饱和黏性土的一维渗透固结模型

由此可见，饱和土的渗透固结过程也就是孔隙水压力随时间逐步消散和有效应力逐步增加的过程。

5.3.1.2 一维固结微分方程

为了求得饱和黏性土层在固结过程中某一时间的变形，太沙基（1925）提出了第一个固结理论，考虑饱和土粒一维固结试验的初始固结速率，根据以下七个假设来得到数学公式：

① 土层是均质、各向同性和完全饱和的；

② 土粒和孔隙水都是不压缩的；

③ 土中附加应力沿水平面是无限均匀分布的，因此土层的固结和土中水的渗流都是竖向的；

④ 土中水的渗流服从于达西定律；

⑤ 在渗流固结中，土的渗透系数 k 和压缩系数 a 都是不变的常数；

⑥ 外荷载是一次骤然施加的，在固结过程中保持不变；

⑦ 土体变形完全是由土层中超孔隙水压力消散引起的。

如图5-8所示为一维固结的情况之一，其中厚度为 H 的饱和土层的顶面是透水的、底面是不透水的。图中微单元体的体积等于 $1\times1\times dz$、q 为渗流量。该土层在自重作用下的固结变形已经完成，只是由于透水面上一次施加的连续均布荷载 p_0 才产生土层的固结变形。此连续均布荷载 p_0 引起的地基附加应力沿着深度均匀分布为 $\sigma_z=p_0$，其在时间 $t=0$ 时全部由孔隙水承担，土层中超孔隙水压力沿深度均为 $u=\sigma_z=p_0$。由于土层下部边界不透水，因此孔隙水向上流出，上部边界超孔隙水压力首先全部消散，而有效应力开始全部增长，向下形成消散曲线，即增长曲线；随着时间的推后 $t>0$，土层中某点的超孔隙水压力逐渐变小；而有效应力逐渐变大。固结完毕时，孔隙水压力全部消散 $u=0$，有效应力 $\sigma'=\sigma_z=p_0$。

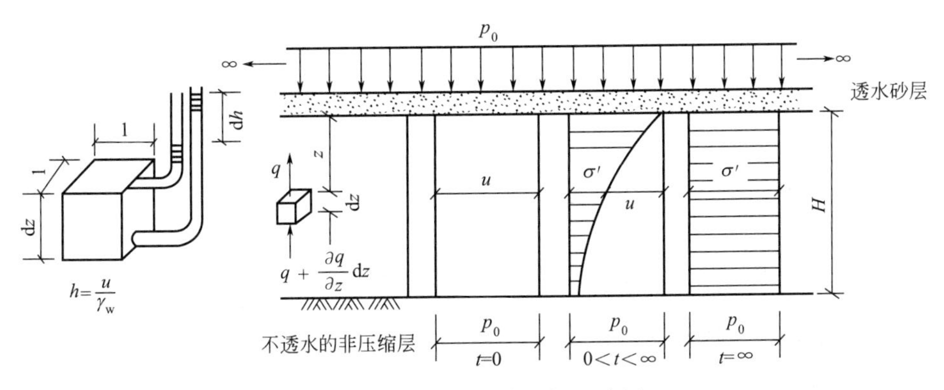

图5-8 饱和土层固结过程示意图

根据微元体的渗流条件、变形条件及渗流连续性条件，可得出在单向固结过程中，孔隙水压力 u 随深度 z 和时间 t 的变化关系，即一维固结微分方程如下：

$$C_v\frac{\partial^2 u}{\partial z^2}=\frac{\partial u}{\partial t} \tag{5-34}$$

其中 C_v 称为土的竖向固结系数，单位为 m^2/a 或 cm^2/a，由固结试验测定或由下式计算

$$C_v=\frac{k(1+e_0)}{a\gamma_w} \tag{5-35}$$

5.3.1.3 一维固结微分方程的解答

根据不同的初始条件和边界条件可求得方程的特解。如图5-8所示的问题权且称为基本问题，其初始条件和边界条件为：

当 $t=0$，$0\leqslant z\leqslant H$ 时：$u=\sigma_z=p_0$；当 $0<t<\infty$，$z=0$ 时：$u=0$；

当 $0<t<\infty$，$z=H$：$\frac{\partial u}{\partial z}=0$；当 $t=\infty$，$0\leqslant z\leqslant H$ 时：$u=0$。

根据以上条件，采用分离变量法求得式（5-34）的特解，即深度 z 处时刻 t 的孔隙水压力为

$$u=\frac{4}{\pi}p_0\sum_{m=1}^{\infty}\frac{1}{m}\sin\left(\frac{m\pi z}{2H}\right)\exp\left(-\frac{m^2\pi^2}{4}T_v\right) \tag{5-36}$$

式中 m——正奇数，即 1,3,5,……；

H——排水最长距离，当土层单面排水时，H 等于土层厚度；当土层双面排水时，H 等于土层厚度的一半；

T_v——时间因素（无量纲），由下式确定

$$T_v=\frac{C_v t}{H^2} \tag{5-37}$$

5.3.2 地基土的固结度

所谓固结度，是指在某一固结应力作用下，经过时间 t 后，土体发生固结或孔隙水压力消散的程度。对于土层任一深度 z 处经时间 t，其有效应力为 σ' 与总应力 σ 之比定义为固结度 U，即

$$U=\frac{\sigma'}{\sigma}=\frac{u_0-u}{u_0}=1-\frac{u}{u_0} \tag{5-38}$$

式中 u_0——初始孔隙水应力，其大小即等于该点的初始固结应力。

5.3.2.1 基本问题的平均固结度

对于工程而言，更有意义的是平均固结度。平均固结度 U_t 定义为固结时间 t 时，土骨架已经承担的有效应力与全部附加应力的比值，即有效应力沿着土层厚度的积分与初始孔隙水压力沿土层厚度积分的比值。

用应力分布图形的面积进一步描述为，平均固结度为沿土层厚度有效应力图形的面积与初始孔隙水压力图形面积之比

$$U_t=\frac{\int_0^H(\sigma-u)\mathrm{d}z}{\int_0^H u_0\mathrm{d}z}=\frac{\int_0^H p_0\mathrm{d}z-\int_0^H u\mathrm{d}z}{p_0 H}=1-\frac{\int_0^H u\mathrm{d}z}{p_0 H} \tag{5-39}$$

显然，当土层为均质时，地基在固结过程中任一时刻 t 的固结沉降量 s_t 与地基的最终沉降量 s 之比为地基在 t 时刻的平均固结度，即

$$U_t=s_t/s \tag{5-40}$$

当地基的固结应力、土层的性质和排水条件已经确定的情况下，固结度仅仅是时间 t 的函数。它反映了孔隙水压力向有效应力转化的完成程度。显然，$t=0$ 时，$U_t=0$；$t=\infty$ 时，$U_t=1$。

把式(5-36)代入式(5-39)，积分整理后得：

$$U_t=1-\frac{8}{\pi^2}\sum_{m=1,3\cdots}^{\infty}\frac{1}{m^2}\exp\left(-\frac{m^2\pi^2}{4}T_v\right) \tag{5-41}$$

上式中括号内的级数收敛很快，可近似取公式中的第前二至三项进行计算。

为便于应用，可将 U_t 与 T_v 关系绘制成曲线。另外，为了简化计算，也可用以下近似公式表示。

当 $U_t<0.6$ 时：$T_v=\frac{\pi}{4}U_t^2$ （5-42）

当 $U_t\geqslant 0.6$ 时：$T_v=-0.933\lg(1-U_t)-0.085$ （5-43）

以上解答是在起始孔隙水压力沿土层厚度均匀分布、单面排水的情况下求得的，称为基本问题的固结度，也称为情况 0。

5.3.2.2 实际问题的平均固结度

在实际应用中，作用于饱和土层中的起始超孔隙水压力要比以上讨论复杂得多，为了采用一维固结理论计算，常将起始超孔隙水压力近似为沿土层厚度线性变化。单面排水情况下，定义土层排水面和不排水面的起始超孔隙水压力之比（或排水面的附加应力与不排水面的附加应力之比）为 α：

$$\alpha=\frac{\text{排水面的附加应力}}{\text{不排水面的附加应力}}=\frac{\sigma_a}{\sigma_b} \tag{5-44}$$

仅顶面排水的单面排水情况下，地基中附加应力的分布可以简化为如下五种情况（见图 5-9）。

情况 0：$\alpha=1$，应力图形为矩形。对应土层在自重应力作用下已经固结，且基础面积较大而压缩层较薄的情况。

情况 1：$\alpha=0$，应力图形为三角形。这相当于大面积新填土（饱和时）由于土本身自重应力引起的固结；或者土层由于地下水位大幅度下降，在地下水位变化范围内，自重应力随深度增加的情况。

情况 2：$\alpha=\infty$，应力图形为倒三角形。对应于基底面积小，土层厚，土层底面附加应力接近零的情况。

情况 3：$\alpha<1$，应力图形为上小下大的梯形。适用于土层在自重应力作用下尚未固结，又在其上施加外荷载的情况。

情况 4：$\alpha>1$，应力图形为上大下小的梯形。土层厚度 $h_z>b/2$（b 为基础宽度），附加应力随深度而减小，但深度 h_z 处的附加应力大于零。

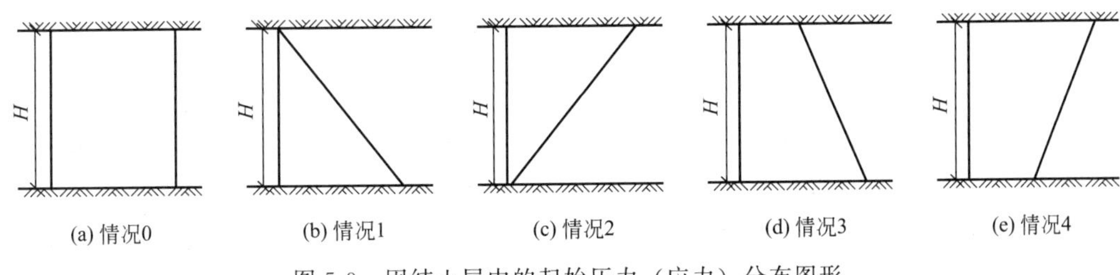

图 5-9 固结土层中的起始压力（应力）分布图形

若饱和黏性土层的上下均是透水层时，属于双面排水的情况，此时不管附加应力如何分布，都可把土层中间水平面视作隔水层，按情况 0 计算，但在时间因素的计算公式中应将 H 换成 $H/2$。

对于情况 1 和情况 2，根据其边界条件同样可求得平均固结度公式，并制成表格，见表 5-6。而情况 3 和情况 4，则按照情况 0 与情况 1 或情况 2 叠加求得 U_t 与 T_v 关系。

对于图中情况 3，根据平均固结度的定义，把总应力分布（起始超孔隙水压力）图分成两部分，第一部分即为情况 0，第二部分即为情况 1；而对于情况 4，把总应力分布图分成第一部分情况 0，第二部分情况 2。经过推导得，则平均固结度为

$$U_{t3}=\frac{2\alpha U_{t0}+(1-\alpha)U_{t1}}{1+\alpha} \tag{5-45}$$

$$U_{t4}=\frac{2U_{t0}+(\alpha-1)U_{t2}}{1+\alpha} \tag{5-46}$$

式中 U_{ti}——情况 i 的平均固结度，$i=0$、1、2、3、4。

表 5-6 U_t-T_v 关系对照表

固结度 U_t/%	时间因数 T_v		
	情况 0	情况 1	情况 2
0	0	0	0
5	0.002	0.024	0.001
10	0.008	0.047	0.003
15	0.016	0.072	0.005
20	0.031	0.100	0.009
25	0.048	0.124	0.016
30	0.071	0.158	0.024
35	0.096	0.188	0.036
40	0.126	0.221	0.048
45	0.156	0.252	0.072
50	0.197	0.294	0.092
55	0.236	0.336	0.128
60	0.287	0.383	0.160
65	0.336	0.440	0.216
70	0.403	0.500	0.271
75	0.472	0.568	0.352
80	0.567	0.665	0.440
85	0.684	0.772	0.544
90	0.848	0.940	0.720
95	1.120	1.268	1.016
100	∞	∞	∞

5.3.2.3 固结系数的测定

平均固结度 U_t 与时间因数 T_v 有关，而 T_v 又与固结系数 C_v 有关。土的固结系数越大，土层固结越快，两者关系极为密切。为了正确估算地基固结和建筑物沉降速率，必须合理地测定固结系数。常用的测定方法有时间对数法、时间平方根法、三点计算法等。这些方法均是基于 U_t-t 关系曲线的各种特点而总结出来的，下面仅介绍时间平方根法的原理。

由式（5-42）可知，当 $U_t<0.6$ 时：

$$U_t=\frac{2}{\sqrt{\pi}}\sqrt{T_v} \tag{5-47}$$

即 U_t 与 $\sqrt{T_v}$ 呈直线关系。对于室内侧限压缩试验，其平均固结度为

$$U_t=\frac{h_0-h}{h_0-h_\infty} \tag{5-48}$$

式中 h_0——室内侧限压缩试验土样起始固结时的高度；

h_∞——土样固结完成后的高度；

h——t 时刻土样达到 U_t 固结度的高度。

由式（5-37）得：

$$\sqrt{T_v}=\frac{\sqrt{C_v}}{H}\sqrt{t} \tag{5-49}$$

把式（5-48）、式（5-49）代入式（5-47），解得：

$$h=h_0-\frac{2}{\sqrt{\pi}}\times\frac{\sqrt{C_v}(h_0-h_\infty)}{H}\sqrt{t} \tag{5-50}$$

即土样在固结过程中，其高度 h 与$\sqrt{t}$呈直线关系（$U_t<0.60$），室内侧限压缩试验也证实了这一点，如图 5-10 所示，该直线与纵轴交点为 A 点（坐标为 h_0），该直线记为 AB。

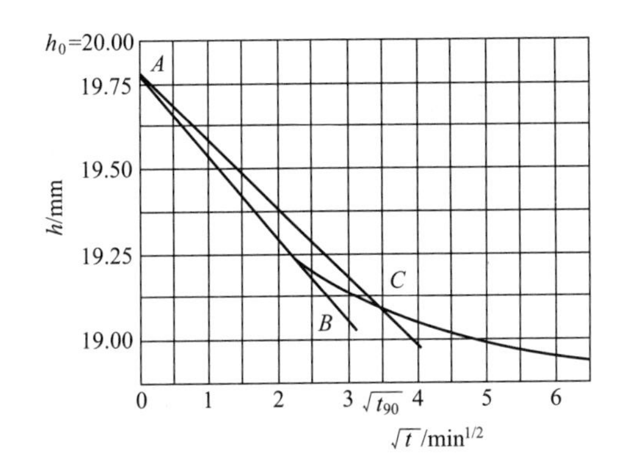

图 5-10 时间平方根法确定固结系数

当平均固结度 $U_t=0.9$ 时，由式（5-48）可知，此时土样高度为

$$h_{90}=0.1h_0+0.9h_\infty$$

再由式（5-43）或表 5-6 情况 0 可得 $T_v=0.848$，与此对应的固结时间 t_{90} 为

$$\sqrt{t_{90}}=\sqrt{0.848}\frac{H}{\sqrt{C_v}}=0.921\frac{H}{\sqrt{C_v}} \tag{5-51}$$

点 C（$\sqrt{t_{90}}$，$\sqrt{h_{90}}$）位于压缩曲线上，直线 AC 的方程为

$$h=h_0-\frac{0.9}{0.921}\times\frac{\sqrt{C_v}\ (h_0-h_\infty)}{H}\sqrt{t} \tag{5-52}$$

比较直线 AC 与直线 AB，AC 的斜率与 AB 的斜率之比为 1∶1.15。

因此，求固结系数的具体方法是：首先根据室内压缩试验绘制土样高度 h 与$\sqrt{t}$的关系曲线；然后，延长曲线开始段的直线，交纵坐标轴于 A 点；然后过 A 作一直线，令其横坐标为前一直线横坐标的 1.15 倍，则后一直线与 h-$\sqrt{t}$ 曲线交点 C 的横坐标的平方即为试验固结度达到 90%所需要的时间 t_{90}。那么，该级压力下的固结系数 C_v 由下式求得

$$C_{\mathrm{v}}=\frac{0.848H^{2}}{t_{90}} \tag{5-53}$$

式中　H——最大排水距离，可取某级压力下试样的初始和终了高度平均值的一半。

5.3.3 地基固结过程中的沉降量

地基固结过程中任意时刻的沉降量，可以由固结度计算，也可依据实测沉降数据进行合理推断。

5.3.3.1 根据固结度计算

由式（5-40）得：

$$s_{\mathrm{t}}=U_{\mathrm{t}}s \tag{5-54}$$

其计算步骤如下：

① 计算地基附加应力沿深度的分布；

② 计算地基固结沉降量（最终沉降量）s；

③ 计算土层的竖向固结系数 C_{v} 和时间因数 T_{v}；

④ 求解地基固结过程中某一时刻 t 的沉降量。

5.3.3.2 根据沉降观测经验公式计算

理论计算公式（5-54）的适用受到诸多条件限制，计算值往往与实际情况不相吻合。对于重要的工程结构，需要进行长期的沉降观测。根据观测数据，可以拟合出经验公式，用于推断未来某一时刻的地基沉降量的大小。

（1）双曲线公式

$$s_{\mathrm{t}}=\frac{t}{a+t}s \tag{5-55}$$

式中　s——待定的地基最终沉降量；

s_{t}——t 时刻（从施工期的一半算起）的地基实测沉降量；

a——待定的经验系数。

根据长期观测数据，可以采用曲线拟合的方法（比如最小二乘法）求出待定参数 s 和 a。

（2）指数公式

$$s_{\mathrm{t}}=s(1-ae^{-bt}) \tag{5-56}$$

由观测数据，进行曲线拟合确定参数 s、a 和 b。

【例 5-5】 已知厚度 5m 的黏土层，从中取了 10cm 土样进行室内压缩试验。试验条件为双面排水，一小时后固结度到达 85%，试求：

（1）黏土层在同样条件下（双面排水）固结到达 85%所需要的时间是多少？

（2）若黏土层为单面排水，达到同样固结度所需的时间是多少？

【解】

固结度相同，时间参数 T_v 应该相等，所需时间 $t=T_vH^2/C_v$ 与排水距离的平方成正比。

（1）土层双面排水

$$t/l=250^2/5^2=2500\Rightarrow t=2500(h)=104.17(d)$$

（2）土层单面排水

$$t/l=500^2/5^2=10000\Rightarrow t=10000(h)=416.67(d)$$

【例 5-6】 某场地采用预压固结法进行地基处理，预压荷载采用大面积填土（透水）。填土厚度 $h_1=2m$，需要处理的软土层厚度 $h_2=4m$，软土下为透水砂层，相关计算参数见图 5-11。试求：

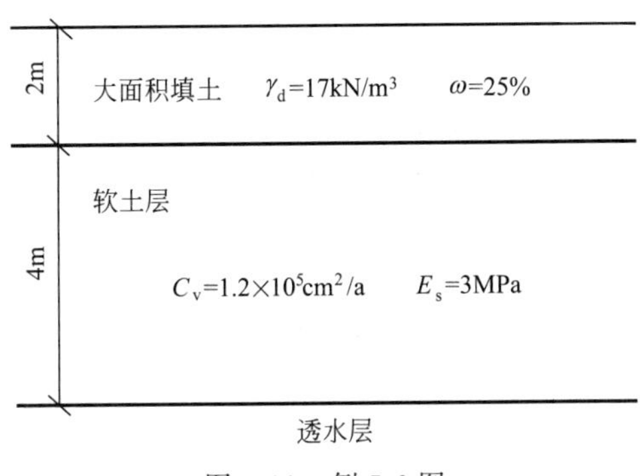

图 5-11 例 5-6 图

（1）软土层的最终固结沉降是多少？

（2）完成固结度 80%所需的时间是多少？

【解】

（1）软土层在预压荷载作用下的沉降

预压荷载

$$\gamma=(1+w)\gamma_d=(1+25\%)\times17=21.25(kN/m^3)$$

$$p_0=\gamma h_1=21.25\times2=42.5(kPa)$$

大面积填土预压，软土中附加应力相同 $\sigma_z=p_0=42.5$（kPa）

沉降计算经验系数 $\psi_s=1.07$

软土层的最终沉降量

$$s=\psi_s s'=\psi_s\frac{\sigma_z}{E_s}h_2=1.07\times\frac{42.5}{3}\times4=60.6(mm)$$

（2）完成固结度 80%所需时间

双面排水 $H=4/2=2m=200cm$，由固结度 80%查表 5-6 情况 0，得时间参数 $T_v=0.567$

$$t=\frac{T_vH^2}{C_v}=\frac{0.567\times200^2}{1.2\times10^5}=0.189(a)$$

【例 5-7】 某工程地基为饱和黏土层，厚度为 8m，顶部为薄砂层，底部为不透水基岩。基础中点 O 下的附加应力：基底处 240kPa，基岩顶面为 160kPa，如图 5-12 所示。黏土地基的孔隙比 $e_1=0.88$，$e_2=0.83$，渗透系数 $k=0.6\times10^{-8}\mathrm{cm/s}$，且 $p_0=f_{\mathrm{ak}}$。求工该程建成 20 年地基的沉降量。

【解】

(1) 计算最终沉降量

$$s'=\frac{e_1-e_2}{1+e_1}h=\frac{0.88-0.83}{1+0.88}\times8000=212.8(\mathrm{mm})$$

$$a=\frac{\Delta e}{\Delta\sigma}=\frac{0.88-0.83}{(0.24+0.16)/2}=0.25(\mathrm{MPa}^{-1})$$

$$E_{\mathrm{s}}=\frac{1+e_1}{a}=\frac{1+0.88}{0.25}=7.52(\mathrm{MPa})$$

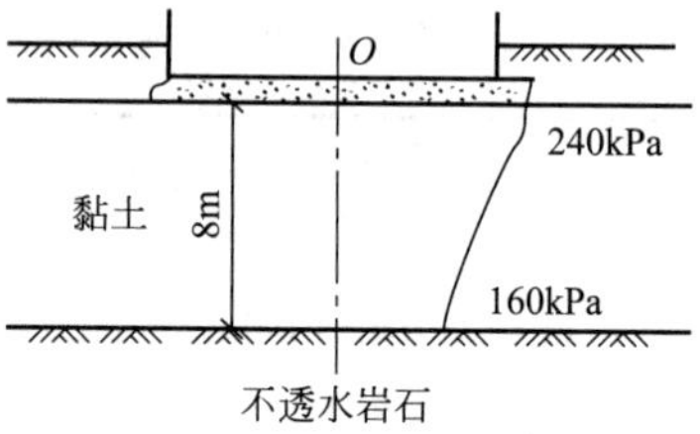

O
240kPa
黏土
8m
160kPa
不透水岩石

图 5-12 例 5-7 图

沉降计算经验系数 $\psi_{\mathrm{s}}=0.96$

$$s=\psi_{\mathrm{s}}s'=0.96\times212.8=204.3\ (\mathrm{mm})$$

(2) 固结系数计算

$$e_{\mathrm{m}}=\frac{0.88+0.83}{2}=0.855$$

$$k=0.6\times10^{-8}\times3.1536\times10^{7}=0.19(\mathrm{cm/a})$$

$$C_{\mathrm{v}}=\frac{k(1+e_{\mathrm{m}})}{\gamma_{\mathrm{w}}a}=\frac{0.19\times(1+0.855)}{10\times0.25\times10^{-5}}=14098(\mathrm{cm}^2/\mathrm{a})$$

(3)固结度

$$T_{\mathrm{v}}=\frac{C_{\mathrm{v}}t}{H^2}=\frac{14098\times20}{800^2}=0.441\text{，且 }\alpha=\frac{\sigma_1}{\sigma_2}=\frac{240}{160}=1.5$$

本问题属于情况 4，由 $T_{\mathrm{v}}=0.441$ 查表 5-6，插值得 $U_{\mathrm{t0}}=0.728$、$U_{\mathrm{t2}}=0.801$，所以

$$U_{\mathrm{t4}}=\frac{2U_{\mathrm{t0}}+(\alpha-1)U_{\mathrm{t2}}}{1+\alpha}=\frac{2\times0.728+(1.5-1)\times0.801}{1+1.5}=0.743$$

(4) 20 年后沉降量

$$s_{\mathrm{t}}=U_{\mathrm{t}}s=0.743\times204.3=151.8\ (\mathrm{mm})$$

思考题

5.1 通过固结试验可以得到哪些土的压缩性指标？

5.2 通过现场（静）载荷试验可以得到哪些土的力学性质指标？

5.3 压缩系数 a 的物理意义是什么？怎样用 $a_{1\text{-}2}$ 判别土的压缩性？

5.4 解释超固结比的定义，并根据超固结比来划分土层的状态。

5.5 试比较普通分层总和法与改进分层总和法的异同。

5.6 应力比法如何确定地基土的压缩层深度？为什么近几十年不采用该法？

5.7 变形比法如何确定地基沉降的计算深度？

5.8 什么是固结度？如何运用固结度确定固结时间？

5.9 有效应力与孔隙水压力的物理概念是什么？在固结过程中两者是怎样变化的？

选择题

5.1 土的压缩变形是由下述哪些变形造成的？（　　）

A. 土孔隙的体积压缩变形　　B. 土颗粒的体积压缩变形

C. 土孔隙和土颗粒的体积变形之和　　D. 土颗粒的体积变形和水的变形

5.2 土体压缩性可用压缩系数 a 来描述：（　　）。

A. a 的值越大，土的压缩性越小　　B. a 的值越大，土的压缩性越大

C. a 的值与土压缩性无关　　D. a 值与压缩性可能有关，也可能无关

5.3 土体压缩性 e-p 曲线是在何种条件下试验得到的？（　　）

A. 完全侧限　　B. 部分侧限　　C. 无侧限　　D. 原位试验

5.4 压缩试验得到的 e-p 曲线，其中 p 为何种应力？（　　）

A. 孔隙应力　　B. 总应力　　C. 土压力　　D. 有效应力

5.5 从野外（现场）地基载荷试验 p-s 曲线上求得的土的模量是（　　）。

A. 压缩模量　　B. 弹性模量　　C. 变形模量　　D. 割线模量

5.6 在时间因数表达式 $T_v=C_vt/H^2$ 中 H 表示什么？（　　）

A. 最大排水距离　　B. 平均排水距离　　C. 土层的厚度　　D. 土层的平均厚度

5.7 黏土层的厚度均为 4m，情况之一是双面排水，情况之二是单面排水。当地面瞬时施加一无限均布荷载，两种情况土性相同，$U_t=1.128(T_v)^{1/2}$，达到同一固结度所需要的时间差是多少？（　　）

A. 2 倍　　B. 4 倍　　C. 6 倍　　D. 8 倍

5.8 有两个黏土层，土的性质相同，排水边界条件也相同。若地面瞬时施加的超载大小不同，试问经过相同时间后，土层的固结度有何差异？（　　）

A. 无差异　　B. 超载大的固结度大　　C. 超载小的固结度大　　D. 无法比较

5.9 当土为正常固结土状态时，其前期固结压力 p_c 与目前上覆压力 p 的大小关系为（　　）。

A. $p_c>p$　　B. $p_c=p$　　C. $p_c<p$　　D. 都有可能

5.10 有三种黏土层性质相同，厚度、排水情况以及地面瞬时作用超载等分别列于下面(1)～(3)项，试问达到同一固结度所需要时间有何差异？(　　)

(1) 黏土层厚度为 h，地面超载 p，单面排水

(2) 黏土层厚度为 $2h$，地面超载 $2p$，单面排水

(3) 黏土层厚度为 $3h$，地面超载 $3p$，双面排水

A. 无差异　　B. (3) 最快　　C. (1) 最快　　D. (2) 最快

计算题

5.1 在荷载为 100kPa 作用下，土样孔隙比 $e_1=1.0$；当荷载增加至 200kPa 时，孔隙比减小为 $e_2=0.89$。试问土样的压缩系数 a 为多少？并求土样的压缩模量。

5.2 一个土样含水量为 40%，重度 $\gamma=18\text{kN/m}^3$，土粒比重 $G_s=2.70$，在压缩试验中，荷载从 0 增加至 100kPa，20mm 高的土样压缩了 0.95mm，试问压缩系数 a 和压缩模量 E_s 各为多少？

5.3 设土样厚 3cm，在 100～200kPa 压力段内的压缩系数 $a=0.2\text{MPa}^{-1}$，当压力为 100kPa 时，$e=0.7$。求：(1) 土样的压缩模量；(2) 压力由 100kPa 加到 200kPa 时，土样的压缩量 s。

5.4 有一矩形基础 4m×4m，埋深为 2m，承受轴心荷载 $F+G=4000\text{kN}$。地基为细砂层，其 $\gamma=19\text{kN/m}^3$，压缩资料示于表 5-7。试用普通分层总和法计算基础的总沉降（计算深度取 8.0m，每个分层厚度取 1.6m）。

表 5-7 细砂的 e-p 曲线数据

p/kPa	50	100	150	200	250
e	0.680	0.654	0.635	0.620	0.610

5.5 某工程矩形基础长 3.60m，宽 2.00m，埋深 1.00m。上部荷载传至基础顶面的轴向压力 $F=900\text{kN}$。地基为粉质黏土，$\gamma=16.0\text{kN/m}^3$，$e_1=1.0$，$a=0.4\text{MPa}^{-1}$，$f_{ak}=180\text{kPa}$。试用规范法计算基础中心点的沉降量。

5.6 某办公大楼柱基础底面尺寸 $l\times b=2.00\text{m}\times2.00\text{m}$，埋置深度 $d=1.50\text{m}$。上部轴心荷载作用在基础顶面 $F=576\text{kN}$。地基表层为杂填土，$\gamma_1=17.0\text{kN/m}^3$，厚 $h_1=1.50\text{m}$，第二层为粉土，$\gamma_2=18.0\text{kN/m}^3$，厚 $h_2=4.40\text{m}$，$E_{s2}=3\text{MPa}$，$f_{ak}=200\text{kPa}$；第三层为密实的砂卵石，$E_{s3}=85\text{MPa}$。用规范法计算柱基础最终沉降量。

5.7 地表下 4m 厚的黏性土层，在顶面瞬时施加一无限均布荷载 $p=100\text{kPa}$，两个月在标高：0m，−1m，−2m，−3m，−4m 处测得的超孔隙水压力分别为 0kPa、20kPa、40kPa、60kPa、80kPa，试问黏土层的固结度为多少？

5.8 地表下有一层 6m 厚的完全饱和黏土层，初始含水量为 45%，土粒比重 $G_s=2.70$。在地面大面积均布荷载 $p=80\text{kPa}$ 预压下，固结度达到 90%，这时测得黏土层的含水量变为 40%，求黏土层的最终沉降量。

5.9 某饱和土层厚 3m，上下两面透水，在其中部取出一个土样，于室内进行固结试验（试样厚 2cm），在 20min 后固结度达 50%。求：

(1) 固结系数 C_v；

（2）该土层在满布压力 p 作用下，达到90%固结度所需的时间。

5.10 设有一宽为3m的条形基础，基底以下为2m厚砂层，砂层下面有3m厚的饱和软黏土层，再下面为不透水的岩层。试求：

（1）取原状饱和黏土样进行固结试验，试样厚2cm，上、下两面排水，测得固结度为90%时所需时间为5h，求其固结系数；

（2）基础荷载是一次加上的，问经过多少时间，饱和黏土层将完成总沉降量的60%。

第 6 章 土的抗剪强度和地基承载力

内容提要

本章内容主要有土的抗剪强度的库仑公式及抗剪强度指标，土的极限平衡条件，地基的临塑荷载、临界荷载和极限荷载的公式及其影响因素。

基本要求

了解土的抗剪强度的实验方法；熟悉库仑定律，浅基础的破坏模式，地基临塑荷载、临界荷载和极限荷载的概念；掌握土的极限平衡条件，土的抗剪强度指标的特点，地基临塑荷载、临界荷载和极限荷载公式的基本组成和影响因素。

6.1 土的抗剪强度

土的抗剪强度是指土体抵抗剪切破坏的极限能力。在外荷载作用下，土体中将产生剪应力和剪切变形，当某点由外力产生的剪应力达到土的抗剪强度时，土就沿着剪应力作用方向产生相对滑移，该点便发生剪切破坏。随着荷载的增加，剪切破坏的范围逐渐扩大，最终在土体中形成连续的滑动面，而丧失稳定性。建筑物地基和路基的承载力、挡土墙和地下结构的土压力、堤坝、基坑以及各类边坡的稳定性均由土的抗剪强度所控制。

6.1.1 抗剪强度的库仑公式

材料的强度理论有很多种，不同的理论破坏原因假定不同，适用于不同的材料。莫尔强度理论认为，材料受荷载作用发生的破坏属于剪切破坏，任何面上的抗剪强度 τ_f 是作用于该面上的法向应力 σ 的函数，即 $\tau_f = f(\sigma)$。函数关系最简单的是库仑公式，也最适合于土体。

6.1.1.1 总应力表示的库仑公式

1776 年法国科学家库仑（C. A. Coulomb）通过一系列砂土剪切试验，提出了砂土抗剪强度的表达式

$$\tau_f = \sigma \tan\varphi \tag{6-1}$$

此后又通过试验进一步提出了黏性土的抗剪强度表达式：

$$\tau_f = c + \sigma \tan\varphi \tag{6-2}$$

式中 τ_f——土的抗剪强度，kPa；

σ——剪切面上的法向应力，kPa；

c——土的黏聚力，kPa；

φ——土的内摩擦角，(°)。

式(6-1)及式(6-2)所表达的关系，称为库仑公式或库仑定律。其中 c 和 φ 称为土的抗剪强度指标，这两个指标取决于土的性质，与土中应力状态无关。且式（6-1）是式（6-2）当 $c=0$ 时的一个特例。可将 σ、τ_f 间函数关系表示在 σ-τ_f 坐标平面内，如图 6-1 所示，图中的斜直线称为抗剪强度线。由图 6-1 可以看出，对无黏性土而言，σ 与 τ_f 的关系曲线是通过原点而且与横坐标轴成 φ 角的一条直线，说明无黏性土的抗剪强度仅由剪切面上的摩阻力形成，而粒状的无黏性土的粒间摩阻力包括滑动摩擦和由粒间相互咬合所提供的附加阻力，其大小取决于土颗粒的粒度大小、颗粒级配、密实度和土粒表面的粗糙度等因素。而对于黏性土而言，抗剪强度线为一条不通过原点的直线，即在纵坐标轴的截距为 c，而与横坐标轴成 φ 角的一条直线。故黏性土的抗剪强度则是由内摩擦力和黏聚力两部分组成。黏聚力系土粒间的胶结作用和各种物理-化学键力作用的结果，其大小与土的矿物组成和压密程度有关。

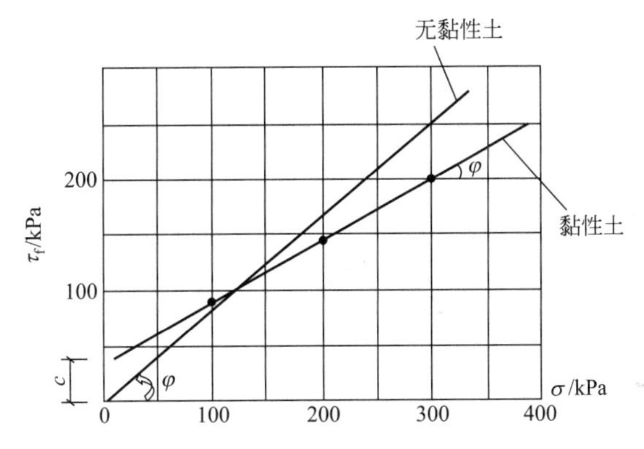

图 6-1 抗剪强度与法向应力之间的关系

上述土的抗剪强度表达式中采用的法向应力为总应力 σ，称为总应力表达式。土的 c 和 φ 称为土的总应力强度指标，直接应用这些指标进行土体稳定性分析的方法称为总应力法。

6.1.1.2 有效应力表示的库仑公式

根据有效应力原理，土中总应力等于有效应力与孔隙水压力之和，仅当有效应力变化时才会引起土体抗剪强度的变化。因此，土的抗剪强度 τ_f 可以表示为剪切破坏面上法向有效应力的函数。上述库仑公式应改写为：

$$\tau_f=c'+\sigma'\tan\varphi'=c'+(\sigma-u)\tan\varphi' \tag{6-3}$$

式中 σ'——土体剪切破坏面上的有效法向应力，kPa；

u——土中的超静孔隙水压力，kPa；

c'——土的有效黏聚力，kPa；

φ'——土的有效内摩擦角，(°)。

土的 c' 和 φ' 称为土的有效应力强度指标，应用这些指标进行土体稳定性分析的方法称为有效应力法。

6.1.2 土的抗剪强度测定方法

土的抗剪强度或抗剪强度指标只能通过试验测定。测定土的抗剪强度的室内试验有直接剪切试验、三轴压缩试验、无侧限抗压强度试验，现场试验则有十字板剪切试验。室内试验的特点是边界条件比较明确，并且容易控制。但是，要求从现场采集样品，在取样的过程中不可避免地引起土的应力释放和土的结构扰动。原位试验的优点是简捷、快速，能够直接在现场进行，不需取试样，能够较好地反映土的结构和构造特性。

6.1.2.1 直接剪切试验

直接剪切试验是测定土的抗剪强度指标的最简单的室内试验方法。直接剪切仪简称直剪仪，可以分为应力控制式和应变控制式两种，实验室常用的为应变控制式直剪仪，它的主要优点在于可以测出土的峰值强度和终值强度，其构造示意图如图 6-2 所示，试验室中的直剪仪实物如图 6-3 所示。

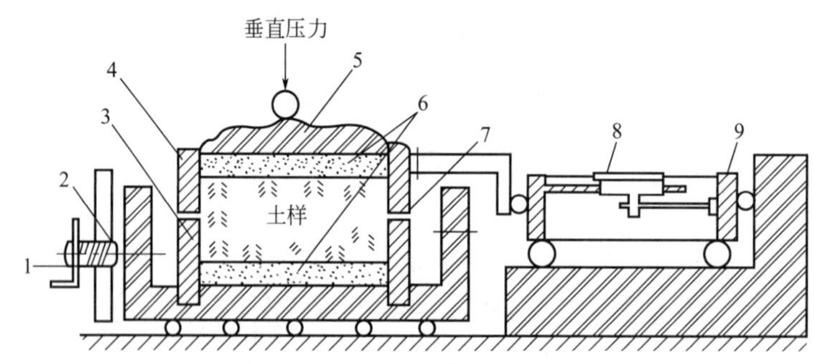

图 6-2 应变控制式直剪仪构造示意

1—手轮；2—螺杆；3—下盒；4—上盒；5—传压板；
6—透水石；7—开缝；8—测微计；9—弹性量力环

仪器由固定的上盒和可移动的下盒构成，试样置于盒内（上、下盒之间），试样上、下各放一块透水石以利排水。试验时，由杠杆系统通过活塞对试样施加垂直压力，水平推力则由等速前进的轮轴施加于下盒，使上、下盒之间产生相对水平位移（剪切位移），直至试样破坏。试验过程中在剪切盒上、下盒之间的开缝处土样中部产生剪应力，剪应力大小根据量力环上的测微计，由测定的量力环变形值经换算确定。试样在法向应力作用下的固结变形和剪切过程中试样的体积变化可由活塞上的测微计测定。

图 6-3 直剪仪实物

直剪仪在等速剪切过程中，间隔一定的时间（即间隔相同的剪切位移增量），测读试样剪应力的大小。并可将一定的法向应力条件下，试样剪切位移 Δl 与剪应力 τ 的对应关系绘成曲线，如图 6-4 所示。如果曲线存在剪应力峰值，则该峰值即为土的抗剪强度；若曲线不出现峰值，强度随剪切位移的增大而缓慢增大，呈现出应变硬化特征，此时一般可以取 4mm 剪切位移量对应的剪应力作为土的抗剪强度值。

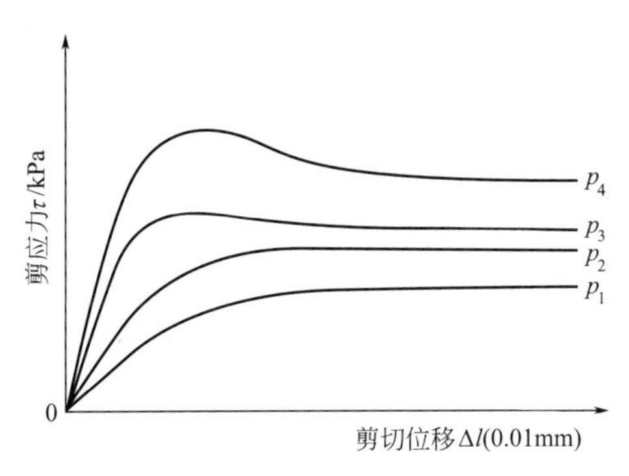

图 6-4 剪应力与剪切位移关系曲线

同一种土体的一组试样，不得少于 4 个试验数据。同一组试样应施加不同的垂直压力，通常第一个试样为 100kPa，第二个试样为 200kPa，第三个试样为 300kPa，第四个试样为 400kPa。每个土样一个法向压应力 σ，对应一个抗剪强度 τ_f。将得到的各土样（σ_i，τ_{fi}）值，在 τ_f-σ 坐标系中描出试验点，并用一条直线通过或逼近各试验点，如图 6-1 所示。则此直线即为土的抗剪强度线，其倾角为土的内摩擦角 φ，抗剪强度线在纵坐标轴上的截距 c 即为该土的黏聚力。

作图法确定土的抗剪强度指标虽然快捷简单，但比较粗糙。比较好的方法是用最小二乘法拟合直线，用公式计算黏聚力和内摩擦角。设共有 n 个土样，其中第 i 个土样的实测值为（σ_i，τ_{fi}），则抗剪强度指标为

$$c=\frac{\sum_{i=1}^{n}\sigma_i^2\cdot\sum_{i=1}^{n}\tau_{fi}-\sum_{i=1}^{n}\sigma_i\cdot\sum_{i=1}^{n}\tau_{fi}\sigma_i}{n\sum_{i=1}^{n}\sigma_i^2-\left(\sum_{i=1}^{n}\sigma_i\right)^2} \tag{6-4}$$

$$\tan\varphi=\frac{n\sum_{i=1}^{n}\tau_{fi}\sigma_i-\sum_{i=1}^{n}\sigma_i\sum_{i=1}^{n}\tau_{fi}}{n\sum_{i=1}^{n}\sigma_i^2-\left(\sum_{i=1}^{n}\sigma_i\right)^2} \tag{6-5}$$

直剪试验因设备简单，试样制备和试验操作方便，易于掌握等优点而为工程界广泛采用，但也存在如不能严格控制排水条件和量测孔隙水压力、剪切面受限于上下剪切盒之间而并非土样抗剪最薄弱的面、剪切面上的剪应力分布不均匀（边缘处集中）等缺点。

直剪试验按加荷速率、剪切前土体的固结程度和剪切时的排水条件可分为快剪、固结快剪和慢剪三种类型，以模拟不同的施工情况。

① 快剪。在试样的上、下两个面各放置一不透水薄片，使试样中的孔隙水不能排出。在施加垂直压力后，立即施加水平剪力，为使试样尽可能接近不排水条件，以较快的速度（一般控制在 3～5min 之内）将试样剪坏。由于试验过程中含水量基本不变，试样有较高的孔隙水压力，这样测得的抗剪强度指标值较小。

② 固结快剪。在试样上施加垂直压力后，使试样充分排水固结，再以较快的速度将试样剪坏。在这种情况下，剪切以前试样中的孔隙水压力已全部消散，但在剪切过程中产生的孔隙水压力是没有消散的。

③ 慢剪。使试样在施加垂直压力时充分排水固结，孔隙水压力全部消散；在剪切过程中，缓慢施加水平剪切力，让剪切速率尽可能地小，使得在每加一级剪应力作用下，试样内产生的孔隙水压力都能完全消散，直至剪坏。

上述三种不同试验条件所得的抗剪强度总应力指标是不同的，就内摩擦角而言，一般慢剪得到的值最大、固结快剪值居中、快剪值最小，三种情况下所求得的 c 值也不相同。选用这些指标时应考虑实际工程中土体的工作条件，对具体问题进行切合实际的分析。

【例 6-1】 某中学教学大楼岩土工程勘察时，取原状土样进行直接剪切试验（快剪）。其中一组试验，4 个试样分别施加垂直压力为 100、200、300、400kPa，测得相应的破坏时的剪应力分别为 68、114、163、205kPa。试求该土样的抗剪强度指标 c 和 φ。

【解】

依据试验测得数据，得

$$\sum_{i=1}^{4}\sigma_i = 100+200+300+400=1000$$

$$\sum_{i=1}^{4}\sigma_i^2 = 100^2+200^2+300^2+400^2=300000$$

$$\sum_{i=1}^{4}\tau_{fi} = 68+114+163+205=550$$

$$\sum_{i=1}^{4}\tau_{fi}\sigma_i = 68\times100+114\times200+163\times300+205\times400=160500$$

分别由式(6-4) 和式(6-5) 计算抗剪强度指标

$$c=\frac{\sum_{i=1}^{n}\sigma_i^2\sum_{i=1}^{n}\tau_{fi}-\sum_{i=1}^{n}\sigma_i\sum_{i=1}^{n}\tau_{fi}\sigma_i}{n\sum_{i=1}^{n}\sigma_i^2-\left(\sum_{i=1}^{n}\sigma_i\right)^2}=\frac{300000\times550-1000\times160500}{4\times300000-1000^2}=22.5\text{kPa}$$

$$\tan\varphi=\frac{n\sum_{i=1}^{n}\tau_{fi}\sigma_i-\sum_{i=1}^{n}\sigma_i\sum_{i=1}^{n}\tau_{fi}}{n\sum_{i=1}^{n}\sigma_i^2-\left(\sum_{i=1}^{n}\sigma_i\right)^2}=\frac{4\times160500-1000\times550}{4\times300000-1000^2}=0.46,\ \varphi=24.7^\circ$$

6.1.2.2 三轴压缩试验

三轴压缩试验是测定土抗剪强度的一种较为完善的方法。三轴压缩仪由压力室、轴向加荷系统，施加周围压力系统，孔隙水压力量测系统等组成，如图 6-5 所示。压力室是三轴压缩仪的主要组成部分，它是一个有金属上盖、底座和透明有机玻璃圆筒组成的密闭容器。

(1) 试验原理

三轴压缩试验，又称三轴剪切试验。一组试验需 3～4 个圆柱形试样，分别在不同的周围压力下进行，试验时，先对试样施加均布的周围压力 σ_3，此时土内无剪应力。然后施加轴压增量，水平向 $\sigma_2=\sigma_3$ 保持不变。在偏应力 $\sigma_1-\sigma_3=\Delta\sigma_1$ 作用下试样中产生剪应力，当 $\Delta\sigma_1$ 增加时，剪应力也随之增加，当增大到一定数值时，试样被剪坏。由土样破坏时的 σ_1 和 σ_3 所作的应力圆是极限应力圆。同一组土的 3～4 个试样在不同的 σ_3 条件下进行试验，

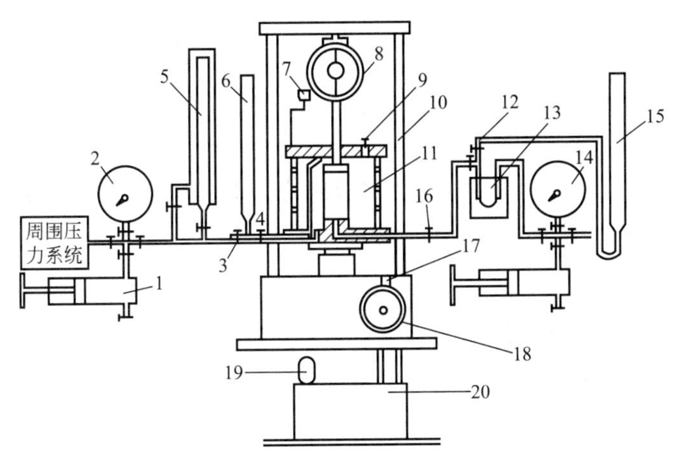

图 6-5 三轴压缩仪的组成

1—调压筒；2—周围压力表；3—周围压力筏；4—排水筏；5—体变管；6—排水管；7—变形量表；8—量力环；9—排气孔；10—轴向加压设备；11—压力室；12—量管筏；13—零位指示器；14—孔隙压力表；15—量管；16—孔隙压力筏；17—离合器；18—手轮；19—电动机；20—变速箱

同理可作出 3～4 极限应力圆，作极限应力圆的公切线，则为该土样的抗剪强度包线（图 6-6），由此便可求得土样的抗剪强度指标 c、φ 的值。

因为三轴压缩试验可以精确测定孔隙水压力 u，所以也可以由有效应力 $\sigma_1'=\sigma_1-u$ 和 $\sigma_3'=\sigma_3-u$ 绘制应力圆，并做出相应的强度包线，即可确定有效抗剪强度指标 c'、φ'的值。

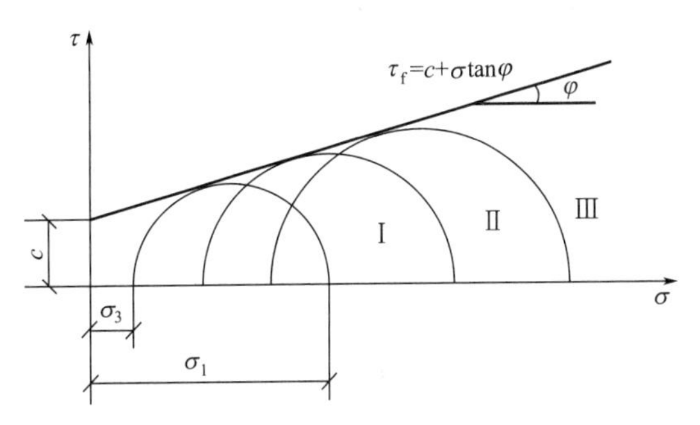

图 6-6 总应力表示的莫尔强度包线

（2）三轴剪切试验方法分类

① 不固结不排水剪（UU 试验） 试样在施加周围压力和随后施加偏应力直至剪坏的整个试验过程中都不允许排水。UU 试验得到的抗剪强度指标用 c_u、φ_u 表示，这种试验方法所对应的实际工程条件相当于饱和软黏土中快速加荷时的应力状况。

② 固结不排水剪（CU 试验） 在施加周围应力 σ_3 时将排水阀门打开，允许试样充分排水，待固结稳定后关闭阀门，然后再施加偏应力，使试样在不排水的条件下剪切破坏。CU 试验得到的抗剪强度指标用 c_{cu}、φ_{cu}表示，其适用的实际工程条件为一般正常固结土层在工程竣工或在使用阶段受到大量、快速的活荷载或新增荷载作用下所对应的受力情况。

③ 固结排水剪（CD 试验） 在施加周围应力及随后施加偏应力直至剪切破坏的整个过程中都将排水阀门打开，并给予充分的时间让试样中的孔隙水压力能够完全消散。CD 试验得到的抗剪强度指标用 c_{cd}、φ_{cd}表示。

饱和黏土随着固结度的增加，土颗粒之间的有效应力也随着增大。由于黏性土的抗剪强度公式 $\tau_f=c+\sigma\tan\varphi$ 中的法向应力应该采用有效应力 σ'，因此饱和黏性土的抗剪强度与土的固结程度密切相关。在确定饱和黏性土的抗剪强度时，要考虑土的实际固结程度。试验表明，土的固结程度与土中孔隙水的排水条件有关。在试验时必须考虑实际工程地基土中孔隙水排出的可能性。试验方法不同，得到的抗剪强度指标不同。

6.1.2.3 无侧限抗压强度试验

无侧限抗压强度试验相当于三轴压缩试验中，周围压力为零的不排水剪切试验。该试验多在无侧限抗压仪上进行，如图 6-7（a）所示。施加轴向压力，土样破坏的最小主应力 $\sigma_3=0$，最大主应力 $\sigma_1=q_u$，此时绘出的莫尔极限应力圆如图 6-7（b）所示。这种试验只适用于饱和黏性土，q_u 称为土的无侧限抗压强度，据此还可以测定这类土的灵敏度。

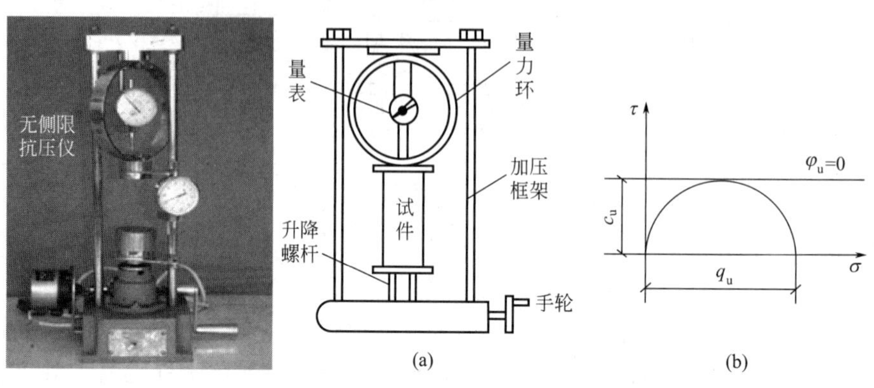

图 6-7 无侧限抗压强度试验

饱和黏性土不排水剪切，内摩擦角 $\varphi_u=0$，由于没有施加周围压力，因而根据试验结果只能作出一个极限应力图。其抗剪强度包线为一水平线，抗剪强度指标为：

$$c_u=\frac{q_u}{2} \tag{6-6}$$

6.1.2.4 十字板剪切试验

十字板剪切试验是一种抗剪强度试验的原位测试方法，即在工地现场直接测试地基土的强度。这种试验方法的优点是不需钻取原状土样，对土的结构扰动较小。它适用于软塑状态的黏性土。

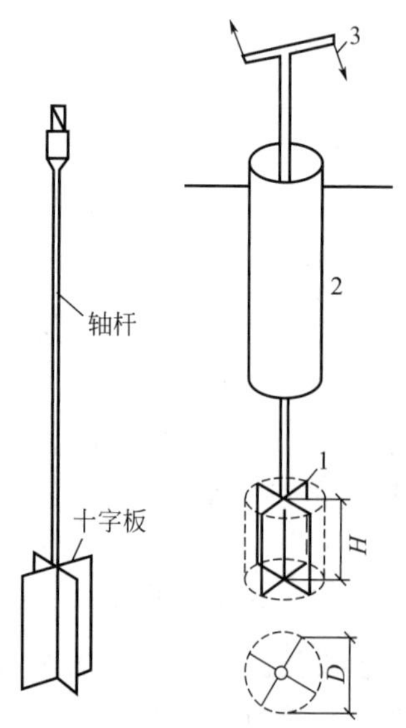

图 6-8 十字板剪切仪示意

1—十字板；2—套管；3—施力装置

十字板剪切仪示意图如图 6-8 所示，底端为两块薄钢板正交、横截面呈十字形，故曰十字板。中部为轴杆，顶端为旋转施加扭矩的装置。

在现场试验时，先钻孔至需要试验的土层深度以上 750mm 处，然后将装有十字板的钻杆放入钻孔底部，并插入土中 750mm，施加扭矩使钻杆旋转直至土体剪切破坏。土体的剪切破坏面为十字板旋转所形成的竖直圆柱面和上、下水平圆面积。根据十字板剪切破坏时所需要施加的扭矩 M，土的抗剪强度可按下式计算：

$$\tau_+=\frac{2M}{\pi D^2(H+D/3)} \tag{6-7}$$

式中 M——十字板剪切破坏扭矩；

D——十字板的直径；

H——十字板的高度。

十字板剪切试验在现场进行，属于不排水剪切试验，

其试验结果与无侧限抗压强度试验结果接近。饱和软土内摩擦角 $\varphi_u=0$，则

$$\tau_+=\frac{q_u}{2} \tag{6-8}$$

6.1.3 土的抗剪强度影响因素

土的抗剪强度变化较大，受很多因素影响。不同地区、不同成因、不同类型土的抗剪强度差别很大，即使同一种土，在物理性质指标、加荷速度、仪器类型等不同的条件下，其抗剪强度指标也不相同。影响土抗剪强度的因素虽然很多，但可以归纳为物理化学性质和孔隙水压力两个方面的因素。

6.1.3.1 土的物理化学性质的影响

土的颗粒形状与级配，土颗粒的矿物成分，土的天然重度、含水量等都将影响其抗剪强度。

土颗粒越粗、表面越粗糙，内摩擦角 φ 越大；级配良好的土，内摩擦角大，反之内摩擦角小。土中石英矿物含量多，内摩擦角大；云母矿物含量多，则内摩擦角小；土中含有的各种胶结物质，会增大黏聚力 c。土的天然重度越大，说明土粒之间接触点多且紧密，土粒之间的表面摩擦力和粗粒土的咬合力越大，即内摩擦角和黏聚力越大；当含水量增加时，水分在土粒表面形成润滑剂，使内摩擦角减小；对黏性土而言，含水量增加将使薄膜水变厚，导致土粒之间的电分子力减弱，降低黏聚力。

土的抗剪强度指标的取值范围大致为：砂土的内摩擦角变化范围不是很大，中砂、粗砂、砾砂一般为 32°～40°，粉砂、细砂一般为 28°～36°；黏性土的抗剪强度指标变化范围很大，内摩擦角的变化范围大致为 0～30°，黏聚力则从小于 10kPa 变化到 200kPa 以上。

6.1.3.2 土中孔隙水压力的影响

作用在土样剪切面上的压应力为有效应力与孔隙水压力之和，随着时间的增长，孔隙水压力因排水而逐渐消散，有效应力不断增加。孔隙水压力作用在土中的自由水上，不会产生土粒之间的内摩擦力，只有作用在骨架上的有效应力才能产生内摩擦力，形成抗剪强度。因此，若土的抗剪强度试验的条件不同，影响土中孔隙水是否能排出以及排出量的多或少，将影响有效应力的数值大小，使抗剪强度试验结果不同。

试验发现，固结排水剪（慢剪）测得的抗剪强度值最大，固结不排水剪（固结快剪）测得的抗剪强度值居中，而不固结不排水剪（快剪）测得的抗剪强度值最小。所以，土试样中是否存在孔隙水压力，对抗剪强度有重要影响。

6.1.4 抗剪强度指标选择

在实际工程中，地基条件与加荷情况不一定非常明确，如加荷速度的快慢、土层的厚薄、荷载大小以及加荷过程等都没有定量的界限值，而常规的直剪试验与三轴压缩试验是在理想化的室内试验条件下进行的，与实际工程之间存在一定的差异。因此，在选用强度指标前需要认真分析实际工程的地基条件与加荷条件，并结合类似工程的经验加以判断，选用合适的试验方法与强度指标。

(1) 试验方法

相对于三轴压缩试验而言，直剪试验的设备简单，操作方便，故目前在实际工程中使用比较普遍。然而，直剪试验中只是用剪切速率的“快”与“慢”来模拟试验中的“不排水”和“排水”，对试验排水条件的控制是很不严格的，因此在有条件的情况下应尽量采用三轴压缩试验方法。

(2) 有效应力强度指标

用有效应力法及相应指标进行计算，概念明确，指标稳定，是一种比较合理的分析方法，只要能比较准确地确定孔隙水压力，则应该推荐采用有效应力强度指标。当土中的孔隙水压力能通过实验、计算或其他方法加以确定时，宜采用有效应力法。有效应力强度指标可用三轴排水剪、三轴固结不排水剪（测孔隙水压力）测定。

(3) 不固结不排水剪指标

土样进行不固结不排水剪切时，所施加的外力将全部由孔隙水压力承担，土样完全保持初始的有效应力状况，所测得的强度即为土的天然强度。在对可能发生快速加荷的正常固结黏性土上的路堤进行短期稳定分析时，可采用不固结不排水的强度指标；对于土层较厚、渗透性较小、施工速度较快工程的施工期或竣工时，分析也可采用不固结不排水剪的强度指标。

(4) 固结不排水剪指标

土样进行固结不排水剪试验时，周围固结压力将全部转化为有效应力，而施加的偏应力将产生孔隙水压力。在对土层较薄、渗透性较大、施工速度较慢的工程进行分析时，可采用固结不排水剪的强度指标。

6.2 土的极限平衡理论

在荷载作用下，地基内任一点都将产生应力。根据土体抗剪强度的库仑定律：当土中任意点在某一方向的平面上所受的剪应力达到土体的抗剪强度，即

$$\tau=\tau_f \tag{6-9}$$

此时就称该点处于极限平衡状态。

在实际工程应用中，直接应用式（6-9）来分析土体的极限平衡状态是很不方便的。为了解决这一问题，一般采用的做法是，将式（6-9）进行变换。将通过某点的剪切面上的剪应力用该点的主平面上的主应力表示，而土体的抗剪强度以剪切面上的法向应力和土体的抗剪强度指标来表示，然后代入公式（6-9），经过化简后就可得到实用的土体的极限平衡条件。

土的极限平衡条件，是指土体处于极限平衡状态时土的应力状态（大、小主应力）和土的抗剪强度指标之间的关系式，即 σ_1、σ_3 与内摩擦角 φ 和黏聚力 c 之间的数学表达式。

6.2.1 土中一点的应力分析

在地基中任意深度 z 处，任取一点 M 为研究对象，设作用在该点土单元体上的大主应

力、小主应力分别为σ_1和σ_3，如图6-9（a）所示。以主应力状态确定的单元体，称为主单元体。对于一般应力单元，如何求主应力，请参阅材料力学中“应力状态分析”的章节。

6.2.1.1 任意斜面上的应力分量

在单元体内与大主应力σ_1作用面（图示水平面）成任意角α的mn斜面上的法向应力和剪应力分别为σ、τ，正应力以受压为正、剪应力以绕脱离体逆时针转为正，如图6-9（b）所示。截取楔形体abc为脱离体，设斜面ac的面积为dA，则bc的面积为$dA\cos\alpha$，ab的面积为$dA\sin\alpha$。将楔形体各面上的力分别在水平方向和垂直方向进行分解或投影（x坐标向右为正，z坐标向下为正），根据静力平衡条件可得

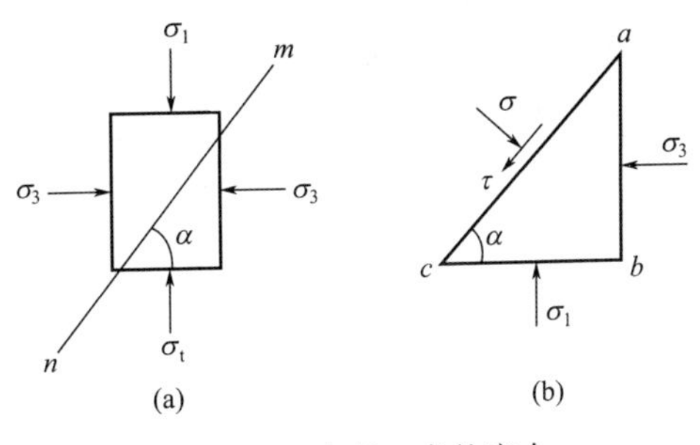

图6-9 土中任一点的应力

$$\sum F_x=0：\sigma dA\sin\alpha-\tau dA\cos\alpha-\sigma_3 dA\sin\alpha=0$$

$$\sum F_z=0：\sigma dA\cos\alpha+\tau dA\sin\alpha-\sigma_1 dA\cos\alpha=0$$

据此解得斜截面mn上的法向应力σ和剪应力τ为：

$$\sigma=\frac{\sigma_1+\sigma_3}{2}+\frac{\sigma_1-\sigma_3}{2}\cos2\alpha \tag{6-10}$$

$$\tau=\frac{\sigma_1-\sigma_3}{2}\sin2\alpha \tag{6-11}$$

由公式（6-10）、（6-11）即可计算已知α角的截面上相应的法向应力σ与剪应力τ。最大剪应力发生在45°斜平面上，其值为$\tau_{max}=(\sigma_1-\sigma_3)/2$，此时正应力$\sigma=(\sigma_1+\sigma_3)/2$。0°平面上正应力最大$\sigma_1$，90°平面上正应力最小$\sigma_3$，此时剪应力为零。

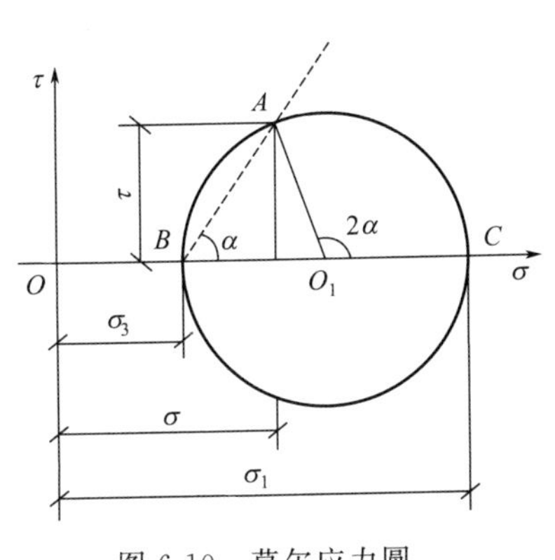

图6-10 莫尔应力圆

6.2.1.2 莫尔应力圆的应用

在σ_1和σ_3已知的情况下，斜截面mn上的法向应力σ和剪应力τ仅与斜截面倾角α有关。由式(6-10)和式(6-11)得

$$\left(\sigma-\frac{\sigma_1+\sigma_3}{2}\right)^2+\tau^2=\left(\frac{\sigma_1-\sigma_3}{2}\right)^2 \tag{6-12}$$

若以正应力σ为横坐标轴，剪应力τ为纵坐标轴，则式（6-12）表示的是一个圆的方程。圆心的横坐标为（$\sigma_1+\sigma_3$）/2、纵坐标为0，圆的半径为（$\sigma_1-\sigma_3$）/2，该圆称为莫尔应力圆或莫尔圆（图6-10）。利用莫尔应力圆则可简便地求得与任意α角相应的σ与τ值，方

法如下：

取 τ-σ 直角坐标系。在横坐标 $O\sigma$ 上，按一定的应力比例尺，确定 σ_1 和 σ_3 的位置，以 $\sigma_1-\sigma_3$ 为直径作圆，即为莫尔应力圆，如图 6-10 所示。取莫尔应力圆的圆心为 O_1，自半径线 O_1C 逆时针转 2α 角，得半径线 O_1A。圆周上 A 点的坐标 σ、τ，即为 M 点处与最大主应力作用面成 α 角的斜面 mn 上的法向应力和剪应力值。证明如下：

$$\overline{OB}+\overline{BO_1}+\overline{O_1A}\cos2\alpha=\sigma_3+\frac{1}{2}(\sigma_1-\sigma_3)+\frac{1}{2}(\sigma_1-\sigma_3)\cos2\alpha$$

$$=\frac{1}{2}(\sigma_1+\sigma_3)+\frac{1}{2}(\sigma_1-\sigma_3)\cos2\alpha=\sigma \tag{6-13}$$

$$\overline{O_1A}\sin2\alpha=\frac{1}{2}(\sigma_1-\sigma_3)\sin2\alpha=\tau \tag{6-14}$$

由此可见，用莫尔应力圆可表示任意斜面上的法向应力 σ 与剪应力 τ，简单明了。

6.2.2 地基中任意平面上的应力状态

采取一定方法求得地基中某点的应力分量后，就可以用解析法或图解法来对该点进行强度判断，即该点处于何种状态（稳定状态、剪切破坏、极限平衡状态）。

6.2.2.1 用剪应力判断地基所处状态

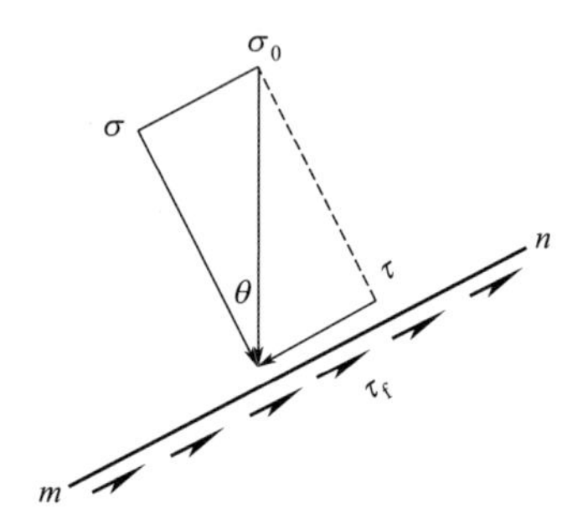

图 6-11 任意平面上的应力

在地基中取任意平面 mn，此平面上作用着总应力 σ_0。此总应力 σ_0，可分解为两个分量：垂直于 mn 面的法向应力 σ 和平行于 mn 面的剪应力 τ，如图 6-11 所示。

将作用在平面 mn 上的剪应力 τ，与地基土的抗剪强度 τ_f 进行比较，有三种可能：

当 $\tau<\tau_f$ 时，平面 mn 为稳定状态；

当 $\tau>\tau_f$ 时，平面 mn 发生剪切破坏；

当 $\tau=\tau_f$ 时，平面 mn 处于极限平衡状态。

6.2.2.2 用抗剪强度线与莫尔应力圆的关系判断地基所处状态

黏性土抗剪强度包线与莫尔应力圆画在同一张坐标图上，如图 6-12 所示。它们之间的关系有以下三种情况。

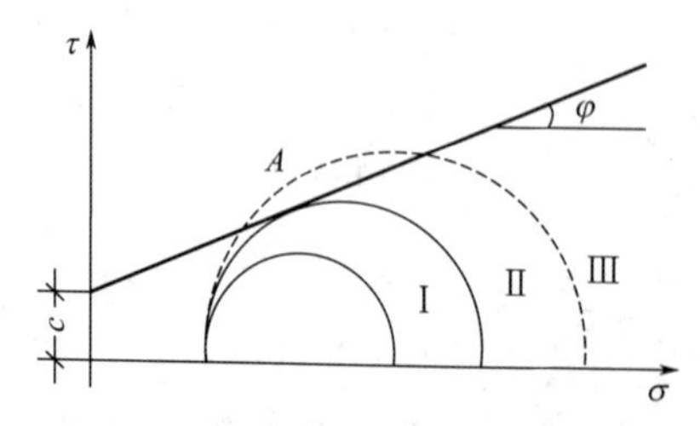

图 6-12 黏性土抗剪强度与莫尔应力圆之间的关系

① 整个莫尔圆位于抗剪强度包线的下方（圆Ⅰ），说明该点在任何平面上的剪应力都小

于土所能发挥的抗剪强度（$\tau < \tau_f$），因此不会发生剪切破坏。

② 抗剪强度包线是莫尔圆的一条割线（圆Ⅲ），说明该点某些平面上的剪应力已超过了土的抗剪强度（$\tau > \tau_f$），实际上这种应力情况是不可能存在的，因为土体早已发生了剪切滑移。

③ 莫尔圆与抗剪强度包线相切（圆Ⅱ），切点为 A，说明在 A 点所代表的平面上，剪应力正好等于抗剪强度（$\tau = \tau_f$），该点就处于极限平衡状态。圆Ⅱ称为极限应力圆。

6.2.3 土的极限平衡条件解析公式

土体中某一点的应力达到极限平衡时，极限应力圆与抗剪强度包线相切与 A 点，如图6-13（b）所示。现在寻求剪切破裂面或滑移面与大主应力作用面的夹角，主应力与抗剪强度指标之间的关系。

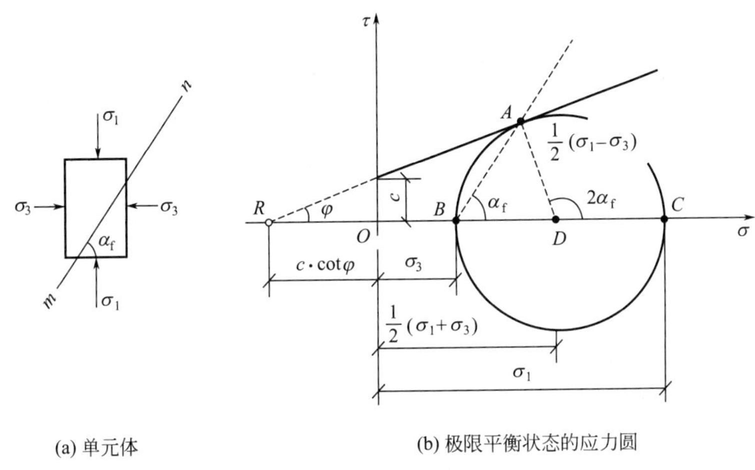

图 6-13 土体中某一点的应力达到极限平衡状态时的莫尔应力圆

6.2.3.1 剪切破裂面的方位角

设土体某点剪切破裂的平面 mn 与大主应力作用面的夹角（破裂角）为 α_f，如图 6-13（a）所示，因应力圆上的夹角是单元体上夹角的 2 倍，故图 6-13（b）中 $\angle CDA = 2\alpha_f$。应力圆与抗剪强度包线相切，将抗剪强度包线延长并与横坐标轴相交于点 R，则三角形 RAD 为直角三角形。由三角形内角和外角的关系可得

$$2\alpha_f = 90° + \varphi$$

即破裂角

$$\alpha_f = 45° + \varphi/2 \tag{6-15}$$

说明剪切破裂面与大主应力作用面的夹角为 $45° + \varphi/2$，而与小主应力作用面的夹角则应为 $45° - \varphi/2$。土体剪切破坏并不发生在剪应力最大的 45°斜平面，除非内摩擦角为零。

6.2.3.2 土的极限平衡条件

在图 6-13（b）中，由几何关系可知：

$$\sin\varphi=\frac{AD}{RD}=\frac{(\sigma_1-\sigma_3)/2}{c\cot\varphi+\frac{1}{2}(\sigma_1+\sigma_3)} \tag{6-16}$$

整理得到黏性土的极限平衡条件

$$\sigma_1=\sigma_3\tan^2(45°+\varphi/2)+2c\tan(45°+\varphi/2) \tag{6-17}$$

或

$$\sigma_3=\sigma_1\tan^2(45°-\varphi/2)-2c\tan(45°-\varphi/2) \tag{6-18}$$

当为无黏性土时，将 $c=0$ 代入式（6-17）和式（6-18）两式得到

$$\sigma_1=\sigma_3\tan^2(45°+\varphi/2) \tag{6-19}$$

$$\sigma_3=\sigma_1\tan^2(45°-\varphi/2) \tag{6-20}$$

土的极限平衡条件是土强度理论的基础，运用极限平衡条件可以判断土中任意一点的应力是否达到破坏状态；也可以求出土破坏状态下剪裂面的方位和应力值；如果可以实测出土破坏状态的应力，还可应用极限平衡条件求得土的抗剪强度指标。

【例 6-2】 地基中某一单元土体上的大主应力 $\sigma_1=400$kPa，小主应力 $\sigma_3=180$kPa。通过试验测得该土样的抗剪强度指标 $c=16$kPa，$\varphi=18°$。试问：（1）该单元土体处于何种状态？（2）是否会沿剪应力最大的面发生破坏？

【解】

（1）单元土体所处状态的判别

设达到极限平衡状态时所需小主应力为 σ_{3f}，则由式（6-18）得

$$\begin{aligned}\sigma_{3f}&=\sigma_1\tan^2(45°-\varphi/2)-2c\tan(45°-\varphi/2)\\&=400\times\tan^2(45°-18°/2)-2\times16\times\tan(45°-18°/2)=187.9\text{kPa}\end{aligned}$$

因为 σ_{3f} 大于该单元土体的实际小主应力 σ_3，所以极限应力圆半径将小于实际应力圆半径，该单元土体处于剪切破坏状态。

若设达到极限平衡状态时的大主应力为 σ_{1f}，则由式（6-17）得

$$\begin{aligned}\sigma_{1f}&=\sigma_3\tan^2(45°+\varphi/2)+2c\tan(45°+\varphi/2)\\&=180\times\tan^2(45°+18°/2)+2\times16\times\tan(45°+18°/2)=385.0\text{kPa}\end{aligned}$$

按照将极限应力圆半径与实际应力圆半径相比较的判别方式，同样可得出上述结论。

（2）是否沿剪应力最大的面发生剪切破坏

在剪应力最大面处，α 角应该等于 45°。最大剪应力为

$$\tau_{max}=\frac{1}{2}(\sigma_1-\sigma_3)=\frac{1}{2}\times(400-180)=110\text{kPa}$$

剪应力最大面上的正应力为

$$\sigma=\frac{1}{2}(\sigma_1+\sigma_3)+\frac{1}{2}(\sigma_1-\sigma_3)\cos2\alpha$$

$$=\frac{1}{2}\times(400+180)+\frac{1}{2}\times(400-180)\cos 90^{\circ}=290\text{kPa}$$

该面上的抗剪强度

$$\tau_{f}=c+\sigma\tan\varphi=16+290\times\tan 18^{\circ}=110.2\text{kPa}$$

因为在剪应力最大面上的剪应力满足$\tau_{max}<\tau_{f}$的条件，所以不会沿该面发生剪切破坏。

【例 6-3】 一黏性土试样在三轴仪中进行固结不排水试验，施加周围压力$\sigma_3=220\text{kPa}$，试样破坏时的主应力差（$\sigma_1-\sigma_3$）$_f=280\text{kPa}$，测得孔隙水压力$u_f=190\text{kPa}$，整理试验结果得有效内摩擦角$\varphi'=25^{\circ}$，有效黏聚力$c'=74.6\text{kPa}$。如果破坏面与水平面的夹角为60°，试问：(1) 破坏面上的法向应力和剪应力以及试样中的最大剪应力；(2) 说明为什么破坏面发生在$\alpha=60^{\circ}$的平面上而不发生在最大剪应力的作用面？

【解】

(1) 由试验得

$$\sigma_1=220+280=500\text{kPa},\ \sigma_3=220\text{kPa}$$

由式（6-10）、式（6-11）计算破坏面上的法向应力σ和剪应力τ：

$$\sigma=\frac{1}{2}(\sigma_1+\sigma_3)+\frac{1}{2}(\sigma_1-\sigma_3)\cos 2\alpha$$

$$=\frac{1}{2}(500+220)+\frac{1}{2}(500-220)\cos 120^{\circ}=290\text{kPa}$$

$$\tau=\frac{1}{2}(\sigma_1-\sigma_3)\sin 2\alpha=\frac{1}{2}(500-220)\sin 120^{\circ}=121.2\text{kPa}$$

最大剪应力发生在$\alpha=45^{\circ}$的平面上：

$$\tau_{max}=\frac{1}{2}(\sigma_1-\sigma_3)=\frac{1}{2}(500-220)=140\text{kPa}$$

(2)在破坏面上的有效法向应力

$$\sigma'=\sigma-u_f=290-190=100\text{kPa}$$

抗剪强度

$$\tau_f=c'+\sigma'\tan\varphi'=74.6+100\tan 25^{\circ}=121.2\text{kPa}$$

可见，在$\alpha=60^{\circ}$的平面上的剪应力等于该面上土的抗剪强度，即$\tau=\tau_f=121.2\text{kPa}$，因此在该面上发生剪切破坏。

而在最大剪应力的作用面（$\alpha=45^{\circ}$）上：

$$\sigma=\frac{1}{2}(500+220)+\frac{1}{2}(500-220)\cos 90^{\circ}=360\text{kPa}$$

$$\sigma'=\sigma-u_f=360-190=170\text{kPa}$$

$$\tau_f=c'+\sigma'\tan\varphi'=74.6+170\tan 25^{\circ}=153.9\text{kPa}$$

在 $\alpha=45°$ 的平面上的最大剪应力 $\tau_{max}=140kPa$，可见在该面上虽然剪应力比较大，但是抗剪强度 $\tau_f=153.9kPa$ 大于剪应力 $\tau_{max}=140kPa$，故在最大剪应力的平面上不发生剪切破坏。

6.3 地基的临塑荷载和临界荷载

6.3.1 地基的变形过程及承载力

地基载荷试验得到的典型的压力-沉降曲线（p-s 曲线），如图 6-14 所示。从开始承受荷载到破坏，经历了一个变形发展的过程，可以分为压密阶段、局部塑性变形阶段和破坏阶段。

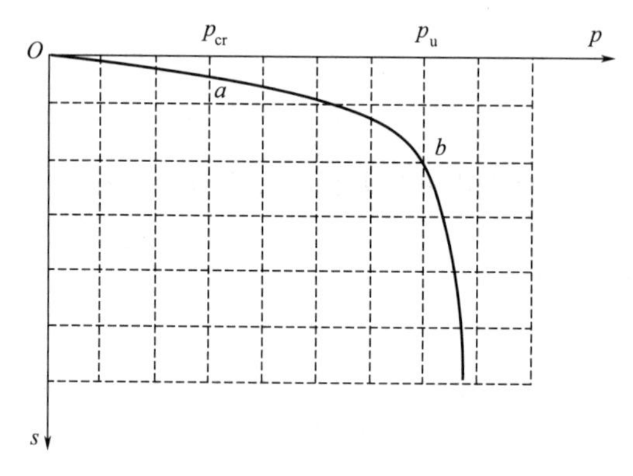

图 6-14 地基载荷试验的 p-s 曲线

（1）压密阶段

当压力较小时，压力与沉降之间几乎按比例增加，相应于 p-s 曲线上的 Oa 段，接近于直线关系。此阶段地基中各点的剪应力小于地基土的抗剪强度，地基处于稳定状态。地基仅有少量的压缩变形，主要是土颗粒互相挤紧、土体压缩的结果。

（2）局部塑性变形阶段

当压力较大时，压力与沉降之间不再按比例增加，相应于 p-s 曲线上的 ab 段。在此阶段中，变形的速率随荷载的增加而增大，p-s 关系线是下弯的曲线。这是在地基的局部区域内出现塑性变形区，发生了剪切破坏所致。随着荷载的增加，地基中塑性变形区的范围逐渐扩展。这一阶段是地基由稳定状态向不稳定状态发展的过渡性阶段。

（3）破坏阶段

当荷载增加到某一极限值时，地基变形突然增大，相应于 p-s 曲线上 b 点以右的尾段。此时地基中的塑性变形区，已经发展到形成与地面贯通的连续滑动面。地基土向基础的一侧或两侧挤出，地面隆起，地基整体失稳，基础也随之突然下陷。

在地基变形过程中，作用在它上面的荷载有两个特征值：一是地基中开始出现塑性变形区的荷载（a 点所对应的荷载），称为临塑荷载，用 p_{cr}表示，它是地基从压密变形阶段刚转为局部塑性变形阶段的荷载。当基底压力等于该荷载时，基础边缘的土体开始出现剪切破坏，但塑性破坏区尚未发展。另一个是使地基剪切破坏，失去整体稳定的荷载（b 点所对应的荷载，称为极限荷载，用 p_u 表示。荷载从 p_{cr}增加到 p_u 的过程也就是地基剪切破坏区逐渐发展的过程)，曲线上 a 点和 b 点之间的某个压力值称为临界荷载。

地基安全条件下承受基底压力的能力，称为地基的承载力，用特征值表征。显然，以极限荷载作为地基的承载力是不安全的，而将临塑荷载作为地基的承载力，又过于保守。地基的承载力特征值，应该是小于极限荷载，而稍大于临塑荷载。地基是很大的土体，当它受临塑荷载作用时，仅在基础底面的两边点刚刚达到极限平衡。即使地基中已出现一定范围的塑性变形区，只要其余大部分土体还是稳定的，地基还具有较大的安全度。工程经验表明，地基中塑性变形区的深度达 1/3～1/4 倍基础宽度时，地基仍是安全的，此时所对应的荷载称为临界荷载（$p_{1/3}$、$p_{1/4}$），它可作为地基的承载力特征值。

极限荷载是地基刚要发生整体剪切破坏时所承受的荷载，可由理论推求或由现场试验确定。求得极限荷载后，除以使地基具有足够稳定的安全系数，作为地基的承载力特征值。

6.3.2 地基的临塑荷载

地基的临塑荷载是指在外荷载作用下，地基中将要出现但尚未出现塑性区时，基础底面单位面积上所承受的荷载（压力）。

如图 6-15 所示为一条形基础承受轴心荷载作用，基底附加压力为 p_0。按弹性理论可以导出地基内任一点 M 处的大、小主应力的计算公式为

$$\left.\begin{matrix}\sigma_1\\ \sigma_3\end{matrix}\right\}=\frac{p_0}{\pi}(\beta_0 \pm \sin\beta_0) \tag{6-21}$$

式中，$p_0=p-\gamma_m d$（γ_m 为基底以上土的加权平均重度）。

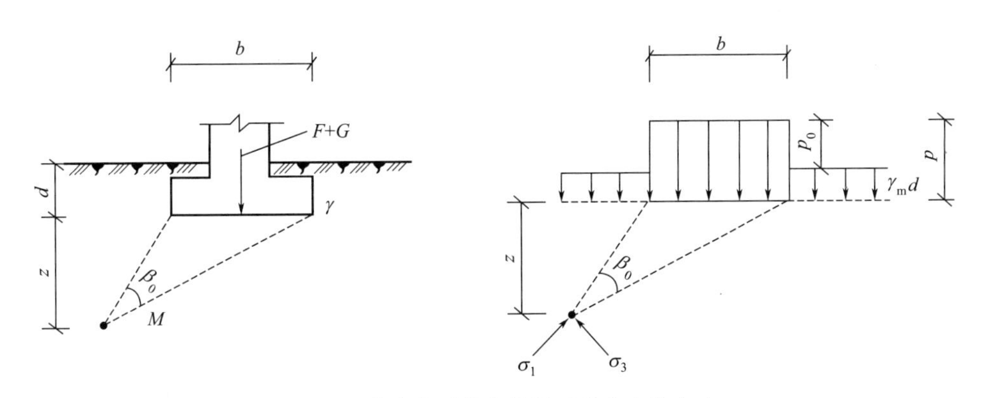

图 6-15 均布条形荷载作用下地基中的应力

M 点处除上述由荷载 p_0 产生的地基附加应力外，还受到土的自重应力 $\sigma_{cz}=\gamma_m d+\gamma z$ 作用。为了将自重应力叠加到附加应力之上而又不改变附加应力场中大、小主应力的作用方向，假设原有自重应力场中 $\sigma_{cz}=\sigma_{cx}$。土的自重应力产生的大、小主应力为

$$\left.\begin{matrix}\sigma_1\\ \sigma_3\end{matrix}\right\}=\gamma_m d+\gamma z \tag{6-22}$$

地基中任意一点 M 处的最大和最小主应力，可由式（6-21）和式（6-22）叠加得到

$$\left.\begin{matrix}\sigma_1\\ \sigma_3\end{matrix}\right\}=\frac{p-\gamma_m d}{\pi}(\beta_0\pm\sin\beta_0)+\gamma_m d+\gamma z \tag{6-23}$$

当 M 点处于极限平衡状态时，该点的大、小主应力应满足极限平衡条件。由式（6-16）得

$$\sin\varphi=\frac{\sigma_1-\sigma_3}{\sigma_1+\sigma_3+2c\cot\varphi}$$

将式（6-23）代入上式，整理后得

$$z=\frac{p-\gamma_m d}{\pi\gamma}\left(\frac{\sin\beta_0}{\sin\varphi}-\beta_0\right)-\frac{c}{\gamma\tan\varphi}-\frac{\gamma_m}{\gamma}d \tag{6-24}$$

式（6-24）即为塑性区边界方程，它描述了极限平衡区边界线上的任一点的坐标 z 与 β_0 的关系，如图 6-16 所示。

塑性区的最大深度 z_{max} 可由极值条件求得，即

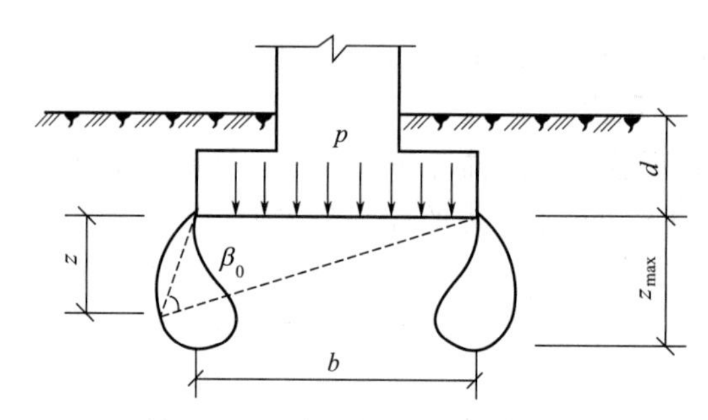

图 6-16　条形基底边缘的塑性区

$$\frac{dz}{d\beta_0}=\frac{p-\gamma_m d}{\pi\gamma}\left(\frac{\cos\beta_0}{\sin\varphi}-1\right)=0$$

则有

$$\cos\beta_0=\sin\varphi$$

所以

$$\beta_0=\frac{\pi}{2}-\varphi \tag{6-25}$$

因 z 对 β_0 的二阶导数小于零，故 z 取极大值。将式（6-25）代入式（6-24），得 z_{max} 的表达式为

$$z_{max}=\frac{p-\gamma_m d}{\pi\gamma}\left(\cot\varphi-\frac{\pi}{2}+\varphi\right)-\frac{c}{\gamma\tan\varphi}-\frac{\gamma_m}{\gamma}d \tag{6-26}$$

或基底压力为

$$p=\frac{\pi(\gamma z_{max}+c\cot\varphi+\gamma_m d)}{\cot\varphi-\pi/2+\varphi}+\gamma_m d \tag{6-27}$$

式（6-26）表明，在其他条件不变的情况下，塑性区最大深度 z_{max} 随着 p 的增大而发展。

当 $z_{max}=0$ 时，表示地基中即将出现塑性区，相应的荷载即为临塑荷载 p_{cr}。由式(6-27)得

$$p_{cr}=\frac{\pi(c\cot\varphi+\gamma_m d)}{\cot\varphi-\pi/2+\varphi}+\gamma_m d=\left(1+\frac{\pi}{\cot\varphi-\pi/2+\varphi}\right)\gamma_m d+\frac{\pi\cot\varphi}{\cot\varphi-\pi/2+\varphi}c$$

即

$$p_{cr}=N_d\gamma_m d+N_c c \tag{6-28}$$

式中　N_d、N_c——承载力系数，且有

$$N_d=1+\frac{\pi}{\cot\varphi-\pi/2+\varphi},N_c=\frac{\pi\cot\varphi}{\cot\varphi-\pi/2+\varphi}$$

N_d、N_c 的值可根据 φ 值按上式计算，也可以查表 6-1 确定。

表 6-1　承载力系数 N_d、N_c、$N_{1/4}$、$N_{1/3}$ 的数值

φ/(°)	N_d	N_c	$N_{1/4}$	$N_{1/3}$	φ/(°)	N_d	N_c	$N_{1/4}$	$N_{1/3}$
0	1.00	3.14	0	0	22	3.44	6.04	0.61	0.81
2	1.12	3.32	0.03	0.04	24	3.87	6.45	0.80	1.07
4	1.25	3.51	0.06	0.08	26	4.37	6.90	1.10	1.47
6	1.39	3.71	0.10	0.13	28	4.93	7.40	1.40	1.87
8	1.55	3.93	0.14	0.18	30	5.59	7.95	1.90	2.53
10	1.73	4.17	0.18	0.25	32	6.35	8.55	2.60	3.47
12	1.94	4.42	0.23	0.31	34	7.21	9.22	3.40	4.53
14	2.17	4.69	0.29	0.39	36	8.25	9.97	4.20	5.60
16	2.43	5.00	0.36	0.48	38	9.44	10.80	5.00	6.67
18	2.72	5.31	0.43	0.57	40	10.84	11.73	5.80	7.73
20	3.06	5.66	0.51	0.69					

注：根据试验和经验，当 $\varphi\geqslant22°$时，要对 $N_{1/4}$、$N_{1/3}$进行修正，本表为修正后的数值。

6.3.3 地基的临界荷载

实践及理论分析证明，在地基基础设计中采用 p_{cr}作为地基承载力无疑是安全的，但对于一般地基来说却偏于保守。通常认为，在轴心垂直荷载作用下，塑性区最大发展深度可控制为基础宽度的 1/4，即 $z_{max}=b/4$；在偏心荷载作用下，可取基础宽度的 1/3，即取 $z_{max}=b/3$，与之相对应的荷载分别为 $p_{1/4}$、$p_{1/3}$，称为临界荷载。将 $z_{max}=b/4$ 和 $z_{max}=b/3$ 分别代入式（6-27），并考虑到式（6-28），得到

$$p_{1/4}=p_{cr}+N_{1/4}\gamma b \tag{6-29}$$

$$p_{1/3}=p_{cr}+N_{1/3}\gamma b \tag{6-30}$$

其中承载力系数

$$N_{1/4}=\frac{\pi}{4(\cot\varphi-\pi/2+\varphi)},N_{1/3}=\frac{\pi}{3(\cot\varphi-\pi/2+\varphi)}$$

$N_{1/4}$、$N_{1/3}$的值也可由 φ 值查表 6-1 确定。

【例 6-4】 已知地基土的重度 $\gamma=18\text{kN/m}^3$，黏聚力 $c=16\text{kPa}$，内摩擦角 $\varphi=18°$。若条形基础宽度 $b=2.1\text{m}$，埋置深度 $d=1.5\text{m}$，试求该地基的 p_{cr}、$p_{1/4}$和 $p_{1/3}$值。

【解】

(1) 根据内摩擦角查表 6-1

$$N_d=2.72,\ N_c=5.31,\ N_{1/4}=0.43,\ N_{1/3}=0.57$$

(2) 计算临塑荷载和临界荷载

$$p_{cr}=N_d\gamma_m d+N_c c=2.72\times18\times1.5+5.31\times16=158.4\text{kPa}$$

$$p_{1/4}=p_{cr}+N_{1/4}\gamma b=158.4+0.43\times18\times2.1=174.7\text{kPa}$$

$$p_{1/3}=p_{cr}+N_{1/3}\gamma b=158.4+0.57\times18\times2.1=179.9\text{kPa}$$

【例 6-5】 某宾馆设计采用框架结构柱下独立基础，基础底面尺寸：长 $l=3.00$m，宽 $b=2.40$m，承受偏心荷载作用，基础埋深 1.00m，地基土共分 3 层：表层为素填土，天然重度 $\gamma_1=17.8\text{kN/m}^3$，厚度 $h_1=0.80$m；第二层为粉土，$\gamma_2=18.8\text{kN/m}^3$，内摩擦角 $\varphi_2=21°$，黏聚力 $c_2=12$kPa，土层厚 $h_2=7.40$m；第三层为粉质黏土，$\gamma_3=19.2\text{kN/m}^3$，$\varphi_3=18°$，$c_3=24$kPa，土层厚 $h_3=4.80$m，计算宾馆地基的临界荷载。

【解】 应用偏心荷载作用下临界荷载计算公式 (6-30)

(1) 根据内摩擦角查表 6-1，内摩擦角 $\varphi_2=21°$内插法得到

$$N_d=3.25,\ N_c=5.85,\ N_{1/3}=0.75$$

$$\text{基底处 }\gamma=\gamma_2=18.8\text{kN/m}^3,\ c=c_2=12\text{kPa}$$

(2) 计算地基临界荷载

$$\gamma_m=\frac{17.8\times0.80+18.8\times0.20}{0.80+0.20}=18.0\text{kN/m}^3$$

$$p_{cr}=N_d\gamma_m d+N_c c=3.25\times18.0\times1.00+5.85\times12=128.7\text{kPa}$$

$$p_{1/3}=p_{cr}+N_{1/3}\gamma b=128.7+0.75\times18.8\times2.40=162.5\text{kPa}$$

【例 6-6】 在例 6-5 的宾馆旁设计一座烟囱。烟囱基础为圆形，直径 $D=3.00$m，埋深 $d=1.2$m，地基土质与宾馆相同，计算烟囱地基的临界荷载。若其他条件不变，烟囱基础埋深改为 $d=2.0$m，试求地基的临界荷载。

【解】 烟囱按轴心荷载考虑，可应用式 (6-29) 计算

$$p_{1/4}=p_{cr}+N_{1/4}\gamma b=N_d\gamma_m d+N_c c+N_{1/4}\gamma b$$

烟囱基础折算为矩形（正方形）基础，宽度为

$$b=\sqrt{A}=\frac{D}{2}\sqrt{\pi}=\frac{3.00}{2}\sqrt{\pi}=2.66\text{m}$$

(1) 埋深 1.2m

根据内摩擦角查表 6-1，内摩擦角 $\varphi_2=21°$内插法得到

$$N_d=3.25,\ N_c=5.85,\ N_{1/4}=0.56$$

$$基底处\ \gamma=\gamma_2=18.8\text{kN/m}^3,\ c=c_2=12\text{kPa}$$

基底以上土的加权平均重度

$$\gamma_m=\frac{17.8\times0.8+18.8\times0.4}{1.2}=18.1\text{kN/m}^3$$

计算地基临界荷载

$$p_{1/4}=N_d\gamma_m d+N_c c+N_{1/4}\gamma b$$

$$=3.25\times18.1\times1.2+5.85\times12+0.56\times18.8\times2.66=168.8\text{kPa}$$

（2）埋深 2.0m

基底以上土的加权平均重度

$$\gamma_m=\frac{17.8\times0.8+18.8\times1.2}{2.0}=18.4\text{kN/m}^3$$

其他条件不变，地基临界荷载为

$$p_{1/4}=N_d\gamma_m d+N_c c+N_{1/4}\gamma b$$

$$=3.25\times18.4\times2.0+5.85\times12+0.56\times18.8\times2.66=217.8\text{kPa}$$

评论：由上述例 6-5 与例 6-6 可知，若地基土的天然重度 γ、内摩擦角 φ 与黏聚力 c 相同，基础形状为矩形或者圆形，上部荷载为轴心荷载或偏心荷载，这些变化对地基临界荷载的影响不大，当基础埋深 $d=1.2$m 加深至 $d=2.0$m 时，则地基临界荷载增大 49kPa，影响十分显著。

6.4 地基的极限荷载

6.4.1 地基极限荷载确定方法

地基极限荷载是指地基达到完全剪切破坏，丧失整体稳定时的荷载，相当于图 6-14 中 p-s 曲线上 b 点对应的压力 p_u，也就是极限压力。

要确定地基的极限荷载，首先必须判断地基剪切破坏的状态。由于荷载性质与地基土的性质差别较大，地基破坏形式也会有所不同，一般可以分为三种基本类型，如图 6-17 所示。

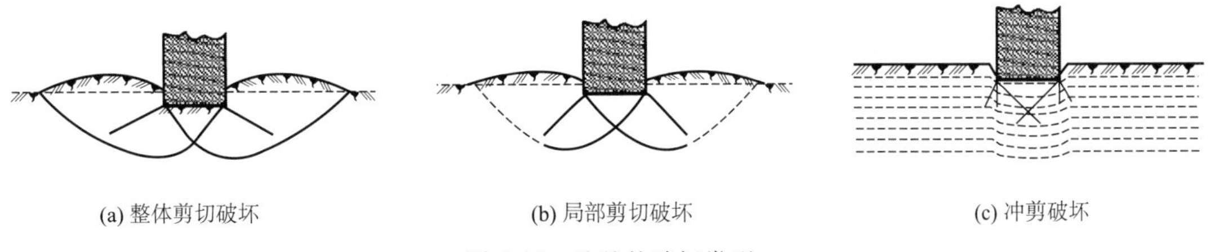

(a) 整体剪切破坏　(b) 局部剪切破坏　(c) 冲剪破坏

图 6-17 地基的破坏类型

① 整体剪切破坏。基底压力 p 超过临塑荷载后，随着荷载的增加，剪切破坏区不断扩大，最后在地基中形成连续的滑动面，基础急剧下沉并可能向一侧倾斜，基础四周的地面明显隆起，如图 6-17（a）所示。密实的砂土和硬黏土较可能发生这种形式的破坏。

② 局部剪切破坏。随着荷载的增加，塑性区只发展到地基内某一范围，滑动面不延伸到地面而是终止在地基内某一深度处，基础周围地面稍有隆起，地基会发生较大变形，如图6-17（b）所示。中等密实砂土、松砂和软黏土都可能发生这种形式的破坏。

③ 冲剪破坏。基础下软弱土发生垂直剪切破坏，使基础连续下沉。破坏时地基中无明显滑动面，基础四周地面无隆起而是下陷，基础无明显倾斜，但发生较大沉降，如图6-17（c）所示。对于压缩性较大的松砂和软土地基将可能发生这种形式的破坏。

地基的破坏形式除了与土的性状有关外，还与基础埋深、加载速率等因素有关。当基础埋深较浅，荷载缓慢施加时，趋向于发生整体剪切破坏；若基础埋深大，快速加荷，则可能形成局部剪切破坏或冲剪破坏。目前地基极限承载力的计算公式均按整体剪切破坏导出，然后经过修正或乘上相关系数后用于其他破坏形式。

求解整体剪切破坏形式的地基极限荷载的方法有两种：一是用严密的数学理论求解土中某点达到极限平衡时的静力平衡方程组，以得出地基极限承载力。此法运算过程甚繁，未被广泛采用。二是根据模型试验的滑动面形状，通过简化得到假定的滑动面，然后借助该滑动面上的极限平衡条件，求出地基极限承载力。此法是半经验性质的，称为假定滑动面法。由于不同研究者所进行的假设不同，所得到的结果也不同，下面仅介绍几个常用的计算方法。

6.4.2 普朗特尔——瑞斯纳公式

受铅直均布荷载作用的、无限长的、底面光滑的条形刚性板置于无重量土的表面上，当刚性荷载板下的土体处于塑性平衡状态时，其破坏图式首先由普朗特尔（L. Prandtl，1921）给出，如图6-18所示。

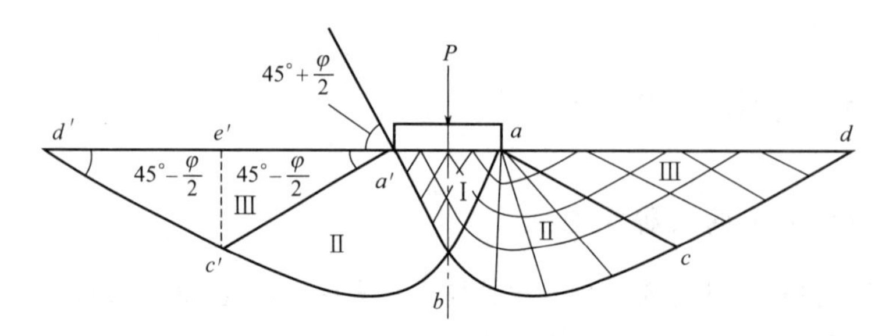

图6-18 条形刚性板下地基的塑性平衡区

塑性区由五个部分组成，即一个Ⅰ区，左右对称的两个Ⅱ和两个Ⅲ区。由于基底是光滑的，因此Ⅰ区中的最大主应力σ_1是垂直向的，破坏面与水平面成（$45°+\varphi/2$）角，称为主动朗肯区。Ⅲ区大主应力方向是水平向的，破裂面与水平面成（$45°-\varphi/2$），称为被动朗肯区。Ⅱ区称为过渡区，滑移线有两组，一组是以a和a'为起点的辐射线，另一组是对数螺旋线。

对以上情况，普朗特尔得出极限承载力解析解为

$$p_u = cN_c \tag{6-31}$$

$$N_c = [e^{\pi\tan\varphi}\tan^2(45°+\varphi/2)-1]\cot\varphi \tag{6-32}$$

N_c称承载力系数，是仅与φ有关的无量纲系数。

实际基础总有一定的埋深，瑞斯纳（Reissner，1924）假定不考虑基底以上两侧土的强度，将其重量以均布超载$q=\gamma d$代替，得到了超载引起的极限承载力为

$$p_u = qN_q \tag{6-33}$$

$$N_q = e^{\pi\tan\varphi}\tan^2(45° + \varphi/2) \tag{6-34}$$

N_q 为另一个仅与 φ 有关的承载力系数。

将式（6-31）与式（6-33）合并，得普朗特尔-瑞斯纳公式如下：

$$p_u = cN_c + qN_q \tag{6-35}$$

承载力系数 N_c 和 N_q 有如下关系

$$N_c = (N_q - 1)\cot\varphi \tag{6-36}$$

普朗特尔-瑞斯纳公式具有重要的理论价值，它奠定了极限承载力理论的基础。其后，众多学者在他们各自研究成果的基础上，对普朗特尔-瑞斯纳公式作了不同程度的修正与发展，从而使极限承载力理论逐步得以完善。

实际上，地基土并非无重介质，考虑地基土的重量以后，极限承载力的理论解很难求得。索科洛夫斯基假设 $c=0$，$q=0$，考虑土的重量对强度的影响，得到了土的重度引起的极限承载力为

$$p_u = \frac{1}{2}\gamma bN_\gamma \tag{6-37}$$

式中，N_γ 为无量纲的承载力系数。魏锡克（Vesic，1970）建议近似地用如下分析式表达：

$$N_\gamma \approx 2(N_q + 1)\tan\varphi \tag{6-38}$$

其误差在 5%～10%，且偏于安全。

对于 c、q、γ 都不为零的种种情况，将式（6-37）与式（6-35）合并，即可得到极限承载力的一般计算公式

$$p_u = \frac{1}{2}\gamma bN_\gamma + qN_q + cN_c \tag{6-39}$$

式（6-39）是地基极限承载力的最为通用的表达式。各种不同的极限承载力分析方法，其最终表达式均可采用式（6-39）的形式，但承载力系数 N_γ、N_q、N_c 各不相同。

6.4.3 太沙基极限荷载公式

太沙基在 1943 年提出了确定条形基础的极限荷载公式，提出基础的长宽比 $l/b \geqslant 5$ 及基础埋深 $d \leqslant b$ 时，就可视为条形浅基础，基底以上土体看作是作用在基础两侧底面以上的均布荷载。太沙基公式是世界各国常用的极限荷载计算公式，适用于基础底面粗糙的条形基础，并推广应用于方形基础与圆形基础。

（1）基本假定

太沙基假定地基中滑动面的形状如图 6-19 所示。滑动土体的分区如下。

Ⅰ区——基础下的楔形压密区。由于土与粗糙基底的摩阻力作用，该区的土不进入剪切状态而处于压密状态，形成“弹性核”，弹性核边界与基底所成角度为 φ。

Ⅱ区——过渡区。滑动面按对数螺旋线变化。b 点处螺线的切线垂直于地面，c 点处螺

线的切线与水平线成 $45°-\varphi/2$ 角。

Ⅲ区——被动土压力区。即土体处于被动极限平衡状态，滑动面是平面，与水平面的夹角为 $45°-\varphi/2$。

太沙基公式不考虑基底以上基础两侧土体抗剪强度的影响，以均布超载 $q=\gamma_m d$ 来代替埋深范围内的土体自重。

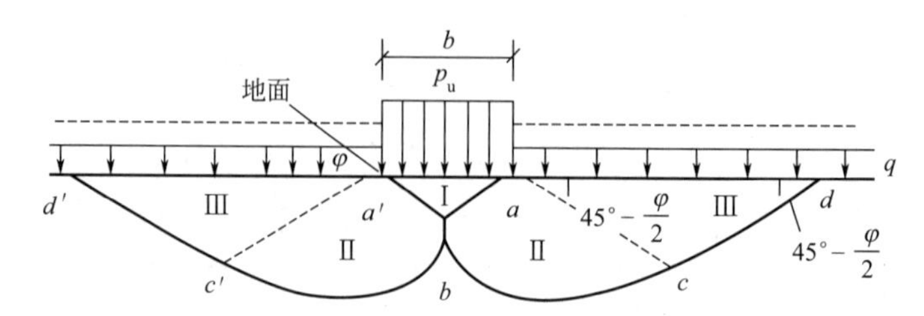

图 6-19 太沙基假定地基中滑动面的形状

(2) 极限承载力公式

由以上假定可将地基滑动土体分成五个区，除弹性核（Ⅰ区）外，尚有两个对称的被动应力状态区（Ⅲ区）和过渡区（Ⅱ区）。由脱离体的极限平衡得到的极限承载力计算公式形式同式（6-39），只是各承载力系数应按下列公式计算：

$$N_q=\frac{1}{2}\left[\frac{e^{(3\pi/4-\varphi/2)\tan\varphi}}{\cos(45°+\varphi/2)}\right]^2 \tag{6-40}$$

$$N_c=(N_q-1)\cot\varphi \tag{6-41}$$

$$N_\gamma=1.8(N_q-1)\tan\varphi \tag{6-42}$$

对局部剪切破坏情况，太沙基建议用经验方法调整抗剪强度指标，即取

$$c'=\frac{2}{3}c, \varphi'=\arctan\left(\frac{2}{3}\tan\varphi\right)$$

代替式（6-39）中的 c 和 φ。对这种情况，极限承载力计算公式为

$$p_u=\frac{1}{2}\gamma bN_\gamma'+qN_q'+\frac{2}{3}cN_c' \tag{6-43}$$

式中，N_c'、N_q'、N_γ'是相应于局部剪切破坏情况的承载力系数。

对于方形和圆形均布荷载整体剪切破坏情况，太沙基建议采用经验系数进行修正，修正后的公式为

方形基础

$$p_u=1.2cN_c+qN_q+0.4\gamma bN_\gamma \tag{6-44}$$

圆形基础

$$p_u=1.2cN_c+qN_q+0.6\gamma bN_\gamma \tag{6-45}$$

式中 b——方形基础宽度或圆形基础直径，m。

【例 6-7】 某条形基础，底面宽度 $b=2.4$m，埋深 $d=1.6$m。地基土的重度 $\gamma=$

18.5kN/m³，黏聚力 $c=18\text{kPa}$，内摩擦角 $\varphi=20°$，试按太沙基公式确定地基的极限承载力。

【解】

由 $\varphi=20°=\pi/9$ (rad)，分别按式 (6-40)、式 (6-41) 和式 (6-42) 计算，得到地基承载力系数 $N_q=7.44$，$N_c=17.69$，$N_\gamma=4.22$，极限承载力由式 (6-39) 得

$$p_u=\frac{1}{2}\gamma bN_\gamma+qN_q+cN_c$$

$$=\frac{1}{2}\times18.5\times2.4\times4.22+18.5\times1.6\times7.44+18\times17.69=632\text{kPa}$$

6.4.4 斯肯普顿极限荷载公式

斯肯普顿（Skempoton）专门研究了 $\varphi_u=0$ 的饱和软土地基的极限荷载的计算方法，根据他所假定的滑动面形状，进行极限平衡得到极限荷载。对于埋深为 d 的矩形基础，斯肯普顿极限承载力公式为

$$p_u=5c_u\left(1+0.2\frac{b}{l}\right)\left(1+0.2\frac{d}{b}\right)+\gamma_m d \tag{6-46}$$

式中 b、l——分别为基础的宽度和长度，m；

d——基础的埋深，m；

γ_m——基础埋深范围内土的加权平均重度，kN/m³；

c_u——地基土的不排水强度，取基底以下 $2b/3$ 深度范围内的平均值，kPa。

工程实践证明，用斯肯普顿公式计算的饱和软土地基的极限荷载与实际情况是比较接近的，同时，对于基础埋深 $d\leqslant2.5b$ 的浅基础，斯肯普顿公式也是适用的。

【例 6-8】 某矩形基础，宽度 $b=2.7\text{m}$，长度 $l=3.6\text{m}$，埋置深度 $d=1.8\text{m}$，地基土为饱和软黏土，重度 $\gamma=18\text{kN/m}^3$，$c_u=14\text{kPa}$，$\varphi_u=0$。试按斯肯普顿公式确定地基极限承载力。

【解】

由式 (6-46) 得

$$p_u=5c_u\left(1+0.2\frac{b}{l}\right)\left(1+0.2\frac{d}{b}\right)+\gamma_m d$$

$$=5\times14\times\left(1+0.2\times\frac{2.7}{3.6}\right)\times\left(1+0.2\times\frac{1.8}{2.7}\right)+18\times1.8=123.6\text{kPa}$$

思考题

6.1 何谓土的抗剪强度？砂土与黏性土的抗剪强度表达式有何不同？为什么说土的抗剪强度不是一个定值？

6.2 测定土的抗剪强度有哪些方法?

6.3 土体中发生剪切破坏的平面是否为最大剪应力作用面?在什么情况下,破坏面与最大剪应力面一致?

6.4 什么是土的极限平衡状态?土的极限平衡有哪些表达方式?

6.5 莫尔应力圆与一点的应力状态有何关系?它们如何对应?

6.6 地基破坏过程中一般分哪几个变形阶段?

6.7 什么是地基的承载力?取值原则是什么?

6.8 何谓临塑荷载和临界荷载?如何确定?

6.9 地基破坏有哪几种形式?各有何特征?

6.10 何谓地基的极限荷载?太沙基地基极限荷载计算公式的适用条件是什么?

选择题

6.1 土的强度破坏是由于( )所致。

A. 基底压力大于土的抗压强度　　B. 土的抗拉强度过低

C. 土中某点的剪应力达到土的抗剪强度　　D. 在最大剪应力作用面上发生剪切破坏

6.2 若代表土中某点应力状态的莫尔应力圆与抗剪强度包线相切,则表明土中该点( )。

A. 任一平面上的剪应力都小于土的抗剪强度

B. 某一平面上的剪应力超过了土的抗剪强度

C. 在相切点所代表的平面上,剪应力正好等于抗剪强度

D. 在最大剪应力作用面上,剪应力正好等于抗剪强度

6.3 土中一点发生剪切破坏时,破裂面与小主应力作用方向的夹角为( )。

A. $45°+\varphi/2$　　B. $45°-\varphi/2$　　C. $45°$　　D. $45°+\varphi$

6.4 饱和软黏土的不排水抗剪强度等于其无侧限抗压强度的( )倍。

A. 2　　B. 1　　C. 0.5　　D. 0.25

6.5 软黏土的灵敏度可用( )测定。

A. 直接剪切试验　B. 室内压缩试验　C. 标准贯入试验　D. 无侧限抗压强度试验

6.6 ( )是在现场原位进行的。

A. 直接剪切试验　　B. 三轴压缩试验

C. 无侧限抗压强度试验　　D. 十字板剪切试验

6.7 三轴压缩试验的优点之一是( )。

A. 能严格地控制排水条件　　B. 能进行不固结不排水剪切试验

C. 仪器设备简单　　D. 试验操作简单

6.8 无侧限抗压强度试验属于( )。

A. 不固结不排水剪　　B. 固结不排水剪

C. 固结排水剪　　D. 固结快剪

6.9 十字板剪切试验属于( )。

A. 不固结不排水剪　　B. 固结不排水剪

C. 固结排水剪
D. 慢剪

6.10 十字板剪切试验常用于现场测定(　　)的原位不排水抗剪强度。

A. 砂土
B. 粉土
C. 黏性土
D. 饱和软黏土

6.11 当施工进度快、地基土的透水性低且排水条件不良时，宜选择(　　)。

A. 不固结不排水剪
B. 固结不排水剪
C. 固结排水剪
D. 慢剪

6.12 饱和黏性土的抗剪强度指标(　　)。

A. 与排水条件有关
B. 与基础宽度有关
C. 与试验时的剪切速率无关
D. 与土中孔隙水压力是否变化无关

6.13 地基临塑荷载(　　)。

A. 与基础埋深无关
B. 与基础宽度无关
C. 与地下水位无关
D. 与地基土软硬无关

6.14 地基临界荷载(　　)。

A. 与基础埋深无关
B. 与基础宽度无关
C. 与地下水位无关
D. 与地基土排水条件有关

计算题

6.1 某土样进行直剪试验，在法向压力为100、200、300、400 (kPa) 时，测得抗剪强度 τ_f 分别为52、83、115、145 (kPa)，试求：(1) 确定土样的抗剪强度指标 c 和 φ；(2) 如果在土中的某一平面上作用的法向应力为260kPa，剪应力为92kPa，该平面是否会剪切破坏？

6.2 已知地基土的抗剪强度指标 $c=17$kPa，$\varphi=24°$，试问：当地基中某点的小主应力 $\sigma_3=220$kPa，而大主应力 σ_1 为多少时该点刚好发生剪切破坏？

6.3 一饱和黏性土试样在三轴仪中进行固结不排水剪切试验，施加周围压力 $\sigma_3=100$kPa，试样破坏时的主应力差 $\sigma_1-\sigma_3=150$kPa。试求：

(1) 最大剪应力 τ_{max} 及最大剪应力作用面与大主应力面的夹角 α；

(2) 破裂面与水平面的夹角 (设内摩擦角 $\varphi=22°$)；

(3) 破裂面上的正应力和剪应力。

6.4 从某土层中取出两个相同的试样进行直接剪切试验。试验时压应力 σ 分别取100kPa和300kPa，测得相应的抗剪强度 τ_f 分别为50kPa和150kPa。试在 τ_f-σ 坐标上画出抗剪强度包线并标出 c、φ 的大小。问该土是黏性土还是无黏性土？

6.5 已知地基中某点的大主应力 $\sigma_1=500$kPa，小主应力 $\sigma_3=240$kPa，土的抗剪强度指标 $c=14$kPa，$\varphi=32°$，问该点是否会发生剪切破坏？

6.6 某饱和黏性土由无侧限抗压强度试验测得不排水抗剪强度 $c_u=60$kPa，如果对同一土样进行三轴不固结不排水试验，施加周围压力 $\sigma_3=320$kPa，问试件将在多大的轴向压力作用下发生破坏？破裂面与大主应力面的夹角为多少？

6.7 对某砂土试样作固结排水剪试验，测得试样破坏时的主应力差 $\sigma_1-\sigma_3=200$kPa，

围压 $\sigma_3=100\text{kPa}$，试求该砂土的抗剪强度指标 c 和 φ。

6.8　已知某条形基础 $b=10.0\text{m}$，基础埋深 $d=2.0\text{m}$，地基的天然重度 $\gamma=16.5\text{kN/m}^3$，黏聚力 $c=15\text{kPa}$，内摩擦角 $\varphi=16°$，试计算（1）地基的临塑荷载 p_{cr} 和临界荷载 $p_{1/4}$；（2）如地下水位在基础底面处（且 $\gamma'=8.7\text{kN/m}^3$），求此时地基的临塑荷载 p_{cr} 和临界荷载 $p_{1/4}$。

6.9　已知某条形基础 $b=2.25\text{m}$，基础埋深 $d=1.5\text{m}$，地基的天然重度 $\gamma=18.5\text{kN/m}^3$，黏聚力 $c=0\text{kPa}$，内摩擦角 $\varphi=30°$，试用太沙基公式计算地基的极限荷载。

第7章 土压力和土坡稳定性

Chapter 07

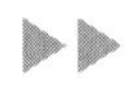

内容提要

本章的主要内容有：土压力的概念，静止土压力计算，朗肯主动土压力和被动土压力计算，库仑主动土压力和被动土压力计算，重力式挡土墙设计，土坡稳定性分析介绍。

基本要求

了解挡土墙和土压力的关系；熟悉朗肯和库仑土压力的计算原理；掌握静止土压力、主动土压力和被动土压力计算，掌握重力式挡土墙的设计，了解土坡稳定性分析方法。

7.1 挡土墙上的土压力

挡土墙是防止土体坍塌的构筑物，广泛应用于房屋建筑、水利以及道路和桥梁工程。例如，平整场地时填方区使用的挡土墙、房屋地下室的外墙、桥台以及支撑基坑或土坡的板桩墙等，均起到支挡土体侧向移动的作用，保证结构物或土体的稳定性。此外，散料仓库、筒仓等亦可按挡土墙的理论进行分析计算，几种常见的挡土墙如图 7-1 所示。

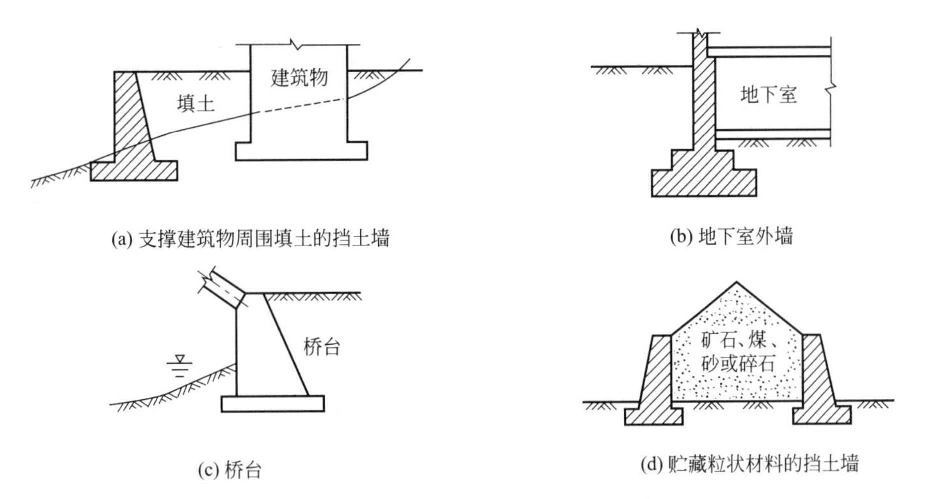

图 7-1　几种常见的挡土墙在工程中的应用

7.1.1　土压力的概念

土压力是指挡土墙后的填土因自重或外荷载作用对墙背产生的侧向压力。在实验室通过挡土墙的模型试验，可以测定挡土墙产生不同方向的位移时作用于墙背上不同性质的土压

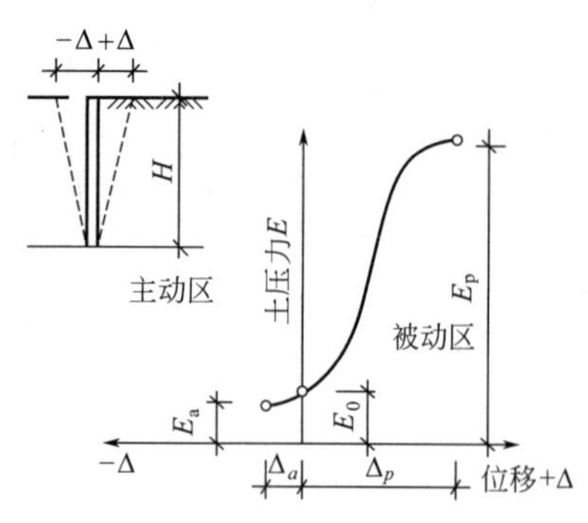

图 7-2　土压力与挡土墙位移的关系

力。在一个长方形的模型槽中部插上一块刚性挡板，在板的一侧安装压力盒，填满土。板的另一侧临空。在挡板不动时，测得板上的土压力为 E_0。如将挡板向离开填土的临空侧移动或转动时，测得土压力数值随位移的增大而减小，极限值为 E_a。反之，如将挡板向填土一方移动或转动时，测得土压力数值随位移的增大而增大，极限值为 E_p。土压力随挡土墙位移而变化的情况，如图 7-2 所示。

7.1.2　土压力的类型

一般而言，土压力的大小及其分布规律同挡土结构物的侧向位移的方向、大小、土的性质、挡土结构物的高度等因素有关。根据挡土结构物侧向位移方向和大小可分为静止土压力、主动土压力和被动土压力三种类型，如图 7-3 所示。

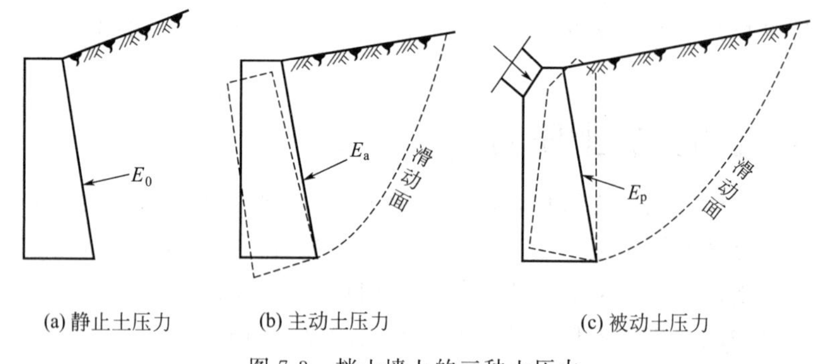

图 7-3　挡土墙上的三种土压力

① 静止土压力。如图 7-3(a) 所示，若刚性的挡土墙保持原来位置静止不动，则作用在挡土墙背上的土压力称为静止土压力。作用在每延米挡土墙上静止土压力的合力用 E_0（单位：kN/m）表示，静止土压力强度用 p_0（单位：kPa）表示。

② 主动土压力。如图 7-3(b) 所示，若挡土墙在墙后填土压力作用下，背离填土方向移动，这时作用在墙背上的土压力将由静止土压力逐渐减小，当墙后土体达到极限平衡状态，并出现连续滑动面而使土体下滑时，土压力减到最小值，称为主动土压力。主动土压力的合力和强度分别用 E_a（单位：kN/m）和 p_a（单位：kPa）表示。

③ 被动土压力。如图 7-3(c) 所示，若挡土墙在外力作用下，向填土方向移动，这时作用在墙背上的土压力将由静止土压力逐渐增大，一直到土体达到极限平衡状态，并出现连续滑动面，墙后土体将向上挤出隆起，这时土压力增至最大值，称为被动土压力。被动土压力合力和强度分别用 E_p（单位：kN/m）和 p_p（单位：kPa）表示。

7.1.3　三种土压力的关系

由土压力的分类定义可见，在挡土墙高度和填土条件相同的条件下，主动土压力最小，被动土压力最大，静止土应力居中，即 $E_a<E_0<E_p$。

试验表明：挡土墙所受土压力的大小随位移量而变化，并不是一个常数。当墙体离开填土移动时，位移量很小，即发生主动土压力。该位移量对砂土约 0.001H（H 为墙高），对黏性土约 0.004H。当墙体从静止位置被外力推向土体时，只有当位移量大到相当值以后，才达到稳定的被动土压力值 E_p，该位移量对砂土约需 0.05H，黏性土约需 0.1H。

主动土压力和被动土压力都是特定条件下的土压力，仅当挡土墙有足够大的位移或转动时才能产生。而且，当墙和填土都相同时，产生被动土压力所需位移比产生主动土压力所需位移要大得多。

7.2 静止土压力

7.2.1 静止土压力计算

作用在挡土结构背面的静止土压力可视为天然土层自重应力的水平分量。如图 7-4 所示，在墙后填土体中任意深度 z 处取一微小单元体，作用于单元体水平面上的应力为 γz，则该点的静止土压力，即侧压力强度由式（4-2）可得

$$p_0=K_0\sigma_{cz}=K_0\gamma z \tag{7-1}$$

式中 K_0——土的侧压力系数，即静止土压力系数；

γ——墙后填土重度，kN/m^3；

z——计算点在填土面下的深度，m。

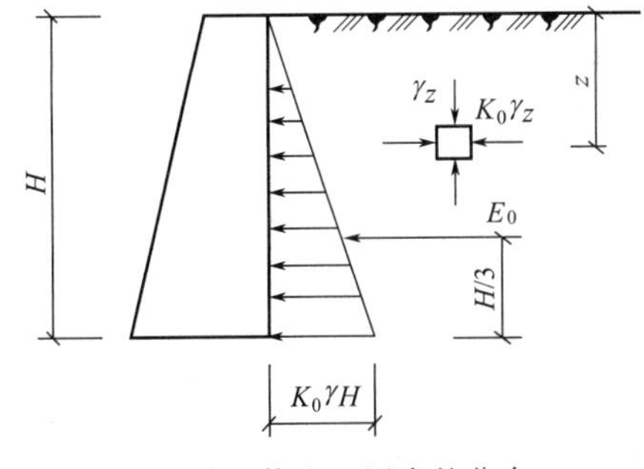

图 7-4 静止土压力的分布

静止土压力系数的确定方法有以下几种。

（1）试验测定

通过侧限条件下的试验测定静止土压力系数 K_0，一般认为这是最可靠的方法。

（2）经验公式计算

有学者给出了由土的有效内摩擦角 φ' 计算的经验公式，即 $K_0=1-\sin\varphi'$。该式计算的 K_0 值，与砂土的试验结果吻合较好，对黏性土会有一定误差，对饱和软黏土更应慎重采用。

（3）由经验值酌定

当无实测数据和有效内摩擦角时，静止土压力系数 K_0 可根据土的类型和物理状态，按表 7-1 给出的经验值酌情确定。然而，静止土压力系数随土体密实度、固结程度的增加而增加，当土层处于超压密状时，K_0 值的增大尤为显著。这种情况下尤其是要力求通过试验测定静止土压力系数，以得到更准确的静止土压力值。

表 7-1 静止土压力系数 K_0 的经验值

土类	坚硬土	硬-可塑黏性土、粉质黏土、砂土	可-软塑黏性土	软塑黏性土	流塑黏性土
K_0	0.2～0.4	0.4～0.5	0.5～0.6	0.6～0.75	0.75～0.8

由式（7-1）可知，静止土压力沿墙高为三角形分布，如图 7-4 所示，如果取单位墙长计算，则作用在墙上的静止土压力为三角形分布图形的面积

$$E_0=\frac{1}{2}\gamma H^2K_0 \tag{7-2}$$

式中 E_0——单位墙长的静止土压力，kN/m；

H——挡土墙高度，m。

E_0 的作用线通过三角形的形心，作用点在墙背距墙底 $H/3$ 处。

7.2.2 静止土压力的应用

静止土压力在工程中的应用主要包括以下几种情况。

① 地下室外墙。通常地下室外墙，都有内隔墙支挡，外墙位移与转角为零，按静止土压力计算。

② 岩基上的挡土墙。挡土墙与岩石地基牢固联结，墙不可能位移与转动，按静止土压力计算无疑。

③ 拱座。拱座不允许产生位移，故亦按静止土压力计算。

此外，水闸、船闸的边墙，因与闸底板连成整体，边墙位移可忽略不计，也都按静止土压力计算。

【例 7-1】 某工程在岩基上修建挡土墙，墙高 $H=6.0\text{m}$，墙后填土为中砂，$\gamma=18.5\text{kN/m}^3$，有效内摩擦角 $\varphi'=30°$。试计算作用在挡土墙上的土压力。

【解】

因挡土墙位于岩基上，故按静止土压力公式计算：

$$E_0=\frac{1}{2}\gamma H^2 K_0=\frac{1}{2}\times 18.5\times 6^2\times(1-\sin 30°)=166.5\text{kN/m}$$

若静止土压力系数 K_0 取经验值（表 7-1）的平均值，$K_0=0.45$，则静止土压力：

$$E_0=\frac{1}{2}\gamma H^2 K_0=\frac{1}{2}\times 18.5\times 6^2\times 0.45=149.9\text{kN/m}$$

总静止土压力作用点距墙底 $H/3=2\text{m}$。

7.3 朗肯土压力理论

朗肯土压力理论是土压力计算中著名的古典理论之一，由英国学者朗肯（Rankine）于 1857 年在研究了半无限土体在自重作用下处于极限平衡状态时的应力条件后，推导得出的。

7.3.1 朗肯理论的基本假定

朗肯理论的基本假设为：

① 墙自身是刚性的，不考虑墙身的变形；

② 墙后填土表面水平；

③ 墙背竖直、光滑。

图 7-5（a）所示为一表面水平的均质弹性半无限土体，即垂直向下和沿水平方向都为无限伸展。由于土体内每一竖直面都是对称面，因此地面以下 z 深度处 M 点在自重作用下垂直截面和水平截面上的剪应力为零。该点处于弹性平衡状态，其应力状态为 $\sigma_z=\gamma z$、$\sigma_x=K_0\gamma z$，且它们均为主应力。以 $\sigma_1=\sigma_z$、$\sigma_3=\sigma_x$ 作莫尔应力圆，如图 7-5(d) 中应力圆Ⅰ所示。应力圆位于抗剪强度线下方，该点处于弹性平衡状态。若有一光滑的垂直平面 AB 通过 M 点，则 AB 面与土间既无摩擦力又无位移，因而它不影响土中原有的应力状态。

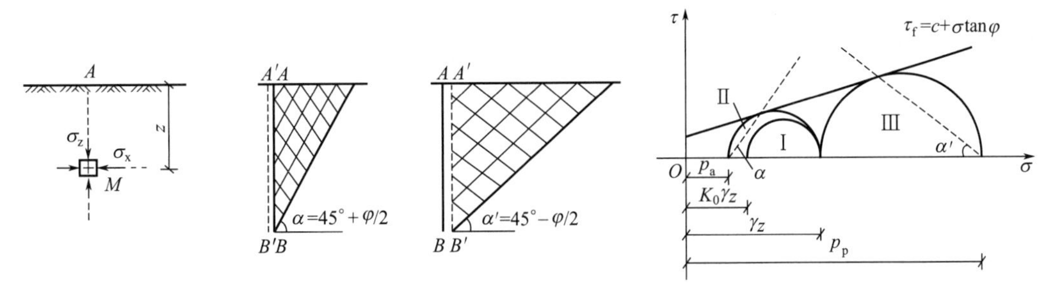

(a) 半空间土体中一点的应力 (b) 主动朗肯状态 (c) 被动朗肯状态 (d) 莫尔应力圆与朗肯状态关系

图 7-5 半空间土体的极限平衡状态

如果用墙背垂直且光滑的刚性挡土墙代替 AB 平面［图 7-5（b）］的左半部分土体，且使挡土墙离开土体向左方移动，则右半部分土体有伸张的趋势。此时，竖向应力 σ_z 不变，墙背的法向应力 σ_x 减小。因为墙背光滑且无剪应力作用，则 σ_z 和 σ_x 仍为大小主应力。当挡土墙的位移使得 σ_x 减小到土体已达到极限平衡状态时，则 σ_x 减小到最低限值 p_a，即为所求的朗肯主动土压力强度。此时 σ_z 和 σ_x 的应力圆为莫尔破裂圆，与抗剪强度线相切［图 7-5（d）中的圆Ⅱ］。土体继续伸张，形成一系列滑裂面［图 7-5（b）］。滑裂面的方向与大主应力作用面（即水平面）的夹角为 $\alpha=45°+\varphi/2$。滑动土体此时的应力状态称为主动朗肯状态。

如果代替 AB 面的挡土墙向右移动挤压土体，则竖向应力 σ_z 仍不变，墙背的法向应力 σ_x 逐渐增大，直至超过 σ_z 值。因而 σ_x 变为大主应力，σ_z 变为小主应力。当挡土墙上的法向应力 σ_x 增大到土体达极限平衡状态时，应力圆与抗剪强度线相切［图 7-5（d）中的圆Ⅲ］，土体中形成一系列滑裂面［图 7-5（c）］，滑裂面与水平面的夹角为 $\alpha'=45°-\varphi/2$。此时滑动土体的应力状态称为被动朗肯状态。墙面上的法向应力达到最大限值 p_p，此即为朗肯被动土压力强度。

7.3.2 朗肯主动土压力计算

当墙后填土达到主动极限平衡状态时，作用于任意深度 z 处土单元上的竖直应力 $\sigma_z=\gamma z$ 就是大主应力 σ_1，而作用于墙背的水平向土压力强度 p_a 就是小主应力 σ_3，因此利用极限平衡条件下 σ_1 与 σ_3 的关系，即可求出主动土压力强度 p_a。

7.3.2.1 无黏性土的主动土压力

将 $\sigma_1=\gamma z$，$\sigma_3=p_a$ 代入无黏性土的极限平衡条件公式（6-20），可得：

$$p_a=\gamma z\tan^2(45°-\varphi/2)=\gamma zK_a \tag{7-3}$$

式中，$K_a=\tan^2(45°-\varphi/2)$，称为朗肯主动土压力系数。

如图 7-6（b）所示，p_a 沿墙高呈三角形分布，方向垂直于墙背。若墙高为 H，则作用于单位墙长度上的总土压力 E_a 为：

$$E_a=\frac{1}{2}\times H\times\gamma HK_a=\frac{1}{2}\gamma H^2K_a \tag{7-4}$$

作用点距墙底 $H/3$ 处。

7.3.2.2 黏性土的主动土压力

将 $\sigma_1=\gamma z$，$\sigma_3=p_a$ 代入黏性土的极限平衡条件公式（6-18），得：

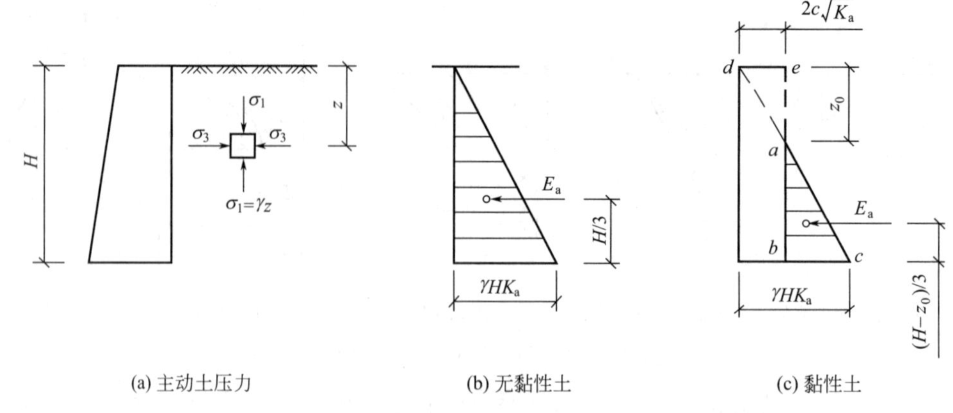

(a) 主动土压力　　(b) 无黏性土　　(c) 黏性土

图 7-6　朗肯主动土压力分布图

$$p_a=\gamma z\tan^2(45°-\varphi/2)-2c\tan(45°-\varphi/2)=\gamma zK_a-2c\sqrt{K_a} \tag{7-5}$$

上式说明黏性土的朗肯主动土压力由两部分组成：一部分是由自重引起的土压力 γzK_a，另一部分由黏聚力 c 引起的负土压力 $-2c\sqrt{K_a}$。这两者叠加的结果如图 7-6（c）所示，其中 ade 部分是负值，即对墙产生拉应力，但实际上墙与土在很小的拉力作用下就会分离，出现了 z_0 深度的裂缝。因此在计算土压力时，z_0 以上部分墙背不受力，黏性土的主动土压力分布为三角形 abc 部分。这样作用于单位墙长度上的总土压力 E_a 为：

$$\begin{aligned}E_a&=\frac{1}{2}\times(H-z_0)\times(\gamma HK_a-2c\sqrt{K_a})\\&=\frac{1}{2}\gamma H^2K_a-2cH\sqrt{K_a}+\frac{2c^2}{\gamma}\end{aligned} \tag{7-6}$$

作用点距墙底 $(H-z_0)/3$ 处，方向垂直于墙背。

z_0 称为临界深度，由主动土压力分布为零的条件求得。当 $z=z_0$ 时 $p_a=0$，即 $\gamma z_0K_a-2c\sqrt{K_a}=0$，所以

$$z_0=\frac{2c}{\gamma\sqrt{K_a}} \tag{7-7}$$

在临界深度范围内，挡土墙上主动土压力为零，说明该范围内的土体不必用墙挡住，直立边坡不会垮塌，基坑开挖无需支护。

【例 7-2】 有一高 6m 的挡土墙，墙背竖直光滑、填土表面水平。填土的物理力学性质指标为：$c=15\text{kPa}$，$\varphi=25°$，$\gamma=18\text{kN/m}^3$。试求主动土压力及作用点位置，并绘出主动土压力分布图。

【解】

（1）总主动土压力

$$K_a=\tan^2(45°-\varphi/2)=\tan^2(45°-25°/2)=0.4059$$

$$E_a=\frac{1}{2}\gamma H^2K_a-2cH\sqrt{K_a}+\frac{2c^2}{\gamma}$$

$$=\frac{1}{2}\times18\times6^2\times0.4059-2\times15\times6\times\sqrt{0.4059}+\frac{2\times15^2}{18}=41.8\text{kN/m}$$

（2）临界深度 z_0

$$z_0=\frac{2c}{\gamma\sqrt{K_a}}=\frac{2\times15}{18\times\sqrt{0.4059}}=2.62\text{m}$$

(3) 主动土压力 E_a 作用点距墙底的距离

$$(H-z_0)/3=(6-2.62)/3=1.13\text{m}$$

(4) 在墙底处的主动土压力强度

$$p_a=\gamma HK_a-2c\sqrt{K_a}=18\times6\times0.4059-2\times15\times\sqrt{0.4059}=24.7\text{kPa}$$

(5) 主动土压力分布图

主动土压力分布曲线如图 7-7 所示。

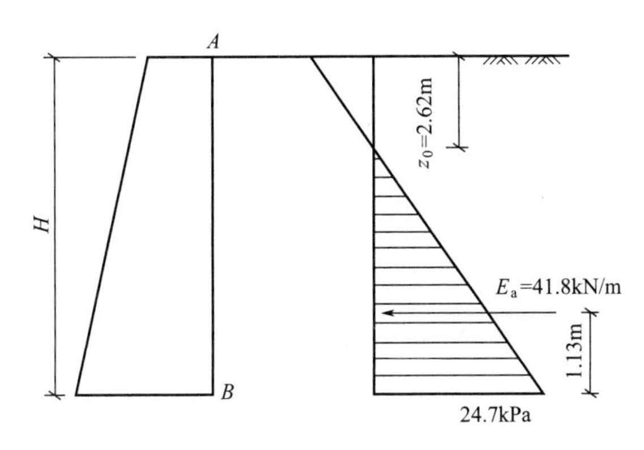

图 7-7 例 7-2 图

7.3.3 朗肯被动土压力计算

在被动朗肯状态下，竖向应力为小主应力，即 $\sigma_3=\gamma z$ 是已知量；而作用在墙背上的水平向土压力 p_p（被动土压力）则为大主应力，即 $\sigma_1=p_p$ 则是待求量，利用土的极限平衡条件被动土压力 p_p。

7.3.3.1 无黏性土的被动土压力

将 $\sigma_3=\gamma z$，$\sigma_1=p_p$ 代入无黏性土的极限平衡条件公式（6-19），可得：

$$p_p=\gamma z\tan^2(45°+\varphi/2)=\gamma zK_p \tag{7-8}$$

式中，$K_p=\tan^2(45°+\varphi/2)$，称为朗肯被动土压力系数。

如图 7-8（b）所示，p_p 沿墙高呈三角形分布，方向垂直于墙背。若墙高为 H，则作用于单位墙长度上的总土压力 E_p 为三角形的面积，即：

$$E_p=\frac{1}{2}\gamma H^2K_p \tag{7-9}$$

作用点距墙底 $H/3$ 处。

7.3.3.2 黏性土的被动土压力

将 $\sigma_3=\gamma z$，$\sigma_1=p_p$ 代入黏性土的极限平衡条件公式（6-17），得：

$$p_p=\gamma zK_p+2c\sqrt{K_p} \tag{7-10}$$

黏性土的朗肯被动土压力沿墙高呈梯形分布，如图 7-8（c）所示。作用于单位墙长度上的总土压力 E_p 为梯形的面积，即：

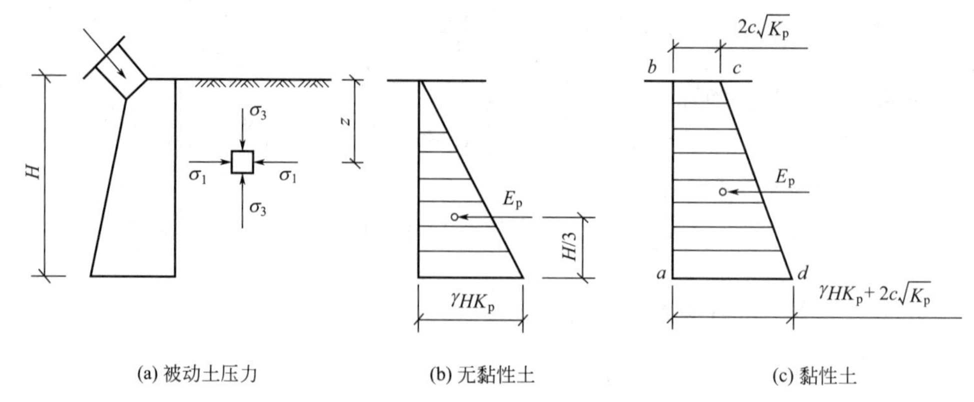

(a) 被动土压力　(b) 无黏性土　(c) 黏性土

图 7-8　朗肯被动土压力分布图

$$E_p = \frac{1}{2}\gamma H^2 K_p + 2cH\sqrt{K_p} \tag{7-11}$$

其作用线通过梯形压力分布图的形心。

【例 7-3】 有一重力式挡土墙高 5m，墙背垂直光滑，墙后填土水平。填土的物理力学性质指标为 $c=0$，$\varphi=40°$，$\gamma=18\text{kN/m}^3$。试分别求出作用于墙背上的静止、主动及被动土压力的大小和分布。

【解】

填土为无黏性土，静止、主动及被动土压力沿墙高均为三角形分布。近似取 $\varphi'\approx\varphi$。

(1) 计算土压力系数

静止土压力系数　$K_0 = 1-\sin\varphi' = 1-\sin\varphi = 1-\sin40° = 0.357$

主动土压力系数　$K_a = \tan^2(45°-\varphi/2) = \tan^2(45°-20°) = 0.217$

被动土压力系数　$K_p = \tan^2(45°+\varphi/2) = \tan^2(45°+20°) = 4.60$

(2) 计算墙底处土压力强度

静止土压力　$p_0 = \gamma HK_0 = 18\times5\times0.357 = 32.13\text{kPa}$

主动土压力　$p_a = \gamma HK_a = 18\times5\times0.217 = 19.53\text{kPa}$

被动土压力　$p_p = \gamma HK_p = 18\times5\times4.60 = 414\text{kPa}$

(3) 计算单位墙长度上的总土压力

总静止土压力　$E_0 = \frac{1}{2}\gamma H^2 K_0 = \frac{1}{2}\times18\times5^2\times0.357 = 80.3\text{kN/m}$

总主动土压力　$E_a = \frac{1}{2}\gamma H^2 K_a = \frac{1}{2}\times18\times5^2\times0.217 = 48.8\text{kN/m}$

总被动土压力　$E_p = \frac{1}{2}\gamma H^2 K_p = \frac{1}{2}\times18\times5^2\times4.60 = 1035\text{kN/m}$

三者比较可以看出 $E_a < E_0 < E_p$。

(4) 土压力分布图

土压力沿墙高按三角形分布，如图 7-9 所示。总土压力作用点距墙底 $H/3=5/3=1.67\text{m}$。

7.3.4　常见情况下的土压力计算

实际工程中，可能会遇到墙后填土表面有均布荷载、分层填土以及填土中存在地下水等

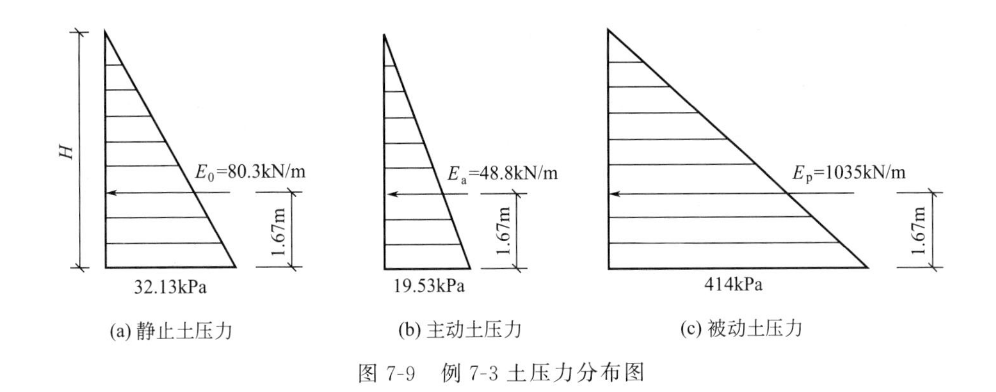

(a) 静止土压力　(b) 主动土压力　(c) 被动土压力

图 7-9　例 7-3 土压力分布图

情况，仅以无黏性土为例，介绍利用朗肯土压力公式来计算其主动土压力的方法。

7.3.4.1　填土表面有连续均布荷载

当挡土墙后填土表面有连续均布荷载 q 作用时，一般可将均布荷载换算成地表以上的当量土重，即用假想的土重代替均布荷载。当填土面水平时，当量的土层厚度 $h=q/\gamma$，再以 $H+h$ 为墙高，按填土面上无荷载的情况计算土压力，如图 7-10 所示。如填土为无黏性土时，则墙背上的主动土压力为

$$p_a=\gamma(h+z)K_a=qK_a+\gamma zK_a \tag{7-12}$$

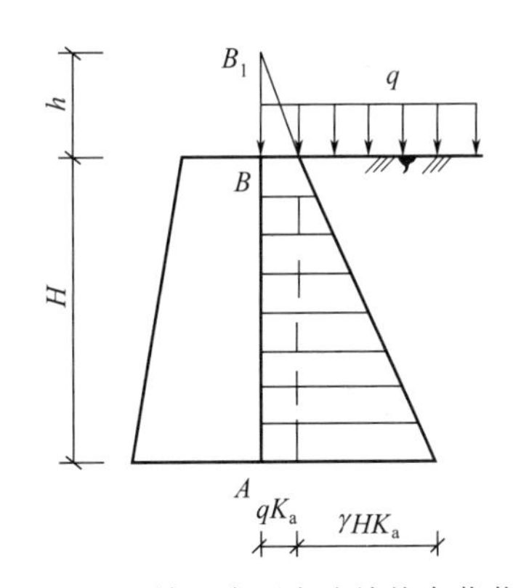

图 7-10　填土表面有连续均布荷载

考虑均布荷载作用后主动土压力沿墙高按梯形分布，墙顶为 qK_a，墙底为 $qK_a+\gamma HK_a$，如图 7-10 所示。主动土压力的合力为梯形的面积

$$E_a=qHK_a+\frac{1}{2}\gamma H^2K_a \tag{7-13}$$

土压力作用点的高度与梯形的形心高度相同。

由此可知，当填土面有均布荷载时，其主动土压力强度比在无荷载情况时增加一项 qK_a；对于黏性土情况也是一样。对于被动土压力而言，其压力强度仅比无荷载情况时增加一项 qK_p 而已。

7.3.4.2　填土表面有局部均布荷载

当填土表面承受局部均布荷载时，荷载对墙背的主动土压力强度附加值仍为 qK_a，但其分布范围难于从理论上严格确定。通常可采用近似方法处理，即从局部均布荷载的两端点 m 和 n 各做一条直线，其与水平表面成 $45°+\varphi/2$ 角，与墙背相交于 B、C 两点，则墙背 BC 段范围内受到 qK_a 的作用，故作用于墙背的主动土压力分布如图 7-11 所示。

7.3.4.3　挡土墙后分层填土

如图 7-12 所示为填土分层的情况。当墙后填土为几种不同种类的水平土层时，第一层土压力计算方法不变。计算第二层土压力时，将第一层土重作为均布荷载作用于第二层顶面，于是就有：

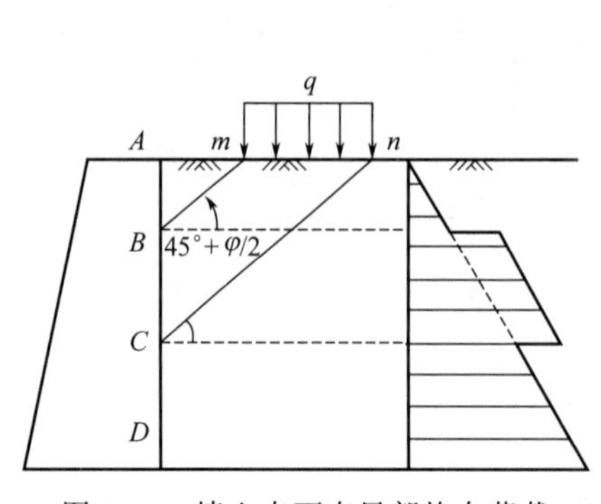

图 7-11 填土表面有局部均布荷载

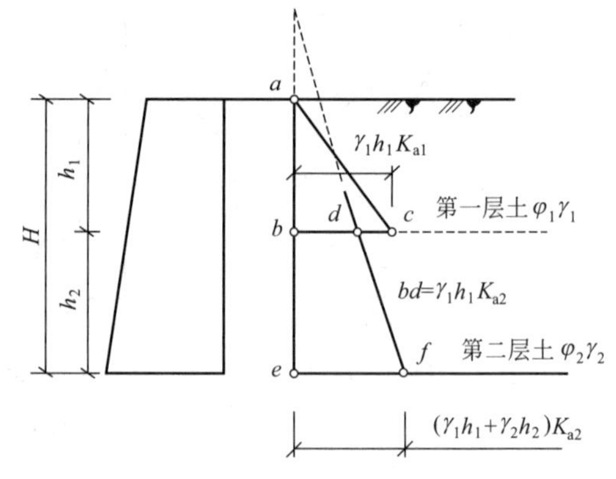

图 7-12 挡土墙后分层填土

第一层填土顶部土压力强度 $p_{a0}=0$，底部土压力强度 $p_{a1}=\gamma_1 h_1 K_{a1}$。

对于二层填土，顶部土压力强度 $p_{a1}=\gamma_1 h_1 K_{a2}$，底部土压力强度 $p_{a2}=(\gamma_1 h_1+\gamma_2 h_2)K_{a2}$。

如果存在第三层，则将第一、二层土重作为均布荷载作用于第三层顶面，其顶部土压力强度 $p_{a2}=(\gamma_1 h_1+\gamma_2 h_2)K_{a3}$，底部土压力强度 $p_{a3}=(\gamma_1 h_1+\gamma_2 h_2+\gamma_3 h_3)K_{a3}$。

需要注意是，由于土的物理力学性质指标不同，各层土的主动土压力系数不相同，因此在两土层交界处土压力大小不同，土压力分布曲线发生突变。

7.3.4.4 填土中有地下水

墙后填土常会部分或全部处于地下水位以下，由于渗水或排水不畅会导致墙后填土含水量增加。工程上一般可忽略水对砂土抗剪强度指标的影响，但对黏性土，随着含水量的增加，抗剪强度指标明显降低，导致墙背土压力增大。因此，挡土墙应具有良好的排水措施，对于重要工程，计算时还应考虑适当降低抗剪强度指标值。此外，地下水位以下土的重度应该采用有效重度，并计入地下水对挡土墙产生的静水压力 $\gamma_w h_2$ 的影响，如图 7-13 所示。因此，作用在墙背上总的侧压力应为土压力和水压力之和。在图 7-13 中，$abdec$ 为土压力分布图，而 cef 为水压力分布图。

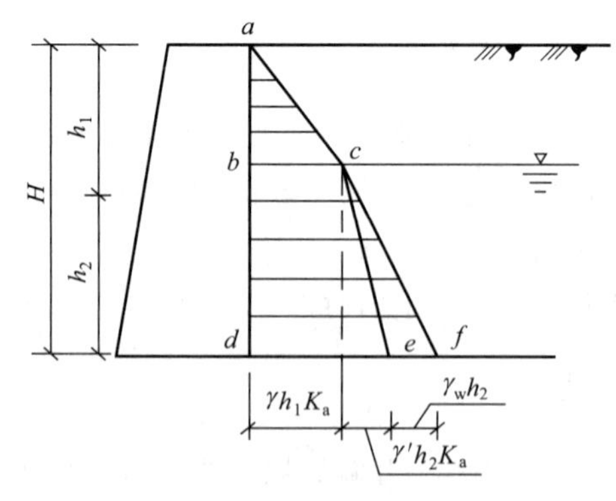

图 7-13 填土中有地下水

【例 7-4】 某挡土墙高 $H=6\text{m}$，墙后填土为砂土，土体的物理力学性质指标为：$\gamma=19\text{kN/m}^3$，$\varphi=34°$，墙背直立、光滑、土体表面水平并有均布荷载 $q=10\text{kPa}$，求挡土墙的主动土压力及其作用点位置，并绘出土压力分布图。

【解】

主动土压力系数

$$K_a=\tan^2(45°-\varphi/2)$$
$$=\tan^2(45°-34°/2)=0.283$$

填土面处的土压力强度为

$$p_{a0}=qK_a=10\times0.283=2.8\text{kPa}$$

墙底处的土压力强度为

$$p_{a1}=(q+\gamma H)K_a=(10+19\times6)\times0.283=35.1\text{kPa}$$

主动土压力分布如图7-14所示，合力大小为

$$E_a=(p_{a0}+p_{a1})H/2=(2.8+35.1)\times6/2=113.7\text{kN/m}$$

土压力作用点的位置距离墙底高度为

$$z_c=\frac{H}{3}\times\frac{2p_{a0}+p_{a1}}{p_{a0}+p_{a1}}=\frac{6}{3}\times\frac{2\times2.8+35.1}{2.8+35.1}=2.15\text{m}$$

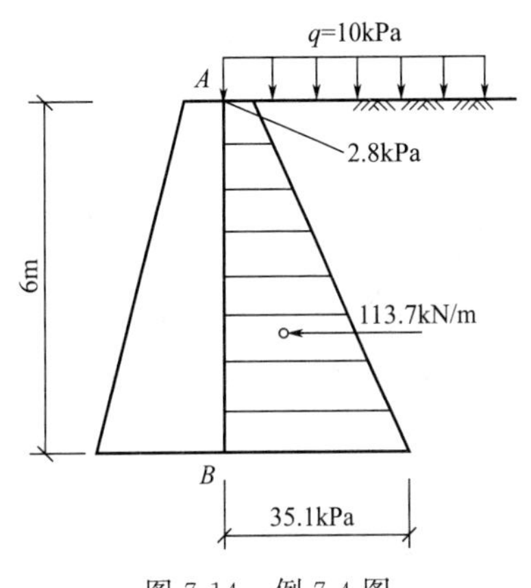

图7-14 例7-4图

【例7-5】 某混凝土挡土墙高 $H=6$m，墙背直立、光滑、填土表面水平。墙后填土分为两层，厚度分别为3m，各层土的物理力学性质指标为：第一层土 $\gamma_1=19\text{kN/m}^3$，$c_1=10$kPa，$\varphi_1=16°$；第二层土 $\gamma_2=17\text{kN/m}^3$，$c_2=0$，$\varphi_2=30°$。试绘出主动土压力分布图，并计算 E_a。

【解】

(1) 主动土压力系数

$$K_{a1}=\tan^2(45°-\varphi_1/2)=\tan^2(45°-16°/2)$$
$$=0.5678$$

$$K_{a2}=\tan^2(45°-\varphi_2/2)=\tan^2(45°-30°/2)=0.3333$$

(2) 主动土压力分布

第一层填土为黏性土，主动土压力三角形分布。临界深度为

$$z_0=\frac{2c_1}{\gamma_1\sqrt{K_{a1}}}=\frac{2\times10}{19\times\sqrt{0.5678}}$$
$$=1.4\text{m}$$

第一层底面的主动土压力强度为

$$p_{a1}=\gamma_1h_1K_{a1}-2c_1\sqrt{K_{a1}}$$
$$=19\times3\times0.5678-2\times10\times\sqrt{0.5678}=17.3\text{kPa}$$

第二层填土为无黏性土，主动土压力梯形分布。层顶面的主动土压力强度为

$$p_{a2}=\gamma_1h_1K_{a2}=19\times3\times0.3333$$
$$=19.0\text{kPa}$$

第二层底面的主动土压力强度为

$$p_{a3}=(\gamma_1h_1+\gamma_2h_2)K_{a2}$$
$$=(19\times3+17\times3)\times0.3333$$
$$=36.0\text{kPa}$$

主动土压力分布图形如图 7-15 所示。

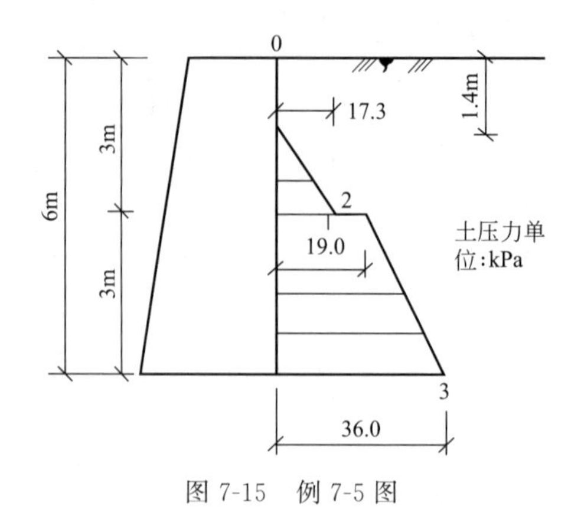

图 7-15 例 7-5 图

(3) 主动土压力的合力大小

$$E_a=17.3\times(3-1.4)/2+(19.0+36.0)\times3/2=96.3\text{kN/m}$$

7.4 库仑土压力理论

库仑土压力理论是 1776 年法国工程师 C. A. 库仑（Coulomb）根据墙后土体处于极限平衡状态并形成一个楔体滑动体时，从楔体的静力平衡条件得出的土压力计算理论。库仑土压力理论的基本假设为：

① 墙后填土是理想的散粒体（黏聚力 $c=0$）；

② 滑动破裂面为通过墙踵的平面。

库仑土压力理论适用于砂土或碎石填料的挡土墙设计，可考虑墙背倾斜、填土面倾斜以及墙背与填土间的摩擦等多种因素的影响。分析时，一般沿墙长度方向取 1m 考虑。

7.4.1 库仑主动土压力

如图 7-16 (a) 所示，当楔体 ABC 向下滑动，处于极限平衡状态时，作用在楔体 ABC 上的力有重力、滑动面上反力和墙背反力三项。

① 重力 G。重力 G 为土楔体 ABC 的自重，根据几何关系得：

$$G=A_{\triangle ABC}\gamma=\frac{1}{2}\overline{BC}\times\overline{AD}\times\gamma$$

在三角形 ABC 中，利用正弦定理可得：

$$\overline{BC}=\overline{AB}\frac{\sin(90°-\alpha+\beta)}{\sin(\theta-\beta)}$$

因为$\overline{AB}=H/\cos\alpha$，$\overline{AD}=\overline{AB}\cos(\theta-\alpha)=H\cos(\theta-\alpha)/\cos\alpha$，所以

$$G=\frac{1}{2}\overline{BC}\times\overline{AD}\times\gamma=\frac{\gamma H^2}{2}\frac{\cos(\alpha-\beta)\cos(\theta-\alpha)}{\cos^2\alpha\sin(\theta-\beta)}$$

② 滑动面上反力 R。R 为楔体滑动时破裂面 BC 上的法向反力与该面土体间的切向摩擦力的合力，作用于 BC 面上，与 BC 面法线的夹角等于土的内摩擦角 φ。当楔体下滑时，R 位于法线的下侧。

③ 墙背反力 E。反力 E 与墙背 AB 法线的夹角等于土与墙体材料间的外摩擦角 δ，该力与作用在墙背上的土压力大小相等，方向相反。当楔体下滑时，该力位于法线的下侧。

土楔体 ABC 在上述三力作用下处于静力平衡状态，因此构成一个闭合的力三角形，如图 7-16（b）所示。现已知三力的方向及 G 的大小，故可由正弦定理得：

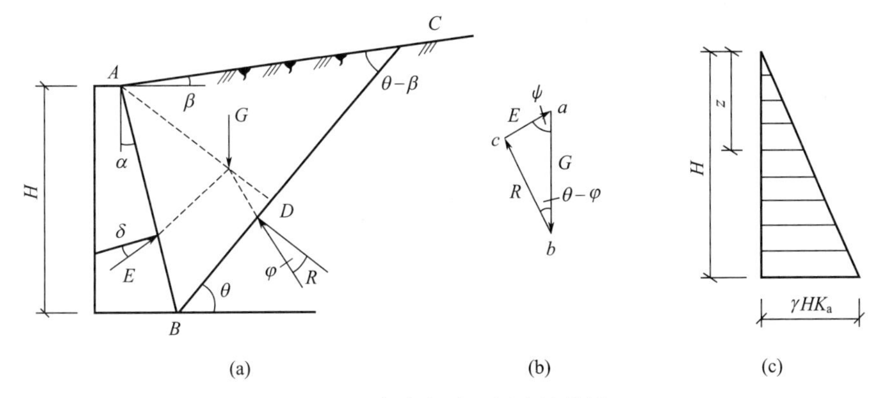

图 7-16 库仑主动土压力计算图

$$E=G\frac{\sin(\theta-\varphi)}{\sin\omega}=\frac{\gamma H^2}{2\cos^2\alpha}\frac{\cos(\alpha-\beta)\cos(\theta-\alpha)\sin(\theta-\varphi)}{\sin(\theta-\beta)\sin\omega} \tag{7-14}$$

式中，$\omega=\pi/2+\delta+\alpha+\varphi-\theta$。

在式（7-14）中，α、β、γ、φ 及 δ 都是已知的，而滑动面 BC 与水平面的夹角 θ 则是任意假定的。因此，选定不同的 θ 角，可得到一系列相应的土压力 E 值，即 E 是 θ 的函数。E 的最大值 $E_{\max}$，即为墙背的主动土压力，其对应的滑动面即是土楔最危险的滑动面。因此可用微分学中求极值的方法求得 E 的最大值，即由 $\frac{dE}{d\theta}=0$ 可解得使 E 为极大值时填土的破裂角 θ_{cr}，再将 θ_{cr} 代入式（7-14），经整理后可得库仑主动土压力的一般表达式为：

$$E_a=\frac{1}{2}\gamma H^2 K_a \tag{7-15}$$

库仑主动土压力系数为：

$$K_a=\frac{\cos^2(\varphi-\alpha)}{\cos^2\alpha\cos(\alpha+\delta)\left[1+\sqrt{\frac{\sin(\varphi+\delta)\sin(\varphi-\beta)}{\cos(\alpha+\delta)\cos(\alpha-\beta)}}\right]^2} \tag{7-16}$$

式中 α——墙背与竖直线的夹角，(°)，俯斜［图 7-16(a)］时取正号，仰斜时取负号；

β——墙后填土面的倾角，(°)；

δ——填土与墙背间的摩擦角，(°)。

当墙背竖直（$\alpha=0$）、光滑（$\delta=0$）、填土面水平（$\beta=0$）时，式（7-16）成为：

$$K_a=\tan^2(45°-\varphi/2)$$

在此条件下，库仑主动土压力公式和朗肯主动土压力公式完全相同。

沿墙高的主动土压力分布强度 p_a，可通过高度为 z 的主动土压力 E_a 对 z 取导数得到

$$p_a=\frac{dE_a}{dz}=\frac{d}{dz}\left(\frac{1}{2}\gamma z^2 K_a\right)=\gamma z K_a \tag{7-17}$$

由式（7-17）可见，主动土压力分布强度沿墙高呈三角形分布，如图 7-16（c）所示，土压力 E_a 的合力作用点离墙底 $H/3$，方向与墙背的法向成 δ 角斜向下（与水平面成 $\delta+\alpha$

角)。注意,图 7-16(c)中的土压力分布图只表示其数值大小,而不代表其作用方向。

【例 7-6】 挡土墙高 $H=4\text{m}$,墙背垂直、填土面水平,墙与填土摩擦角 $\delta=20°$,填土为中砂,其重度 $\gamma=18\text{kN/m}^3$、内摩擦角 $\varphi=30°$。试求挡土墙上的主动土压力。

【解】

因墙背不光滑,故不能采用朗肯土压力理论计算,可由库仑土压力公式(7-15)计算主动土压力。

已知 $\alpha=0°$、$\beta=0°$,$\delta=20°$,$\varphi=30°$,由式(7-16)计算库仑主动土压力系数:

$$K_a=\frac{\cos^2(\varphi-\alpha)}{\cos^2\alpha\cos(\alpha+\delta)\left[1+\sqrt{\dfrac{\sin(\varphi+\delta)\sin(\varphi-\beta)}{\cos(\alpha+\delta)\cos(\alpha-\beta)}}\right]^2}$$

$$=\frac{\cos^2 30°}{\cos^2 0°\times\cos20°\times\left[1+\sqrt{\dfrac{\sin50°\times\sin30°}{\cos20°\times\cos0°}}\right]^2}=0.297$$

由式(7-15)计算主动土压力大小

$$E_a=\frac{1}{2}\gamma H^2K_a=\frac{1}{2}\times18\times4^2\times0.297=42.8\text{kN/m}$$

土压力合力作用点距墙底 $H/3=4/3=1.33\text{m}$,作用线与墙背法线(水平线)的夹角为 $\delta=20°$。主动土压力的分布图形及合力作用点、方向,如图 7-17 所示。

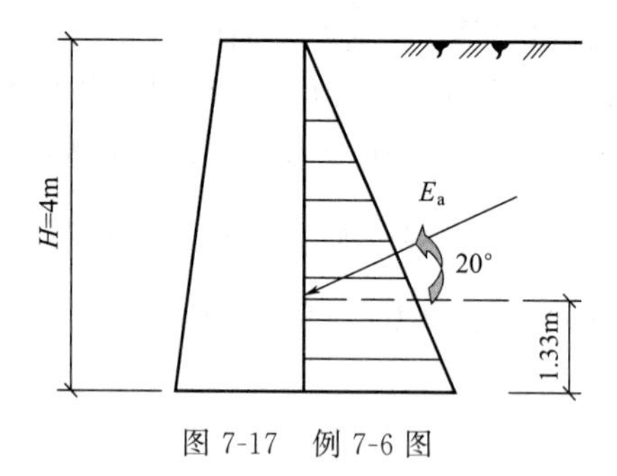

图 7-17 例 7-6 图

7.4.2 库仑被动土压力

如图 7-18(a)所示,当挡土墙在外力作用下挤压土体,楔体向上隆起而处于极限平衡状态时,同理可得作用在楔体上的力三角形[见图 7-18(b)]。此时由于楔体上隆,E 和 R 均位于法线的上侧。按求主动土压力相同的方法可以求得被动土压力 E_p 的库仑公式为

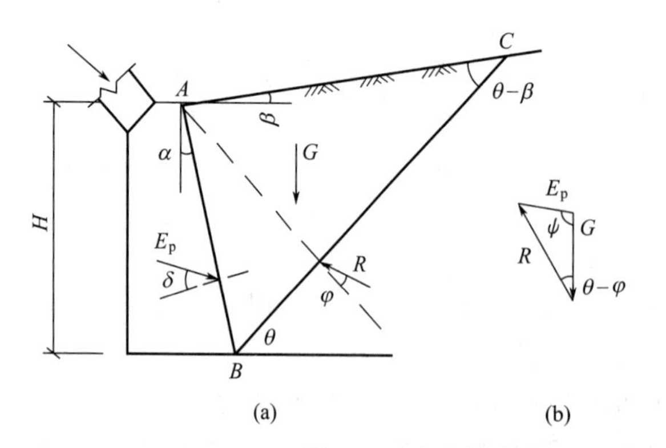

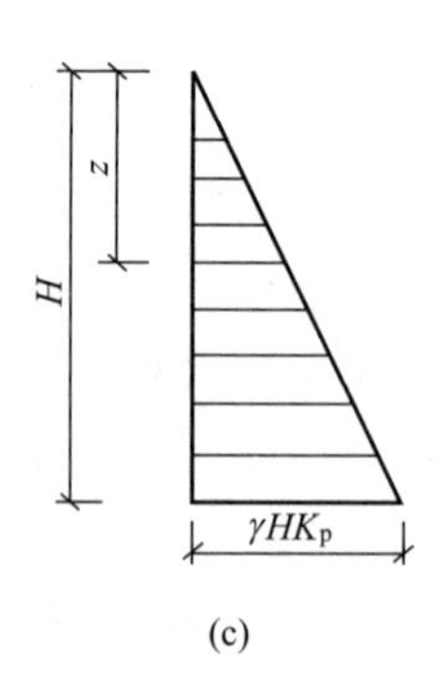

图 7-18 库仑被动土压力计算图

$$E_p=\frac{1}{2}\gamma H^2K_p \tag{7-18}$$

库仑被动土压力系数为

$$K_p=\frac{\cos^2(\varphi+\alpha)}{\cos^2\alpha\cos(\alpha-\delta)\left[1-\sqrt{\frac{\sin(\varphi+\delta)\sin(\varphi+\beta)}{\cos(\alpha-\delta)\cos(\alpha-\beta)}}\right]^2} \tag{7-19}$$

若墙背竖直（$\alpha=0$）、光滑（$\delta=0$）、填土面水平（$\beta=0$），式（7-19）成为：

$$K_p=\tan^2(45°+\varphi/2)$$

此时库仑被动土压力公式和朗肯被动土压力公式完全相同。

被动土压力强度 p_p 可按式（7-20）计算

$$p_p=\gamma z K_p \tag{7-20}$$

被动土压力强度沿墙高也呈三角形分布，如图 7-18（c）所示，其合力作用点在距离墙底 $H/3$ 处。墙背受力方向与墙背法线成 δ 角斜向上，与水平面成 δ-α 角。

7.4.3 非散体材料填土的库仑土压力

库仑土压力理论只能直接用于计算无黏性填土（$c=0$）的土压力。对于黏性土和粉土等非散体材料（$c\neq0$），为考虑黏聚力 c 对土压力的影响，可采用以下方法求解土压力。

7.4.3.1 等效内摩擦角法

所谓等效内摩擦角，就是将黏性土的黏聚力和内摩擦角折算成无黏性土的内摩擦角，一般用 φ_D 表示。利用等效内摩擦角，按库仑土压力理论计算挡土墙上的土压力。下面是工程中常采用的两种等效内摩擦角 φ_D 的确定方法。

（1）根据抗剪强度相等的概念计算

将黏性土等效为无黏性土，保证抗剪强度相等，即

$$\sigma\tan\varphi_D=c+\sigma\tan\varphi \tag{7-21}$$

或

$$\varphi_D=\arctan(\tan\varphi+c/\sigma) \tag{7-22}$$

在应用时，上式中的 σ 值可取相当于挡土墙高度 2/3 处的填土自重应力值。

（2）根据土压力相等的概念计算

为简化起见，假定墙背竖直、光滑，墙后填土与墙齐高，填土面水平。则墙后填土有黏聚力时的土压力计算公式为

$$E_{a1}=\frac{1}{2}\gamma H^2\tan^2(45°-\varphi/2)-2cH\tan(45°-\varphi/2)+\frac{2c^2}{\gamma}$$

如果按等效内摩擦角的概念（无黏性土的内摩擦角）计算，则有

$$E_{a2}=\frac{1}{2}\gamma H^2\tan^2(45°-\varphi_D/2)$$

令 $E_{a1}=E_{a2}$，整理后得到

$$\tan\left(45°-\frac{\varphi_D}{2}\right)=\tan\left(45°-\frac{\varphi}{2}\right)-\frac{2c}{\gamma H} \tag{7-23}$$

由式（7-23）即可解得等效内摩擦角 φ_D。需要指出的是，等效内摩擦角的概念只是一种简化的工程处理方法，其物理意义并不明确。

7.4.3.2 《规范》推荐公式法

对于填土为黏性土和粉土的挡土墙（图 7-19），《建筑地基基础设计规范》（GB 50007—2011）推荐的主动土压力计算公式为

$$E_a=\frac{1}{2}\psi_a\gamma H^2K_a \tag{7-24}$$

式中 ψ_a——主动土压力增大系数，挡土墙度高小于 5m 时宜取 1.0，高度 5～8m 时宜取 1.1，高度大于 8m 时宜取 1.2；

K_a——主动土压力系数。

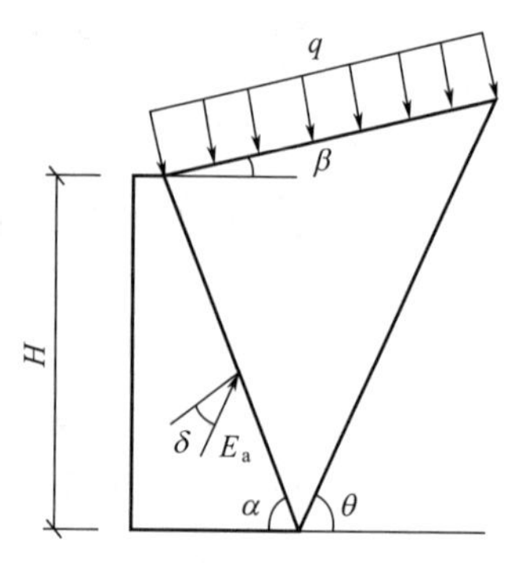

图 7-19 《规范》推荐公式计算简图

挡土墙在主动土压力作用下，其主动土压力系数应按下列公式计算：

$$K_a=\frac{\sin(\alpha+\beta)}{\sin^2\alpha\sin^2(\alpha+\beta-\varphi-\delta)}\{k_q[\sin(\alpha+\beta)\sin(\alpha-\delta)+\sin(\varphi+\delta)\sin(\varphi-\beta)]+2\eta\sin\alpha\cos\varphi\cos(\alpha+\beta-\varphi-\delta)-2[(k_q\sin(\alpha+\beta)\sin(\varphi-\beta)+\eta\sin\alpha\cos\varphi)(k_q\sin(\alpha-\delta)\sin(\varphi+\delta)+\eta\sin\alpha\cos\varphi)]^{1/2}\} \tag{7-25}$$

$$k_q=1+\frac{2q\sin\alpha\cos\beta}{\gamma H\sin(\alpha+\beta)} \tag{7-26}$$

$$\eta=\frac{2c}{\gamma H} \tag{7-27}$$

式中 q——地表均布荷载，kPa，以单位水平投影面积上的荷载强度计；

α——墙背与水平向的夹角，(°)。

主动土压力 E_a 作用点至墙底的距离 z_a 为

$$z_a=\frac{H}{3}\times\frac{\gamma H+3q}{\gamma H+2q} \tag{7-28}$$

7.5 重力式挡土墙设计

使岩土边坡保持稳定、控制位移、主要承受侧向荷载而建造的结构物，称为支挡结构或挡土墙（挡墙）。

7.5.1 挡土墙的类型

挡土墙可分为重力式挡土墙、悬臂式挡土墙、扶壁式挡土墙和岩石锚杆挡土墙等类型。

7.5.1.1 重力式挡土墙

依靠自身重量（重力）维持平衡、稳定的挡土墙，称为重力式挡土墙，如图 7-20 所示。重力式挡土墙一般由石料或混凝土等圬工材料砌筑而成，墙身截面较大。根据墙背倾斜方向不同，可将其分为仰斜、直立和俯斜三种形式。

重力式挡土墙因其结构简单，施工方便，能就地取材，故在土木工程中应用较广。因为

图 7-20 重力式挡土墙

在山区地盘比较狭窄，重力式挡土墙的基础宽度较大，影响土地的开发利用，对于高大的挡土墙，往往也是不经济的，所以重力式挡土墙宜用于高度小于 8m、地层稳定、开挖土石方时不会危及相邻建筑物安全的地段。

7.5.1.2 悬臂式挡土墙

悬臂式挡土墙一般由钢筋混凝土建造，墙的稳定主要依靠墙踵悬臂以上的土重来维持。墙体内设置钢筋承受拉应力，故墙身截面较小。悬臂式挡土墙适用于墙高大于 5m、地基土质较差、工地缺少石料等情况，多用于市政工程及贮料仓库。

悬臂式挡土墙是将挡土墙设计成悬臂梁形式（图 7-21），$b/H_1=1/2\sim2/3$，墙趾宽度 b_1 约等于 $b/3$。墙身（立壁）承受着作用在墙背上的土压力所引起的弯曲应力，为了节约混凝土材料，通常做成上小下大的变截面，如图 7-21（a）所示；有时在墙身与底板连接处设置支托，如图 7-21（b）所示；也有将底板反过来设置，如图 7-21（c）所示。

若挡土墙的抗滑移不满足要求时，可在基础底板加设防滑键。防滑键设在墙身底部，如图 7-21（a）的虚线所示，键的宽度应根据抗剪要求确定，其最小值为 300mm。

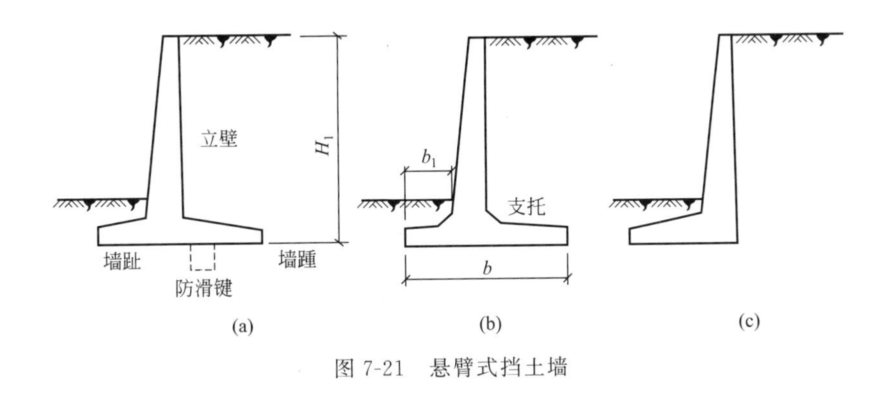

图 7-21 悬臂式挡土墙

7.5.1.3 扶壁式挡土墙

在悬臂式挡土墙的基础上，沿墙的纵向每隔一定距离（通常为墙高的 0.3～0.6 倍）设置一道扶壁，称为扶壁式挡土墙，如图 7-22 所示。扶壁可增加挡土墙的弯曲刚度，减小弯曲变形引起的侧移。扶壁间填土可增加抗滑和抗倾覆能力。扶壁式挡土墙适用于土质填方边坡，其高度不宜超过 10m。

图 7-22 扶壁式挡土墙

7.5.1.4 岩石锚杆挡土墙

岩石锚杆挡土墙是一种新型挡土结构体系，对于支挡高大土质边坡很有成效。岩石锚杆挡土墙由预制的钢筋混凝土立柱或竖桩、挡土板构成墙面，与水平或倾斜的钢锚杆联合组成，如图 7-23 所示。锚杆的一端与立柱连接，另一端被锚固在岩石中。

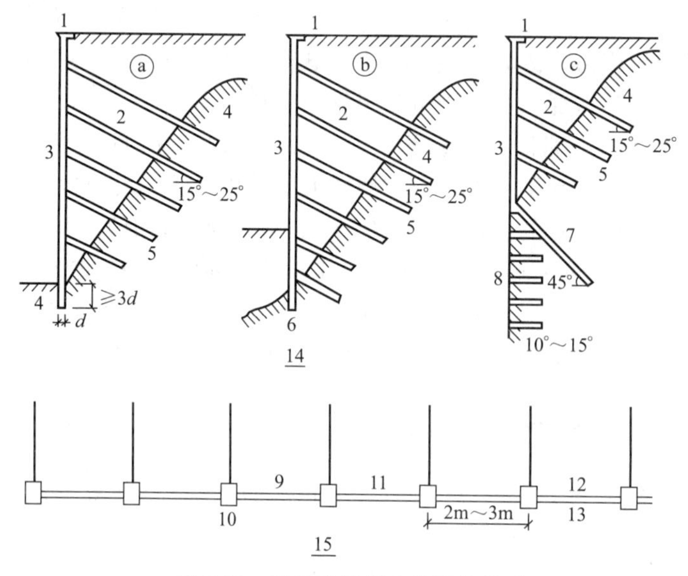

图 7-23 岩石锚杆挡土墙结构体系

1—压顶梁；2—土层；3—立柱及面板；4—岩石；5—岩石锚杆；6—立柱嵌入岩体；7—顶撑锚杆；8—护面；9—面板；10—立柱（竖柱）；11—土体；12—土坡顶部；13—土坡坡脚；14—剖面图；15—平面图

岩石锚杆挡土墙结构是通过立柱或竖桩将土压力传递给锚杆，再由锚杆将土压力传递给稳定的岩体，达到支挡的目的。立柱间的挡板是一种维护结构，其作用是挡住两立柱间的土体，使其不掉下来。因存在着卸荷拱作用，两立柱间的土体作用在挡土板上的土压力是不大的，有些支挡结构没有设置挡板也能安全支挡边坡。

岩石锚杆挡土结构的立柱必须嵌入稳定的岩体中，一般的嵌入深度为立柱断面尺寸的 3 倍。当所支挡的主体位于高度较大的陡崖边坡的顶部时，可有两种处理办法：①将立柱延伸到坡脚，为了增强立柱的稳定性，可在陡崖的适当部位增设一定数量的锚杆；②将立柱在具有一定承载能力的陡崖顶部截断，在立柱底部增设锚杆，以承受立柱底部的横向推力及部分竖向力。

锚杆筋体宜优先采用热轧带肋钢筋，水泥砂浆强度不宜低于 25MPa，细石混凝土强度不宜低于 C25。

7.5.2 重力式挡土墙设计

挡土墙设计包括墙型选择和确定截面尺寸，进行各种验算，满足构造要求等方面内容。

截面尺寸一般按试算法确定，即先根据挡土墙的工程地质条件、填土性质以及墙身材料和施工条件等凭经验初步拟定截面尺寸，然后进行验算。如不满足要求，则修改截面尺寸或采取其他措施。

作用在挡土墙上的荷载有土压力，挡土墙自重、挡土墙基底反力等。挡土墙的计算内容通常包括：①稳定性验算（抗倾覆、抗滑动等）；②地基承载力验算；③墙身承载力验算。下面以最为广泛使用的重力式挡土墙为例，介绍挡土墙的设计和计算方法。

7.5.2.1 重力式挡土墙截面尺寸设计

选择墙背形式时，从填、挖方考虑，挖方边坡选择仰斜比较合理，因为这样可以使墙背与开挖面密贴，一方面增加了边坡的稳定性，另一方面也便于施工；填方工程用俯斜或垂直墙背挡土墙比较合理，因为这种墙背形状便于填土的夯实。

重力式挡土墙的截面尺寸一般按试算法确定。可结合工程地质、填土性质、墙身材料和施工条件等方面的情况按经验初步拟定截面尺寸，然后进行验算、修正，直到满足要求为止。

一般重力式挡土墙基底宽度与墙高之比为 1/2～1/3；挡土墙墙面一般为平面，其坡度应与墙背坡度相协调，仰斜墙面与墙背宜平行，坡度不宜缓于 1∶0.25。选择墙顶的最小宽度时，块石挡土墙顶宽不小于 400mm，混凝土挡土墙顶宽不小于 200mm。

拟定挡土墙截面尺寸前，还需充分调查地基土层条件，绝大部分挡土墙，都直接修筑在天然地基上。当地基较弱，地形平坦而墙身较高时，为减小基底压力和增加抗倾覆稳定性，可加大墙趾外伸宽度，以增大基底面积。若墙趾加宽过多时，可采用钢筋混凝土底板，其厚度由抗剪及抗弯计算确定。当地基为软弱土层（如淤泥、软黏土等）时，可采用砂砾、碎石、矿渣或灰土等材料换填，以扩散基底压力。若墙趾处地基情况较好而地面横坡较大时，基础可做成台阶状，以减少基坑开挖和节省圬工。如图 7-24 所示为砌筑中的重力式挡土墙。

图 7-24 砌筑中的重力式挡土墙

挡土墙的埋置深度，一般不小于 0.5m，当有冲刷时，基础埋深至少在冲刷线以下 1m，此外还应考虑冻胀的影响。遇岩石地基时，应把基础理入未风化的岩层内，为增加墙体稳定性，基底可做成逆坡，坡度 n 可取 0.1 或 0.2。

7.5.2.2 重力式挡土墙的计算

重力式挡土墙的计算内容包括稳定性验算，地基承载力验算和墙身承载力验算。

(1) 挡土墙的稳定性验算

挡土墙的稳定性包括抗滑移稳定和抗倾覆稳定两方面。

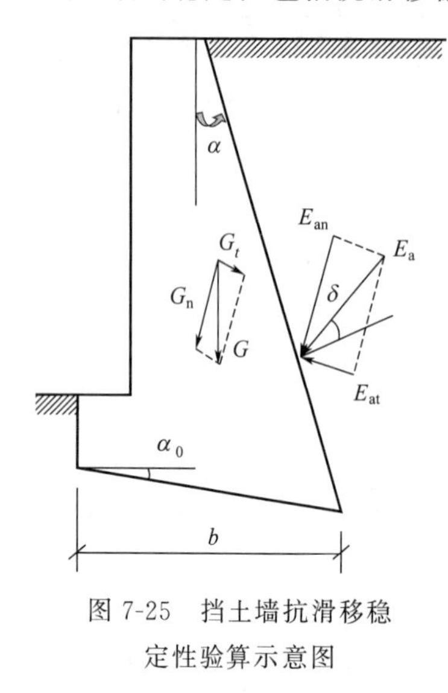

图 7-25 挡土墙抗滑移稳定性验算示意图

① 抗滑移稳定性验算 挡土墙的滑动稳定性是指在土压力和其他外力作用下，基底摩阻力抵抗挡土墙滑移的能力，用滑动稳定系数 K_s 表示，即作用于挡土墙的最大可能的抗滑力与实际滑动力之比。挡土墙的受力如图 7-25 所示，抗滑移稳定性应按下列公式进行验算：

$$K_s=\frac{\text{抗滑力}}{\text{滑动力}}=\frac{(G_n+E_{an})\mu}{E_{at}-G_t}\geqslant 1.3 \tag{7-29}$$

$$G_n=G\cos\alpha_0 \tag{7-30}$$

$$G_t=G\sin\alpha_0 \tag{7-31}$$

$$E_{at}=E_a\cos(\alpha_0+\alpha+\delta) \tag{7-32}$$

$$E_{an}=E_a\sin(\alpha_0+\alpha+\delta) \tag{7-33}$$

式中 G——挡土墙每延米自重，kN/m；

α_0——挡土墙基底的倾角，(°)；

α——挡土墙墙背的倾角，(°)；

δ——土对挡土墙墙背的摩擦角 (°)，可按表 7-2 选用；

μ——土对挡土墙基底的摩擦系数，由试验确定，也可以按表 7-3 选用。

表 7-2 土对挡土墙墙背的摩擦角 δ

挡土墙情况	摩擦角 δ
墙背平滑、排水不良	$(0\sim0.33)\varphi_k$
墙背粗糙、排水良好	$(0.33\sim0.50)\varphi_k$
墙背很粗糙、排水良好	$(0.50\sim0.67)\varphi_k$
墙背与填土间不可能滑动	$(0.67\sim1.00)\varphi_k$

注：φ_k 为墙背填土的内摩擦角。

表 7-3 土对挡土墙基底的摩擦系数 μ

土的类别		摩擦系数 μ
黏性土	可塑	0.25～0.30
	硬塑	0.30～0.35
	坚硬	0.35～0.45
粉土		0.30～0.40
中砂、粗砂、砾砂		0.40～0.50
碎石土		0.40～0.60
软质岩		0.40～0.60
表面粗糙的硬质岩		0.65～0.75

注：1. 对于易风化的软质岩石和塑性指数 I_P 大于 22 的黏性土，基底摩擦系数应通过试验确定；
2. 对于碎石土，可根据其密实程度、填充物状况、风化程度等确定。

如果挡土墙抗滑移稳定性不足，可考虑采用换填地基土，即在基底以下换填摩擦系数大或与基础能产生较大黏聚力的土层，换填厚度不小于0.5m；也可以设置凸榫基础，即在基底面设置一个与基础连成整体的凸榫，其作用是利用榫前土产生的被动土压力增加挡土墙的抗滑能力。凸榫基础的最大优点是无需改变挡土墙的其他条件，但因凸榫的高度和宽度受设计限制，其增加的抗滑力较小。

② 抗倾覆稳定性验算　挡土墙的倾覆稳定性是指它抵抗绕墙趾向外转动倾覆的能力，用倾覆稳定系数 K_t 表示，如图7-26所示，其值为对墙趾的抗倾力矩与倾覆力矩的比值。抗倾覆稳定性应按下列公式进行验算：

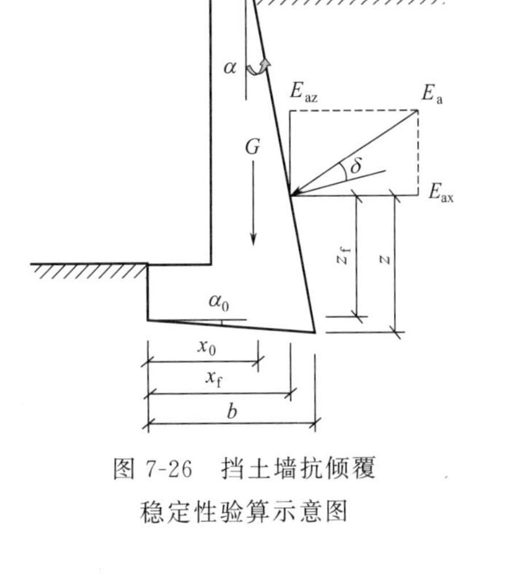

图7-26　挡土墙抗倾覆稳定性验算示意图

$$K_t=\frac{抗倾力矩}{倾覆力矩}=\frac{Gx_0+E_{az}x_f}{E_{ax}z_f}\geqslant 1.6 \quad (7\text{-}34)$$

$$E_{ax}=E_a\cos(\alpha+\delta) \quad (7\text{-}35)$$

$$E_{az}=E_a\sin(\alpha+\delta) \quad (7\text{-}36)$$

$$x_f=b-z\tan\alpha \quad (7\text{-}37)$$

$$z_f=z-b\tan\alpha_0 \quad (7\text{-}38)$$

式中　z——土压力作用点至墙踵的高度，m；

x_0——挡土墙重心至墙趾的水平距离，m；

b——基底的水平投影宽度，m。

当挡土墙的抗倾覆稳定性不能满足要求时，为改善挡土墙抗倾覆稳定性，可以采取如下措施。

a. 改变胸坡或背坡：在地面横坡平缓和横向净空不受限制时，放缓胸坡，使墙的重心后移以增大力臂，是改善挡土墙抗倾覆稳定性的有效措施；变竖直墙背为仰斜墙背可以减小土压力。

b. 改变墙身断面类型：当地面横坡较陡，或墙前横向净空受限制时，应使墙尽量陡立，以争取有效墙高，这时可改变墙身截面类型，如在墙背设置衡重台或卸荷台等，以达到减少墙背土压力并增大稳定力矩之目的（见图7-27）。

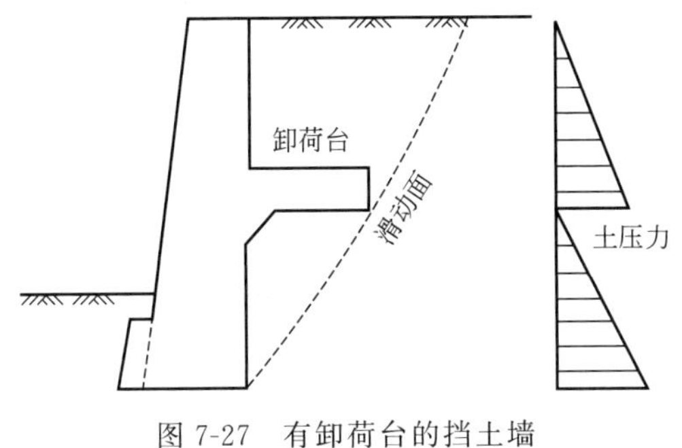

图7-27　有卸荷台的挡土墙

c. 展宽墙趾：增设襟边或展宽已有扩大基础，直接增大稳定力矩是常用方法，展宽的宽度应满足刚性角要求。

（2）地基承载力验算

为了保证挡土墙下地基的安全，应进行地基承载力验算，要求基底平均压力不超过地基承载力特征值 f_a，最大压力不超过地基承载特征值 f_a 的1.2倍；当基底下有软弱下卧层时，尚应进行软弱下卧层的承载力验算。具体计算参见本书第9章。

同时，为了使挡土墙墙型结构合理和避免显著的不均匀沉陷，还应控制作用于挡土墙基底的合力偏心距。《建筑地基基础设计规范》（GB 50007—2011）规定：挡土墙下基底的合力偏心距不应大于0.25倍基础的宽度。

(3) 墙身截面承载力验算

砖石砌筑的重力式挡土墙控制截面应进行受压承载力（偏心受压）验算和受剪承载力验算，具体公式见现行《砌体结构设计规范》；素混凝土浇筑的重力式挡土墙控制截面的承载力验算，可参见现行《混凝土结构设计规范》附录D。

7.5.3 重力式挡土墙的构造措施

在设计重力式挡土墙时，为了保证其安全合理、经济，除进行验算外，还需采取必要的构造措施。

(1) 基础埋深

重力式挡土墙的基础埋深应根据地基承载力，冻结深度，岩石风化程度等因素决定，在土质地基中，基础埋深不宜小于0.5m；在软质岩石地基中，不宜小于0.3m。在特强冻胀、强冻胀地区应考虑冻胀影响。

(2) 墙面坡度选择

当墙前地面陡时，墙面可取（1∶0.05）～（1∶0.2）仰斜坡度，亦可采用直立墙面。当墙前地形较为平坦时，对中，高挡土墙，墙面坡度可较缓，但不宜缓于1∶0.4。

(3) 基底坡度

为增加挡土墙身的抗滑稳定性，基底可做成逆坡，但逆坡坡度不宜过大，以免墙身与基底下的三角形土体一起滑动。一般土质地基不宜大于1∶10，岩石地基不宜大于1∶5。

(4) 墙趾台阶

当墙高较大时，为了提高挡土墙抗倾覆能力，可加设墙趾台阶，墙趾台阶的高宽比可取$h:a=2:1$，a不得小于200mm。

(5) 设置伸缩缝

重力式挡土墙应每间隔10～20m设置一道伸缩缝。当地基有变化时，宜加设沉降缝。在挡土结构的拐角处，应采取加强构造措施。

(6) 墙后排水措施

挡土墙因排水不良，雨水渗入墙后填土，使得填土的抗剪强度降低，对挡土墙的稳定产生不利的影响。当墙后积水时，还会产生静水压力和渗流压力，使作用于挡土墙上的总压力增加，对挡土墙的稳定性更不利。因此，在挡土墙设计时，必须采取排水措施。

① 截水沟：凡挡土墙后有较大面积的山坡，则应在填土顶面，离挡土墙适当的距离设置截水沟，把坡上径流截断排除。截水沟的剖面尺寸要根据暴雨集水面积计算确定，并应用混凝土衬砌。截水沟出口应远离挡土墙，如图7-28(a)所示。

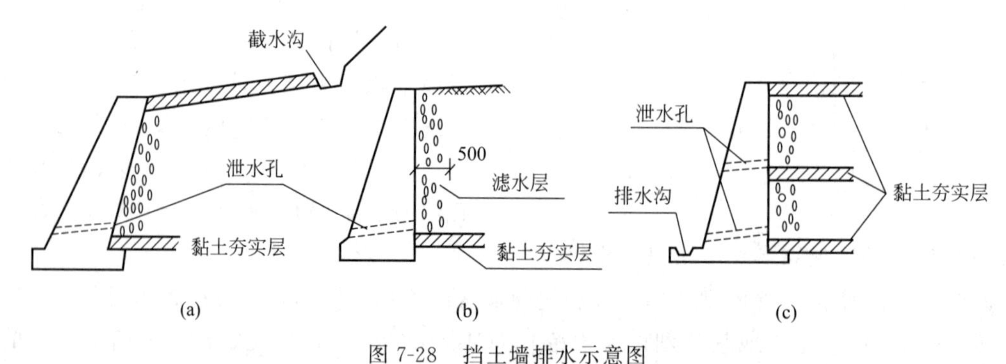

图7-28 挡土墙排水示意图

② 泄水孔：已渗入墙后填土中的水，则应将其迅速排出。通常在挡土墙内设置排水孔（泄水孔），排水孔应沿横竖两个方向设置，其间距一般取 2～3m，排水孔外斜坡度宜为 5%，孔眼尺寸不宜小于 100mm。泄水孔应高于墙前水位，以免倒灌。在泄水孔入口处，应用易渗的粗粒材料做滤水层［图 7-28（b）］，必要时作排水暗沟，并在泄水孔入口下方铺设黏土夯实层，防止积水渗入地基不利墙体的稳定。墙前也要设置排水沟，在墙顶坡后地面宜铺设防水层，如图 7-28（c）所示。

（7）填土质量要求

挡土墙后填土应尽量选择透水性较强的填料，如砂、碎石、砾石等。因这类土的抗剪强度较稳定，易于排水。当采用黏性土作填料时，宜掺入适量的碎石。在季节性冻土地区，应选择不冻胀的炉碴、碎石、粗砂等填料。不应采用淤泥，耕植土，膨胀土等作为填料。

【例 7-7】 已知某块石砌体挡土墙高 6m，墙背倾斜 $\alpha=10°$，填土表面倾斜 $\beta=10°$，土与墙背的摩擦角 $\delta=20°$，墙后填土为中砂，内摩擦角 $\varphi=30°$，重度 $\gamma=18.5\text{kN/m}^3$。地基承载力特征值 $f_a=160\text{kPa}$。试设计挡土墙尺寸（浆砌块石砌体的重度取 22kN/m^3）。

图 7-29 例 7-7 图

【解】

（1）初定挡土墙断面尺寸

设计挡土墙顶宽 1.0m，底宽 4.5m，截面形式如图 7-29 所示。墙的自重为

$$G=\frac{(1.0+4.5)\times 6\times 22}{2}=363\text{kN/m}$$

因 $\alpha_0=0°$，故 $G_n=363\text{kN/m}$，$G_t=0$。

（2）土压力计算

由 $\varphi=30°$、$\delta=20°$、$\alpha=10°$、$\beta=10°$，应用库仑土压力理论，由式（7-16）计算主动土压力系数

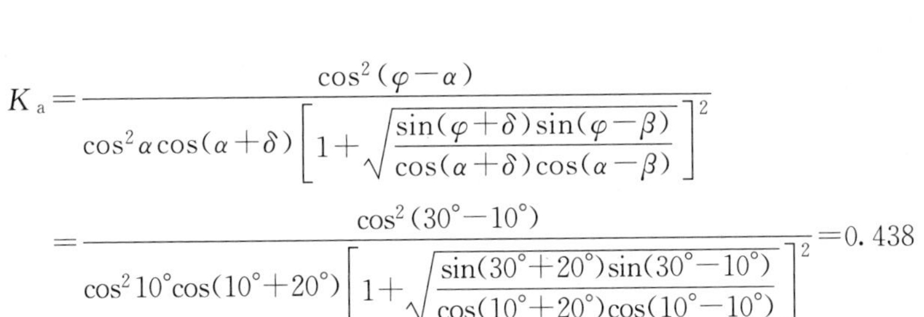

$$K_a=\frac{\cos^2(\varphi-\alpha)}{\cos^2\alpha\cos(\alpha+\delta)\left[1+\sqrt{\dfrac{\sin(\varphi+\delta)\sin(\varphi-\beta)}{\cos(\alpha+\delta)\cos(\alpha-\beta)}}\right]^2}$$

$$=\frac{\cos^2(30°-10°)}{\cos^2 10°\cos(10°+20°)\left[1+\sqrt{\dfrac{\sin(30°+20°)\sin(30°-10°)}{\cos(10°+20°)\cos(10°-10°)}}\right]^2}=0.438$$

主动土压力大小为

$$E_a=\frac{1}{2}\gamma Hh^2K_a=\frac{1}{2}\times 18.5\times 6^2\times 0.438=145.9\text{kN/m}$$

其作用方向与水平方向成 $\delta+\alpha=20°+10°=30°$ 角，作用点距离墙基 2m 处。

$$E_{ax}=E_a\cos(\delta+\alpha)=145.9\times\cos 30°=126.4\text{kN/m}$$

$$E_{az}=E_a\sin(\delta+\alpha)=145.9\times\sin 30°=73\text{kN/m}$$

因 $\alpha_0=0°$，故 $E_{an}=E_{az}=73\text{kN/m}$，$E_{at}=E_{ax}=126.4\text{kN/m}$

（3）抗滑稳定性验算

查表 7-3 得墙底对地基中砂的摩擦系数 $\mu=0.40$。

$$K_s=\frac{(G_n+E_{an})\mu}{E_{at}-G_t}=\frac{(363+73)\times 0.40}{126.4-0}=1.38>1.3$$，抗滑移稳定满足要求。

（4）抗倾覆稳定验算

作用在挡土墙上的各力对墙趾 O 点的力臂，如图 7-29 所示。计算得到 $x_0=2.25\text{m}$，$x_f=3.92\text{m}$，$z_f=2\text{m}$，抗倾覆稳定系数为

$$K_t=\frac{Gx_0+E_{az}x_f}{E_{ax}z_f}=\frac{363\times 2.25+73\times 3.92}{126.4\times 2}=4.36>1.6$$，抗倾覆稳定满足要求。

（5）地基承载力验算

作用在基础底面上总的竖向力：$F=G_n+E_{az}=363+73=436\text{kN/m}$，合力作用点与墙前趾 O 点的距离

$$x=\frac{363\times 2.25+73\times 3.92-126.4\times 2}{436}=1.95\text{m}$$

偏心距　$e=4.5/2-1.95=0.30\text{m}<0.25B=0.25\times 4.5=1.125\text{m}$，满足要求。

基底平均压力：$p=\dfrac{F}{B}=\dfrac{436}{4.5}=96.9\text{kPa}<f_a=160\text{kPa}$

基底最大压力：$$p_{max}=p\left(1+\frac{6e}{B}\right)=96.9\times\left(1+\frac{6\times 0.30}{4.5}\right)=135.7\text{kPa}$$
$$<1.2f_a=1.2\times 160=192\text{kPa}$$

地基承载力满足要求，因此该块石砌体挡土墙的断面尺寸可定为：顶宽 1.0m，底面宽 4.5m，高 6.0m。

7.6 土坡稳定分析介绍

土坡是指具有倾斜坡面的土体。通常可分为天然土坡（由于地质作用自然形成的土坡，如山坡、江河岸坡等）和人工土坡（经人工开挖的土坡和填筑的土工建筑物边坡，如基坑、渠道、路堑、土坝、路堤等)。无论是天然土坡还是人工土坡，由于坡向倾斜，在土体自重和其他外界因素影响下，近坡面的部分土体有着向下滑动的趋势。如果坡面设计得过于陡峻，则土坡在一定范围内整体地沿某一滑动面向下或向外移动而失去其稳定性，造成坍塌；而如果坡面设计得过于平缓，则将增加工程的土方量，不经济。因此，进行土坡稳定性分析，对于工程的安全、经济，具有重要意义。

7.6.1 土坡稳定的影响因素

影响土坡稳定的因素复杂多变，但其根本原因在于土体内部某个面上的剪应力达到了其抗剪强度，使稳定平衡遭到破坏。导致土坡滑动失稳的原因可归纳为以下两类。

① 外界荷载作用或土坡环境变化等使土体内部剪应力加大。例如路堑或基坑的开挖，堤坝施工中上部填土荷重的增加，降雨使土体饱和导致重度增加，土体内地下水的静压力和渗流力，坡顶荷载过量或由于地震、打桩等引起的动力荷载等。

② 外界各种因素影响导致土体抗剪强度降低，促使土坡失稳破坏。例如超静孔隙水压力的产生，气候变化产生的干裂、冻融，黏土夹层因雨水等侵入而软化，以及黏性土蠕变导

致的土体强度降低等。

如图7-30所示为滑坡示意图，坡上土体可能沿平面滑动（平面滑面），也可能沿曲面滑动（曲面滑面）。大量观察资料表明，无黏性土滑坡时的滑动面近似于平面，故在横断面上呈直线；黏性土滑坡时滑动面近似于圆柱面，故在横断面上呈圆弧线。这个规律为土坡稳定分析提供了一条简捷的途径，它使滑坡的分析可近似地当做平面应变问题来处理，将滑动面看着一条直线或一条圆弧线。

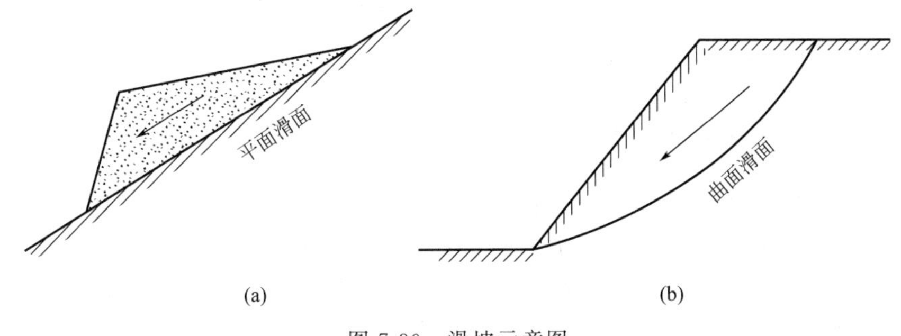

图7-30　滑坡示意图

7.6.2　无黏性土坡稳定分析

无黏性土坡滑动时，其滑动面常接近于平面，在横断面上则为一条直线。只要坡面上的土颗粒能保持稳定，那么整个土坡便是稳定的。坡角为β的无黏性土坡，坡面上土颗粒受力如图7-31（a）所示；若土体沿平面下滑，滑动面与水平面的夹角为β，则滑动土体ABC的受力如图7-31（b）所示。

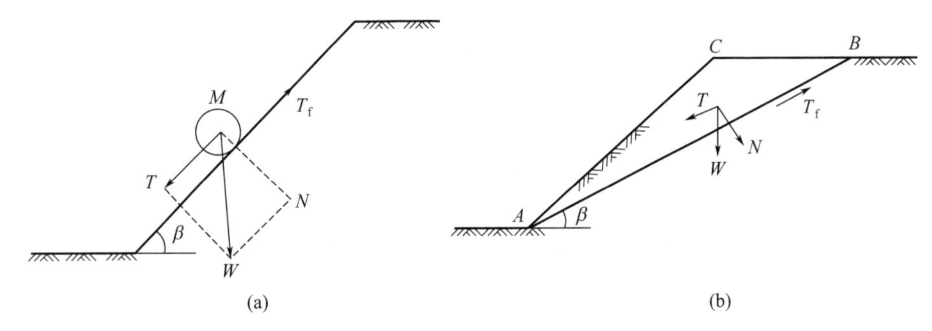

图7-31　无黏性土坡坡面土颗粒和滑体受力图

对于均质的无黏性土坡，不考虑渗流影响，抗剪强度只由摩擦力提供，其稳定性分析可由图7-31（a）所示的力系来说明。斜坡上的土颗粒M，其自重为W，土的内摩擦角为φ。W在垂直于坡面和平行于坡面的分力分别为N和T

$$T=W\sin\beta,\quad N=W\cos\beta$$

分力T将使土颗粒M向下滑动，为滑动力。阻止M下滑的抗滑力则是由垂直于坡面上的分力N引起的最大静摩擦力T_f

$$T_f=N\tan\varphi=W\cos\beta\tan\varphi \tag{7-39}$$

抗滑力与滑动力的比值称为稳定安全系数K，其值为

$$K=\frac{T_f}{T}=\frac{W\cos\beta\tan\varphi}{W\sin\beta}=\frac{\tan\varphi}{\tan\beta} \tag{7-40}$$

由式（7-40）可知，无黏性土坡稳定的极限坡角 β 等于其内摩擦角，即当 $\beta=\varphi$ 时，$K=1$，土坡处于极限平衡状态，故砂土的内摩擦角也称为自然休止角。由上述的平衡关系还可看出，无黏性土坡的稳定性与坡高无关，仅取决于坡角 β，只要 $\beta<\varphi(K>1)$，土坡就是稳定的。为了保证土坡有足够的安全储备，可取 $K=1.1\sim1.5$。

上述分析只适用于无黏性土坡的最简单情况。即只有重力作用，且土的内摩擦角是常数。工程实际中只有均质的干土坡才完全符合这些条件。对于有渗透水流的土坡、部分浸水土坡以及高应力水平下 φ 角变小的土坡，则不完全符合这些条件。这些情况下的无黏性土坡稳定分析可参考有关书籍。

7.6.3 黏性土坡稳定分析

黏性土坡失稳时，多在坡顶出现明显的下沉和张拉裂隙（裂缝），近坡脚的地面有较大的侧向位移和微微隆起，随着剪切变形的增大，局部土体沿着某一曲面突然产生整体滑动。如图 7-32 所示，滑动面为一曲面，接近圆弧面。在理论分析时，常常近似地假设滑动面为圆弧面，并按平面问题进行分析。目前工程上最常用的黏性土坡稳定分析方法是条分法，它是由瑞典科学家 W. 费兰纽斯（Fellenius，1922）首先提出的。下面介绍这种方法。

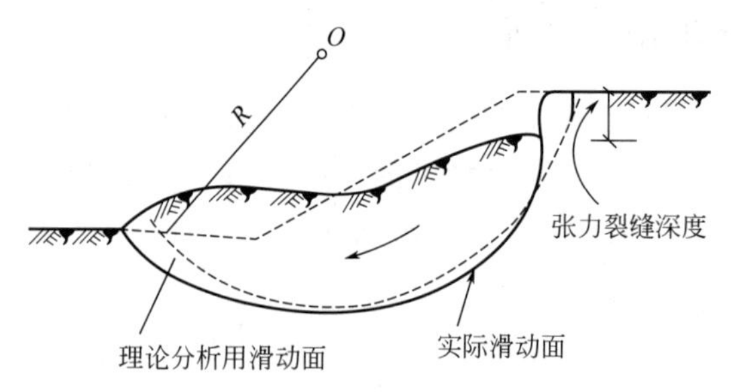

图 7-32 黏性土坡滑动面

如图 7-33 所示，当土坡沿 AB 圆弧滑动时，可视为滑动土体 ABD 绕圆心 O 转动。在纵向上取土坡 1m 长度进行分析。具体步骤如下。

① 按适当的比例尺绘制土坡剖面图，并在图上注明土的 γ、c、φ 的数值。

② 选一个可能的滑动面 AB，确定圆心 O 和半径 R。在选择圆心 O 和圆弧 AB 时，应尽量使 AB 的坡度陡，则滑动力大，即安全系数 K 值小。此外，半径 R 应取整数，使计算简便。

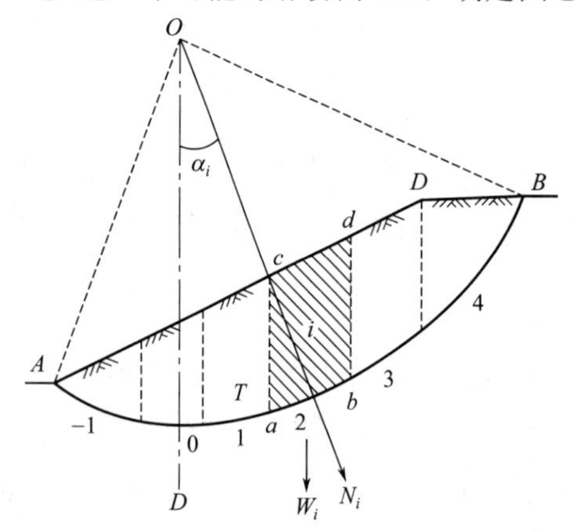

图 7-33 土坡稳定分析的条分法

③ 将滑动土体竖向分条与编号，使计算方便而准确。分条时，各条的宽度 b 相同，编号由坡脚向坡顶依次进行。

④ 计算每一土条的自重 W_i

$$W_i=\gamma bh \tag{7-41}$$

式中 b——土条的宽度，m；

h——土条的平均高度，m。

⑤ 将土条的自重 W_i 分解为作用在滑动面 AB 上的两个分力（忽略条块之间的作用力）。若 α_i 为法向分力 N_i 与垂线之间的夹角，则法

向分力为 $N_i=W_i\cos\alpha_i$，切向分力为 $T_i=W_i\sin\alpha_i$。

⑥ 计算滑动力矩

$$M_T=T_1R+T_2R+T_3R+\cdots=R\sum W_i\sin\alpha_i$$

⑦ 计算抗滑力矩

$$\begin{aligned}M_R&=N_1\tan\varphi R+N_2\tan\varphi R+cl_1R+cl_2R+\cdots\\&=R\tan\varphi(N_1+N_2+\cdots)+Rc(l_1+l_2+\cdots+l_i)=R\tan\varphi\sum W_i\cos\alpha_i+RcL\end{aligned}$$

式中 l_i——第 i 个土条的滑弧长度，m；

L——圆弧 AB 的总长度，m。

⑧ 计算土坡稳定安全系数

$$K=\frac{M_R}{M_T}=\frac{R\tan\varphi\sum W_i\cos\alpha_i+RcL}{R\sum W_i\sin\alpha_i}=\frac{\tan\varphi\sum W_i\cos\alpha_i+cL}{\sum W_i\sin\alpha_i} \tag{7-42}$$

由于滑动圆弧是任意作出的，每作出一个圆弧就能求出一个相应的土坡稳定安全系数 K，因此，上述方法是一种试算法。按此方法进行计算时，必须作出若干圆弧滑动面，以求出其中最小的稳定安全系数。最小的稳定安全系数所对应的滑动圆弧才是最危险的滑动圆弧。大型水库土坝稳定性计算，上、下游坝坡每一种水位需计算 50～80 个滑动圆弧，才能找出最小的安全系数 K_{min}，由此可看出，计算量很大，目前一般采用计算机完成。

除了计算机外，还可采用费兰纽斯提出的经验方法，以减少试算工作量。这种方法的步骤如下（参见图 7-34）。

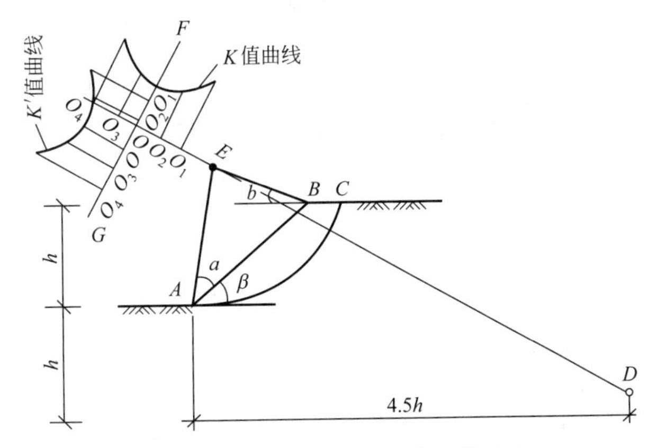

图 7-34 最危险滑动圆弧中心的确定

① 根据土坡坡度或坡角 β，由表 7-4 查得相应的 a、b 角数值。

② 根据 a 值由坡脚 A 点作 AE 线，使 $\angle EAB=a$；根据 b 的值，由坡顶 B 点作 BE 线，使其与水平线夹角为 b。

③ AE 与 BE 交点 E，为 $\varphi=0$ 时土坡最危险滑动面的圆心。

④ 由坡脚 A 点竖直向下取 h 值，然后向土坡方向水平线上取 $4.5h$ 处为 D 点。作 DE 直线，并向外延长。延长线上 E 点附近的点，为 $\varphi>0$ 时土坡最危险滑动面的圆心位置。

⑤ 在 DE 延长线上选 3～5 个点作为圆心 O_1，O_2，…，计算各自的土坡稳定安全系数 K_1，K_2，…。按一定的比例尺将每个 K 的数值画在圆心与 DE 线正交的线上，并连成曲线。取曲线下凹处的最低点 O，过 O 点作直线 FOG 与 DE 正交。

⑥ 同理，在 FG 直线上，选 3～5 点作为圆心 O_1，O_2，…，分别计算各自的土坡稳定安全系数 K_1'，K_2'，…，按相同比例尺画在各圆心点上，方向与 FG 直线正交，将 K'端点

连成曲线，取曲线下凹最低点对应的O'点，即为所求最危险滑动面的圆心位置。

以上是对条分法的具体介绍。条分法的基本原理可以这样归纳：根据抗剪强度和极限平衡理论，假定若干圆弧滑动面，对土坡进行条分，计算每一滑动面内各土条抗滑力矩之和与滑动力矩之和的比值，即每一滑动面的土坡稳定安全系数K，从中找出最小的安全系数K_{min}。理论上应使K_{min}大于1；工程上要求取K_{min}为1.1～1.5，根据工程性质而定。如果达不到此要求，则需重新设计土坡，重复验算，直到满足要求为止。

表 7-4　a、b 角的数值

土坡坡度	坡角 β	a 角/(°)	b 角/(°)
1∶0.58	60°	29	40
1∶1.0	45°	28	37
1∶1.5	33°41′	26	35
1∶2.0	26°34′	25	35
1∶3.0	18°26′	25	35
1∶4.0	14°03′	25	36

思考题

7.1　什么是静止土压力、主动土压力及被动土压力？它们的区别是什么？

7.2　朗肯土压力理论是如何得到计算主动与被动土压力公式的？

7.3　什么叫“临界深度”？如何计算临界深度？

7.4　朗肯土压力理论与库仑土压力理论的基本原理和假定有什么不同？它们在什么条件下才可以得出相同的结果？

7.5　若挡土墙后填土由多层填土构成，土压力如何计算？

7.6　挡土墙后填土中存在地下水时，如何计算土压力和水压力？

7.7　挡土墙有哪几种类型？各有什么特点？

7.8　重力式挡土墙设计中需要进行哪些验算？采取哪些措施可以提高稳定安全系数？

7.9　挡土墙后理想的回填土是什么土？不能用的回填土是什么土？

7.10　如何确定无黏性土坡的稳定安全系数？

选择题

7.1　当挡土墙后的填土处于被动极限平衡状态时，挡土墙（　　）。

A. 在外荷载作用下推挤墙背土体　　B. 被土压力推动而偏离墙背土体

C. 被土体限制而处于原来的位置　　D. 受外力限制而处于原来的位置

7.2　用朗肯土压力理论计算挡土墙的土压力时，适用条件之一是（　　）。

A. 墙后填土干燥　　B. 墙背粗糙

C. 墙背直立　　D. 墙背倾斜

7.3 采用库仑土压力理论计算挡土墙的土压力时，适用条件之一是（　　）。

A. 墙后填土干燥　　B. 填土为无黏性土

C. 墙背直立　　D. 墙背光滑

7.4 下列指标或系数中，哪一个与库仑土动土压力系数无关?（　　）

A. H　　B. φ　　C. δ　　D. α

7.5 设计在土质地基上仅起挡土作用的重力式挡土墙时，土压力应按（　　）计算。

A. 主动土压力　　B. 被动土压力

C. 静止土压力　　D. 静止水压力

7.6 下列有关重力式挡土墙的构造措施中，哪一条是不正确的?（　　）

A. 墙身应设置泄水孔　　B. 墙后填土宜选择透水性较强的填料

C. 黏性土不能用作填料　　D. 填土需分层夯实

7.7 下列措施中，哪一条对提高挡土墙抗倾覆稳定性有利?（　　）

A. 采用黏性土作为填料　　B. 每隔10～20m设伸缩缝一道

C. 将墙趾做成台阶形　　D. 将墙底做成逆坡

7.8 在影响挡土墙土压力的诸多因素中，（　　）是最主要的因素。

A. 挡土墙的高度　　B. 挡土墙的刚度

C. 墙后填土类型　　D. 挡土墙的位移方向及大小

7.9 不能减小主动土压力的措施是（　　）。

A. 将墙后填土分层夯实　　B. 采取有效的排水措施

C. 墙后填土采用透水性较强的填料　　D. 采用俯斜式挡土墙

7.10 无黏性土坡的稳定性（　　）。

A. 与密实度无关　　B. 与坡高无关

C. 与土的内摩擦角无关　　D. 与坡角无关

计算题

7.1 某地下室外墙高度5m，墙后填土重度$\gamma=18.2\text{kN/m}^3$，静止土压力系数$K_0=0.42$，试求墙底处的静止土压力强度p_0、合力E_0及作用点位置。

7.2 某地下室外墙高度4.2m，墙后填土有效重度$\gamma'=8.5\text{kN/m}^3$，静止土压力系数$K_0=0.43$，地下水位在地面处。试求作用在墙上的总侧压力E_0及其作用位置。

7.3 高度为5m的挡土墙，墙背直立、光滑，墙后填土面水平，填土的$\gamma=19\text{kN/m}^3$，$c=5\text{kPa}$，$\varphi=34°$，试作出主动土压力分布图，并求合力E_a及其作用位置。

7.4 高度为6m的挡土墙，墙背直立、光滑，墙后填土面水平，其上作用有均布荷载$q=10\text{kPa}$，填土$\gamma=18\text{kN/m}^3$，$c=0$，$\varphi=35°$。试作出主动土压力分布图并求合力的大小。

7.5 某挡土墙高4.5m，墙后填土为砂土，其内摩擦角$\varphi=35°$，重度$\gamma=19\text{kN/m}^3$，填土面与水平面的夹角$\beta=20°$，墙背倾角$\alpha=5°$（俯斜），墙背外摩擦角$\delta=25°$，试求(1)主动土压力E_a；(2)被动土压力E_p。

7.6 某重力式挡土墙高$h=5\text{m}$，墙背倾角$\alpha=10°$。墙后回填砂土，$c=0$，$\varphi=30°$，$\gamma=18\text{kN/m}^3$，墙背与填土之间的摩擦角$\delta=15°$，主动土压力系数$K_a=0.405$。试求主动土

压力的合力 E_a 的大小、作用点位置及作用方向与水平面的夹角。

7.7 某一挡土墙，取如图 7-35 所示的毛石砌体截面，砌体重度为 $22kN/m^3$，挡土墙下方为坚硬黏性土，土对挡土墙基底的摩擦系数 $\mu=0.45$。假设墙背光滑，填土面水平，填土的 $c=11kPa$，$\varphi=20°$，$\gamma=18kN/m^3$。试对该挡土墙进行抗滑和抗倾覆稳定验算。

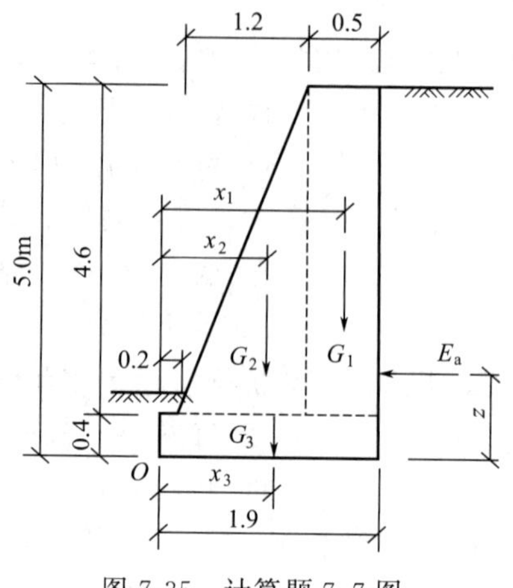

图 7-35 计算题 7.7 图

第8章 岩土工程勘察

Chapter 08

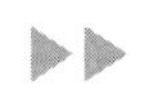

内容提要

本章主要内容为岩土勘察的基本要求、岩土工程勘察方法，岩土的野外鉴别与描述，岩土工程勘察报告的组成、阅读和使用岩土工程勘察报告。

基本要求

通过本章的学习，要求了解岩土工程勘察分级和各阶段的要求，熟悉岩土工程勘察方法，了解岩土的野外鉴别方法，能正确阅读和使用岩土工程勘察报告。

8.1 岩土工程勘察的基本要求

岩土工程勘察，习称工程地质勘察，简称地勘，是岩土工程的基础性工作，也是建筑地基基础设计和施工前的一项非常重要的工作。所谓岩土工程勘察，就是根据工程的要求，查明、分析、评价建筑场地的地质、地理环境特征和岩土工程条件，编制勘察文件的一系列活动，为项目选址决策、地基基础设计和施工提供基本资料，并提出地基基础设计方案建议。

8.1.1 岩土工程勘察分级

在中国，岩土工程勘察根据工程重要性等级、场地等级、地基等级、岩土工程勘察等级等条件进行等级划分。

8.1.1.1 工程重要性等级

根据工程的规模和特征，以及由于岩土工程问题造成工程破坏或影响正常使用的后果，可分为如下三个工程重要性等级：一级工程（重要工程，后果很严重），二级工程（一般工程，后果严重）和三级工程（次要工程，后果不严重）。

8.1.1.2 场地等级

根据场地的复杂程度，将建筑场地划分为一级场地、二级场地和三级场地三个等级。

（1）一级场地

符合下列条件之一者为一级场地，也就是复杂场地。①对建筑抗震危险的地段；②不良地质作用强烈发育；③地质环境已经或可能受到强烈破坏；④地形地貌复杂；⑤有影响工程的多层地下水，岩溶裂隙水或其他水文地质条件复杂，需要专门研究的场地。

（2）二级场地

符合下列条件之一者为二级场地，也就是中等复杂场地。①对建筑抗震不利的地段；②不良地质作用一般发育；③地质环境已经或可能受到一般破坏；④地形地貌较复杂；⑤基础位于地下水位以下的场地。

(3) 三级场地

符合下列条件之一者为三级场地，也就是简单场地。①抗震设防裂度小于或等于6度，或对建筑抗震有利的地段；②不良地质作用不发育；③地质环境基本未受破坏；④地形地貌简单；⑤地下水对工程无影响。

从一级开始，向二级、三级推定，以最先满足的为准；对建筑抗震有利、不利和危险地段的划分，应按现行国家标准《建筑抗震设计规范（2016年版）》(GB 50011—2010）的规定确定。

8.1.1.3 地基等级

根据地基的复杂程度，将地基分为一级地基、二级地基和三级地基三个等级。

(1) 一级地基（复杂地基）

符合下列条件之一者为一级地基或复杂地基：①岩土种类多，很不均匀，性质变化大，需特殊处理；②严重湿陷、膨胀、盐渍、污染的特殊性岩土，以及其他情况复杂，需作专门处理的岩土。

(2) 二级地基（中等复杂地基）

符合下列条件之一者为二级地基或中等复杂地基：①岩土种类多，不均匀，性质变化较大；②除一级地基规定条件以外的特殊性岩土。

(3) 三级地基（简单地基）

符合下列条件之一者为三级地基或简单地基：①岩土种类单一，均匀，性质变化不大；②无特殊性岩土。

8.1.1.4 岩土工程勘察等级

根据工程重要性等级、场地复杂程度等级和地基复杂程度等级，按下列条件划分岩土工程勘察等级。

① 甲级　在工程重要性、场地复杂程度和地基复杂程度等级中，有一项或多项为一级；

② 乙级　除勘察等级为甲级和丙级以外的勘察项目；

③ 丙级　工程重要性、场地复杂程度和地基复杂程度等级均为三级。

建筑在岩质地基上的一级工程，当场地复杂程度等级和地基复杂程度等级均为三级时，岩土工程勘察等级可定为乙级。

8.1.2 建筑物的勘察内容

建筑物包括房屋建筑和构筑物，其岩土工程勘察应在收集建筑物上部荷载、功能特点、结构类型、基础形式、埋置深度和变形限制等方面资料的基础上进行。其主要工作内容为：

① 查明场地和地基稳定性、地层结构、持力层和下卧层的工程特性、土的应力历史和地下水条件以及不良地质作用等；

② 提供满足设计施工所需的岩土参数，确定地基承载力，预测地基变形性状；

③ 提出地基基础、基坑支护、工程降水和地基处理设计与施工方案的建议；

④ 提出对建筑物有影响的不良地质作用的防治方案建议；

⑤ 对抗震设防烈度等于或大于6度的场地，进行场地与地基的地震效应评价。

岩土工程勘察是分阶段进行的。根据工程项目推进的先后，可分为可行性研究勘察（选址勘察）、初步勘察（初勘）、详细勘察（详勘）和施工勘察四个阶段。可行性研究勘察应符合选址方案的要求，初步勘察应符合初步设计的要求，详细勘察应符合施工图设计的要求。当场地条件复杂或有特殊要求的工程，宜进行施工勘察。当建筑物平面布置已经确定，且场地或附近已有岩土工程资料时，可根据实际情况，直接进行详细勘察。不同勘察阶段，勘察内容的侧重点和要求不相同。

8.1.3 各勘察阶段的内容与要求

8.1.3.1 可行性研究勘察

可行性研究勘察阶段属于工程项目的选址阶段，需要取得几个场址方案的主要岩土工程地质资料，作为比较和选择场址的依据。因此，本阶段应对各个场址的稳定性和建筑的适宜性做出正确的评价。可行性研究勘察的具体工作内容为：

① 搜集区域地质、地形地貌、地震、矿产、当地的工程地质、岩土工程和建筑经验等资料；

② 在充分搜集和分析已有资料的基础上，通过踏勘了解场地的地层、构造、岩性、不良地质作用和地下水等工程地质条件；

③ 当拟建场地工程地质条件复杂，已有资料不能满足要求时，应根据具体情况进行工程地质测绘和必要的勘探工作；

④ 当有两个或两个以上拟选场址时，应进行比选分析。

8.1.3.2 初步勘察

初步勘察是在场址确定以后进行，应对场地的稳定性做出评价。主要工作内容为：

① 搜集拟建工程的有关文件、工程地质和岩土工程资料以及工程场地范围的地形图；

② 初步查明地质构造、地层结构、岩土工程特性、地下水埋藏条件；

③ 查明场地不良地质作用的成因、分布、规模、发展趋势，并对场地的稳定性做出评价；

④ 对抗震设防烈度大于或等于6度的场地，应对场地和地基的地震效应做出初步评价；

⑤ 季节性冻土地区，应调查场地土的标准冻结深度；

⑥ 初步判定水和土对建筑材料的腐蚀性；

⑦ 高层建筑初步勘察时，应对可能采取的地基基础类型、基坑开挖与支护、工程降水方案进行初步分析评价。

初步勘察的勘探工作，应符合以下要求：

① 勘探线应垂直地貌单元、地质构造和地层界线布置；

② 每个地貌单元均应布置勘探点，在地貌单元交接部位和地层变化较大的地段，勘探点应予加密；

③ 在地形平坦地区，可按网格布置勘探点；

④ 对岩质地基，勘探线和勘探点布置，勘探孔的深度，应根据地质构造、岩体特性、

风化情况等按地方标准或当地经验确定。对土质地基，勘探线、勘探点的间距可按表 8-1 取值，局部异常地段应予加密；勘探孔的深度可按表 8-2 取值。

表 8-1　初步勘察勘探线、勘探点的间距

单位：m

地基复杂程度等级	勘探线间距	勘探点间距
一级(复杂)	50～100	30～50
二级(中等复杂)	75～150	40～100
三级(简单)	150～300	75～200

注：1. 表中间距不适用于地球物理勘探；

2. 控制性勘探点宜占勘探点总数的 1/5～1/3，且每个地貌单元均应有控制性勘探点。

表 8-2　初步勘察勘探孔的深度

单位：m

工程重要性等级	一般性勘探孔	控制性勘探孔
一级(重要工程)	≥15	≥30
二级(一般工程)	10～15	15～30
三级(次要工程)	6～10	10～20

注：1. 勘探孔包括钻孔、探井和原位测试孔等；

2. 特殊用途的钻孔除外。

当遇到下列情况之一时，应适当增减勘探孔深度：①当勘探孔的地面标高与预计整平地面标高相差较大时，应按其差值调整勘探孔深度；②在预定深度内遇基岩时，除控制性勘探孔仍应钻入基岩适当深度外，其他勘探孔达到确认的基岩后即可终止钻进；③在预定深度内有厚度较大，且分布均匀的坚实土层（如碎石土、密实砂、老沉积土等）时，除控制性勘探孔应达到规定深度外，一般性勘探孔的深度可适当减小；④当预定深度内有软弱土层时，勘探孔深度应适当增加，部分控制性勘探孔应穿透软弱土层或达到预计控制深度；⑤对重型工业建筑应根据结构特点和荷载条件适当增加勘探孔深度。

初步勘察采取土试样和进行原位测试应符合下列要求：

① 采取土试样和进行原位测试的勘探点应结合地貌单元、地层结构和土的工程性质布置，其数量可占勘探点总数的 1/4～1/2；

② 采取土试样的数量和孔内原位测试的竖向间距，应根据地层特点和土的均匀程度确定；每层土均应采取土试样或进行原位测试，其数量不宜少于 6 个。

初步勘察应进行下列水文地质工作：调查含水层的埋藏条件，地下水类型，补给排泄条件，各层地下水位，调查其变化幅度，必要时应设置长期观测孔，检测水位变化；当需要绘制地下水等水位线图时，应根据地下水的埋藏条件和层位，统一量测地下水位；当地下水可能浸湿基础时，应采取水试样进行腐蚀性评价。

8.1.3.3　详细勘察

经过可行性研究勘察和初步勘察之后，为配合施工图设计，需要进行详细勘察。详细勘察应按单体建筑物或建筑群提出详细的岩土工程资料和设计、施工所需的岩土参数；对建筑地基做出岩土工程评价，并对地基类型、基础形式、地基处理、基坑支护、工程降水和不良地质作用的防止等提出建议。主要应进行的工作内容如下：

① 搜集附近有坐标和地形的建筑总平面图，场区的地面整平标高，建筑物的性质、规模、荷载、结构特点、基础形式、埋置深度、地基允许变形等资料；

② 查明不良地质作用的类型、成因、分布范围、发展趋势和危害程度，提出整治方案的建议；

③ 查明建筑范围内岩土层的类型、深度、分布、工程特性、分析和评价地基的稳定性、均匀性和承载力；

④ 对需要进行沉降计算的建筑物，提供地基变形计算参数，预测建筑物的变形特征；

⑤ 查明埋藏的河道、沟浜、墓穴、防空洞、孤石等对工程不利的埋藏物；

⑥ 查明地下水的埋藏条件，提供地下水位及其变化幅度；

⑦ 在季节性冻土地区，提供场地土的标准冻结深度；

⑧ 判定水和土对建筑材料的腐蚀性。

详细勘察勘探点的间距，可按表8-3确定。勘探点的布置，应符合下列规定：

① 勘探点宜按建筑物周边线和角点布置，对无特殊要求的其他建筑物可按建筑物或建筑群范围布置；

② 同一建筑范围内的主要受力层或有影响的下卧层起伏较大时，应加密勘探点，查明其变化；

③ 重大设备基础应单独布置勘探点，重大的动力机器基础和高耸构筑物，勘探点不宜少于3个；

④ 勘探手段宜采用钻探与触探相配合，在复杂地质条件、湿陷性土、膨胀岩土、风化岩和残积土地区，宜布置适量探井。

表8-3 详细勘察勘探点的间距 单位：m

地基复杂程度等级	勘探点间距	地基复杂程度等级	勘探点间距
一级(复杂) 二级(中等复杂)	10～15 15～30	三级(简单)	30～50

详细勘察的单栋高层建筑勘探点的布置，应满足对地基均匀性评价的要求，且不应少于4个，对密集的高层建筑群，勘探点可适当减少，但每栋建筑物至少应有1个控制性勘探点。

详细勘察的勘探深度自基础底面算起，应符合下列规定：

① 勘探孔深度应能控制地基主要受力层，当基础底面宽度不大于5m时，勘探孔的深度对条形基础不应小于基础底面宽度的3倍，对单独柱基础不应小于基础底面宽度的1.5倍，且不应小于5m；

② 对高层建筑和需要做变形计算的地基，控制性勘探孔的深度应超过地基变形计算深度；高层建筑的一般性勘探孔应达到基底下0.5～1.0倍的基础宽度，并深入稳定分布的地层；

③ 对仅有地下室的建筑或高层建筑的裙房，当不能满足抗浮设计要求，需设置抗浮桩或锚杆时，勘探孔深度应满足抗拔承载力评价的要求；

④ 当有大面积地面堆载或软弱下卧层时，应适当加深控制性勘探孔的深度；

⑤ 在上述规定深度内当遇基岩或厚层碎石土等稳定地层时，勘探孔的深度应根据情况进行调整。

详细勘察的勘探孔深度，还应符合下列规定：

① 地基变形计算深度，对中、低压缩性土可取附加压力等于上覆土层有效自重压力20%的深度；对于高压缩性土层可取附加压力等于上覆土层有效自重压力10%的深度；

② 建筑总平面内的裙房或仅有地下室部分（或当基底附加压力 $p_0 \leqslant 0$ 时）的控制性勘探孔深度可适当减小，但应深入稳定分布地层，且根据荷载和土质条件不宜少于基底下

0.5～1.0倍基础宽度；

③ 当需要进行地基整体稳定性验算时，控制性勘探孔深度应根据具体条件满足验算要求；

④ 当需确定场地抗震类别而邻近无可靠的覆盖层厚度资料时，应布置波速测试孔，其深度应满足确定覆盖层厚度的要求；

⑤ 大型设备基础勘探孔深度不宜小于基础底面宽度的2倍；

⑥ 当需要进行地基处理时，勘探孔的深度应满足地基处理设计与施工要求。

当采用桩基时，勘探孔的深度，应满足如下要求：

① 一般性勘探孔的深度应达到预计桩长以下$3d$～$5d$（d为桩径），且不得小于3m；对于大直径桩，不得小于5m；

② 控制性勘探孔深度应满足下卧层验算要求；对需要验算沉降的桩基，应超过地基变形深度；

③ 钻至预计深度遇软弱层时，应予加深；在预计勘探孔深度内遇稳定坚实岩土时，可适当减小；

④ 对嵌岩桩，应钻入预计嵌岩面以下$3d$～$5d$，并穿过溶洞、破碎带，达到稳定地层；

⑤ 对可能有多种桩长方案时，应根据最长桩方案确定。

详细勘察采取土试样和进行原位试验，应符合下列要求：

① 采取土试样和进行原位试验的勘探点数量，应根据地层结构、地基土的均匀性和设计要求确定，对地基基础设计等级为甲级的建筑物每栋不应少于3个；

② 每个场地每一主要土层的原状土试样或原位测试数据不应少于6件（组）；

③ 在地基主要受力层内，对厚度大于0.5m的夹层或透镜体，应采取土试样或进行原位测试；

④ 当土层性质不均匀时，应增加取土数量或原位测试工作量。

8.1.3.4 施工勘察

遇到下列情况之一时，应配合设计、施工单位进行施工勘察，解决与施工有关的岩土工程问题，并提出相应的勘察资料。

① 基槽开挖后，地质条件有差异，并可能影响工程质量；

② 深基础施工设计及施工中需进行有关地基监测工作；

③ 地基处理、加固时，需进行设计和检验工作；

④ 对已埋的塘、浜、沟、谷等的位置，需进一步查明及处理；

⑤ 预计施工时，对土坡稳定性需进行监测和处理。

8.2 岩土工程勘察方法

岩土工程勘察的方法或技术手段，主要有工程地质测绘与调查、勘探与取样、原位测试与室内试验等。

8.2.1 测绘与调查

工程地质测绘就是在地形图上布置一定数量的观察点和观测线，以便按点和线进行观测和描绘；工程地质调查则是走访现场及其周边，了解、收集相关资料。对地质条件简单的场地，可用调查代替工程地质测绘。测绘和调查的目的是通过对场地的地形地貌、地层岩性、地质构造、地下水、地表水、不良地质现象进行调查研究和测绘，为评价场地工程地质条件及合理确定勘探工作提供依据。而对建筑场地稳定性研究，则是工程地质调查和测绘的重点。

工程地质测绘和调查，宜在可行性研究勘察或初步勘察阶段进行，在详细勘察阶段可对某些专门地质问题做补充调查。测绘和调查的范围，应包括场地及其附近地段。测绘和调查的内容宜包括：

① 查明地形、地貌特征及其与地层、构造、不良地质作用的关系，划分地貌单元；

② 岩土的年代、成因、性质、厚度和分布；对岩层应鉴定其风化程度，对土层应区分新近沉积土、各种特殊性土；

③ 查明岩体结构类型，各类结构面（尤其是软弱结构面）的产状和性质，岩、土接触面和软弱夹层的特性等，新构造活动的形迹及其与地震活动的关系；

④ 查明地下水的类型、补给来源、排泄条件、井泉位置，含水层的岩性特征、埋藏深度、水位变化、污染情况及其与地表水的关系；

⑤ 搜集气象、水文、植被、土的标准冻结深度等资料；调查最高洪水位及其发生时间、淹没范围；

⑥ 查明岩溶、土洞、滑坡、崩塌、泥石流、冲沟、地面沉降、断裂、地震震害、地裂缝、岸边冲刷等不良地质作用的形成、分布、形态、规模、发育程度及其对工程建设的影响；

⑦ 调查人类活动对场地稳定性的影响，包括人工洞穴、地下采空、大挖大填、抽水排水和水库诱发地震等；

⑧ 建筑物的变形和工程经验。

工程地质测绘和调查的成果资料宜包括实际材料图、综合工程地质图、工程地质分区图、综合地质柱状图、工程地质剖面图以及各种素描图、照片和文字说明等。

8.2.2 勘探方法

勘探可以查明岩土的性质和分布，采取岩土试样、进行原位测试。常用的勘探方法有坑探、钻探和触探三种。地球物理勘探只在弄清某些地质问题时才采用。

8.2.2.1 坑探

这里的“坑”包括井、槽、洞，所以坑探包括井探、槽探和洞探，就是人工开挖的探坑（探井、探槽、探洞），如图 8-1 所示。通过探坑的开挖，可以绘制出地质剖面图、展示图，或拍摄剖面照片；同时，还可以方便地取得原状土样，供实验室测试，也可以在设定的部位进行原位试验。

探坑的平面形状一般采用 1.5m×1.0m 的矩形或直径为 0.8～1.0m 的圆形，其深度视地层的土质和地下水的埋藏条件而定。探坑深度不宜超过地下水位，较深的探坑需进行坑壁支护。在坝址、地下工程、大型边坡等勘察中，当需要详细查明深部岩层性质、构造特征时，可采用竖井或平洞。

对探井、探槽和探洞除文字描述记录外，尚应以剖面图、展示图等反映井、槽、洞壁和底部的岩性、地层分界、构造特征、取样或原位试验位置、并辅以代表性部位的彩色照片。

坑探法适用于土层中含有块石，钻探困难或土层很不均匀的情况。其优点是直观、并可取原

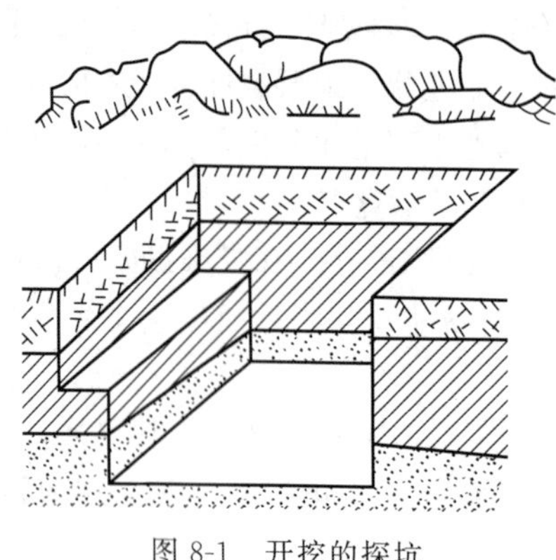

图 8-1 开挖的探坑

状土样做试验或在探坑内做载荷试验，这是钻探法和触探法无法做到的。缺点是探查深度不大，且不能用于水下，勘察完成后，探坑回填工作量较大。

8.2.2.2 钻探

钻探是用钻机在土层钻孔，以鉴别和划分土层，并用取土器采取土样，也可直接在孔内进行某些原位测试。这是岩土工程勘察的基本手段，其成果是进行工程地质评价和岩土工程设计、施工的基础资料。

钻机主要有冲击式和回旋式两种。冲击式钻机利用卷扬机钢丝绳带动钻具，再利用钻具的重力上下反复冲击，使钻头冲击孔底，破碎地层形成钻孔，在成孔过程中，它只能取出岩石碎块或扰动土样。回旋式钻机则是利用钻机的回转器带动钻具旋转，磨削孔底的地层而钻进，这种钻机通常使用管状钻具，能取柱状岩样或土样。图 8-2 所示为国产 SH-30 型钻机的钻进情况，其最大钻进深度可达到 30m，适用于建筑物和道路工程等的岩土工程勘探。对于不同的地层，应选取不同的钻头。常用的几种钻头见图中的“13”至“15”各小图。

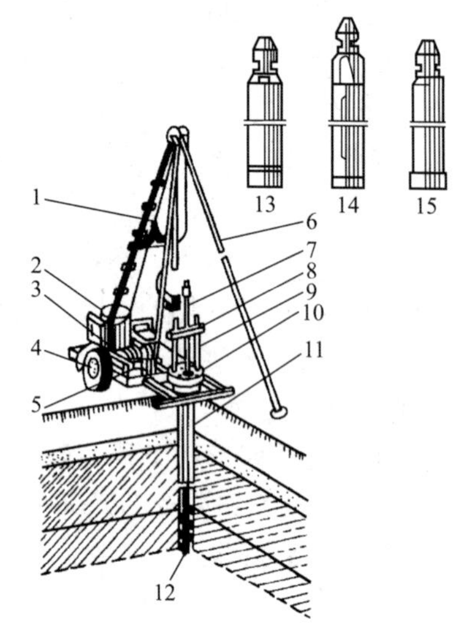

图 8-2 SH-30 型钻机

1—钢丝绳；2—汽油机；3—卷扬机；4—车轮；5—变速箱及操纵把；6—四腿支架；7—钻杆；8—钻杆夹；9—拔棍；10—转盘；11—钻孔；12—螺旋钻头；13—抽筒；14—劈土钻；15—劈石钻

此外，钻机还有振动式和冲洗式两种。振动式钻探有较高的工效，但对地层扰动大，不利于采取不扰动土样；冲洗式钻探能以较高的速度和低的成本达到某一深度，能了解松软覆盖层下的硬层（如基岩、卵石）的埋藏深度，但不能直观鉴别地层，也不能采取试样。

不同的钻探方法有不同的适用范围，所以应根据岩土类别和勘察要求来选择钻探方法。表 8-4 可以作为选择钻探方法的参考。

表 8-4 钻探方法的适用范围

钻探方法		钻进地层					勘察要求	
		黏性土	粉土	砂土	碎石土	岩石	直观鉴别、采取不扰动试样	直观鉴别、采取扰动试样
回旋	螺旋钻探	＋＋	＋	＋	—	—	＋＋	＋＋
	无岩芯钻探	＋＋	＋＋	＋＋	＋	＋＋	—	—
	岩芯钻探	＋＋	＋＋	＋＋	＋	＋＋	＋＋	＋＋
冲击	冲击钻探	—	—	＋＋	＋＋	—	—	—
	捶击钻探	＋＋	＋＋	＋＋	＋	—	＋＋	＋＋
振动钻探		＋＋	＋＋	＋＋	＋	—	＋	＋
冲洗钻探		＋	＋＋	＋＋	—	—	—	—

注：＋＋为适用；＋为部分适用；—为不适用。

勘探浅部土层可采用小口径麻花钻（或提土钻）钻进、小口径勺形钻钻进和洛阳铲钻进的钻探方法。其中小口径麻花钻头，接上钻杆，以人力回旋钻进（图 8-3）。这种钻孔直径较小，深度可达 10m，只能取扰动黏性土样，现场鉴别土的性质。洛阳铲（图 8-4），因过去由洛阳盗墓人所创，故名。现为考古勘察常用的一种工具，也作为岩土工程勘察的手工钻探工具。铲头半圆形，由钢制成，装上木制或金属长柄，并可系长绳。一人操作。在均匀的普通黏性土、粉土中，一小时可打出一个直径 10～20cm 的 5～6m 深的探孔。根据铲头带上的土，可鉴别和划分土层，考古人员也可据此判别地下有无古代墓葬或文物线索。

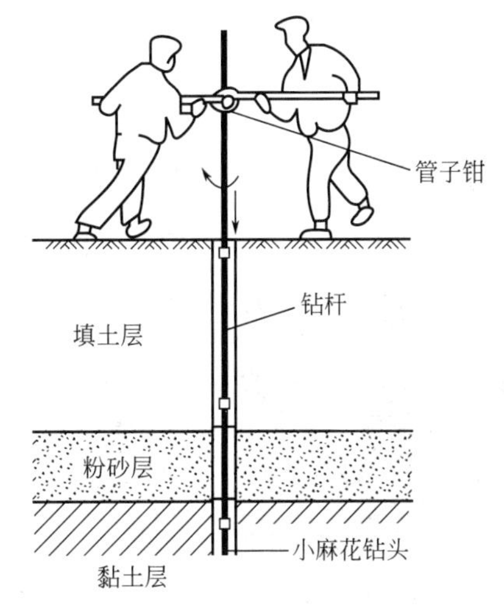

图 8-3 手摇麻花钻钻进示意

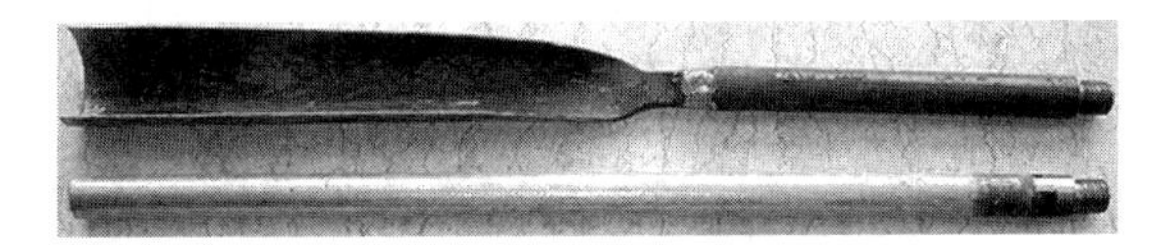

图 8-4 洛阳铲

钻孔的记录应符合下列要求：

① 野外记录应由经过专业训练的人员承担；记录应真实及时，按钻进回次逐段填写，严禁事后追记；

② 钻探现场可采用肉眼鉴别和手触方法，有条件或勘察工作有明确要求时，可采用微型贯入仪等定量化、标准化的方法；

③ 钻探成果可用钻孔野外柱状图或分层记录表示；岩土芯样可根据工程要求保存一定期限或长期保存，亦可拍摄岩芯、土芯彩照纳入勘察成果资料。

8.2.2.3 触探

触探是用静力或动力将金属探头贯入土层，根据土对触探头的贯入阻力或锤击数，间接判断土层及其性质的一种方法。触探是一种勘探方法，又是一种原位测试技术。作为勘探方法，触探可用于划分土层，了解地层的均匀性；作为测试技术，则可估计土的某些特性指标或估计地基承载力。触探根据贯入方式的不同，可分为静力触探和动力触探两种方法。

（1）静力触探

静力触探是用准静力将一个内部装有传感器的触探头匀速压入土层中，利用电测技术测定贯入阻力，以此来判断土的力学性质。一般说来，同一种土，贯入阻力大，土层力学性质好；贯入阻力小，土层软弱。该法适用于软土、一般黏性土、粉土、砂土和含少量碎石的土。

静力触探的主要设备是提供压力的触探仪和感应贯入阻力的触探头，如图 8-5 所示。触探仪有机械式和油压式两种，触探头的传感元件为电阻片。当触探头贯入土层时，探头套所受的土层阻力，通过顶柱传递到空心柱上部，使空心柱与贴在其上面的电阻片一起产生拉伸变形。通过应变测量系统，便可测得电阻片产生的应变，或输出电信号。应变的大小与阻力相关，这样就可由测定应变来实现测定阻力。

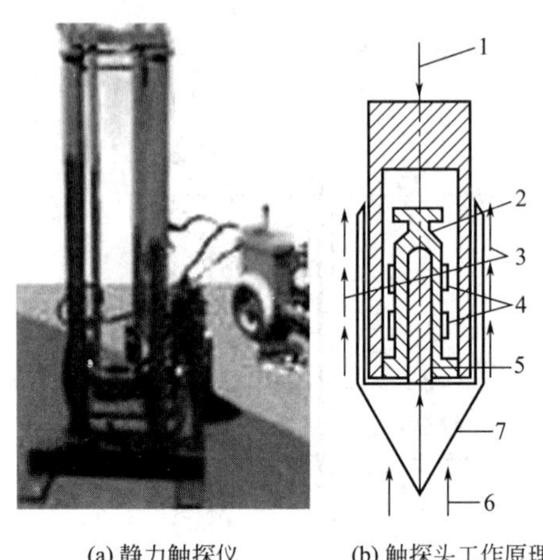

(a) 静力触探仪　　(b) 触探头工作原理

图 8-5　触探仪和触探头

1—贯入力；2—空心柱；3—侧壁摩阻力；4—电阻片；5—顶柱；6—锥尖阻力；7—探头套

实际应用中，触探头分单桥探头和双桥探头两类，前者以一个测力电桥（惠斯登电桥）来量测探头总贯入阻力，后者用两个电桥分别量测探头的锥尖阻力和侧壁摩阻力。

对于单桥探头，将总贯入阻力 P(kN) 除以探头截面面积 A(m^2) 定义为比贯入阻力，用 p_s 表示，单位为 kPa：

$$p_s=\frac{P}{A} \tag{8-1}$$

对于双桥探头，可测出锥尖总阻力 Q_c(kN) 和侧壁总摩阻力 P_f(kN)，则定义锥尖阻力 q_c(kPa)：

$$q_c=\frac{Q_c}{A} \tag{8-2}$$

侧壁摩阻力 f_s(kPa)：

$$f_s=\frac{P_f}{A_s} \tag{8-3}$$

式中　A_s——外套筒的总表面积，m^2。

根据锥尖阻力 q_c 和侧壁摩阻力 f_s 可计算同一深度处的摩阻比 R_f：

$$R_f=\frac{f_s}{q_c}\times 100\% \tag{8-4}$$

20 世纪 80 年代初期，研制出了孔压静力触探仪，可同时测定孔隙水压力 u，使静力触探技术提高到了一个新的高度。

由测得的 p_s、q_c、f_s、R_f、u 等参数，可绘制出随深度变化的曲线，如图 8-6 所示。这样的曲线，称为贯入曲线。根据贯入曲线的线型特征，结合相邻钻孔资料和地区经验，可以划分土层和判定土类。

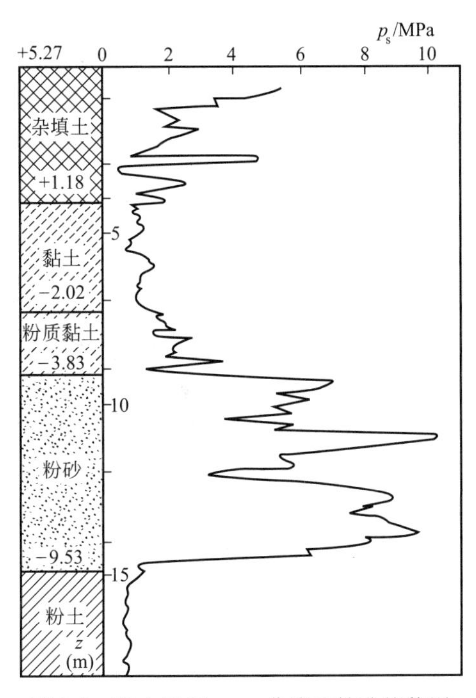

图 8-6　静力触探 p_s-z 曲线和钻孔柱状图

根据静力触探资料，利用地区经验，可进行力学分层，估算土的塑性状态或密实度、强度、压缩性、地基承载力、单桩承载力、沉桩阻力，以及进行液化判别等。根据孔压消散曲线，可估算土的固结系数和渗透系数。

（2）圆锥动力触探

圆锥动力触探是利用一定锤击动能，将一定规格的圆锥探头打入土中，根据打入土中一定深度所需锤击数来判别土层工程性质的一种方法。

圆锥动力触探的设备主要由圆锥探头、触探杆、穿心锤及钢砧锤垫四部分组成，如图 8-7 所示。根据穿心锤质量不同，我国将圆锥动力触探分为轻型、重型和超重型三种，其规格和适用土类见表 8-5。

试验的具体方法是先将穿心锤穿入带钢砧与锤垫的触探杆上，探头及探杆垂直地面放置于测试地点，然后提起穿心锤至预定高度，使其自由下落撞击锤垫，将探头打入土中，记录每贯入 30cm（或 10cm）的锤击数。重复上述步骤，直至达到预定深度为止。

图 8-7　圆锥动力触探设备

随着探杆入土长度的增加，杆侧土层的摩阻力以及其他形式的能量消耗也增大了，因而使得锤击数值偏大。对重型和超重型圆锥动力触探，习惯上采用牛顿碰撞理论来对杆长的影响进行修正：

$$N_{63.5}=\alpha_1 N'_{63.5}，\quad N_{120}=\alpha_2 N'_{120} \tag{8-5}$$

式中　$N_{63.5}$、N_{120}——修正后的锤击数；

$N'_{63.5}$、N'_{120}——实测锤击数；

α_1——重型圆锥动力触探锤击修正系数，按表 8-6 取值；

α_2——超重型圆锥动力触探锤击修正系数，按表 8-7 取值。

表 8-5　圆锥动力触探类型

类型		轻型	重型	超重型
落锤	锤的质量/kg	10	63.5	120
	落距/cm	50	76	100
探头	直径/mm	40	74	74
	锥角/(°)	60	60	60
探杆直径/mm		25	42	50～60
指标		贯入 30cm 的读数 N_{10}	贯入 10cm 的读数 $N_{63.5}$	贯入 10cm 的读数 N_{120}
主要适用岩土		浅部的填土、砂土、粉土、黏性土	砂土、中密以下的碎石土、极软岩	密实和很密的碎石土、软岩、极软岩

表 8-6　重型圆锥动力触探锤击修正系数 α_1

杆长 L/m	$N'_{63.5}$								
	5	10	15	20	25	30	35	40	≥50
2	1.00	1.00	1.00	1.00	1.00	1.00	1.00	1.00	
4	0.96	0.95	0.93	0.92	0.90	0.89	0.87	0.86	0.84
6	0.93	0.90	0.88	0.85	0.83	0.81	0.79	0.78	0.75
8	0.90	0.86	0.83	0.80	0.77	0.75	0.73	0.71	0.67
10	0.88	0.83	0.79	0.75	0.72	0.69	0.67	0.64	0.61
12	0.85	0.79	0.75	0.70	0.67	0.64	0.61	0.59	0.55
14	0.82	0.76	0.71	0.66	0.62	0.58	0.56	0.53	0.50
16	0.79	0.73	0.67	0.62	0.57	0.54	0.51	0.48	0.45
18	0.77	0.70	0.63	0.57	0.53	0.49	0.46	0.43	0.40
20	0.75	0.67	0.59	.053	0.48	0.44	0.41	0.39	0.36

表 8-7　超重型圆锥动力触探锤击修正系数 α_2

杆长 L/m	N'_{120}											
	1	3	5	7	9	10	15	20	25	30	35	40
1	1.00	1.00	1.00	1.00	1.00	1.00	1.00	1.00	1.00	1.00	1.00	1.00
2	0.96	0.92	0.91	0.90	0.90	0.90	0.90	0.89	0.89	0.88	0.88	0.88
3	0.94	0.88	0.86	0.85	0.84	0.84	0.84	0.83	0.82	0.82	0.81	0.81
5	0.92	0.82	0.79	0.78	0.77	0.77	0.76	0.75	0.74	0.73	0.72	0.72
7	0.90	0.78	0.75	0.74	0.73	0.72	0.71	0.70	0.68	0.68	0.67	0.66
9	0.88	0.75	0.72	0.70	0.69	0.68	0.67	0.66	0.64	0.63	0.62	0.62
11	0.87	0.73	0.69	0.67	0.66	0.66	0.64	0.62	0.61	0.60	0.59	0.58
13	0.86	0.71	0.67	0.65	0.64	0.63	0.61	0.60	0.58	0.57	0.56	0.55
15	0.84	0.69	0.65	0.63	0.62	0.61	0.59	0.58	0.56	0.55	0.54	0.53
17	0.85	0.68	0.63	0.61	0.60	0.60	0.57	0.56	0.54	0.53	0.52	0.50
19	0.84	0.66	0.62	0.60	0.58	0.58	0.56	0.54	0.52	0.51	0.50	0.48

根据圆锥动力触探试验指标和地区经验，可进行力学分层，评定土的均匀性和物质性质(状态、密实度)、土的强渡、变形参数、地基承载力、单桩承载力，查明土洞、滑动面、软硬土层界面，检测地基处理效果等。

(3) 标准贯入试验

标准贯入试验是动力触探的一种。以钻机作为提升架，并配用标准圆形贯入器、触探杆和穿心锤等设备（图 8-8）。试验时在钻孔孔底安放贯入器和探杆锤击系统，将质量为 63.5kg 的穿心锤以 76cm 的落距自由下落，首先将贯入器打入土层中 15cm，然后开始记录打入土层 30cm 的锤击数，即为实测锤击数 N。当锤击数已达 50 击，而贯入深度未达到 30cm 时，可记录 50 击的实际贯入深度 ΔS（cm），按下式换算成相当于 30cm 的标准贯入试验锤击数 N，并终止试验。

$$N=30\times\frac{50}{\Delta S}=\frac{1500}{\Delta S} \tag{8-6}$$

标准贯入试验成果 N 可直接标在工程地质剖面图上，也可绘制单孔标准贯入锤击数 N 与深度的关系曲线或直方图。依据 N 值，可对砂土、粉土、黏性土的物理状态、土的强度、变形参数、地基承载力、单桩承载力、砂土和粉土的液化，成桩的可能性等做出评价。

标准贯入试验是 20 世纪 40 年代末期发展起来的，适用于砂土、粉土和一般黏性土，不适用于碎石土及岩层。对饱和软黏土而言，由于其试验精度较低，通常采用十字板剪切和静力触探，而不采用标准贯入试验。

由于使用方便，标准贯入试验方法在国内外都得到广泛应用，如图 8-9 所示为某建筑场地的试验现场。

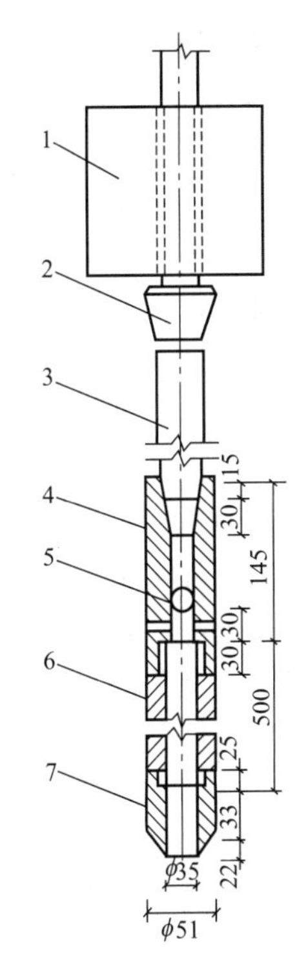

图 8-8 标准贯入试验设备（单位：mm）

1—穿心锤；2—锤垫；3—触探杆；4—贯入器头；5—出水孔；6—由两半圆形管并合而成的贯入器身；7—贯入器靴

图 8-9 标准贯入试验现场

8.2.3 测试工作

测试工作是岩土工程勘察工作的重要组成部分。通过室内试验和现场原位测试，可以取得岩土的物理力学性质和地下水的水质等方面的定量指标，以供工程设计、施工时使用。

8.2.3.1 室内试验

岩土性质的室内试验按现行国家标准《土工试验方法标准》（GB/T 50123）和《工程岩

体试验方法标准》(GB/T 50266)的规定进行。岩土工程评价时所选用的参数，宜与相应的原位测试成果或原位观测反分析成果比较，经修正后确定。

根据勘探所采取的土试样所受扰动程度不同，将土试样分成四个质量等级。Ⅰ级土样为不扰动土样，指原位应力状态虽已改变，但土的结构、密度和含水量变化很小，能满足室内试验的各项要求的土样。Ⅱ级土样为轻微扰动土样，用于土类定名、含水量、密度测定等。除地基基础设计等级为甲级的工程外，在工程技术要求允许的情况下，可用Ⅱ级土试样进行强度和固结试验，但宜先对土试样受扰动程度做抽样鉴定，判定用于试验的适宜性，并结合地区经验使用试验成果。Ⅲ级土样为显著扰动土样，用于土类定名、含水量试验。Ⅳ级土样为完全扰动土样，仅用于土类定名试验。

(1) 物理性质指标测定

各类工程均应测定下列土的分类指标和物理性质指标。

对砂土，试验项目为颗粒级配、比重、天然含水量、天然密度、最大和最小密度。当无法取得Ⅰ级、Ⅱ级、Ⅲ级砂土试样时，可只进行颗粒级配试验。

对粉土试样，试验项目为颗粒级配、液限、塑限、比重、天然含水量、天然密度和有机质含量。

对黏性土，试验项目为液限、塑限、比重、天然含水量、天然密度和有机质含量。若目测鉴定不含有机质时，可不进行有机质试验。

(2) 渗透性试验

当需要进行渗流分析，基坑降水设计等要求提供土的透水性参数时，可进行渗透性试验。常水头试验适用于砂土和碎石土；变水头试验适用于粉土和黏性土；透水性很低的软土可通过固结试验测定固结系数，体积压缩系数，计算渗透系数。土的渗透系数取值应与野外抽水试验或注水试验的成果比较后确定。

(3) 力学试验

土的力学试验包括侧限压缩试验、无侧限抗压强度试验、直接剪切试验、三轴剪切试验等，测定土的强度指标和侧限压缩模量。

对岩石，一般可做室内饱和单轴抗压强度试验，如有需要也可作三轴压缩、直接剪切以及抗拉强度试验。

(4) 腐蚀性试验

混凝土结构或钢结构处于地下水位以下时，应采取地下水位以下的水试样和地下水位以上的土试样，分别做腐蚀性试验；结构处于地下水位以上时，应采取土试样做腐蚀性试验。

腐蚀性试验的项目，一般有 pH 值、Ca^{2+}、Mg^{2+}、Cl^{-}、SO_4^{2-}、HCO_3^{-}、CO_3^{2-}、侵蚀性 CO_2、游离 CO_2、NH_4^{+}、OH^{-}、总矿化度、氧化还原电位、极化曲线、电阻率、扰动土质量损失。

8.2.3.2 原位测试

所谓原位测试，就是在岩土体所处的位置，基本保持岩土原来的结构、湿度和应力状态，对岩土体进行的测试。原位测试包括地基土的静载荷试验(浅层平板载荷试验、深层平板载荷试验)、触探试验、十字板剪切试验，岩土现场剪切试验、动力参数或剪切波速测定，桩的静载荷试验、动载荷试验等。有时，还要进行地下水位变化的观测和抽水试验。一般来说，原位测试可在现场条件下直接测定土的性质，避免土试样在取样、运输以及室内准备试验过程中被扰动，因而其试验成果较为可靠。

8.3 岩土的野外鉴别与描述

在勘察过程中，应在野外（现场）条件下及时对岩土进行简单的鉴别和文字描述，并将其作为勘察工作的原始资料存档。

8.3.1 岩土的野外鉴别

所谓岩土的野外鉴别，就是通过肉眼观察、用手触摸并辅以随身携带的简单工具，凭感觉、凭经验，对岩土类型、状态等做出初步判断。

8.3.1.1 岩石的野外鉴别

岩石是由一种或几种矿物组成的集合体，具有一定的化学成分、矿物成分，一定的结构和构造。岩石可通过肉眼观察判定，其坚硬程度的定性划分，应按表8-8进行。

表8-8 岩石坚硬程度的定性划分

<table>
<tr><th colspan="2">名称</th><th>定性鉴定</th><th>代表性岩石</th></tr>
<tr><td rowspan="2">硬质岩</td><td>坚硬岩</td><td>锤击声清脆，有回弹，震手，难击碎；
基本无吸水反应</td><td>未风化～微风化的花岗岩、闪长岩、辉绿岩、玄武岩、安山岩、片麻岩、石英岩、硅质砾岩、石英砂岩、硅质石灰岩等</td></tr>
<tr><td>较硬岩</td><td>锤击声较清脆，有轻微回弹，稍震手，较难击碎；
有轻微吸水反应</td><td>1. 微风化的坚硬岩；
2. 未风化～微风化的大理岩、板岩、石灰岩、钙质砂岩等</td></tr>
<tr><td rowspan="2">软质岩</td><td>较软岩</td><td>锤击声不清脆，无回弹，较易击碎；
指甲可刻出印痕</td><td>1. 中风化的坚硬岩和较硬岩；
2. 未风化～微风化的凝灰岩、千枚岩、砂质泥岩、泥灰岩等</td></tr>
<tr><td>软岩</td><td>锤击声哑，无回弹，有凹痕，易击碎；
浸水后，可捏成团</td><td>1. 强风化的坚硬岩和较硬岩；
2. 中风化的较软岩；
3. 未风化～微风化的泥质砂岩、泥岩等</td></tr>
<tr><td colspan="2">极软岩</td><td>锤击声哑，无回弹，有较深凹痕，手可捏碎；
浸水后，可捏成团</td><td>1. 风化的软岩；
2. 全风化的各种岩石；
3. 各种半成岩</td></tr>
</table>

8.3.1.2 碎石土的野外鉴别

碎石土的分类是以土中颗粒大小及其相对含量为依据的。大于蚕豆（胡豆）大小颗粒超过一半者为卵石或碎石，大于绿豆大小颗粒的含量超过全重的一半者为砾石。碎石土的干时状态完全分散，湿时状态无黏着感。

碎石土的密实度，可按表8-9进行初步划分。

8.3.1.3 砂土的野外鉴别

砂土的分类也是以土中颗粒大小及其相对含量为依据的。大于绿豆大小的颗粒含量超过全重四分之一者为砾砂，大于小米大小的颗粒含量超过全重一半者为粗砂，大于砂糖大小的颗粒含量超过全重一半者为中砂，类似于粗玉米粉颗粒粗细者为细砂，类似于细白糖颗粒粗细者为粉砂。

砂土的野外鉴别还可借助“砂粒标准粒度计”。它是由一系列的砂粒粒组，按粗细顺序装在一根玻璃管内而成的。将野外砂土与标准粒度计中的已知粗细做比较，再估计其相对含量，便可初步对砂土定名。

表 8-9 碎石土密实度野外鉴别方法

密实度	骨架颗粒含量和排列	可挖性	可钻性
密实	骨架颗粒含量大于总重的70%，呈交错排列，连续接触	锹镐挖掘困难，用撬棍方能松动，井壁一般较稳定	钻进极困难，冲击钻探时，钻杆、吊锤跳动剧烈，孔壁较稳定
中密	骨架颗粒含量等于总重的60%～70%，呈交错排列，大部分接触	锹镐可挖掘，井壁有掉块现象，从井壁取出大颗粒处，能保持颗粒凹面形状	钻进较困难，冲击钻探时，钻杆、吊锤跳动不剧烈，孔壁有坍塌现象
稍密	骨架颗粒含量等于总重的55%～60%，排列混乱，大部分不接触	锹可以挖掘，井壁易坍塌，从井壁取出大颗粒后，砂土立即坍落	钻进较容易，冲击钻探时，钻杆稍有跳动，孔壁易坍塌
松散	骨架颗粒含量小于总重的55%，排列十分混乱，绝大部分不接触	锹易挖掘，井壁极易坍塌	钻进很容易，冲击钻探时，钻杆无跳动，孔壁极易坍塌

8.3.1.4 粉土和黏性土的野外鉴别

粉土和黏性土的颗粒粒径很小，不能用肉眼判别，这类土可以用小刀切、用手捻摸等方法进行初步鉴别，具体鉴定特征可参见表 8-10。

表 8-10 中的各种特征已反映出土中黏粒含量等因素的影响。黏性土含有一定数量的黏粒，故具有黏聚力。粉土可能含有某些黏粒而具有黏聚力，也可能少含黏粒，潮湿时所具有的黏聚力在干燥时消失。粉土含有较多的粉粒，塑性较低。

表 8-10 粉土和黏性土野外鉴定特征

鉴别方法	土类		
	黏土	粉质黏土	粉土
湿润时用刀切	切面非常光滑，刀刃有黏腻的阻力	稍有光滑面，切面规则	无光滑面，切面比较粗糙
用手捻摸时的感觉	湿土用手捻有滑腻感，当水分较大时极为黏手，感觉不到砂粒存在	仔细的捻摸感觉到有少量细颗粒，稍有滑腻感，有黏滞感	感觉有细颗粒存在或感觉粗糙，有轻微的黏滞感
黏着程度	湿土极易黏着物体(包括金属和玻璃)，干燥后不易剥去，用手反复洗才能去掉	能黏着物体，干燥后较易剥掉	一般不黏着物体，干燥后一碰即掉
湿土搓条情况	能搓成 0.5mm 的土条(长度不短于手掌)，手持一端不致断裂	能搓成 0.5～2mm 的土条	能搓成 2～3mm 的土条

野外鉴别粉土还可采用“摇振反应”：用少量的土和水拌合形成一个含水量接近饱和的小球，放在手掌上左右摇动，并以另一手掌振击持土的手掌，若土中水渗出土球表面，并呈现光泽，则该土为粉土。这是因为土中水较容易在粉土颗粒间通过，振击使土中水由于惯性力作用而移至表面，产生震动水析现象。

黏性土的物理状态，野外鉴别时可依据相应特征来划分。坚硬状态：人工小钻钻探时很费力，几乎钻不进，钻头取上的土样用手指捏不动，加力不能使土变形，只会碎裂；硬塑状态：人工小钻钻探时较费力，钻头取上的土样用手指捏时，当用较大的力才能使土略有变形，并即碎散；可塑状态：钻头取出的土样，手指用力不大就能使土变形，土可捏成各种形状；软塑状态：可以把土捏成各种形状，手指揿入土中毫不费力，由钻头取上的土剥取时还能成条；流塑状态：钻进较易，钻头取上的土样少，剥取时已不能成形，放在手中也不易成块。

8.3.2 岩土的描述

在野外鉴别的基础上，综合室内试验、现场测试成果，对土的名称、颜色、成因类型、地质时代、地质特征以及物理力学性质等，用文字和指标对场地岩土做出全面描述。不同类型的岩土，描述要求不同。

（1）岩石的描述

岩石应描述其成因类型、矿物成分、形态、颜色、光泽、软硬程度、破碎情况以及风化程度等。

（2）碎石土的描述

碎石土应描述其成因类型，颗粒级配、形状、最大粒径、物质成分及风化程度，填充物的性质、填充情况以及密实度等。碎石土的填充物及填充情况与其成因有关，填充物为砂土时，颗粒粗且分散；填充物为黏性土时，颗粒细且具黏性。

（3）砂土的描述

砂土应描述其成因类型、颗粒级配、矿物成分、黏性土含量、湿度和密实度等。

砂土的湿度野外鉴别可采用以下简便方法：现场取一块保持天然含水量的砂土，放在手中迅速摇荡，若表面有水渗出，则表明是饱和的；若摇不出水分，但可勉强捏成团，则砂土是很湿的；若呈松散状态，手感有潮湿感，则属稍湿的。

（4）粉土和黏性土的描述

粉土和黏性土应描述其生成年代、成因类型、沉积环境、断面形态、孔隙大小、粗糙程度、是否有层理，土的颜色、湿度、状态、包含物以及有无人类的文化遗迹等。

土层中含有非本层土成分的其他物质，称为包含物。例如碎砖、炉碴、石灰碴、植物根、有机质、贝壳、氧化铁、云母等。应注明包含物的大小和数量。

（5）人工填土的描述

首先应分清属于素填土、杂填土、人工填土中的哪一种，然后描述其物质组成、压密程度和堆积年限等。填土的物质成分和压密程度随物质来源和填积方法而异。为了查明人工填土的情况，在勘察时，应调查（走访当地居民、收集旧地形图、查阅地方志）和描述场地的地形、地物变迁，填土的堆填年代、堆填方式、堆填物的主要成分。

8.4 岩土工程勘察报告

当完成野外勘察工作和室内试验以后，由直接和间接得到的各种岩土资料，经分析整理、检查校对、归纳总结，便可形成由文字和图表组成的岩土工程勘察报告，供工程项目的设计、施工使用。

8.4.1 勘察报告的内容要求

岩土工程勘察报告应资料完整、真实准确、数据无误、图表清晰、结论有据、建议合理、便于使用和适宜长期保存，并应因地制宜，重点突出，有明确的工程针对性。

8.4.1.1 基本内容

岩土工程勘察报告应根据甲方的任务要求、勘察阶段、工程特点和地质条件等具体情况编写，并应包括下列内容：

① 勘察目的、任务要求和技术标准；

② 拟建工程概况；

③ 勘察方法和勘察工作布置；

④ 场地地形、地貌、地层、地质构造、岩土性质及其均匀性；

⑤ 各项岩土性质指标，岩土的强度参数、变形参数、地基承载力的建议值；

⑥ 地下水埋藏情况、类型、水位及其变化；

⑦ 土和水对建筑材料的腐蚀性；

⑧ 可能影响工程稳定的不良地质作用的描述和对工程危害程度的评价；

⑨ 场地稳定性和适宜性评价。

除此之外，还应对岩土利用、整治和改造的方案进行分析论证，提出建议；对工程施工和使用期间可能发生的岩土工程问题进行预测，提出监控和预防措施的建议。对岩土的利用、整治和改造的建议，宜进行不同方案的技术经济论证，并提出对设计、施工和现场监测要求的建议。

8.4.1.2 成果附件

成果报告应附下列图件：勘探点平面布置图；工程地质柱状图；工程地质剖面图；原位测试成果图表；室内试验成果图表。

当需要时，尚可附综合工程地质图、综合地质柱状图、地下水位等水位线、素描、照片、综合分析图表以及岩土利用、整治和改造方案的有关图表、岩土工程计算简图及计算成果图表等。

8.4.1.3 专题报告

任务需要时，可提交下列专题报告：岩土工程测试报告；岩土工程检验或监测报告；岩土工程事故调查与分析报告；岩土利用、整治或改造方案报告；专门岩土工程问题的技术咨询报告。

8.4.2 勘察报告的阅读要点

岩土工程勘察报告，短的数十页，长的数百页，内容众多，资料丰富，设计人员在阅读时不必面面俱到，应抓住要点重点阅读或关注。

在地质条件比较复杂的地区，阅读勘察报告时，应注意场地的稳定性，掌握地质条件，地层成层条件。特别要注意是否有不良地质现象，例如场地土层是否稳定，有无滑坡、断层、溶洞、土洞及地震等情况。对于处于平原地区的建筑场地，主要了解土层在深度方向的分层情况，水平方向的均匀程度，地下水位以及地下水的腐蚀性。土层分布规律通常上部土的性质较差，下部土的性质较好，直到基岩；但要注意是否有反常情况，即是否有下卧软弱层存在，这将影响到持力层的选择、基础的埋置深度。

岩土的物理力学性质指标众多，阅读勘察报告应注意能说明岩土工程性质的主要参数，比如重度γ、孔隙比e、液性指数I_L、抗剪强度指标（标准值）φ_k和c_k，以及压缩性指数$a_{1\text{-}2}$或E_s。如果有现场测试数据，如标准贯入锤击数N、圆锥动力触探锤击数N_{10}、$N_{63.5}$、N_{120}，静力触探的贯入曲线，则更能直观地把握土的强度随深度的变化。特别要注意地基承载力特征值f_{ak}，单桩竖向承载力特征值R_a等参数，因为持力层的选择、基础底面尺寸的确定或桩基础中桩数的确定，直接与承载力有关。

思考题

8.1　工程建设为什么要进行岩土工程勘察？

8.2　场地等级和地基等级如何划分？岩土工程勘察又是如何划分等级的？

8.3　岩土工程勘察如何分阶段？什么样的工程可以直接进行详细勘察？详细勘察阶段应该完成哪些工作？

8.4　对于建筑工程而言，常用的勘探方法有哪几种？各有什么优缺点和适用范围？

8.5　重型圆锥动力触探试验和标准贯入试验有何异同？

8.6　野外如何鉴别碎石土？其密实度如何确定？

8.7　岩土工程勘察报告的内容有哪些？

8.8　阅读岩土工程勘察报告时应抓住哪些主要内容？

选择题

8.1　岩土工程勘探通常要采取土试样。根据土样受扰动的程度，将其分为四个质量级别。其中Ⅰ级土样指的是（　　）。

A. 扰动土样　　B. 轻微扰动土样

C. 未扰动土样　　D. 重塑土样

8.2　地形地貌较复杂，基础位于地下水位以下的场地，属于（　　）。

A. 一级场地　　B. 二级场地

C. 三级场地　　D. 四级场地

8.3　三级地基属于（　　）。

A. 简单地基　　B. 复杂地基

C. 中等简单地基　　D. 中等复杂地基

8.4　对于一般工程，初步勘察时控制性勘探孔的深度应为（　　）m。

A. 10～15　　B. 15～30

C. 10～20　　D. ≥30

8.5　静力触探试验有单桥探头和双桥探头两种探头，其中单桥探头的测试结果以指标（　　）表示。

A. 比贯入阻力 $p_s=\dfrac{P}{A}$　　B. 锥尖阻力 $q_c=\dfrac{Q_c}{A}$

C. 侧壁阻力 $f_s=\dfrac{P_f}{A_s}$　　D. 摩阻比 $R_f=\dfrac{f_s}{q_c}\times100\%$

8.6 下列试验中，属于原位测试的是（　　）。

A. 液限试验　　B. 饱和单轴抗压强度试验

C. 静载荷试验　　D. 三轴剪切试验

8.7 标准贯入试验中，穿心锤的质量为（　　）。

A. 10kg　　B. 32.5kg

C. 50kg　　D. 63.5kg

8.8 轻型圆锥动力触探试验中，穿心锤的质量为10kg，落距为（　　）mm。

A. 1000　　B. 760

C. 500　　D. 380

第9章 浅基础设计

Chapter 09

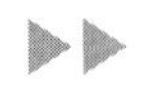

内容提要

本章为浅基础设计，主要内容包括浅基础的类型、埋置深度，地基承载力特征值，地基计算，无筋扩展基础设计，扩展基础设计，减轻地基不均匀沉降危害的措施等。

基本要求

通过本章的学习，要求了解浅基础的定义及类型、基础埋置深度的确定原则及影响因素，掌握地基承载力特征值确定方法，熟练掌握地基计算方法，会进行无筋扩展基础及扩展基础设计，知道减轻地基不均匀沉降危害所能采取的各种措施。

9.1 浅基础的类型

通常将基础埋置深度 $d \leqslant 5$m 或 $d \leqslant$基底宽度 b 的基础称为浅基础。浅基础因埋深较小，可以采用普通开挖基坑的方法修建，故造价较低，是多层建筑的首选基础形式。根据计算方法的不同，浅基础可分为无筋扩展基础，扩展基础，柱下条形基础，高层建筑筏形基础和箱形基础等类型。

9.1.1 无筋扩展基础

无筋扩展基础是指由砖、灰土、三合土、毛石、混凝土或毛石混凝土等材料组成的，且不需配置钢筋的墙下条形基础或柱下独立基础（单独基础）。无筋扩展基础截面尺寸较大，具有很大的抗弯刚度，在上部结构传来的荷载和自重作用下，基础不会出现挠曲变形和开裂，故又称为刚性基础。

9.1.1.1 砖基础

用砖和砂浆砌筑的基础就是砖基础，它是应用最广泛的无筋扩展基础，常用于六层及六层以下的民用建筑和工业厂房。

砖基础在基础底面以下一般先做 100mm 厚的混凝土垫层（图 9-1），混凝土强度等级可取 C10 或 C15，垫层每边自基底边缘伸出 50～100mm。设计时混凝土垫层不作为基础的结构部分，即垫层厚度不计入基础的埋深之内，垫层的宽度也不计入基础的底面宽度之内。

砖基础的尺寸应符合砖的模数，剖面为阶梯形，通常砌成大放脚。每一阶梯挑出长度为砖长的四分之一，对标砖而言就是 60mm。大放脚的砌法有“两皮一收”和“二一间隔收”两种（图 9-2）。所谓“两皮一收”就是每砌两皮砖收进 1/4 砖长［图 9-2（a）］；所谓“二

图 9-1　混凝土基础垫层

一间隔收”是指砌两皮砖收进 1/4 砖长，再砌一皮砖收进 1/4 砖长[图 9-2(b)]，如此反复进行。在相同底面宽度的情况下，二一间隔收法可减小基础高度，但为了保证基础的强度，底层需要用两皮一收砌筑。为了施工方便，减少砍砖损耗，大放脚基础的底面宽度应该取砖尺寸的倍数，如 240、370、490mm 等（尺寸中已包含 10mm 的灰缝在内）。

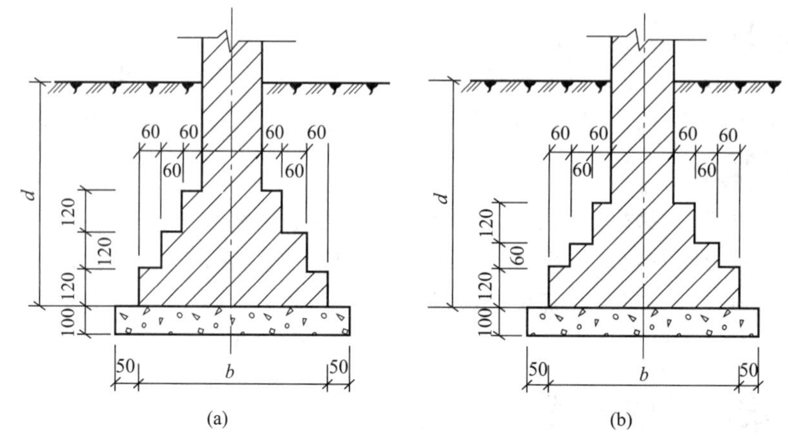

图 9-2　砖基础大放脚剖面图

9.1.1.2　灰土基础

所谓灰土基础就是砖基础大放脚下面做灰土垫层，因该垫层较厚，故属于基础的组成部分。由石灰和黏性土、粉土按一定比例（体积配比 2∶8 或 3∶7）混合为灰土，在基槽内分层夯（压）实形成灰土基础。通常每层虚铺 220～250mm，夯（压）实至 150mm 为一步，一般铺设两步或三步。灰土基础适用于地下水位较低，五层或五层以下的混合结构房屋和砌体承重的轻工业厂房。

9.1.1.3　三合土基础

三合土是由石灰、砂和集料（碎石、碎砖或矿渣）加水混合而成，体积配比为石灰∶砂∶集料＝1∶2∶4 或 1∶3∶6。将三合土在基槽内分层夯（压）实形成基础，在三合土的顶面再砌筑大放脚砖基础。三合土基础可用于地下水位较低的四层及四层以下的民用建筑。

9.1.1.4　毛石基础

毛石基础是选用强度较高的未经风化的毛石用砂浆砌筑而成的基础（图 9-3）。由于毛石之间的间隙较大，为了保证锁结力，每一阶梯宜用三排或三排以上的毛石。毛石基础一般用于地下水位以上，因其抗冻性能较好，在北方可用于七层及七层以下的建筑。

9.1.1.5　混凝土基础

混凝土基础是由素混凝土浇筑而成的基础，强度等级通常为 C15。因其抗压强度、耐久

图 9-3 毛石基础

性能和抗冻性能均较好，故常用于荷载较大的墙下或柱下。

9.1.1.6 毛石混凝土基础

混凝土基础的水泥用量较大，造价较砖、石基础高，为了节省水泥、降低造价，在浇筑混凝土时，可掺入一定数量的毛石，做成毛石混凝土基础。毛石混凝土基础中所掺入的毛石尺寸不宜超过 300mm，毛石体积以占基础总体积的 25%～30%为宜。

9.1.2 扩展基础

将上部结构传来的荷载，通过侧边扩展成一定底面积，使作用在基底的压力满足地基土的承载力条件，而基础内部的应力应同时满足材料本身的强度要求，这种起到压力扩散作用的基础称为扩展基础。规范中的扩展基础，系指柱下钢筋混凝土独立基础和墙下钢筋混凝土条形基础。因钢筋混凝土基础的抗弯刚度较小，工作时变形较大，故又称为柔性基础。

9.1.2.1 柱下钢筋混凝土独立基础

现浇柱的基础可以做成阶梯形［图 9-4（a）］或角锥形［图 9-4（b）］，预制柱通常采用杯口基础［图 9-4（c）］。轴心受压柱的基础底面一般为正方形，而偏心受压柱的基础底面则多为长方形，且以偏心方向为长边。

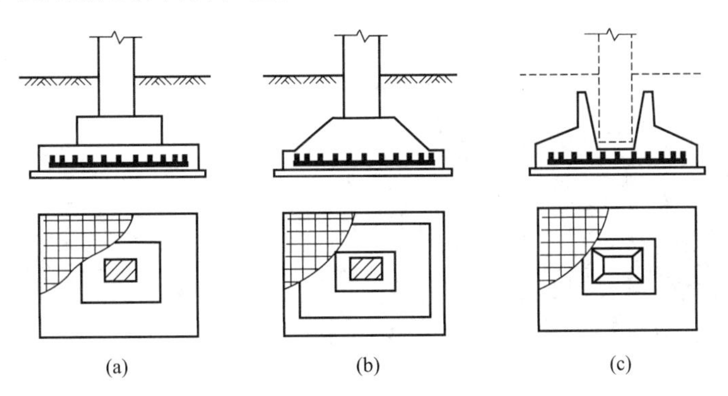

图 9-4 柱下钢筋混凝土独立基础（单独基础）

柱下钢筋混凝土独立基础的底板配筋、混凝土模板如图 9-5（a）所示，浇筑后的基础与柱中插筋如图 9-5（b）所示。

9.1.2.2 墙下钢筋混凝土条形基础

条形基础是墙下最常用的一种基础形式，除采用无筋扩展基础以外，还大量采用钢筋混

(a) (b)

图 9-5 柱下钢筋混凝土独立基础施工现场

凝土条形基础。墙下钢筋混凝土条形基础可以做成不带肋[图 9-6(a)]和带肋[图 9-6(b)]两种形式。这种基础底面宽度可达 2m 以上，而底板厚度可以较小（可小至 300mm），适宜在需要“宽基浅埋”的情况下采用。存在地基不均匀沉降的情况下，可采用带肋的墙下钢筋混凝土条形基础，因为肋部配置的纵向钢筋和箍筋，可以承受不均匀沉降引起的弯曲拉应力、剪应力，从而化解不均匀沉降对上部结构（或墙体）的不利影响。

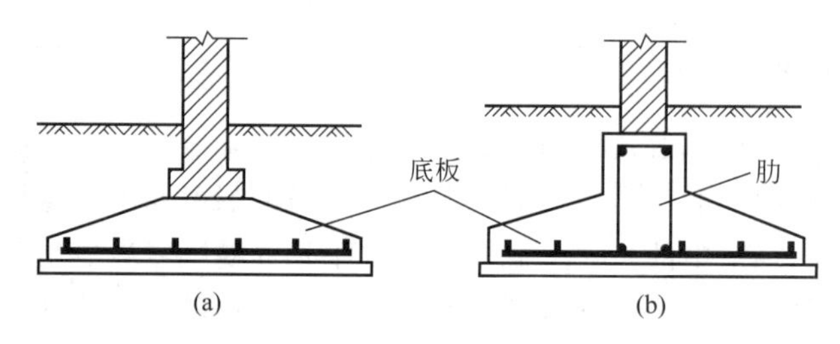

图 9-6 墙下钢筋混凝土条形基础

如图 9-7 所示为某一栋砖混结构宿舍楼的墙下钢筋混凝土条形基础施工照片，图 9-7（a）可见基础底板的受力钢筋（短向）和分布钢筋（长向）；图 9-7（b）则为模板内肋部的纵向钢筋和箍筋绑扎完成后的情形。

(a) (b)

图 9-7 墙下钢筋混凝土条形基础施工现场

9.1.3 柱下条形基础

支承同一方向或同一轴线上若干根柱的长条形连续基础称为柱下条形基础或基础梁，实际工程中分单向式柱下条形基础[图 9-8(a)]和交叉式柱下条形基础[图 9-8(b)]两类。

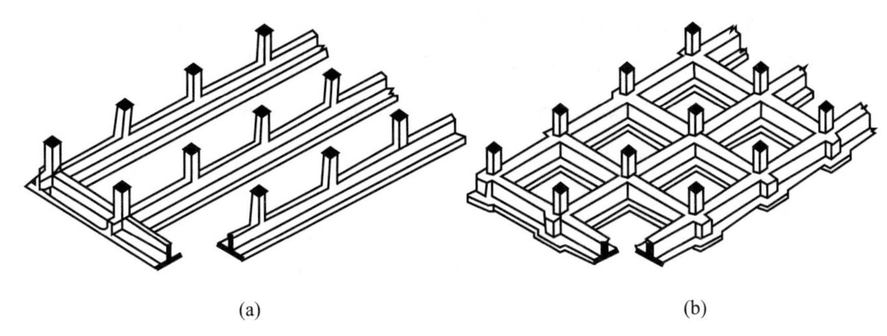

图 9-8 柱下条形基础

9.1.3.1 单向式柱下条形基础

当地基软弱，承载力较低时，若采用柱下独立基础，基底面积可能很大而使基础边缘互相接近甚至重叠，为增加基础的整体性并方便施工，可以做成柱下钢筋混凝土条形基础，它将建筑物同一方向所有各层的荷载传递到地基。基础梁除底板配置受力钢筋和分布钢筋外，通常按连续梁或弹性地基梁进行肋梁的内力计算，并配置纵筋和箍筋，故自身具有较大的抗弯刚度，能调整不均匀沉降。

9.1.3.2 交叉式柱下条形基础

如果地基松软且在两个方向分布不均匀，需要基础两个方向具有一定的刚度来调整不均匀沉降，则可在柱网下沿纵横两个轴线方向设置钢筋混凝土条形基础，形成交叉式柱下条形基础（交梁基础）。这是一种较复杂的浅基础，造价比单向式柱下条形基础高。

9.1.4 高层建筑筏形基础和箱形基础

当上部荷载很大时，为满足地基承载力需要很大的基底面积，可以将墙下、柱下的基础做成一个整体，形成筏形基础或箱形基础。《高层建筑混凝土结构技术规程》（JGJ3—2010）规定，高层建筑应采用整体性好，能满足地基的承载力和建筑物容许变形要求并能调节不均匀沉降的基础形式；宜采用筏形基础或带桩基的筏形基础，必要时可采用箱形基础。

9.1.4.1 筏形基础

筏形基础又称片筏基础，有平板式和梁板式两种。

平板式筏形基础就是一块钢筋混凝土平板，板上浇筑钢筋混凝土柱和地下室外墙。板的厚度根据受冲切承载力计算确定，但不宜小于400mm，一般可取500～1500mm或更厚。当地基比较均匀、上部结构刚度较好、筏板的厚跨比不小于1/6、柱间距及柱荷载的变化不超过20%时，高层建筑筏形基础可按倒楼盖法计算内力。当不符合上述条件时，宜按弹性地基板理论进行计算。

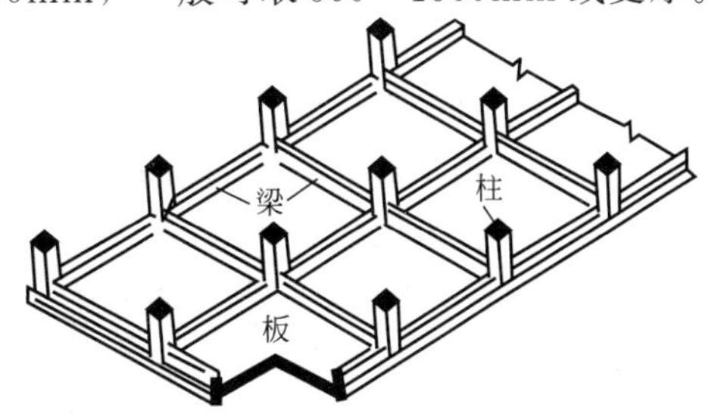

图 9-9 梁板式筏形基础

梁板式筏形基础是在浇筑好的筏板之上沿柱的轴线方向浇筑钢筋混凝土肋梁（基础梁），再在基础梁上浇筑钢筋混凝土柱，如图

9-9 所示。梁板式筏基的梁高取值应包括底板在内，不宜小于平均柱距的 1/6。

当满足地基承载力时，筏形基础的周边不宜向外有较大的伸挑扩大。当需要外挑时，有肋梁的筏基宜将梁一同挑出。周边有墙体的筏基，筏板可不外伸。

9.1.4.2 箱形基础

箱形基础是由钢筋混凝土底板、顶板和纵横交错的内外隔墙组成的整体空间结构（图 9-10）。箱形基础的高度不宜小于基础长度的 1/20，且不宜小于 3m，故具有很大的抗弯刚度，只能产生大致均匀的沉降或倾斜，从而基本上消除了因地基变形不均匀而使建筑物开裂的可能性。

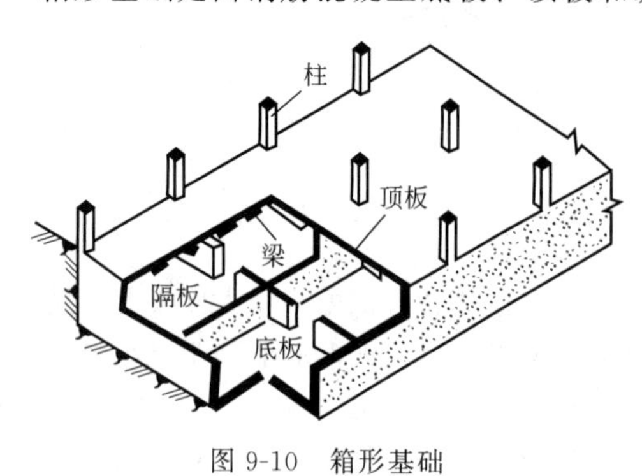

图 9-10 箱形基础

箱形基础的顶板、底板及墙体厚度，应根据受力情况、整体刚度和防水要求确定。无人防设计要求的箱形基础，其底板不应小于 300mm，外墙厚度不应小于 250mm，内墙的厚度不应小于 200mm，顶板厚度不应小于 200mm。

9.2 基础埋置深度

基础埋置深度一般是指基础底面至设计地面的垂直距离。基础设计首选应确定其埋置深度，即选择合适的地基持力层。合理确定基础埋置深度是基础设计工作中的重要环节，它关系到地基的可靠性、基础施工的难易程度、工期的长短和工程造价等方方面面。

9.2.1 基础埋置深度的确定原则

基础的埋置深度，应按下列条件确定：

① 建筑物的用途，有无地下室、设备基础和地下设施，基础的型式和构造；

② 作用在基础上的荷载大小和性质；

③ 工程地质和水文地质条件；

④ 相邻建筑物的基础埋深；

⑤ 地基土冻胀和融陷的影响。

在满足地基稳定和变形要求的前提下，当上层地基的承载力大于下层土时，宜利用上层土作为持力层。除岩石地基外，基础埋深不宜小于 0.5m。

高层建筑基础的埋置深度应满足地基承载力、变形和稳定性要求。位于岩石地基上的高层建筑，其基础埋深应满足抗滑稳定性要求。

在抗震设防区，除岩石地基外，天然地基上的箱形和筏形基础埋置深度不宜小于建筑物高度的 1/15；桩箱或桩筏基础的埋置深度（不计桩长）不宜小于建筑物高度的 1/18，以保证基础的抗滑移和抗倾覆稳定性。

基础宜埋置在地下水位以上，当必须埋在地下水位以下时，应采取地基土在施工时不受扰动的措施。当基础埋置在易风化的岩层上，施工时应在基坑开挖后立即铺筑垫层。

当存在相邻建筑物时，新建建筑物的基础埋深不宜大于原有建筑基础。当埋深大于原有建筑基础时，两基础应保持一定净距，其数值应根据原有建筑荷载大小、基础形式和土质情况确定（见表9-7）。上述要求不满足时，应采取有效的施工措施减小不利影响，如分段施工，设临时加固支撑、打板桩、地下连续墙等措施，或加固原有建筑物地基。

9.2.2 地基冻胀性对基础埋深的影响

地面以下一定深度范围内，土的温度会随着外界温度的变化而变化。在寒冷和严寒地区，冬季地基土的温度低于0℃，导致土中部分孔隙水冻结，冰的胶结作用将土颗粒冻结在一起，形成冻土。土体冻结后强度会增高、压缩性降低、渗透性降低。

土冻结后，土中水的体积会膨胀，从而带动整个土体的体积一起膨胀。除此之外，更重要的是冻结的土体会产生吸力，吸引附近的自由水和部分结合水渗透到冰冻区一起冻结，使冰晶体积逐渐扩大。地基土冻结过程中的这种聚冰膨胀现象，叫做土的冻胀。

当春、夏季气温回升到0℃以上时，地基土中的冰晶体融化，含水量增大，冻土层体积缩小，地基土的强度降低而产生融陷现象。常年不融化的冻土称为永久冻土，而随着季节变化而冰冻、融化相互交替变化的冻土称为季节性冻土。

由于土的不均匀性和外界条件的不一致性，地基土的冻胀和融陷通常是不均匀的。不均匀冻胀可导致建筑物出现裂缝、倾斜，甚至造成倾斜构筑物的倒塌。融陷会导致建筑基础不均匀沉降，路基翻浆冒泥等现象发生。

9.2.2.1 地基土冻胀性分类

冻土融陷性和冻胀性有直接关系，冻结时冻胀现象越强烈，融化时融陷现象也就越强烈。所以季节性冻土的冻胀和融陷常以冻胀性加以概括。影响冻胀的因素主要是土的粒径大小、土中含水量的多少以及地下水补给条件等。土的颗粒越粗（如碎石、砾砂、粗砂等）、透水性越大，冻结过程中未冻结水被排出去的可能性越大，土的冻胀性越小。处于坚硬状态的黏性土，因为结合水含量很少，冻胀作用也很微弱。土的天然含水量越高，地下水位离冻土层的距离越近，通过毛细水能使水分向冻结区补充，则冻胀会比较严重。

为了用数值表示土的冻胀程度，把土的冻胀性用冻胀率来表示，每层土的冻胀率等于该层土的冻胀量与土层冻结前厚度的比值。地基土（全部冻土层）的冻胀率等于最大冻胀量与最大冻深的比值，即：

$$\eta=\frac{\Delta z}{z}\times 100\% \tag{9-1}$$

式中 η——地基土的冻胀率，%；

Δz——地基土的最大冻胀量，mm；

z——地基土的最大冻深，mm。

《建筑地基基础设计规范》根据冻土层的平均冻胀率 η 的大小，将地基土分为不冻胀、弱冻胀、冻胀、强冻胀和特强冻胀五类。

9.2.2.2 考虑冻胀的基础最小埋深

在季节性冻土地区，如果基础埋置深度太浅，基底下存在较厚的冻胀性土层，可能因为土的冻融变形而导致建筑物的开裂和正常使用，因此在选择基础的埋深的时候，必须考虑冻结深度的影响。季节性冻土地基的场地冻结深度应按式（9-2）计算：

$$z_d = z_0 \cdot \psi_{zs} \cdot \psi_{zw} \cdot \psi_{ze} \tag{9-2}$$

式中 z_d——场地冻结深度，m，当有实测资料时按 $z_d = h' - \Delta z$ 计算；

h'——最大冻深出现时场地最大冻土层厚度，m；

Δz——最大冻深出现时场地地表冻胀量，m；

z_0——标准冻结深度，m；当无实测资料时，按《建筑地基基础设计规范》附录F“中国季节性冻土标准冻深线图”采用；

ψ_{zs}——土的类别对冻深的影响系数，取值见《建筑地基基础设计规范》；

ψ_{zw}——土的冻胀性对冻深的影响系数，取值见《建筑地基基础设计规范》；

ψ_{ze}——环境对冻深的影响系数，取值见《建筑地基基础设计规范》。

冻土地区基础的埋置深度达到式（9-2）计算得到的场地冻结深度，即当取 $d = z_d$ 时，则建筑物不会受到冻胀的影响。但是在北方及高海拔地区，土的冻结深度往往很大，如果都要求满足式（9-2）的要求，则需要很大的基础埋深。实际上基础底面以下可以有一定厚度的冻土层存在，只要满足冻胀应力不超过外荷载在相应位置所引起的附加应力这一原则即可。

《建筑地基基础设计规范》规定：季节性冻土地区基础埋置深度宜大于场地冻结深度。对于深厚季节冻土地区，当建筑基础底面土层为弱冻胀、冻胀土时，基础埋置深度可以小于场地冻结深度，基底允许冻土层最大厚度 h_{max} 应根据当地经验确定；没有地区经验时可按规范给出的表格查取。此时，基础最小埋深 d_{min} 可按式（9-3）计算：

$$d_{min} = z_d - h_{max} \tag{9-3}$$

9.2.2.3 季节性冻土地区防冻害措施

在冻胀、强冻胀和特强冻胀地基上采用防冻害措施主要有：

① 对在地下水位以上的基础，基础侧表面应回填不冻胀的中、粗砂，其厚度不应小于200mm；对在地下水位以下的基础，可采用桩基础、保温性基础、自锚式基础（冻土层下有扩大板或扩底短桩），也可将独立基础或条形基础做成正梯形的斜面基础。

② 宜选择地势高、地下水位低、地表排水条件好的建筑场地。对低洼场地，建筑物的室外地坪标高应至少高出自然地面300～500mm，其范围不宜小于建筑四周向外各一倍冻结深度距离的范围。

③ 应做好排水设施，施工和使用期间防止水浸入建筑地基。在山区应设截水沟或在建筑物下设置暗沟，以排走地表水和潜水。

④ 在强冻胀性和特强冻胀性地基上，其基础结构应设置钢筋混凝土圈梁和基础梁，并控制建筑的长高比。

⑤ 当独立基础联系梁下或桩基础承台下有冻土时，应在梁或承台下留有相当于该土层冻胀量的空隙。

⑥ 外门斗、室外台阶和散水坡等部位宜与主体结构断开，散水坡分段不宜超过1.5m，坡度不宜小于3%，其下宜填入非冻胀性材料。

⑦ 对跨年度施工的建筑，入冬前应对地基采取相应的防护措施；按采暖设计的建筑物，当冬季不能正常采暖时，也应对地基采取保温措施。

9.3 地基承载力特征值

地基承载力特征值是指由载荷试验测定的地基土压力变形曲线线性变形段内规定的变形所对应的压力值，其最大值为比例界限值。它表示正常使用极限状态计算时采用的地基承载力值，即在发挥正常使用功能时所允许采用的抗力设计值。

地基承载力特征值可由载荷试验或其他原位测试、公式计算，并结合工程实践经验等方法综合确定。

9.3.1 根据载荷试验确定地基承载力

根据试验土层深度不同，地基静载荷试验可分为浅层平板载荷试验和深层平板载荷试验两类，由此可以确定承压板下应力主要影响范围内土层的承载力。下面介绍浅层平板载荷试验确定地基承载力的方法。

9.3.1.1 浅层平板载荷试验

地基土浅层平板载荷试验适用于确定浅部地基土层的承压板下应力主要影响范围内的承载力和变形参数，试验要点如下。

① 承压板面积不应小于 $0.25m^2$，对于软土不应小于 $0.5m^2$。

② 试验基坑宽度不应小于承压板宽度或直径的三倍。应保持试验土层的原状结构和天然湿度。宜在拟试压表面用粗砂或中砂层找平，其厚度不超过 20mm。

③ 加荷分级不应少于 8 级。最大加载量不应小于设计要求的两倍。

④ 每级加载后，按间隔 10、10、10、15、15（min），以后为每隔半小时测读一次沉降量，当连续两小时内，每小时的沉降量小于 0.1mm 时，则认为已趋稳定，可加下一级荷载。

⑤ 当出现下列情况之一时，即可终止加载：a. 承压板周围的土明显地侧向挤出；b. 沉降 s 急骤增大，荷载～沉降（$p \sim s$）曲线出现陡降段；c. 在某一级荷载下，24h 内沉降速率不能达到稳定；d. 沉降量与承压板宽度或直径之比大于或等于 0.06。当满足前三种情况之一时，其对应的前一级荷载定为极限荷载。

9.3.1.2 地基承载力特征值 f_{ak}

地基承载力特征值的确定应符合下列规定：

① 当 $p \sim s$ 曲线上有比例界限时，取该比例界限所对应的荷载值；

② 当极限荷载小于对应比例界限荷载的 2 倍时，取极限荷载的一半；

③ 当不能按上述两款要求确定时，当压板面积为 $0.25 \sim 0.5m^2$ 时，可取 $s/b=0.01 \sim 0.015$ 所对应的荷载，但其值不应大于最大加载量的一半。

同一土层参加统计的试验点不应少于三点，当试验实测值的极差不超过其平均值的30%时，取此平均值作为该土层的地基承载力特征值 f_{ak}。

9.3.1.3 修正后的地基承载力特征值 f_a

当基础宽度大于 3m 或埋置深度大于 0.5m 时，从载荷试验或其他原位测试、经验值等方法确定的地基承载力特征值，尚应按式（9-4）修正：

$$f_a = f_{ak} + \eta_b \gamma (b-3) + \eta_d \gamma_m (d-0.5) \tag{9-4}$$

式中 f_a——修正后的地基承载力特征值，kPa；

f_{ak}——由载荷试验或其他位测试、经验值等方法确定的地基承载力特征值，kPa；

η_b、η_d——基础宽度和埋深的地基承载力修正系数，按基底下土的类别查表9-1取值；

γ——基础底面以下土的重度，kN/m^3，地下水位以下取浮重度（有效重度）；

b——基础底面宽度，m，小于3m按3m取值，大于6m按6m取值；

γ_m——基础底面以上土的加权平均重度，kN/m^3，地下水位以下取浮重度；

d——基础埋置深度，m，一般自室外地面标高算起。在填方整平地区，可自填土地面标高算起，但填土在上部结构施工后完成时，应从天然地面标高算起。对于地下室，如采用箱形基础或筏基时，基础埋置深度自室外地面标高算起；当采用独立基础或条形基础时，应从室内地面标高算起。

表9-1 承载力修正系数

土的类别		η_b	η_d
淤泥和淤泥质土		0	1.0
人工填土 e或I_L大于等于0.85的黏性土		0	1.0
红黏土	含水比$\alpha_w>0.8$	0	1.2
	含水比$\alpha_w\leqslant0.8$	0.15	1.4
大面积压实填土	压实系数大于0.95、黏粒含量$\rho_c\geqslant10\%$的粉土	0	1.5
	最大干密度大于$2.1t/m^3$的级配砂石	0	2.0
粉　土	黏粒含量$\rho_c\geqslant10\%$的粉土	0.3	1.5
	黏粒含量$\rho_c<10\%$的粉土	0.5	2.0
e及I_L小于0.85的黏性土		0.3	1.6
粉砂、细砂(不包括很湿与饱和时的稍密状态)		2.0	3.0
中砂、粗砂、砾砂和碎石土		3.0	4.4

注：1. 强风化和全风化的岩石，可参照所风化的相应土类取值，其他状态下的岩石不修正；

2. 地基承载力特征值由深层平板载荷试验确定时η_d取0。

【例9-1】 某建筑物地基上层填土厚1.5m，重度$\gamma=17.8kN/m^3$；下层为黏土，重度$\gamma=18.5kN/m^3$，孔隙比$e=0.8$，液性指数$I_L=0.72$，承载力特征值$f_{ak}=190kPa$。柱下单独基础，$l\times b=4.5m\times3m$，埋置深度$d=2.5m$。试确定修正后的地基承载力特征值f_a。

【解】

孔隙比e和液性指数I_L均小于0.85，由表9-1可得修正系数$\eta_b=0.3$，$\eta_d=1.6$。基底土的自重应力为

$$\sigma_{cd}=\gamma_1h_1+\gamma_2h_2=17.8\times1.5+18.5\times1.0=45.2kPa$$

基底以上土的加权平均重度

$$\gamma_m=\frac{\sigma_{cd}}{d}=\frac{45.2}{2.5}=18.08kN/m^3$$

修正后的地基承载力特征值

$$f_a=f_{ak}+\eta_b\gamma\ (b-3)+\eta_d\gamma_m(d-0.5)$$
$$=190+0.3\times18.5\times(3-3)+1.6\times18.08\times(2.5-0.5)\ =247.9kPa$$

岩石地基承载力特征值，可由岩基载荷试验确定。而对于完整、较完整和较破碎的岩石地基，其承载力特征值也可根据室内饱和单轴抗压强度按式(9-5)进行计算：

$$f_a=\psi_rf_{rk} \tag{9-5}$$

式中　f_a——岩石地基承载力特征值，kPa；

f_{rk}——岩石饱和单轴抗压强度标准值，kPa；

ψ_r——折减系数。根据岩体完整程度以及结构面的间距、宽度、产状和组合，由地

区经验确定。无经验时，对完整岩体可取 0.5；对较完整岩体可取 0.2～0.5；对较破碎岩体可取 0.1～0.2。

需要注意的是，上述折减系数值未考虑施工因素及建筑物使用后风化作用的继续；对于黏土质岩，在确保施工期及使用期不致遭水浸泡时，也可采用天然湿度的试样，不进行饱和处理。

对破碎、极破碎的岩石地基承载力特征值，可根据地区经验取值，无地区经验时，可根据平板载荷试验确定。

9.3.2 按土的抗剪强度指标计算地基承载力

由第 6 章可知，依据土的抗剪强度指标 c、φ 可以计算地基的临塑荷载 p_{cr}，临界荷载 $p_{1/4}$、$p_{1/3}$和极限荷载 p_u，它们都可以用来衡量地基的承载力。地基从开始出现塑性区到剪切破坏，相应的荷载有一个相当大的变化范围，因此，若以 p_{cr}作为地基承载力，显得保守。实践表明，地基中出现小范围的塑性区域，对安全并无妨碍，所以规范以 $p_{1/4}$作为确定地基承载力特征值的依据。

对于轴心受压基础和偏心距 $e \leqslant 0.033b$ 的偏心受压基础，根据土的抗剪强度指标确定的地基承载力特征值可按式（9-6）计算：

$$f_a = M_b \gamma b + M_d \gamma_m d + M_c c_k \tag{9-6}$$

式中 f_a——由土的抗剪强度指标确定的地基承载力特征值，kPa；

M_b、M_d、M_c——承载力系数，按表 9-2 取值；

b——基础底面宽度，m，大于 6m 按 6m 取值，对于砂土小于 3m 时按 3m 取值；

c_k——基底下一倍短边宽度的深度范围内土的黏聚力标准值，kPa。

表 9-2 承载力系数 M_b、M_d、M_c

土的内摩擦角标准值 φ_k/(°)	M_b	M_d	M_c
0	0	1.00	3.14
2	0.03	1.12	3.32
4	0.06	1.25	3.51
6	0.10	1.39	3.71
8	0.14	1.55	3.93
10	0.18	1.73	4.17
12	0.23	1.94	4.42
14	0.29	2.17	4.69
16	0.36	2.43	5.00
18	0.43	2.72	5.31
20	0.51	3.06	5.66
22	0.61	3.44	6.04
24	0.80	3.87	6.45
26	1.10	4.37	6.90
28	1.40	4.93	7.40
30	1.90	5.59	7.95
32	2.60	6.35	8.55
34	3.40	7.21	9.22
36	4.20	8.25	9.97
38	5.00	9.44	10.80
40	5.80	10.84	11.73

注：φ_k—基底下一倍短边宽度的深度范围内土的内摩擦角标准值。

式（9-6）和表 9-2 中的抗剪强度标准值，可采用原状土室内剪切试验、无侧限抗压强度试验、现场剪切试验、十字板剪切试验等方法测定。当采用室内剪切试验确定时，应选择三轴压缩试验中的不固结不排水试验。经过预压固结的地基可采用固结不排水试验。每层土的试验数量不得少于六组。室内抗剪强度指标标准值 φ_k、c_k 按下述方法确定。

已知 n 组试验结果 μ_i，首先计算出平均值 μ、标准差 σ 和变异系数 δ：

$$\mu=\frac{1}{n}\sum_{i=1}^{n}\mu_i \tag{9-7}$$

$$\sigma=\sqrt{\frac{1}{n-1}\left(\sum_{i=1}^{n}\mu_i^2-n\mu^2\right)} \tag{9-8}$$

$$\delta=\sigma/\mu \tag{9-9}$$

然后计算内摩擦角和黏聚力的修正系数

$$\psi_\varphi=1-\left(\frac{1.704}{\sqrt{n}}+\frac{4.678}{n^2}\right)\delta_\varphi \tag{9-10}$$

$$\psi_c=1-\left(\frac{1.704}{\sqrt{n}}+\frac{4.678}{n^2}\right)\delta_c \tag{9-11}$$

式中 ψ_φ、ψ_c——分别为内摩擦角和黏聚力的统计修正系数；

δ_φ、δ_c——分别为内摩擦角和黏聚力的变异系数。

最后计算内摩擦角和黏聚力的标准值 φ_k、c_k：

$$\varphi_k=\psi_\varphi\varphi_m,\quad c_k=\psi_c c_m \tag{9-12}$$

式中 φ_m——内摩擦角的试验平均值，(°)；

c_m——黏聚力的试验平均值，kPa。

【例 9-2】 某建筑物基础底面 $l\times b=4.0\text{m}\times3.0\text{m}$，埋深 $d=3.0\text{m}$。上部结构传至基础顶面的竖向力 $F_k=2500\text{kN}$，基础底面的力矩 $M_k=260\text{kN}\cdot\text{m}$。场地土第一层为杂填土，厚 3m，重度 $\gamma=16\text{kN/m}^3$；第二层为粉质黏土，厚 4m，重度 $\gamma=19\text{kN/m}^3$。粉质黏土层为持力层，原状土的室内三轴剪切试验测得的抗剪强度指标如下，

黏聚力（kPa）：12.30，11.24，12.47，11.85，13.06，12.57

内摩擦角（°）：27.18，26.42，26.28，25.75，26.04，26.81

试确定地基的承载力特征值 f_a。

【解】

因为偏心距

$$e=\frac{M_k}{F_k+G_k}=\frac{260}{2500+20\times(4.0\times3.0)\times3.0}=0.0807\text{m}$$
$$<0.033b=0.033\times3.0=0.099\text{m}$$

所以可以利用式（9-6）计算地基承载力特征值 f_a。

（1）抗剪强度指标的标准值（样本数 $n=6$）

平均值

$$c_m=\frac{1}{n}\sum_{i=1}^{n}c_i=\frac{1}{6}(12.30+11.24+12.47+11.85+13.06+12.57)=12.25\text{ kPa}$$

$$\varphi_m=\frac{1}{n}\sum_{i=1}^{n}\varphi_i=\frac{1}{6}(27.18+26.42+26.28+25.75+26.04+26.81)=26.41°$$

标准差

$$\sigma_c=\sqrt{\frac{1}{n-1}\left(\sum_{i=1}^{n}c_i^2-nc_m^2\right)}$$

$$=\sqrt{\frac{1}{5}(12.30^2+11.24^2+12.47^2+11.85^2+13.06^2+12.57^2-6\times12.25^2)}$$

$$=0.631$$

$$\sigma_\varphi=\sqrt{\frac{1}{n-1}\left(\sum_{i=1}^{n}\varphi_i^2-n\varphi_m^2\right)}$$

$$=\sqrt{\frac{1}{5}(27.18^2+26.42^2+26.28^2+25.75^2+26.04^2+26.81^2-6\times26.41^2)}$$

$$=0.518$$

变异系数

$$\delta_c=\frac{\sigma_c}{c_m}=\frac{0.631}{12.25}=0.0515,\quad \delta_\varphi=\frac{\sigma_\varphi}{\varphi_m}=\frac{0.518}{26.41}=0.0196$$

统计修正系数

$$\psi_c=1-\left(\frac{1.704}{\sqrt{n}}+\frac{4.678}{n^2}\right)\delta_c=1-\left(\frac{1.704}{\sqrt{6}}+\frac{4.678}{6^2}\right)\times0.0515=0.958$$

$$\psi_\varphi=1-\left(\frac{1.704}{\sqrt{n}}+\frac{4.678}{n^2}\right)\delta_\varphi=1-\left(\frac{1.704}{\sqrt{6}}+\frac{4.678}{6^2}\right)\times0.0196=0.984$$

抗剪强度指标标准值

$c_k=\psi_c c_m=0.958\times12.25=11.74\text{kPa}$

$\varphi_k=\psi_\varphi\varphi_m=0.984\times26.41=26.0°$

(2) 由式(9-6)计算地基承载力特征值

由 $\varphi_k=26.0°$ 查表9-2，得承载力系数：$M_b=1.10$，$M_d=4.37$，$M_c=6.90$；已知 $\gamma=19\text{kN/m}^3$，$\gamma_m=16\text{kN/m}^3$，$b=3.0\text{m}$，$d=3.0\text{m}$，所以

$$f_a=M_b\gamma b+M_d\gamma_m d+M_c c_k$$

$$=1.10\times19\times3.0+4.37\times16\times3.0+6.90\times11.74=353.5\text{kPa}$$

9.4 地基计算

所谓地基计算就是通过地基承载力计算和变形计算，以确定基础底面尺寸，此时采用正常使用极限状态。按地基承载力确定基础底面尺寸时，传至基础底面上的荷载效应取正常使用极限状态下的标准组合，相应的抗力采用地基承载力特征值；计算地基变形时，传至基础底面上的荷载效应取正常使用极限状态下的准永久组合，且不计入风荷载和地震作用，相应的限值为地基变形允许值。

9.4.1 持力层承载力计算

9.4.1.1 基底压力及承载力条件

基础底面的压力分布比较复杂，通常按材料力学公式简化计算。基底平均压力 p_k 为：

$$p_k=\frac{F_k+G_k}{A} \tag{9-13}$$

式中 F_k——相应于荷载效应标准组合时，上部传至基础顶面的竖向力值，kN；

G_k——基础自重和基础上的回填土重（kN），可取 $G_k=\gamma_G Ad$，其中 γ_G 为基础和台阶上回填土的平均重度，一般取 $20kN/m^3$，地下水位以下应扣除浮力，取 $10kN/m^3$；

A——基础底面面积，m^2。

当为轴心荷载作用时，平均压力就是基底压力；当为偏心荷载作用时，基底除平均压力外，还有最大压力 p_{kmax}、最小压力 p_{kmin}：

$$p_{kmax}=\frac{F_k+G_k}{A}+\frac{M_k}{W}=p_k\left(1+\frac{6e}{l}\right) \tag{9-14}$$

$$p_{kmin}=\frac{F_k+G_k}{A}-\frac{M_k}{W}=p_k\left(1-\frac{6e}{l}\right) \tag{9-15}$$

式中 M_k——相应于荷载效应标准组合时，作用于基础底面的力矩值，kN·m；

W——基础底面的抵抗矩，m^3，矩形基础 $W=bl^2/6$；

e——偏心距，m，$e=M_k/(F_k+G_k)$。

地基承载力要求基底平均压力不超过地基的承载力特征值，最大压力不超过地基承载力特征值的 1.2 倍，即：

$$p_k\leqslant f_a \tag{9-16}$$

$$p_{kmax}\leqslant 1.2f_a \tag{9-17}$$

9.4.1.2 轴心荷载作用下基础底面尺寸

轴心荷载作用下，基底压力均匀分布，由式（9-13）和式（9-16），有

$$p_k=\frac{F_k+G_k}{A}=\frac{F_k}{A}+\gamma_G d\leqslant f_a$$

所以得到基础底面积

$$A\geqslant\frac{F_k}{f_a-\gamma_G d} \tag{9-18}$$

轴心荷载作用下的基础底面，通常设计为正方形，由面积可以确定边长。

对于条形基础，可沿长度方向取一延长米（1m）进行计算，荷载也按单位长度计算，此时面积 $A=1\times b=b$，所以由式（9-18）即可得条形基础的底面宽度：

$$b\geqslant\frac{F_k}{f_a-\gamma_G d} \tag{9-19}$$

在利用式（9-18）、式（9-19）进行计算时，因 b 未知，故公式中的地基承载力特征值 f_a 可先按埋置深度 d 修正（隐含 $b\leqslant 3.0$m），初步确定基底尺寸后，若 $b>3.0$m 需要重新对地基承载力进行宽度修正，再调整尺寸，直至设计出合适的基础底面尺寸。

9.4.1.3 偏心荷载作用下基础底面尺寸

偏心荷载作用下，地基承载力要满足式（9-16）和式（9-17），基础底面尺寸不能用公式直接写出，通常按如下方法进行计算：

① 按轴心荷载作用下的式（9-18）或式（9-19）进行估算；

② 根据偏心距的大小，将估算的底面积放大10%～40%，以此确定基底的长度 l 和宽度 b，矩形基础一般取 $l/b=1.2\sim2.0$；

③ 计算偏心荷载作用下的 p_k、p_{kmax}，并验算是否满足要求。如果不满足要求，可调整基底尺寸，再验算，直至满足为止。

【例 9-3】 某一墙下条形基础，埋深 $d=1.2$m，上部结构传至基础顶面的竖向力 $F_k=190$kN/m。地基为黏性土，$I_L=0.85$，$\gamma=19$kN/m^3，$f_{ak}=150$kPa。试确定该条形基础的底面宽度。

【解】

（1）修正后的地基承载力特征值

由 $I_L=0.85$ 查表 9-1，得 $\eta_b=0$，$\eta_d=1.0$

$$\begin{aligned} f_a &= f_{ak}+\eta_b\gamma(b-3)+\eta_d\gamma_m(d-0.5) \\ &= 150+0+1.0\times19\times(1.2-0.5)=163.3\text{kPa} \end{aligned}$$

（2）确定基底宽度

由式（9-19），得

$$b\geqslant\frac{F_k}{f_a-\gamma_G d}=\frac{190}{163.3-20\times1.2}=1.36\text{m}，取 b=1.40\text{m}。$$

【例 9-4】 某工业厂房柱下基础，埋深 $d=1.8$m，上部结构及围护墙传至基础顶面的力和力矩如图 9-11 所示。地基为粉土，重度 $\gamma=18.5$kN/m^3，黏粒含量 $\rho_c=12\%$，承载力特征值 $f_{ak}=220$kPa。试确定基底尺寸。

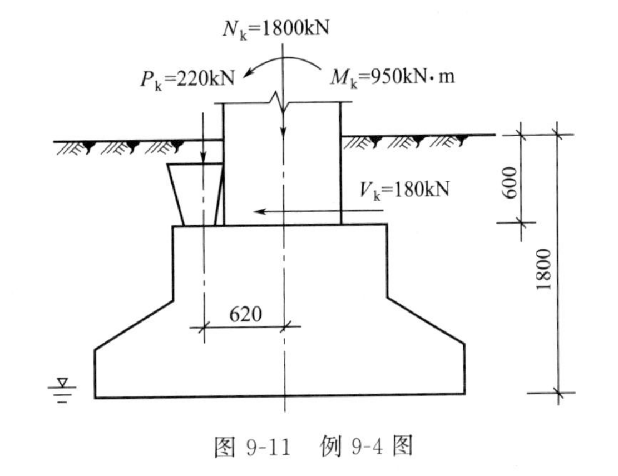

图 9-11 例 9-4 图

【解】

（1）按深度修正后的地基承载力特征值

因为粉土的黏粒含量 $\rho_c=12\%>10\%$，所以查表 9-1 得 $\eta_b=0.3$，$\eta_d=1.5$。基底宽度 b 未知，仅按深度修正（隐含 $b\leqslant3.0$m），所以

$$\begin{aligned} f_a &= f_{ak}+\eta_b\gamma(b-3)+\eta_d\gamma_m(d-0.5) \\ &= 220+0+1.5\times18.5\times(1.8-0.5)=256\text{kPa} \end{aligned}$$

（2）初步确定基底尺寸

$$F_k=N_k+P_k=1800+220=2020\text{kN}$$

按轴心荷载作用的公式（9-18）估算基底面积

$$A'\geqslant\frac{F_k}{f_a-\gamma_G d}=\frac{2020}{256-20\times1.8}=9.18\text{m}^2$$

考虑到偏心较大，将面积放大40%：$A=1.4A'=1.4\times9.18=12.85\text{m}^2$。取 $l/b=2$，即 $l=2b$，$A=lb=2b^2$，所以

$$b=\sqrt{0.5A}=\sqrt{0.5\times12.85}=2.53\text{m}$$

初步确定 $b=2.60$m，$l=2b=2\times2.60=5.20$m，$A=5.20\times2.60=13.52\text{m}^2$。

（3）承载力验算

因为 $b=2.60\text{m}<3.0\text{m}$，所以地基承载力特征值无须按宽度修正。

$$G_k=\gamma_G Ad=20\times13.52\times1.8=486.72\text{kN}$$

$$F_k+G_k=2020+486.72=2506.72\text{kN}$$

$$M_k=950+180\times1.2+220\times0.62=1302.4\text{kN}\cdot\text{m}$$

$$e=\frac{M_k}{F_k+G_k}=\frac{1302.4}{2506.72}=0.5196\text{m}$$

$$p_k=\frac{F_k+G_k}{A}=\frac{2506.72}{13.52}=185.4\text{kPa}<f_a=256\text{kPa}，满足$$

$$p_{k\max}=p_k\left(1+\frac{6e}{l}\right)=185.4\times\left(1+\frac{6\times0.5196}{5.20}\right)=296.6\text{kPa}$$

$$<1.2f_a=1.2\times256=307.2\text{kPa}，满足$$

承载力验算满足要求，说明初步设定的基底尺寸 $l\times b=5.20\text{m}\times2.60\text{m}$ 可行。

9.4.2 软弱下卧层承载力计算

当地基受力层范围内有软弱下卧层时，应按式（9-20）验算下卧层顶面处的承载力

$$p_z+p_{cz}\leqslant f_{az} \tag{9-20}$$

式中 p_z——相应于荷载效应标准组合时，软弱下卧层顶面处的附加压力值，kPa；

p_{cz}——软弱下卧层顶面处土的自重压力值，kPa；

f_{az}——软弱下卧层顶面处经深度修正后地基承载力特征值，kPa。

软弱层顶面处的附加压力 p_z，通常按压力扩散法简化计算。自基础边缘按 θ 角向下扩散至软弱层顶面，形成一个扩大的承力面积，假设附加压力在该面积上均匀分布，如图 9-12 所示。根据基底附加压力 $p_0=p_k-p_c$ 的合力与扩散面积上附加压力 p_z 的合力相等，对矩形基础应有

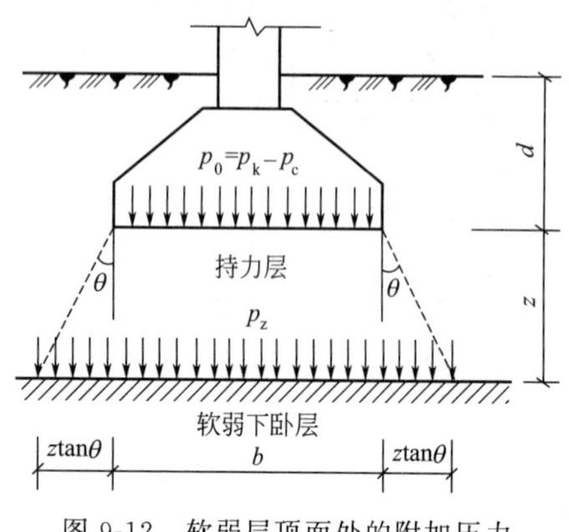

图 9-12 软弱层顶面处的附加压力

$$(p_k-p_c)lb=p_z(l+2z\tan\theta)(b+2z\tan\theta)$$

所以

$$p_z=\frac{(p_k-p_c)lb}{(l+2z\tan\theta)(b+2z\tan\theta)} \tag{9-21}$$

式中 p_k——基础底面的平均压力值，kPa；

p_c——基础底面处土的自重压力值，kPa；

z——基础底面至软弱下卧层顶面的距离，m；

θ——地基压力扩散线与垂直线的夹角，(°)，可按表 9-3 取值。

同理，对于条形基础应有

$$p_z=\frac{(p_k-p_c)\ b}{b+2z\tan\theta} \tag{9-22}$$

在表 9-3 地基压力扩散角的取值中，没有关于（E_{s1}/E_{s2}）<3 的资料。这种情况下，可以认为下层土的压缩模量与上层土的压缩模量差别不大，也即下卧土层并不“软弱”。如果 $E_{s1}=E_{s2}$，则不存在软弱下卧层了。当（E_{s1}/E_{s2}）>10 时，θ 值按（E_{s1}/E_{s2}）=10 取

值；E_{s1}/E_{s2}之值介于表中值之间时，θ 可直线插值。当 z/b 之值介于 0.25 和 0.50 之间时，θ 值也应按线性插值取用。

软弱下卧层顶面处的地基承载力特征值只需要经过深度修正，而不必考虑宽度影响，计算公式为

$$f_{az}=f_{ak}+\eta_d\gamma_m(d+z-0.5) \tag{9-23}$$

式中 γ_m——软弱下卧层顶面以上土的加权平均重度，kN/m³，$\gamma_m=p_{cz}/(d+z)$。

如果软弱下卧层承载力不满足要求，则应考虑加大基础底面积（降低基底平均压力 p_k），或减小基础埋置深度（增大 z）。若还不能满足，就应考虑采用其他的地基基础方案。

表 9-3 地基压力扩散角 θ

E_{s1}/E_{s2}	z/b	
	0.25	0.50
3	6°	23°
5	10°	25°
10	20°	30°

注：1. E_{s1}为上层土压缩模量，E_{s2}为下层土压缩模量；

2. $z/b<0.25$ 时取 $\theta=0°$，必要时，宜由试验确定；$z/b>0.50$ 时 θ 值不变。

【例 9-5】 某柱下基础，作用于设计地面处的荷载标准值、基础尺寸、埋置深度及地基条件如图 9-13 所示，试验算持力层和软弱下卧层的承载力。

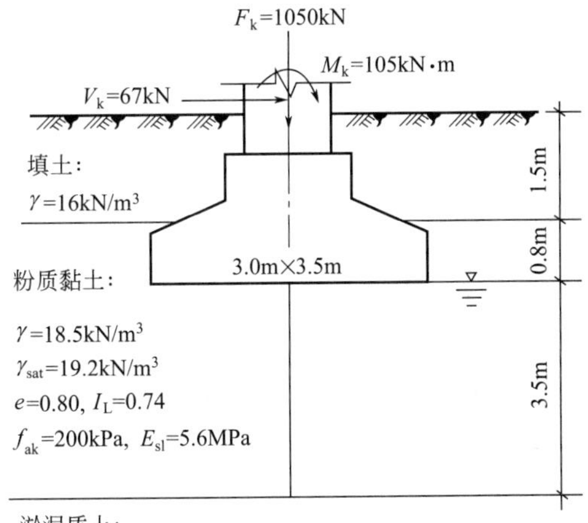

图 9-13 例 9-5 图

【解】

(1) 持力层承载力验算

基底自重压力

$$p_c=16\times1.5+18.5\times0.8=38.8\text{kPa}$$

基底以上土的加权平均重度

$$\gamma_m=\frac{p_c}{d}=\frac{38.8}{2.3}=16.9\text{kN/m}^3$$

承载力修正系数：$\eta_b=0.3$，$\eta_d=1.6$

修正后的承载力特征值

$$f_a=f_{ak}+\eta_b\gamma(b-3)+\eta_d\gamma_m(d-0.5)$$
$$=200+0+1.6\times16.9\times(2.3-0.5)=248.7\text{kPa}$$

作用于基底的竖向荷载

$$G_k=\gamma_G Ad=20\times(3.0\times3.5)\times2.3$$
$$=483\text{kN}$$
$$F_k+G_k=1050+483=1533\text{kN}$$

荷载作用偏心距

$$M_k=105+67\times2.3=259.1\text{kN}\cdot\text{m}$$
$$e=\frac{M_k}{F_k+G_k}=\frac{259.1}{1533}=0.169\text{m}$$

基底压力

$$p_k=\frac{F_k+G_k}{A}=\frac{1533}{3.0\times3.5}=146\text{kPa}$$
$$<f_a=248.7\text{kPa，满足}$$
$$p_{kmax}=p_k\left(1+\frac{6e}{l}\right)=146\times\left(1+\frac{6\times0.169}{3.5}\right)=188.3\text{kPa}$$
$$<1.2f_a=1.2\times248.7=298.4\text{kPa，满足}$$

所以，持力层承载力满足要求。

（2）软弱下卧层承载力验算

压力扩散角

$$d=2.3\text{m，}z=3.5\text{m}$$
$$\frac{E_{s1}}{E_{s2}}=\frac{5.6}{1.86}=3\text{，}\frac{z}{b}=\frac{3.5}{3.0}=1.17>0.50\text{，查表 9-3 得 }\theta=23°$$

软弱层顶面处土的自重压力

$$p_{cz}=p_c+(\gamma_{sat}-\gamma_w)z=38.8+(19.2-10)\times3.5=71.0\text{kPa}$$

软弱层顶面以上土的加权平均重度

$$\gamma_m=\frac{p_{cz}}{d+z}=\frac{71.0}{2.3+3.5}=12.24\text{kN/m}^3$$

经深度修正后的软弱层顶面地基承载力特征值（$\eta_d=1.0$）

$$f_{az}=f_{ak}+\eta_d\gamma_m(d+z-0.5)$$
$$=75+1.0\times12.24\times(2.3+3.5-0.5)=139.9\text{kPa}$$

软弱层顶面处的附加压力

$$p_z=\frac{(p_k-p_c)lb}{(l+2z\tan\theta)(b+2z\tan\theta)}$$
$$=\frac{(146-38.8)\times3.5\times3.0}{(3.5+2\times3.5\tan23°)(3.0+2\times3.5\tan23°)}=29.1\text{kPa}$$

软弱层顶面处的总压力

$$p_z+p_{cz}=29.1+71.0=100.1\text{kPa}<f_{az}=139.9\text{kPa}$$

所以，软弱下卧层承载力满足要求。

9.4.3 地基变形验算

如果地基变形过大或地基产生过大的不均匀变形，将会导致房屋墙体开裂或倾斜，影响正常使用，而地基变形验算正是为满足正常使用要求而采取的保障措施。设计等级为甲级、乙级的建筑物均应按地基变形设计；表 9-4 所列范围内设计等级为丙级的建筑物可不作变形验算，如有下列情况之一时，仍应作变形验算：

① 地基承载力特征值小于 130kPa，且体型复杂的建筑；

② 在基础上及其附近有地面堆载或相邻基础荷载差异较大，可能引起地基产生过大的不均匀沉降时；

③ 软弱地基上的建筑物存在偏心荷载时；

④ 相邻建筑距离过近，可能发生倾斜时；

⑤ 地基内有厚度较大或厚薄不均的填土，其自重固结未完成时。

地基变形验算的要求是：建筑物的地基变形计算值，不应大于地基变形允许值。而地基变形特征可分为沉降量、沉降差、倾斜和局部倾斜四类：

① 沉降量——指基础中点的沉降量；

② 沉降差——指相邻两单独基础沉降量之差；

③ 倾斜——指基础倾斜方向两端点的沉降差与距离的比值；

④ 局部倾斜——指砌体承重结构沿纵向 6～10m 内基础两点的沉降差与其距离的比值。

表 9-4　可不作地基变形计算设计等级为丙级的建筑物范围

<table>
<tr><td rowspan="2">地基主要受力层情况</td><td colspan="3">地基承载力特征值 f_{ak}(kPa)</td><td>60≤f_{ak}<80</td><td>80≤f_{ak}<100</td><td>100≤f_{ak}<130</td><td>130≤f_{ak}<160</td><td>160≤f_{ak}<200</td><td>200≤f_{ak}<300</td></tr>
<tr><td colspan="3">各土层坡度(%)</td><td>≤5</td><td>≤5</td><td>≤10</td><td>≤10</td><td>≤10</td><td>≤10</td></tr>
<tr><td rowspan="8">建筑类型</td><td colspan="3">砌体承重结构、框架结构(层数)</td><td>≤5</td><td>≤5</td><td>≤5</td><td>≤6</td><td>≤6</td><td>≤7</td></tr>
<tr><td rowspan="4">单层排架结构(6m柱距)</td><td rowspan="2">单跨</td><td>吊车额定起重量(t)</td><td>5～10</td><td>10～15</td><td>15～20</td><td>20～30</td><td>30～50</td><td>50～100</td></tr>
<tr><td>厂房跨度(m)</td><td>≤12</td><td>≤18</td><td>≤24</td><td>≤30</td><td>≤30</td><td>≤30</td></tr>
<tr><td rowspan="2">多跨</td><td>吊车额定起重量(t)</td><td>3～5</td><td>5～10</td><td>10～15</td><td>15～20</td><td>20～30</td><td>30～75</td></tr>
<tr><td>厂房跨度(m)</td><td>≤12</td><td>≤18</td><td>≤24</td><td>≤30</td><td>≤30</td><td>≤30</td></tr>
<tr><td colspan="2">烟囱</td><td>高度(m)</td><td>≤30</td><td>≤40</td><td>≤50</td><td colspan="2">≤75</td><td>≤100</td></tr>
<tr><td colspan="2" rowspan="2">水塔</td><td>高度(m)</td><td>≤15</td><td>≤20</td><td>≤30</td><td colspan="2">≤30</td><td>≤30</td></tr>
<tr><td>容积(m^3)</td><td>≤50</td><td>50～100</td><td>100～200</td><td>200～300</td><td>300～500</td><td>500～1000</td></tr>
</table>

注：1. 地基主要受力层系指条形基础底面下深度为 $3b$（b 为基础底面宽度），独立基础下为 $1.5b$，且厚度均不小于 5m 的范围（二层以下一般的民用建筑除外）；

2. 地基主要受力层中如有承载力特征值小于 130kPa 的土层时，表中砌体承重结构的设计，应符合有关软弱地基的要求；

3. 表中砌体承重结构和框架结构均指民用建筑，对于工业建筑可按厂房高度、荷载情况折合成与其相当的民用建筑层数；

4. 表中吊车额定起吊重量、烟囱高度和水塔容积的数值系指最大值。

地基变形的计算，本书第 5 章已经介绍，注意公式中的 p_0 是对应于荷载效应准永久组合时基础底面的附加压力。在计算地基变形时，应符合下列规定。

① 由于建筑地基不均匀、荷载差异很大、体型复杂等因素引起的地基变形，对于砌体承重结构应由局部倾斜值控制；对于框架结构和单层排架结构应由相邻柱基的沉降差控制；对于多层或高层建筑和高耸结构应由倾斜值控制，必要时尚应控制平均沉降量。

② 在必要情况下，需要分别预估建筑物在施工期间和使用期间的地基变形值，以便预留建筑物有关部分之间的净空，选择连接方法和施工顺序。一般多层建筑物施工期间完成的沉降量，对于砂土可以认为其最终沉降量已完成 80%以上，对于其他低压缩性土可以认为已完成最终沉降量的 50%～80%，对于中压缩性土可认为已完成 20%～50%，对于高压缩性土可认为已完成 5%～20%。

建筑物的地基变形允许值，按表 9-5 的规定采用。对于表中未包括的建筑物，其地基变形允许值应根据上部结构对地基变形的适应能力和使用上的要求确定。

表 9-5　建筑物的地基变形允许值

变形特征		地基土类别	
		中、低压缩性土	高压缩性土
砌体承重结构基础的局部倾斜		0.002	0.003
工业与民用建筑相邻柱基的沉降差			
(1)框架结构		0.002l	0.003l
(2)砌体墙填充的边排柱		0.0007l	0.001l
(3)当基础不均匀沉降时不产生附加应力的结构		0.005l	0.005l
单层排架结构(柱距为 6m)柱基的沉降量(mm)		(120)	200
桥式吊车轨面的倾斜(按不调整轨道考虑)			
纵向		0.004	
横向		0.003	
多层和高层建筑的整体倾斜	$H_g \leqslant 24$	0.004	
	$24 < H_g \leqslant 60$	0.003	
	$60 < H_g \leqslant 100$	0.0025	
	$H_g > 100$	0.002	
体型简单的高层建筑基础的平均沉降量(mm)		200	
高耸结构基础的倾斜	$H_g \leqslant 20$	0.008	
	$20 < H_g \leqslant 50$	0.006	
	$50 < H_g \leqslant 100$	0.005	
	$100 < H_g \leqslant 150$	0.004	
	$150 < H_g \leqslant 200$	0.003	
	$200 < H_g \leqslant 250$	0.002	
高耸结构基础的沉降量(mm)	$H_g \leqslant 100$	400	
	$100 < H_g \leqslant 200$	300	
	$200 < H_g \leqslant 250$	200	

注：1. 本表数值为建筑物地基实际最终变形允许值；

2. 有括号者仅适用于中压缩性土；

3. l 为相邻柱基的中心距离，mm；H_g 为自室外地面起算的建筑物高度，m。

9.5 无筋扩展基础设计

无筋扩展基础系指由砖、毛石、混凝土或毛石混凝土、灰土和三合土等材料组成的墙下条形基础或柱下独立基础，适用于多层民用建筑和轻型厂房。这种基础的抗拉强度和抗剪强度较低，因此必须控制基础内的拉应力和剪应力，工程上通常采用较大的截面尺寸（限制台阶宽高比）来保证抗拉和抗剪，而无须进行内力分析和截面强度计算。

无筋扩展基础的高度，应符合式（9-24）的要求（图9-14）：

$$H_0 \geqslant \frac{b-b_0}{2\tan\alpha} \tag{9-24}$$

式中 b——基础底面宽度，m；

b_0——基础顶面的墙体宽度或柱脚宽度，m；

H_0——基础高度，m；

$\tan\alpha$——基础台阶宽高比 b_2/H_0，其允许值可按表9-6选用；

b_2——基础台阶宽度，m。

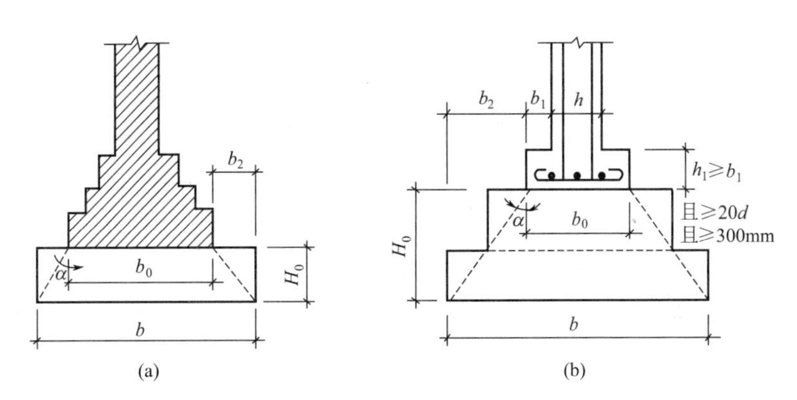

图9-14 无筋扩展基础构造示意

只要台阶的宽高比不超过表9-6规定的允许值，就能保证基础自身的承载力。但对于混凝土基础，当基础底面的平均压力超过300kPa时，应按式（9-25）验算墙（柱）边缘或变阶处的受剪承载力：

$$V_s \leqslant 0.366 f_t A \tag{9-25}$$

式中 V_s——相应于荷载效应基本组合时的地基土平均净反力产生的沿墙（柱）边缘或变阶处单位长度的剪力设计值，kN/m；

f_t——混凝土的轴心抗拉强度设计值，kN/m²；

A——沿墙（柱）边缘或变阶处混凝土基础单位长度面积，m²/m。

采用无筋扩展基础的钢筋混凝土柱，其柱脚高度 h_1 不得小于 b_1［图9-14（b）］，并不应小于300mm且不小于20d（d 为柱中的纵向受力钢筋最大直径）。当柱纵向钢筋在柱脚内的竖向锚固长度不满足锚固要求时，可沿水平方向弯折，弯折后的水平锚固长度不应小于10d，也不应大于20d。

为了保证基础的砌筑质量，一般在砖基础底面以下先做混凝土垫层，垫层每边伸出基础底面50mm，厚度为100mm。这种垫层纯粹是为了施工的方便，不能作为基础的一部分。垫层的宽度和厚度都不计入基础的底宽 b 和埋深 d 之内。

有时，无筋扩展基础由两种材料叠合组成，如上层用砖砌体，下层用混凝土或灰土、三合土。下层混凝土或灰土、三合土的厚度必须在200mm以上，并且材料质量要符合表9-6的要求。这样，混凝土或灰土、三合土就是基础的一部分，而不能作为施工垫层看待。由不同材料做成的无筋扩展基础，每部分都必须满足对该材料的宽高比限制要求。

表 9-6 无筋扩展基础台阶宽高比的允许值

基础材料	质量要求	台阶宽高比的允许值		
		$p_k \leqslant 100$	$100 < p_k \leqslant 200$	$200 < p_k \leqslant 300$
混凝土基础	C15 混凝土	1∶1.00	1∶1.00	1∶1.25
毛石混凝土基础	C15 混凝土	1∶1.00	1∶1.25	1∶1.50
砖基础	砖不低于 MU10、砂浆不低于 M5	1∶1.50	1∶1.50	1∶1.50
毛石基础	砂浆不低于 M5	1∶1.25	1∶1.50	—
灰土基础	体积比为 3∶7 或 2∶8 的灰土，其最小干密度：粉土 $1.55t/m^3$ 粉质黏土 $1.50t/m^3$ 黏土 $1.45t/m^3$	1∶1.25	1∶1.50	—
三合土基础	体积比为 1∶2∶4～1∶3∶6(石灰∶砂∶骨料)，每层约虚铺 220mm，夯至 150mm	1∶1.50	1∶2.00	—

注：1. p_k 为荷载效应标准组合时基础底面处的平均压力值，kPa；

2. 阶梯形毛石基础的每阶伸出宽度，不宜大于 200mm；

3. 当基础由不同材料叠合组成时，应对接触部分作抗压验算。

【例 9-6】 某一民用建筑四层混合结构，承重墙厚 240mm，传至±0.000 处的荷载标准值 $F_k=192kN/m$。场地土厚度基本均匀，表层为耕植土，厚 0.6m，重度 $\gamma=17.0kN/m^3$；持力层为粉土，厚度 12m，重度 $\gamma=18.6kN/m^3$，地基承载力特征值 $f_{ak}=160kPa$，黏粒含量 $\rho_c=15\%$，地下水位 −0.800m。试设计该墙下条形基础。

【解】

(1) 埋置深度

基础宜浅埋，最好位于地下水位以上，取埋深 $d=0.8m$。

(2) 修正后的地基承载力特征值

$$p_c=17.0\times0.6+18.6\times0.2=13.92kPa$$

$$\gamma_m=p_c/d=13.92/0.8=17.4kN/m^3$$

承载力修正系数 $\eta_b=0.3$，$\eta_d=1.5$

假设 $b\leqslant3m$，则有

$$\begin{aligned}f_a&=f_{ak}+\eta_b\gamma(b-3)+\eta_d\gamma_m(d-0.5)\\&=160+0+1.5\times17.4\times(0.8-0.5)=167.8kPa\end{aligned}$$

(3) 基底宽度

由式 (9-19)，得

$$b\geqslant\frac{F_k}{f_a-\gamma_G d}=\frac{192}{167.8-20\times0.8}=1.26m$$

取 $b=1.30m$ ($b<3m$，与假设相符，地基承载力不必再修正)。

(4) 基础材料和构造

下部采用 300mm 厚的 C15 混凝土，其上用 MU10 的烧结普通砖和 M5 水泥砂浆砌筑。整个基础由两种材料叠合组成，剖面形式如图 9-15 所示。

为减小基础高度，砖基础的大放脚采用“二一间隔收”砌法，宽高比满足要求。

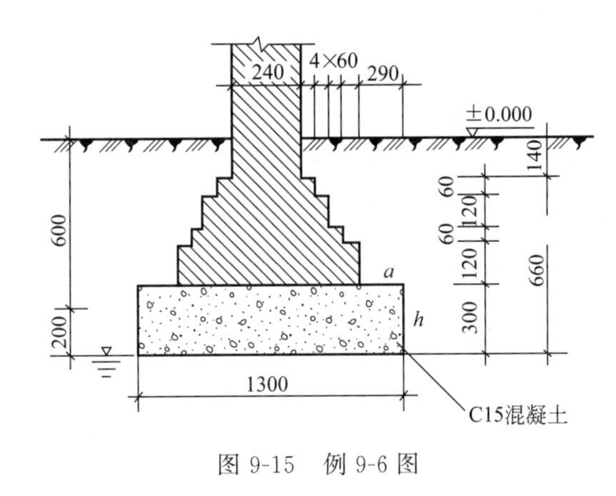

图 9-15 例 9-6 图

混凝土基础的宽高比为：$a:h=290:300=1:1.03<1:1.00$，满足要求。

(5) 验算地基承载力

$$G_k=\gamma_G Ad=20\times1.30\times0.8=20.8\text{kN/m}$$

$$F_k+G_k=192+20.8=212.8\text{kN/m}$$

$$p_k=\frac{F_k+G_k}{b}=\frac{212.8}{1.30}=163.7\text{kPa}<f_a=167.8\text{kPa}$$，满足要求。

(6) 地基变形

砌体承重结构应以“局部倾斜”作为变形控制参数。本例地基条件简单，荷载分布均匀，可定为丙级基础，$f_{ak}=160\text{kPa}$，层数<6层，符合表 9-4 关于丙级基础不作变形计算的要求，故可不计算地基的变形。

9.6 扩展基础设计

扩展基础在《建筑地基基础设计规范》(GB 50007—2011) 中系指墙下钢筋混凝土条形基础和柱下钢筋混凝土独立基础，它们广泛用于多层建筑中。上部荷载直接通过墙或柱传递到基础顶面，基础内力容易确定。内力一旦确定，配筋计算就容易了。

9.6.1 扩展基础的基本构造要求

扩展基础的剖面可采用锥形或阶梯形。锥形基础的边缘高度不宜小于 200mm，且两个方向的坡度不宜大于 1∶3，顶部每边宜沿墙边（柱边）放出 50mm。阶梯形基础的每阶高度，宜为 300～500mm。阶梯形基础的阶高和阶宽（图 9-16）均采用 50mm 的倍数，最下一阶宽度 $b_1\leqslant1.75h_1$，其余阶宽不大于阶高。当高度 $H\leqslant500\text{mm}$ 时，宜分为一阶；当 $500\text{mm}<H\leqslant900\text{mm}$ 时，宜分为二阶；当 $H>900\text{mm}$ 时，宜分为三阶。

基础垫层的厚度不宜小于 70mm（通常做法是：垫层采用厚度 100mm，两边伸出基础底板 100mm）；垫层混凝土的强度等级不宜低于 C10。

扩展基础底板受力钢筋最小配筋率不应小于 0.15%，底板受力钢筋的最小直径不应小于 10mm；间距不应大于 200mm，也不应小于 100mm。墙下钢筋混凝土条形基础纵向分布钢筋的直径不应小于 8mm，间距不应大于 300mm；每延米分布钢筋的面积不应小于受力钢筋面积的 15%。当有垫层时，钢筋的保护层厚度不应小于 40mm，无垫层时不应小于

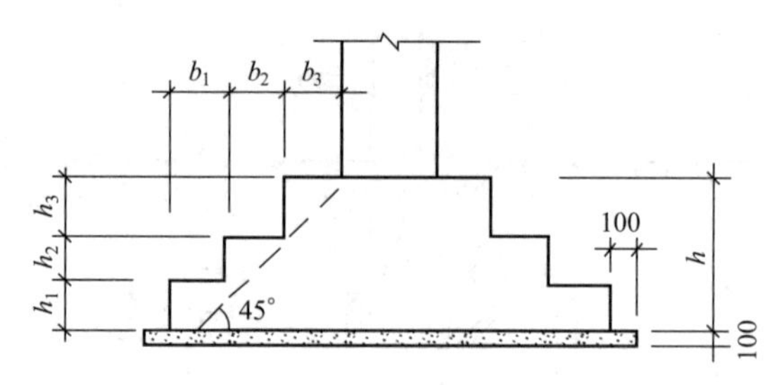

图 9-16 阶梯形基础的阶高和阶宽

70mm。基础混凝土的强度等级不应低于 C20。

当柱下钢筋混凝土独立基础的边长或墙下钢筋混凝土条形基础的宽度大于或等于 2.5m 时，底板受力钢筋的长度可取边长或宽度的 0.9 倍，并宜交错布置［图 9-17（a）］。钢筋混凝土条形基础底板在 T 形及十字形交接处，底板横向受力钢筋仅沿一个主要受力方向通长布置，另一方向的横向受力钢筋可布置到主要受力方向底板宽度 1/4 处［图 9-17（b）］。在拐角处底板横向受力钢筋应沿两个方向布置［图 9-17（c）］。

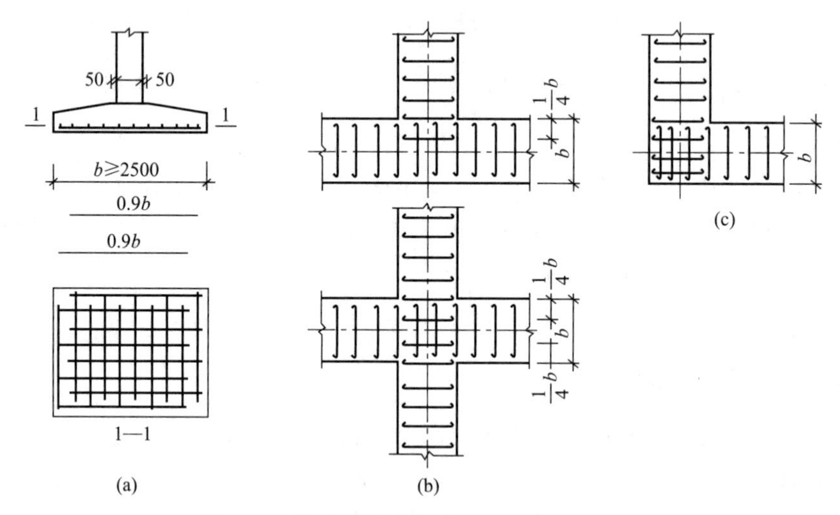

图 9-17 扩展基础底板受力钢筋布置示意图

钢筋混凝土柱和剪力墙纵向受力钢筋在基础内的锚固长度 l_a（抗震设防时 l_{aE}）应按现行《混凝土结构设计规范》有关规定确定。

现浇柱的基础，其插筋的数量、直径以及钢筋种类应与柱内纵向受力钢筋相同（图 9-18）。插筋的锚固长度应满足要求。插筋与柱纵向受力钢筋的连接方法，应符合现行《混凝土结构设计规范》的规定。插筋的下端宜做成直钩放在基础底板钢筋网上。当符合下列条件之一时，可仅将四角的插筋伸至底板钢筋网上，其余插筋锚固在基础顶面下 l_a 或 l_{aE} 处。

① 柱为轴心受压或小偏心受压，基础高度大于等于 1200mm；

② 柱为大偏心受压，基础高度大于等于 1400mm。

预制钢筋混凝土柱通常采用杯形基础，将柱端插入杯口之内，并用细石混凝土填充间隙形成整体。预制钢筋混凝土柱与杯口基础的连接，应符合相应要求。

9.6.2 墙下钢筋混凝土条形基础计算

基础计算在于确定基础高度和基础底板的配筋。按承载能力极限状态计算，荷载效应采

用基本组合。不考虑基础及其台阶上回填土的重力 G，仅由基础顶面的荷载设计值产生的地

图 9-18　现浇柱的基础中插筋

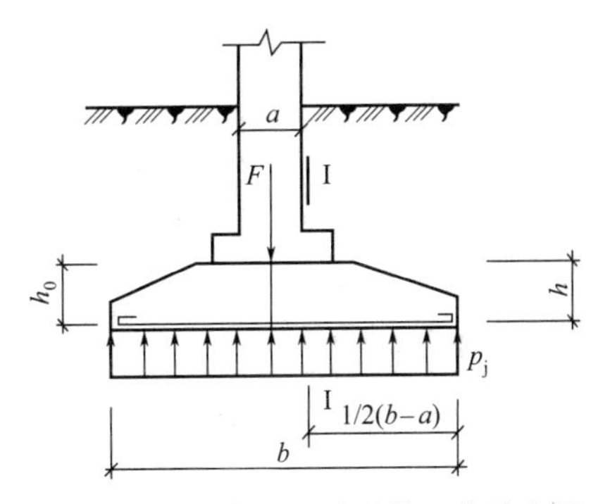

图 9-19　墙下条形基础受轴心荷载作用

基净反力 p_j 来设计基础。

9.6.2.1　基础内力

墙下条形基础沿墙长度方向取1m作为计算单元，将底板看成是倒置的悬臂板，墙作为支座，承受地基净反力作用，以此进行内力和承载力计算。

（1）轴心荷载作用

在轴心荷载作用下，地基净反力均匀分布

$$p_j=\frac{F}{A}=\frac{F}{lb}=\frac{F}{b} \tag{9-26}$$

式中　p_j——地基净反力，kPa；

F——上部荷载传至基础顶面的压力，kN/m；

b——墙下钢筋混凝土条形基础底面宽度，m。

在 p_j 作用下，基础底板内产生剪力和弯矩，控制截面为墙边截面Ⅰ-Ⅰ（图 9-19）。设砖墙厚度为 a，则内力为：

$$V=\frac{1}{2}p_j\ (b-a) \tag{9-27}$$

$$M=\frac{1}{8}p_j\ (b-a)^2 \tag{9-28}$$

（2）偏心荷载作用

偏心荷载作用下，地基净反力一般呈梯形分布（图 9-20），基底边缘处的最大、最小净反力为

$$p_{jmax}=\frac{F}{b}+\frac{6M}{b^2} \tag{9-29}$$

$$p_{jmin}=\frac{F}{b}-\frac{6M}{b^2} \tag{9-30}$$

墙边截面Ⅰ-Ⅰ（最大净反力一侧）处的净反力，由线性分布关系可得

$$p_{jI}=p_{jmin}+\frac{b+a}{2b}\ (p_{jmax}-p_{jmin}) \tag{9-31}$$

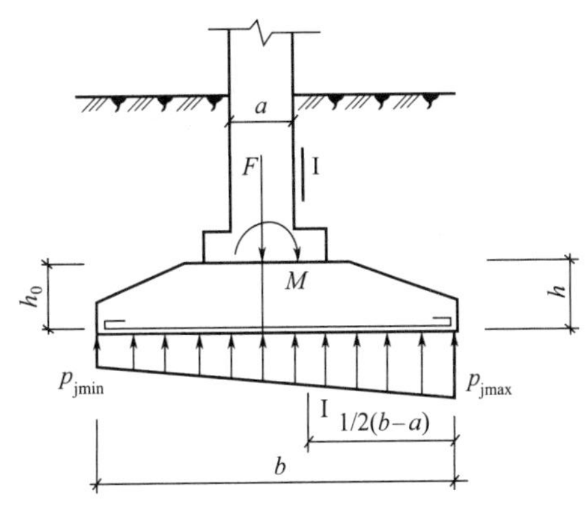

图 9-20　墙下条形基础受偏心荷载作用

Ⅰ-Ⅰ截面为控制截面，内力为

$$V=\frac{1}{4}(p_{\mathrm{jI}}+p_{\mathrm{jmax}})(b-a) \tag{9-32}$$

$$M=\frac{1}{24}(2p_{\mathrm{jI}}+p_{\mathrm{jmax}})(b-a)^2 \tag{9-33}$$

9.6.2.2 基础高度

墙下钢筋混凝土条形基础的高度或底板厚度 h，初选时可设 $h=b/8$，并按模数取值。因为底板不配置箍筋和弯起钢筋，所以基础底板的厚度应由混凝土的抗剪承载力确定：

$$V\leqslant 0.7f_t l h_0=0.7f_t h_0 \tag{9-34}$$

式中 V——剪力设计值，kN/m，N/mm；

f_t——混凝土的抗拉强度设计值，N/mm^2；

h_0——基础底板的有效高度，mm。当有垫层时可取 $h_0=h-50$，无垫层时可取 $h_0=h-80$。

若满足上式，则表明所选底板厚度 h 可行；若不满足式（9-34），则应将 h 增大一个模数，再验算，直至满足为止。也可以直接由式（9-34）计算 h_0，进而确定基础高度 h。

9.6.2.3 底板配筋

根据《混凝土结构设计规范》的假设，承载能力极限状态下力矩平衡条件为

$$M=M_u=f_y A_s(h_0-0.5x)$$

对于基础设计，因受压区面积可能是矩形（一阶的阶梯形基础）、倒T形（阶梯形基础）或梯形（锥形基础），情况比较复杂，通常不严格求解混凝土受压区高度 x，而是根据工程经验近似地取 $x=0.2h_0$，所以 $M=0.9f_y A_s h_0$，由此得受力钢筋的截面面积：

$$A_s=\frac{M}{0.9f_y h_0} \tag{9-35}$$

所需分布钢筋按构造要求配置。

【例9-7】 某房屋承重墙厚370mm，基础埋深 $d=1.75$m，经深度修正后的地基承载力特征值为 $f_a=165$kPa。墙体传至基础顶面的轴心压力标准值 $F_k=352$kN/m、荷载效应基本组合下的设计值 $F=445$kN/m，试设计该墙下钢筋混凝土条形基础。

【解】

（1）基础材料

受力钢筋选用HRB335级钢筋，$f_y=300N/mm^2$；分布钢筋采用HPB300级钢筋；垫层混凝土强度等级为C10，垫层厚度取100mm；基础混凝土采用C20，$f_c=9.6N/mm^2$，$f_t=1.10N/mm^2$。

（2）基底宽度

采用荷载效应标准组合，由式（9-19）得：

$$b\geqslant\frac{F_k}{f_a-\gamma_G d}=\frac{352}{165-20\times1.75}=2.71\mathrm{m}$$

取 $b=2.80$m$=2800$mm，$b<3$m地基承载力特征值不需要按宽度进行修正，所取基础底面宽度能满足地基承载力要求。

(3) 基础底板内力

采用荷载效应基本组合，因为是轴心受压，所以

$$p_j=\frac{F}{b}=\frac{445}{2.80}=158.9\text{kPa}$$

$$V=\frac{1}{2}p_j(b-a)=\frac{1}{2}\times158.9\times(2.80-0.37)=193.1\text{kN/m}$$

$$M=\frac{1}{8}p_j(b-a)^2=\frac{1}{8}\times158.9\times(2.80-0.37)^2=117.3\text{kN}\cdot\text{m/m}$$

(4) 基础高度

初选 $h=b/8=2800/8=350\text{mm}$，符合模数要求。有混凝土垫层，基础的有效高度 $h_0=h-50=350-50=300\text{mm}$。

抗剪承载力验算

$$\begin{aligned}0.7f_th_0&=0.7\times1.10\times300\\&=231\text{kN/m}>V=193.1\text{kN/m}\end{aligned}$$

满足要求，说明取 $h=350\text{mm}$ 可行。

(5) 底板配筋

受力钢筋

$$A_s=\frac{M}{0.9f_yh_0}=\frac{117.3\times10^6}{0.9\times300\times300}=1448\text{mm}^2$$

$>A_{s,\min}=0.15\%\times1000\times350=525\text{mm}^2$，满足最小配筋要求

实配 ⌀14@100，面积 $A_s=1539\text{mm}^2$。

分布钢筋配置⌀8@200，$A_{分布}=251\text{mm}^2>15\%A_{受力}=231\text{mm}^2$，满足构造要求。

该墙下钢筋混凝土条形基础采用锥形剖面，边缘高度取 200mm，砖墙底挑出 1/4 砖(60mm)，顶部墙边放 50mm，实际锥形坡度为

$$\frac{350-200}{(2800-370)/2-60-50}=\frac{150}{1105}=\frac{1}{7.37}<\frac{1}{3}\text{，满足要求}$$

基础的尺寸和配筋如图 9-21 所示。

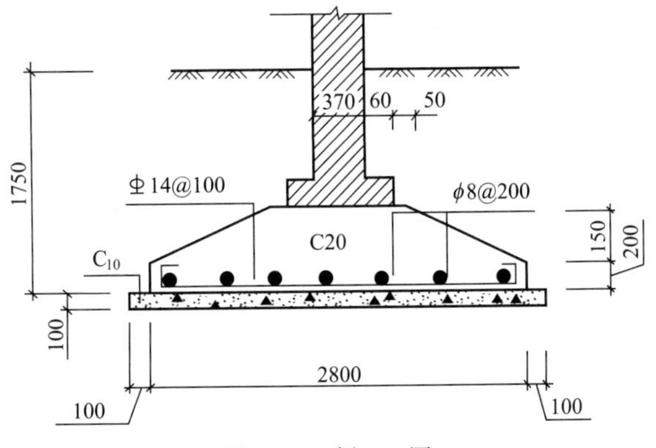

图 9-21 例 9-7 图

9.6.3 柱下钢筋混凝土独立基础计算

试验表明，柱下钢筋混凝土独立基础可能发生冲切破坏和弯曲破坏。当基础底板面积较大，而高度较薄时，基础从柱子（或变阶处）四周开始，沿着45°斜面拉裂，从而形成冲切角锥体（图9-22），这种破坏称为冲切破坏。矩形基础一般沿柱短边一侧先产生冲切破坏。底板在净反力作用下，两个方向上均发生向上的弯曲变形，底部受拉、顶部受压，在危险截面内的弯矩超过底板的抗弯极限承载力时，底板就会发生弯曲破坏。

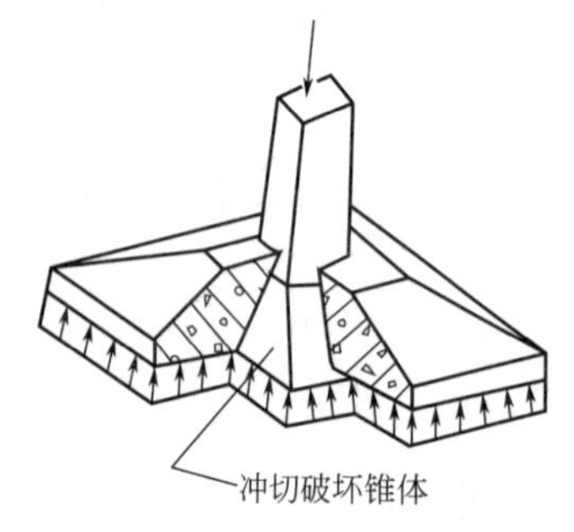

图9-22 冲切破坏角锥体

9.6.3.1 基础高度

基础高度h由混凝土抗冲切强度确定。由冲切破坏角锥体以外的地基净反力所产生的冲切力应不大于冲切面处混凝土的抗冲切能力。对于矩形截面柱的矩形基础，应验算柱与基础交接处以及基础变阶处的受冲切承载力，即按式（9-36）确定基础高度：

$$F_l \leqslant 0.7\beta_{hp} f_t b_m h_0 \tag{9-36}$$

$$b_m = (b_t + b_b)/2 \tag{9-37}$$

$$F_l = p_j A_l \tag{9-38}$$

式中 β_{hp}——受冲切承载力截面高度影响系数，当h不大于800mm时，β_{hp}取1.0；当h大于等于2000mm时，β_{hp}取0.9，其间按线性内插法取用；

f_t——混凝土轴心抗拉强度设计值，kPa；

h_0——基础冲切破坏锥体的有效高度，m；

b_m——冲切破坏锥体最不利一侧计算长度，m，如图9-23所示；

b_t——冲切破坏锥体最不利一侧截面的上边长，m，当计算柱与基础交接处的受冲切承载力时，取柱宽；当计算基础变阶处的受冲切承载力时，取上阶宽；

b_b——冲切破坏锥体最不利一侧斜截面在基础底面积范围内的下边长，m；

p_j——荷载效应基本组合时地基土单位面积净反力，偏心受压基础可取最大净反力p_{jmax}；

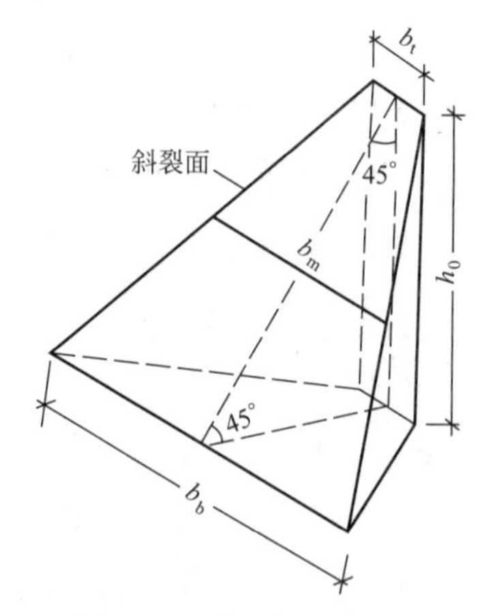

图9-23 冲切斜裂面边长

A_l——冲切验算时取用的部分基底面积，m^2；如图9-24（a）所示中的阴影面积$ABCDEF$，或如图9-24（b）所示中的阴影面积$ABDC$；

F_l——相应于荷载效应基本组合时作用在A_l上的地基土净反力设计值，kN。

轴心受压时，地基土的净反力设计值为

$$p_j = \frac{F}{A} = \frac{F}{bl} \tag{9-39}$$

偏心受压时，地基土净反力设计值的最大、最小值分别为

$$p_{\mathrm{jmax}}=\frac{F}{A}+\frac{M}{W}=\frac{F}{bl}+\frac{6M}{bl^2} \tag{9-40}$$

$$p_{\mathrm{jmin}}=\frac{F}{A}-\frac{M}{W}=\frac{F}{bl}-\frac{6M}{bl^2} \tag{9-41}$$

假设柱截面的长边、短边尺寸分别用 a_c、b_c 表示，则沿柱边产生冲切时，应有 $b_c=b_t$。当 $b>b_c+2h_0$ 时，冲切破坏锥体的底边落在基础底面积之内[图 9-24(a)]，此时 $b_b=b_c+2h_0$，故

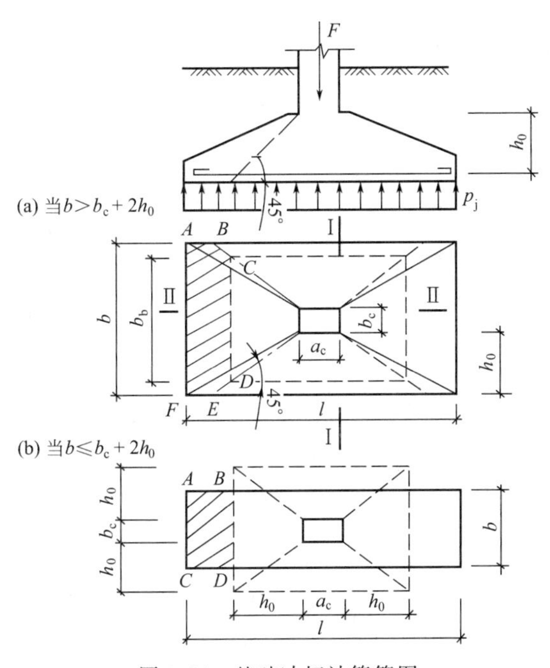

图 9-24 基础冲切计算简图

$$b_m=(b_t+b_b)/2=(b_c+b_c+2h_0)=b_c+h_0 \tag{9-42}$$

$$A_l=\left(\frac{l}{2}-\frac{a_c}{2}-h_0\right)b-\left(\frac{b}{2}-\frac{b_c}{2}-h_0\right)^2 \tag{9-43}$$

而当 $b\leq b_c+2h_0$ 时，冲切力的作用面积为一矩形 [图 9-24(b)]，此时 $b_b=b$，所以

$$b_m=(b_c+b)/2 \tag{9-44}$$

$$A_l=\left(\frac{l}{2}-\frac{a_c}{2}-h_0\right)b \tag{9-45}$$

通常做法是根据经验假定基础高度 h，得出 h_0，按式 (9-36) 进行验算。如满足，则假定高度可行；若不满足，则应加大基础高度，重新验算，直到满足为止。

当基础剖面为阶梯形时，除可能在柱子周边沿 45°斜面拉裂形成冲切角锥体外，还可能从变阶处开始沿 45°斜面拉裂。因此，尚需对基础变阶处进行冲切验算。此时，变阶处的有效高度 h_{01} 由变阶处的截面高度确定，并将上述公式中的 a_c 和 b_c 分别换成变阶处的台阶尺寸 a_1 和 b_1 即可。

当基础底面边缘在 45°冲切破坏线以内时，可不进行基础高度的受冲切承载力验算。

9.6.3.2 基础底板配筋

独立基础底板在地基净反力作用下，沿着柱的周边向上弯曲，一般矩形基础均为双向受

弯，因此应在底板两个方向配置受力钢筋。内力计算时，将基础底板看成四块固定在柱周边的梯形悬臂板（图 9-25），则基础底板长、宽两个方向的弯矩，就等于相应梯形基底面积上地基净反力所产生的力矩。

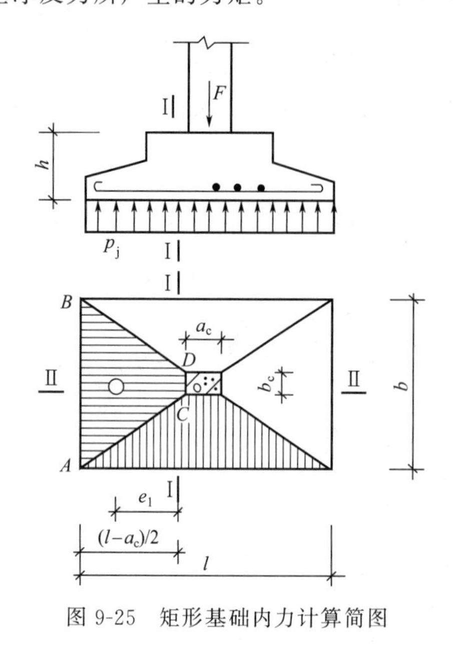

图 9-25　矩形基础内力计算简图

（1）轴心受压基础

固定于柱四周的四边悬挑基础底板，沿长边方向柱边截面Ⅰ-Ⅰ的弯矩为梯形面积 $ABDC$ 上的净反力所产生。$ABDC$ 面积内净反力的合力大小为

$$V_{\mathrm{I}}=p_j\frac{1}{4}(l-a_c)(b+b_c)$$

该合力作用于梯形的形心，与Ⅰ-Ⅰ截面相距为 e_{I}：

$$e_{\mathrm{I}}=\frac{2}{3}\times\left(\frac{2b+b_c}{b+b_c}\right)\times\frac{l-a_c}{2}\times\frac{1}{2}=\frac{(l-a_c)(2b+b_c)}{6(b+b_c)}$$

Ⅰ-Ⅰ截面的弯矩设计值

$$M_{\mathrm{I}}=V_{\mathrm{I}}e_{\mathrm{I}}=\frac{p_j}{24}(l-a_c)^2(2b+b_c) \tag{9-46}$$

Ⅰ-Ⅰ截面受力钢筋面积

$$A_{s\mathrm{I}}=\frac{M_{\mathrm{I}}}{0.9f_yh_0} \tag{9-47}$$

该钢筋位于底板的底部。

同理，沿短边方向柱边Ⅱ-Ⅱ截面应有：

$$M_{\mathrm{II}}=\frac{p_j}{24}(b-b_c)^2(2l+a_c) \tag{9-48}$$

$$A_{s\mathrm{II}}=\frac{M_{\mathrm{II}}}{0.9f_y(h_0-d)} \tag{9-49}$$

短边方向的弯矩小于长边方向的弯矩，该方向的钢筋布置在长边方向钢筋之上，故其合力作用点到基础顶面的距离为 h_0-d（这里 d 为钢筋直径）。

（2）偏心受压基础

偏心受压基础底板的配筋计算，可利用轴心受压的相关公式，但净反力的取值不同。计算Ⅰ-Ⅰ截面弯矩 M_{I} 时

$$p_j=\frac{p_{j\max}+p_{j\mathrm{I}}}{2} \tag{9-50}$$

$$p_{j\mathrm{I}}=p_{j\min}+\frac{l+a_c}{2l}(p_{j\max}-p_{j\min}) \tag{9-51}$$

计算Ⅱ-Ⅱ截面弯矩 M_{II} 时

$$p_j=\frac{p_{j\max}+p_{j\min}}{2} \tag{9-52}$$

对于阶梯形基础，除进行柱边截面配筋计算外，尚应计算变阶处截面的配筋，此时只需用台阶平面尺寸替换柱截面尺寸，按上述方法计算。最后，根据同一方向柱边截面、变阶截面所计算的钢筋面积，取较大者进行实际配筋。

9.6.3.3 局部受压承载力验算

当扩展基础的混凝土强度等级低于柱的混凝土强度等级时，尚应按式（9-53）验算柱下扩展基础顶面的局部受压承载力。

$$F_l \leqslant 0.9\beta_c\beta_l f_c A_l \tag{9-53}$$

$$\beta_l = \sqrt{\frac{A_b}{A_l}} \tag{9-54}$$

式中 F_l——局部受压面上作用的局部荷载或局部压力设计值，kN；

β_c——混凝土强度影响系数，当混凝土强度等级不超过C50时，β_c 取1.0；

β_l——混凝土局部受压时的强度提高系数；

f_c——混凝土轴心抗压强度设计值，kPa；

A_l——局部受压面积，m^2，即柱的截面面积 $A_l = a_c b_c$；

A_b——局部受压的计算底面积，m^2，可取 $A_b = 3b_c(2b_c + a_c)$，并不超过基础顶面面积。

【例 9-8】 采用C30混凝土浇筑的某框架外柱截面尺寸为400mm×500mm，对称配筋，每侧配置4⌀20纵向受力钢筋。柱传至基础顶面的内力设计值（荷载效应基本组合）为：$N=1680\text{kN}$、$M=176\text{kN}\cdot\text{m}$、$V=49\text{kN}$；内力标准值为：$N_k=1295\text{kN}$、$M_k=130\text{kN}\cdot\text{m}$、$V_k=36.5\text{kN}$。室外地坪−0.60m（室内地坪±0.00），基础顶面为−1.40m，地基为黏性土，重度 $\gamma=17.6\text{kN/m}^3$（无地下水），孔隙比 $e=0.86$，承载力特征值 $f_{ak}=125\text{kPa}$。试设计该柱的钢筋混凝土基础。

【解】

（1）选择设计基本参数

基础垫层采用C10混凝土，厚度100mm，每边自底板外缘挑出100mm。基础混凝土采用C20，$f_c=9.6\text{N/mm}^2$，$f_t=1.10\text{N/mm}^2$。钢筋采用HPB300级热轧光圆钢筋，$f_y=270\text{N/mm}^2$。

柱受拉钢筋的锚固长度（柱纵向钢筋为HRB400级，$f_y=360\text{N/mm}^2$）

$$l_a = \frac{0.14 f_y}{f_t} d = \frac{0.14\times360}{1.10}\times20 = 916\text{mm}$$

初步确定基础高度 $h=900\text{mm}$，分成二阶。基础埋深 d 为（室外地面标高算起）

$$d = (1.40-0.60)+0.90 = 1.70\text{m}$$

（2）持力层承载力确定基础底面尺寸

由孔隙比 $e=0.86$ 查表9-1，得承载力修正系数 $\eta_b=0$、$\eta_d=1.0$，修正后的地基承载力特征值为

$$\begin{aligned} f_a &= f_{ak} + \eta_b\gamma(b-3) + \eta_d\gamma_m(d-0.5) \\ &= 125+0+1.0\times17.6\times(1.70-0.5) = 146.1\text{kPa} \end{aligned}$$

采用荷载效应标准组合，按轴心受压公式估算基础底面积

$$p_k=\frac{F_k+G_k}{A}=\frac{N_k}{A}+20d\leqslant f_a$$

$$A\geqslant\frac{N_k}{f_a-20d}=\frac{1295}{146.1-20\times1.70}=11.55\text{m}^2$$

偏心受压基础，面积乘以 1.2 的放大系数，$A\geqslant1.2\times11.55=13.86\text{m}^2$。取 $l=4\text{m}$，$b=3.6\text{m}$，面积 $A=lb=4\times3.6=14.4\text{m}^2$，荷载沿长边方向偏心。台阶尺寸按三阶拟定：取 $l_2=l_3=450\text{mm}$、$l_1=850\text{mm}$，$b_2=b_3=450\text{mm}$、$b_1=700\text{mm}$，取 $h_2=h_3=450\text{mm}$、$h_1=500\text{mm}$。基础总高度

$$h=450+450+500=1400\text{mm}$$

基础详细尺寸如图 9-26 所示。此时基础埋深为

$$d=(1.40-0.60)+1.40=2.20\text{m}$$

重新修正地基承载力特征值

$$\begin{aligned}f_a&=f_{ak}+\eta_b\gamma\ (b-3)+\eta_d\gamma_m(d-0.5)\\&=125+0+1.0\times17.6\times(2.20-0.5)=154.9\text{kPa}\end{aligned}$$

验算地基承载力

$$A=4\times3.6=14.4\text{m}^2$$

$$W=\frac{1}{6}bl^2=\frac{1}{6}\times3.6\times4^2=9.6\text{m}^3$$

$$M_{kd}=M_k+V_kh=130+36.5\times1.4=181.1\text{kN}\cdot\text{m}$$

$$G_k=20Ad=20\times14.4\times2.20=633.6\text{kN}$$

$$F_k=N_k=1295\text{kN}$$

基底平均压力

$$p_k=\frac{F_k+G_k}{A}=\frac{1295+633.6}{14.4}=133.9\text{kPa}<f_a=154.9\text{kPa}$$

基底最大压力

$$p_k=\frac{F_k+G_k}{A}+\frac{M_{kd}}{W}=133.9+\frac{181.1}{9.6}=152.8\text{kPa}$$

$<1.2f_a=1.2\times154.9=185.9\text{kPa}$，地基承载力满足要求。

(3) 基础高度验算

基础高度必须满足受冲切承载力条件。上两个台阶的宽高相同，均为 450mm，刚好位于 45°冲切线（斜面）内，故抗冲切承载力仅由最下一个台阶的高度控制，此时截面有效高度 $h_0=h_1-a_s=500-50=450\text{mm}$。受冲切承载力验算应采用荷载效应基本组合，偏心受压基础取

$$p_j=p_{j\max}=\frac{F}{A}+\frac{M_d}{W}=\frac{1680}{14.4}+\frac{176+49\times1.4}{9.6}=142.1\text{kPa}$$

用第一个台阶处的尺寸代替柱截面尺寸

$$a_c=0.5+4\times0.45=2.30\text{m},\ b_c=0.4+4\times0.45=2.20\text{m}$$

$$b_c+2h_0=2.20+2\times0.45=3.10\text{m}$$

因为 $b=3.6\text{m}>b_c+2h_0=3.10\text{m}$，所以

$$b_m=b_c+h_0=2.20+0.45=2.65\text{m}$$

$$A_l=\left(\frac{l}{2}-\frac{a_c}{2}-h_0\right)b-\left(\frac{b}{2}-\frac{b_c}{2}-h_0\right)^2$$

$$=\left(\frac{4}{2}-\frac{2.30}{2}-0.45\right)\times3.6-\left(\frac{3.6}{2}-\frac{2.20}{2}-0.45\right)^2=1.38\text{m}^2$$

$$F_l=p_jA_l=142.1\times1.38=196.1\text{kN}$$

基础冲切角锥体高度 $h_1=500\text{mm}<800\text{mm}$，$\beta_{hp}=1.0$

$$0.7\beta_{hp}f_tb_mh_0=0.7\times1.0\times1.10\times10^3\times2.65\times0.45=918.2\text{kN}$$

$>F_l=196.1\text{kN}$，满足要求，所拟定的基础高度可行。

(4) 基础顶面局部受压承载力验算

因为柱的混凝土强度等级C30高于基础的混凝土强度等级C20，所以应验算柱下基础顶面的局部受压承载力。

$$f_c=9.6\text{N/mm}^2=9600\text{kPa},\ \beta_c=1.0$$

$$A_l=a_cb_c=0.5\times0.4=0.2\text{m}^2$$

$$A_b=3b_c(2b_c+a_c)=3\times0.4\times(2\times0.4+0.5)=1.56\text{m}^2$$

$<$基础顶面面积 $(0.5+2\times0.45)\times(0.4+2\times0.45)=1.82\text{m}^2$

$$\beta_l=\sqrt{\frac{A_b}{A_l}}=\sqrt{\frac{1.56}{0.2}}=2.79$$

$$F_l=N=1680\text{kN}<0.9\beta_c\beta_lf_cA_l=0.9\times1.0\times2.79\times9600\times0.2=4821\text{kN}$$

基础顶面局部受压承载力满足要求。

(5) 基础底板配筋计算

按荷载效应基本组合，基底压力梯形分布

$$p_{jmax}=\frac{F}{A}+\frac{M_d}{W}=\frac{1680}{14.4}+\frac{176+49\times1.4}{9.6}=142.1\text{kPa}$$

$$p_{jmin}=\frac{F}{A}-\frac{M_d}{W}=\frac{1680}{14.4}-\frac{176+49\times1.4}{9.6}=91.2\text{kPa}$$

① 沿基础长边方向配筋

柱边截面Ⅰ-Ⅰ

$$a_c=0.5\text{m},\ b_c=0.4\text{m},\ h_0=1400-50=1350\text{mm}$$

$$p_{j\text{I}}=p_{jmin}+\frac{l+a_c}{2l}(p_{jmax}-p_{jmin})$$

$$=91.2+\frac{4+0.5}{2\times4}\times(142.1-91.2)=119.8\text{kPa}$$

$$p_j=\frac{p_{jmax}+p_{j\text{I}}}{2}=\frac{142.1+119.8}{2}=131.0\text{kPa}$$

$$M_\text{I}=\frac{p_j}{24}(l-a_c)^2(2b+b_c)=\frac{131.0}{24}\times(4-0.5)^2\times(2\times3.6+0.4)=508.2\text{kN}\cdot\text{m}$$

$$A_{s\text{I}}=\frac{M_\text{I}}{0.9f_yh_0}=\frac{508.2\times10^6}{0.9\times270\times1350}=1549\text{mm}^2$$

第二个台阶的变阶截面Ⅲ-Ⅲ

$$a_c=0.5+2\times0.45=1.4\text{m},\ b_c=0.4+2\times0.45=1.3\text{m}$$

$$h_0=(1400-450)-50=900\text{mm}$$

$$p_{j\text{III}}=p_{j\min}+\frac{l+a_c}{2l}(p_{j\max}-p_{j\min})=91.2+\frac{4+1.4}{2\times4}\times(142.1-91.2)=125.6\text{kPa}$$

$$p_j=\frac{p_{j\max}+p_{j\text{III}}}{2}=\frac{142.1+125.6}{2}=133.9\text{kPa}$$

$$M_{\text{III}}=\frac{p_j}{24}(l-a_c)^2(2b+b_c)=\frac{133.9}{24}\times(4-1.4)^2\times(2\times3.6+1.3)=320.6\text{kN}\cdot\text{m}$$

$$A_{s\text{III}}=\frac{M_{\text{III}}}{0.9f_yh_0}=\frac{320.6\times10^6}{0.9\times270\times900}=1466\text{mm}^2$$

第一个台阶的变阶截面Ⅴ－Ⅴ

$$a_c=0.5+4\times0.45=2.3\text{m},\ b_c=0.4+4\times0.45=2.2\text{m}$$

$$h_0=h_1=500-50=450\text{mm}$$

$$p_{j\text{V}}=p_{j\min}+\frac{l+a_c}{2l}(p_{j\max}-p_{j\min})=91.2+\frac{4+2.3}{2\times4}\times(142.1-91.2)=131.3\text{kPa}$$

$$p_j=\frac{p_{j\max}+p_{j\text{V}}}{2}=\frac{142.1+131.3}{2}=136.7\text{kPa}$$

$$M_{\text{V}}=\frac{p_j}{24}(l-a_c)^2(2b+b_c)=\frac{136.7}{24}\times(4-2.3)^2\times(2\times3.6+2.2)=154.7\text{kN}\cdot\text{m}$$

$$A_{s\text{V}}=\frac{M_{\text{V}}}{0.9f_yh_0}=\frac{154.7\times10^6}{0.9\times270\times450}=1415\text{mm}^2$$

三个截面计算的钢筋面积分别为1549mm²、1466mm²和1415mm²，均小于构造要求的最小配筋面积0.15％×(3600×500＋2200×450＋1300×450)＝5063mm²。所以，应按构造要求配筋，每米宽度需要钢筋面积5063/3.6＝1406mm²/m，实配⏀14@100，面积1539mm²/m。

② 沿基础短边方向配筋

柱边截面Ⅱ-Ⅱ

$$a_c=0.5\text{m},\ b_c=0.4\text{m},\ h_0=1400-50=1350\text{mm}$$

$$p_j=\frac{p_{j\max}+p_{j\min}}{2}=\frac{142.1+91.2}{2}=116.7\text{kPa}$$

$$M_{\text{II}}=\frac{p_j}{24}(b-b_c)^2(2l+a_c)=\frac{116.7}{24}\times(3.6-0.4)^2\times(2\times4+0.5)=423.2\text{kN}\cdot\text{m}$$

$$A_{s\text{II}}=\frac{M_{\text{II}}}{0.9f_y(h_0-d)}=\frac{423.2\times10^6}{0.9\times270\times(1350-14)}=1304\text{mm}^2$$

第二个台阶的变阶截面Ⅳ－Ⅳ

$$a_c=1.4\text{m},\ b_c=1.3\text{m},\ h_0=900\text{mm}$$

$$M_{\text{IV}}=\frac{p_j}{24}(b-b_c)^2(2l+a_c)=\frac{116.7}{24}\times(3.6-1.3)^2\times(2\times4+1.4)=241.8\text{kN}\cdot\text{m}$$

$$A_{s\text{IV}}=\frac{M_{\text{IV}}}{0.9f_y(h_0-d)}=\frac{241.8\times10^6}{0.9\times270\times(900-14)}=1123\text{mm}^2$$

第一个台阶的变阶截面Ⅵ-Ⅵ

$$a_c=2.3\text{m},\ b_c=2.2\text{m},\ h_0=450\text{mm}$$

$$M_{\text{VI}}=\frac{p_j}{24}(b-b_c)^2(2l+a_c)=\frac{116.7}{24}\times(3.6-2.2)^2\times(2\times4+2.3)=98.2\text{kN}\cdot\text{m}$$

$$A_{s\text{VI}}=\frac{M_{\text{VI}}}{0.9f_y(h_0-d)}=\frac{98.2\times10^6}{0.9\times270\times(450-14)}=927\text{mm}^2$$

三个截面计算的钢筋面积分别为 1304mm²、1123mm² 和 927mm²，均小于构造要求的最小配筋面积 0.15%×(4000×500+2300×450+1400×450) =5498mm²。所以，应按构造要求配筋，每米宽度需要钢筋面积 5498/4 = 1375mm²/m，实配 Φ14@110，面积 1399mm²/m。

基础的配筋如图 9-26 所示，由于每边长度超过 2.5m，所以钢筋的长度可取 0.9l 和 0.9b，交错布置。

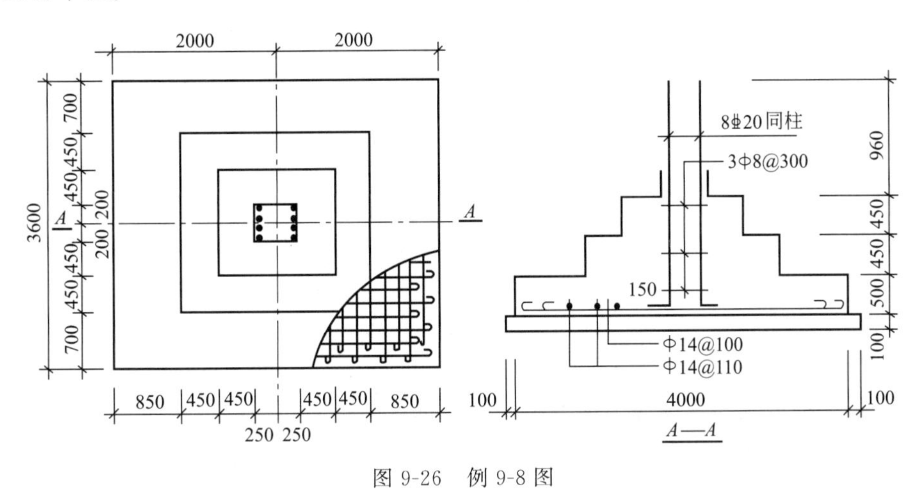

图 9-26 例 9-8 图

9.7 减轻地基不均匀沉降危害的措施

地基变形过大以及发生过大不均匀沉降，都会给建筑物造成损害或影响其使用功能。软弱地基的沉降量通常较大，还会因为土质软硬不均导致沉降不均匀或严重沉降不均匀，可直接使墙体开裂或建筑物倾斜，设计时必须认真对待。从地基基础的角度出发，可采用条形基础、筏形基础、箱形基础、桩基础，以及采用人工地基，但造价往往较高；也可以从地基、基础与上部结构相互作用的概念出发，选择合理的建筑、结构、施工方案和措施，降低对地基基础处理的要求和难度，同样可以达到减轻房屋不均匀沉降危害的目的。

9.7.1 建筑措施

9.7.1.1 建筑物的体型力求简单

建筑物平面和立面上的轮廓形状，构成了建筑物的体型。复杂的体型常常是削弱建筑物整体刚度和加剧不均匀沉降的因素。平面形状复杂的建筑物，在纵、横单元交叉处基础密集，地基中各单元荷载产生的附加应力相互重叠，使该处的局部沉降量增加；该类建筑整体刚度差，而且刚度不对称，当地基出现不均匀沉降时，容易产生扭曲应力，因而更容易使建筑物开裂。立面形状复杂，使建筑物高低变化过大，地基各部分所受的荷载大小不同，自然也会出现过量的不均匀沉降。因此，在满足使用和其他要求的前提下，建筑体型应力求简单：平面形状简单，立面高差变化不大。

9.7.1.2 控制建筑物长高比及合理布置墙体

建筑物的长度或沉降单元的长度 L 与建筑物的总高度（从基础底面算起）H_f 之比 L/H_f，称为建筑物或沉降单元的长高比。长高比是决定砌体结构刚度的一个重要因素，长高比小，则整体刚度大，抵抗弯曲和调整不均匀沉降的能力就强。砌体结构因不均匀沉降而开裂，裂缝大致呈 45°左右并倾向于沉降大的一方，经常在墙体刚度削弱的墙角处首先出现。建筑物的长高比控制在 2.0～3.0 以内时，一般可以避免不均匀沉降引起的裂缝。

合理布置纵、横墙，是增强砌体承重结构房屋整体刚度的重要措施之一。通常情况下，房屋的纵向刚度较弱，故地基不均匀沉降的危害表现为纵墙的挠曲破坏，所以内、外纵墙应避免转折、中断。另外，缩小横墙间距，也可有效改善房屋的整体性，从而增强调整不均匀沉降的能力。

9.7.1.3 设置沉降缝

当建筑物体型比较复杂时，宜根据平面形状和高度差异情况，在适当部位用沉降缝将其划分成若干个刚度较好的单元；当高度差异或荷载差异较大时，可将两者隔开一定距离，当拉开距离后的两单元必须连接时，应采用能自由沉降的连接构造。

建筑物的下列部位宜设沉降缝：①建筑平面的转折部位；②高度差异或荷载差异处；③长高比过大的砌体承重结构或钢筋混凝土框架结构的适当部位；④地基土的压缩性有显著差异处；⑤建筑结构或基础类型不同处；⑥分期建造房屋的交界处。

沉降缝应有足够的宽度，缝内一般不得填塞材料（寒冷地区需填松软材料），以保持两侧房屋内倾时不相互挤压。沉降缝的宽度，二、三层房屋为 50～80mm，四、五层房屋为 80～120mm，五层以上房屋不小于 120mm。

9.7.1.4 相邻建筑物基础应有一定距离

同期建造的两相邻建筑，或在原有房屋邻近新建高重的建筑物，常由于地基中附加应力扩散和相互影响，使相邻建筑物产生附加不均匀沉降，造成倾斜和开裂。为了避免相邻建筑物影响的危害，建筑物基础之间应有一定的净距。决定相邻建筑物基础净距的主要因素是被影响建筑物的刚度（长高比）和产生影响的建筑物的预估沉降量，净距可按表 9-7 采用。

表 9-7 相邻建筑物基础间的净距　　单位：m

影响建筑的预估平均沉降量 s/mm	被影响建筑的长高比	
	$2.0 \leqslant L/H_f < 3.0$	$3.0 \leqslant L/H_f < 5.0$
70～150	2～3	3～6
160～250	3～6	6～9
260～400	6～9	9～12
>400	9～12	≥12

注：1. 表中 L 为建筑物长度或沉降缝分隔的单元长度，m；H_f 为自基础底面标高算起的建筑物高度，m；
2. 当被影响建筑的长高比为 $1.5 < L/H_f < 2.0$ 时，其间净距可适当缩小。

9.7.1.5 调整建筑物的局部标高

由于建筑物的沉降，使用时将改变各部分的原有标高，严重时将影响建筑物的正常使用，甚至导致管道等设备的破坏。设计时应根据可能产生的不均匀沉降，采取下列相应措施：

① 室内地坪和地下设施的标高，应根据预估沉降量予以提高。建筑物各部分（或设备之间）有联系时，可将沉降较大者的标高提高。

② 建筑物与设备之间，应留有净空。当建筑物有管道穿过时，应预留孔洞，或采用柔性的管道接头等。

9.7.2 结构措施

9.7.2.1 减轻建筑物自重

基底压力中，建筑物自重所占比例很大，工业建筑占40%～50%，民用建筑可达60%～80%。因此，减轻自重，是减小沉降量的措施之一。如选用轻型结构，减轻墙体自重，采用架空地板代替室内填土；设置地下室、半地下室，采用覆土少、自重轻的基础型式。

9.7.2.2 调整荷载分布

调整各部分的荷载分布、基础宽度或埋置深度，使基底压力分布趋于均匀，从而减小不均匀沉降。对不均匀沉降要求严格的建筑物，可增大基底面积，减小基底附加压力。

对于建筑体型复杂、荷载差异较大的框架结构，可采用箱基、桩基、筏基等加强基础刚度，调整基底压力分布，减少不均匀沉降。

9.7.2.3 增强结构的整体刚度和强度

对于砌体结构的房屋，宜采用下列措施增强整体刚度和强度：

① 对于三层和三层以上的房屋，其长高比 L/H_f 宜小于或等于2.5；当房屋长高比为 $2.5<L/H_f\leqslant 3.0$ 时，宜做到纵墙不转折或少转折，并应控制其内横墙的间距或增强基础刚度和强度。当房屋的预估最大沉降量小于或等于120mm时，其长高比可不受限制。

② 墙体内宜设置钢筋混凝土圈梁或钢筋砖圈梁。

③ 在墙体上开洞时，宜在开洞部位配筋或采用构造柱及圈梁加强。

9.7.2.4 设置钢筋混凝土圈梁

设置钢筋混凝土圈梁可以提高砌体结构抵抗弯曲的能力，增强建筑物的整体刚度。实践证明，圈梁是砌体承重结构防止出现裂缝和阻止裂缝开展的一项十分有效的措施。圈梁应按下列要求设置：

① 在多层房屋的基础和顶层处宜各设置一道，其他各层可隔层设置，必要时也可层层设置。单层工业厂房、仓库，可结合基础梁、地梁、联系梁、过梁等酌情设置。

② 圈梁应设置在外墙、内纵墙和主要内横墙上，并宜在平面内连成封闭系统（如遇门窗洞口中断，应在洞口上方设置附加圈梁）。

9.7.3 施工措施

施工时合理安排施工进度、注意某些施工方法，也能收到减少或调整地基不均匀沉降的效果。

在基坑开挖时，不要扰动基底土的原来结构，通常在坑底保留大约 200mm 厚的土层，待垫层施工时再铲除。如发现坑底土已被扰动，应将已扰动的土挖去，用砂、碎石回填夯实。

当建筑物存在高、低层或轻重不同部分时，应先施工高层及重的部分，后建低层及轻的部分，即所谓“先高重，后低轻。”当高层建筑的主、裙楼下有地下室时，可在主楼和裙楼相交的裙楼一侧适当位置设施工后浇带，以调整主、裙楼之间的部分沉降差异。

在已建成的轻型建筑物和在建工程的周围，应避免长时间集中堆放大量的建筑材料或弃土，以免引起建筑物附加沉降。

思考题

9.1 什么是浅基础？浅基础有哪些类型？

9.2 什么是地基承载力特征值？如何进行深度和宽度修正？

9.3 影响基础埋置深度的因素有哪些？

9.4 基础的沉降量和沉降差有何不同？

9.5 偏心荷载作用下基底尺寸是如何确定的？

9.6 为什么要验算软弱下卧层的承载力？如果不满足要求，应采取哪些措施来满足？

9.7 哪些结构型式应以局部倾斜作为地基变形验算的依据？

9.8 无筋扩展基础的高度应该如何确定？

9.9 墙下钢筋混凝土条形基础的高度是如何确定的？

9.10 柱下钢筋混凝土独立基础的高度是根据什么条件确定的？

9.11 砖基础的“大放脚”有哪些放脚方式？

9.12 钢筋混凝土基础无垫层时，保护层厚度不小于 70mm，此时截面有效高度 h_0 应如何确定？

9.13 有哪些措施可以减轻地基不均匀沉降的危害？

选择题

9.1 下列浅基础中，属于刚性基础的是（　　）。

A. 柱下钢筋混凝土条形基础　　B. 墙下钢筋混凝土条形基础

C. 混凝土基础　　D. 箱形基础

9.2 基础的埋置深度可根据哪些影响因素确定？（　　）

A. 工程地质条件和水文地质条件的影响

B. 相邻建筑物基础的埋深和地基土的冻胀性影响

C. 建筑物的用途、类型和荷载大小、性质的影响

D. 上述各因素

9.3 地基基础设计应满足的要求是（　　）。

A. 地基应具有足够的强度和稳定性

B. 基础应具有足够的强度、刚度和耐久性

C. 基础的沉降量值应不大于地基的允许变形值

D. 上述各项

9.4 为了保护基础，通常基础均应埋置在地面以下。除岩石地基外，基础埋深不宜小于（　　）。

A. 0.1m　　B. 0.5m　　C. 0.8m　　D. 1.0m

9.5 地基土层的承载力特征值可由浅层平板载荷试验确定。该法要求同一土层参加统计的试验点不少于三点，当试验实测值的极差不超过其平均值的（　　）时，取此平均值作为该土层的地基承载力特征值 f_{ak}。

A. 10%　　B. 20%　　C. 30%　　D. 40%

9.6 某柱下独立基础底面尺寸为 3.5m×2.0m，埋置深度 d=1.5m。地基土为均质黏性土，重度 γ=18kN/m³，承载力特征值 f_{ak}=200kPa，承载力修正系数 η_b=0.3、η_d=1.6。则该地基修正后的承载力特征值为（　　）。

A. 229kPa　　B. 232kPa　　C. 205kPa　　D. 223kPa

9.7 设计基础底面尺寸时，与下列哪个因素无关？（　　）

A. 基础的埋置深度 d　　B. F_k 和 G_k

C. 基础材料种类　　D. 地基承载力和变形

9.8 当地基变形计算深度范围内有软弱下卧层时，需要验算软弱下卧层（　　）的承载力。

A. 底面　　B. 顶面　　C. 中部　　D. 中任意一处

9.9 无筋扩展基础材料的抗拉强度很低，不能承受较大的弯曲拉应力，故设计时要求台阶的（　　）不超过规定值（允许值）。

A. 长高比　　B. 长宽比　　C. 宽高比　　D. 高厚比

9.10 基础剖面设计计算时，需要进行双向受力配筋计算的基础型式是（　　）。

A. 墙下钢筋混凝土条形基础　　B. 柱下钢筋混凝土条形基础

C. 墙下条形砖基础　　D. 柱下钢筋混凝土独立基础

9.11 进行地基变形验算时，对于框架结构应由（　　）控制。

A. 沉降　　B. 沉降差　　C. 倾斜　　D. 局部倾斜

9.12 在进行钢筋混凝土基础底板抗冲切验算和配筋计算时，应采用（　　）。

A. 基底总压力 p　　B. 基底附加压力 p_0

C. 基底净反力 p_j　　D. 基底承载力

计算题

9.1 某柱下独立基础，基底尺寸 3.6m×2.4m，埋深 1.8m，地基土为中砂，承载力特征值 f_{ak}=250kPa，重度 γ=18kN/m³，试计算修正后的地基承载力特征值 f_a。

9.2 某黏性土地基，内摩擦角标准值 φ_k=20°，黏聚力标准值 c_k=15kPa，基础轴心受压，基底宽 b=1.8m，埋深 d=1.2m。基底以上土的加权平均重度 γ_m=18.5kN/m³，基底土的重度 γ=19.0kN/m³。试确定地基承载力特征值 f_a。

9.3 柱下正方形基础，埋深 d=1.6m，承受轴心荷载作用，上部结构传至基础顶面的竖向压力标准值为 F_k = 1580kN。场地土分两层，上层为杂填土，厚 1.2m，重度

$\gamma=17\text{kN/m}^3$；下层为粉土，黏粒含量 $\rho_c=12\%$，重度 $\gamma=18\text{kN/m}^3$，地基承载力特征值 $f_{ak}=210\text{kPa}$。试确定基础底面尺寸。

9.4 某建筑物的柱下矩形基础，埋深 $d=1.5\text{m}$。作用在基础顶面的竖向荷载标准值 $F_k=800\text{kN}$，弯矩标准值 $M_k=200\text{kN·m}$。地基的工程地质条件如图 9-27 所示，试设计基础底面尺寸，并验算软弱下卧层的承载力。(取基底长宽之比为：$l/b=1.5$)

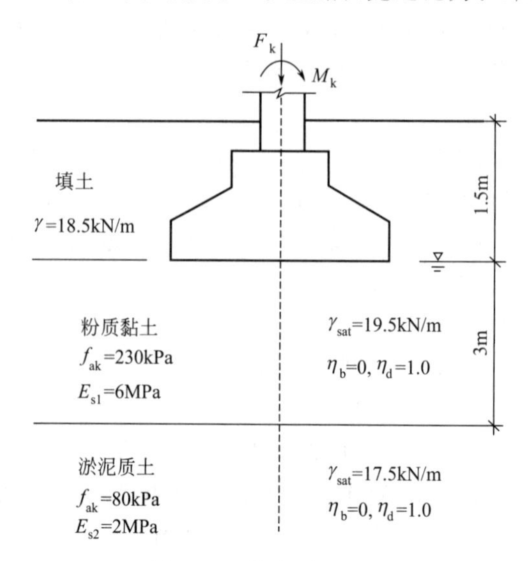

图 9-27 计算题 9.4 图

9.5 如图 9-28 所示为有吊车的工业厂房柱下基础的示意图，图中给出了必要的数据。地基为粉质黏土，重度 $\gamma=19\text{kN/m}^3$，孔隙比 $e=0.74$，承载力特征值 $f_{ak}=240\text{kPa}$。试确定矩形基础的底面尺寸。

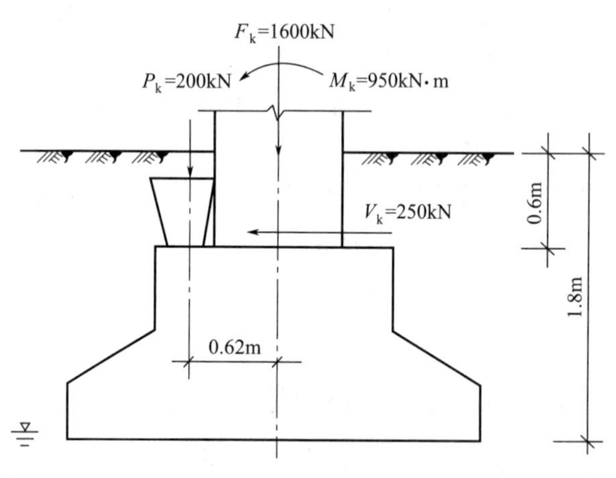

图 9-28 计算题 9.5 图

9.6 墙下条形毛石基础，采用 M5 水泥砂浆砌筑。已知基础的上部荷载标准值 $F_k=260\text{kN/m}$。基础埋置深度 $d=1.2\text{m}$，墙厚 370mm，地基土为粉土，其中黏粒含量 $\rho_c=15\%$，重度 $\gamma=18\text{kN/m}^3$，承载力特征值 $f_{ak}=200\text{kPa}$。试设计该基础。

9.7 试设计某承重横墙的砖基础。基础顶面的竖向荷载标准值 $F_k=120\text{kN/m}$。基础埋置深度 $d=1.0\text{m}$，地基为黏土，孔隙比 $e=0.86$，重度 $\gamma=18.5\text{kN/m}^3$，承载力特征值 $f_{ak}=110\text{kPa}$。

9.8 试设计某中学教学楼外墙的钢筋混凝土基础。作用在基础顶面处的相应于荷载效应标准组合的上部结构荷载值 $F_k=245kN/m$，荷载效应基本组合的荷载值 $F=280kN/m$。室内外高差 0.45m，基础埋置深度为 1.30m，修正后的地基承载力特征值 $f_a=160kPa$，混凝土强度等级为 C20（$f_c=9.6N/mm^2$，$f_t=1.10N/mm^2$），采用 HPB300 级钢筋（$f_y=270N/mm^2$）。

9.9 试设计轴心受压的钢筋混凝土柱基础。已知上部荷载标准值 $F_k=800kN$、设计值 $F=1020kN$，柱截面尺寸 400mm×400mm，基础埋置深度 $d=1.8m$，修正后的地基承载力特征值 $f_a=180kPa$。

9.10 某建筑场地为黏性土，重度 $\gamma=18kN/m^3$，孔隙比 $e=0.78$，承载力特征值 $f_{ak}=220kPa$。现修建一外柱基础，柱截面为 300mm×400mm。柱的混凝土强度等级为 C30。室内外高差 0.3m，室内标高为±0.000，室外标高为−0.300m，基础顶面标高−0.700m。作用于基础顶面处的荷载标准：轴心压力 $F_k=700kN$，弯矩 $M_k=80kN\cdot m$，水平剪力 $V_k=15kN$；荷载设计值（基本组合）：轴心压力 $F=900kN$，弯矩 $M=100kN\cdot m$，水平剪力 $V=18kN$。试设计该柱下钢筋混凝土基础。

第10章 桩基础设计

Chapter 10

内容提要

本章内容包括桩基础和基桩的概念及其分类，单桩轴向荷载的传递规律，单桩竖向承载力特征值的确定方法，群桩竖向承载力计算，桩基础设计。

基本要求

通过本章的学习，要求了解桩基础的概念、桩基础和基桩的分类，熟悉单桩轴向荷载的传递规律，了解负摩阻力的概念和产生条件，掌握单桩竖向承载力特征值的确定方法，掌握群桩竖向承载力和变形的计算方法，会进行桩基础设计。

10.1 桩基础分类和质量检测

在建筑工程中，当地基浅层土质不良，采用浅基础无法满足地基强度、变形和稳定性要求，又不适宜采取地基处理措施时，可以利用深层较为坚实的土层或岩层作为持力层，采用深基础方案。桩基础是深基础的典型代表，应用最早、最广泛。

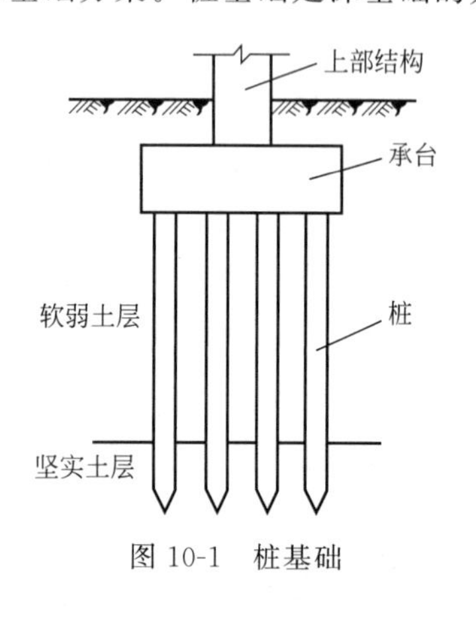

图 10-1　桩基础

桩基础就是设置于岩土中的桩和连接于桩顶端的承台组成的基础，如图 10-1 所示。上部结构的荷载首先通过柱或墙等传至承台，然后由承台传给下面的各根桩，最后由桩将荷载传给地基土。桩基础简称桩基，通常由承台和若干根桩组成。桩基础中各桩形成的整体称为群桩，而桩基础中的任一根单桩则称为基桩。

桩基础也可以是由柱与桩直接连接（无承台）的单桩基础。

桩基础具有承载力高、稳定性好、沉降量小而均匀、抗震能力强、适应性好、机械化程度高、生产效率高、耗用材料少、施工简便等特点，常应用于房屋建筑、桥梁、港口、码头、动力设备基础等工程中。

10.1.1 桩基础分类

桩基础按承台位置可分为低承台桩基础和高承台桩基础两类，如图 10-2 所示。

(1) 低承台桩基础

承台底面位于地面以下的桩基础称为低承台桩基础，简称低桩。低承台桩基础的承台底

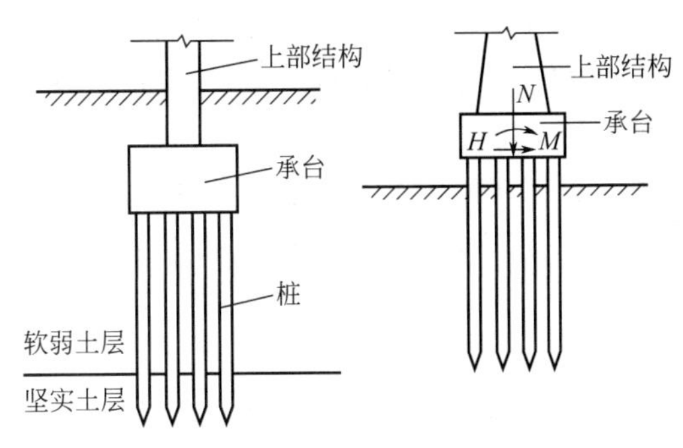

图 10-2　桩基础的类型

面与土接触，桩身全部埋置于土中。建筑结构桩基础，几乎都使用低承台桩基础，而且大量采用竖直桩，承受上部传下来的压力。桩基础竖向受压、受弯、水平受剪，水平剪力可由基桩和周围土体共同承受，所以基桩通常按受压桩设计。

（2）高承台桩基础

承台底面高出地面的桩基础称为高承台桩基础，简称高桩。高承台桩基础的基桩部分沉入土中，部分桩身外露在地面以上（称为桩的自由长度），桥梁、港口、码头等结构的桩基础多采用高承台桩基础。

高承台桩基础由于承台位置较高或设置在施工水位以上，可减少承台的圬工数量，避免或减少水下作业，给施工带来方便。但从另一方面看，在水平荷载作用下，由于承台及露出地面的一段自由长度周围无土来共同承受水平外力，故基桩的受力情况较为不利，桩身内力和位移都比同样水平外力作用下的低承台桩基础要大，使钢筋混凝土桩的配筋量增大，其稳定性也比低承台桩基础差。

10.1.2　基桩分类

基桩可按桩身材料、施工方法、承载性状、设置效应、桩径大小等方式进行分类。

10.1.2.1　基桩按桩身材料分类

现代工程结构中，基桩由混凝土和钢材制作，形成钢筋混凝土桩、预应力混凝土桩和钢桩三种类型。

（1）钢筋混凝土桩

钢筋混凝土桩的截面形式一般为正方形或圆形，有实心桩和空心桩之分。钢筋混凝土桩可工厂预制，也可在现场就地灌注。预制桩的截面边长不应小于 200mm，桩身分节预制，可以通过焊接、法兰连接、机械快速连接等方式接长；灌注桩的桩身直径为 300～2000mm。

（2）预应力混凝土桩

预应力混凝土桩采用先张法在工厂生产，其抗裂度优于钢筋混凝土桩。预应力混凝土实心桩的边长不宜小于 350mm，空心方桩边长 300～600mm，管桩直径 300～1000mm。混凝土的强度等级通常较高，比如预应力混凝土管桩（PC）和预应力混凝土空心方桩（PS）采用 C60，预应力高强度混凝土管桩（PHC）和预应力高强度混凝土空心方桩（PHS）则采用 C80。

（3）钢桩

钢桩可采用管型、H型或其他异型钢材，分段长度为12～15m。钢管桩的桩端形式有开口（敞口）和闭口（平底、锥底）两种，其中开口形式管桩穿透土层的能力较强；H型钢桩的桩端可带端板，也可不带端板（锥底、平底）。

钢桩截面设计时，钢材厚度由承受外力作用的有效厚度和使用年限内的腐蚀厚度两部分组成。钢桩的腐蚀速率应根据实测资料确定，当无实测资料时可按表10-1确定。

表10-1　钢桩年腐蚀速率

钢桩所处环境		单面腐蚀率/(mm/a)
地面以上	无腐蚀性气体或腐蚀性挥发介质	0.05～0.1
地面以下	水位以上	0.05
	水位以下	0.03
	水位波动区	0.1～0.3

钢桩的防腐处理可采用外表面涂防腐层、增加腐蚀余量及阴极保护；当钢管桩内壁同外界隔绝时，可不考虑内壁防腐。

10.1.2.2　基桩按施工方法分类

根据施工时采用的机具设备和工艺过程的不同，基桩可分为预制桩和灌注桩两大类，如图10-3所示。

(a) 预制桩　(b) 灌注桩

图10-3　预制桩和灌注桩

（1）预制桩

预制桩是按设计要求在现场或工厂预先制作桩身，长桩可在桩端设置钢板、法兰盘等接桩构造，分节制作。预制桩质量容易控制，可大量工厂化生产，加快施工进度。预制桩需要一定工艺才能将其沉入土层中，沉桩方式主要有锤击法沉桩、振动法沉桩和静力法压桩三种。

① 锤击法沉桩　锤击法沉桩是通过锤击（或以高压射水辅助）将各种预制桩打入地基内达到所需要的深度。这种施工方法适用于桩径较小（直径或边长600mm以下），地基土为松散的碎石土（不含大卵石或漂石）、砂土、粉土和可塑状态下的黏性土的情况。但该法沉桩伴有噪声、振动和地层扰动等问题，在城市建设中应考虑其对环境的影响。

② 振动法沉桩　振动法沉桩是将大功率的振动打桩机安装在桩顶，利用振动力以减少土对桩的阻力，使桩沉入土中。这种施工方法适用于可塑状态下的黏性土和砂土，对受震动时土的抗剪强度有较大降低的砂土地基和自重不大的钢桩，沉桩效果更为明显。

③ 静力法压桩　静力法压桩是采用静力压桩机将预制桩压入地基中的施工方法。这种方法免除了锤击的振动影响，是软土地区特别是在不允许有强烈振动的条件下桩基础施工的一种有效方法。该法具有无噪声、无振动、无冲击力、施工应力小、桩顶不易损坏和沉桩精度较高等特点。但较长桩分节压入时，接头较多会影响压桩的效率。

（2）灌注桩

灌注桩是在现场采用机械或人工方法直接在所设桩位成孔，然后在孔内加放钢筋笼和浇注混凝土而成。与钢筋混凝土预制桩比较，灌注桩只根据使用期间可能出现的内力配置钢筋，用钢量较省。灌注桩的横截面呈圆形，可以做成大直径和扩底桩。保证灌注桩承载力的关键在于桩身的成形和混凝土质量。灌注桩可分为钻（冲、挖）孔灌注桩、沉管灌注桩和扩底灌注桩三类。

① 钻（冲、挖）孔灌注桩　用钻（冲）孔机械在土体中先钻（冲）成桩孔，然后在孔内放入钢筋笼，灌注桩身混凝土而成钻孔灌注桩，最后在桩顶浇注承台（或盖梁），称为钻（冲）孔灌注桩基础。它的特点是施工设备简单、操作方便，适用于各种砂性土、黏性土，也适用于碎石、卵石类土层和岩层。但对于淤泥及可能发生流砂或有承压水的地基，施工较为困难，常常易发生塌孔或埋钻等情况。钻孔（冲）灌注桩的入土深度，浅则几米，深则几十米，甚至上百米。

依靠人工（用部分机械配合）在地基中挖出桩孔，然后与钻孔桩一样灌注混凝土成桩称为挖孔灌注桩。它的特点是不受设备和地形限制，施工简单，因靠人工挖土，故桩径较大，一般大于1400mm，孔深一般不超过20m。对可能发生流砂或含厚的软黏土层地基施工较困难，需要加强孔壁支撑确保安全。

② 沉管灌注桩　沉管灌注桩系指采用锤击或振动的方法把带有钢筋混凝土桩尖或带有活瓣式桩尖的钢套管沉入土中成孔，然后在套管内放置钢筋笼，灌注混凝土，边振边拔出套管，形成桩体，如图10-4所示。也可将钢套管打入土中挤土成孔后向套管中灌注混凝土并拔出套管成桩。它适用于黏性土、粉土、砂土地基。由于采用了套管，可以避免钻孔灌注桩施工中可能产生的流砂、坍孔的危害和由泥浆护壁所带来的排渣等弊病。但沉管灌注桩的直径较小，常用的尺寸在0.6m以下，桩长常在20m以内。值得注意的是，在黏土中，沉管的挤压作用对邻桩有影响，且挤压时产生的孔隙水压力易使拔管时出现混凝土颈缩现象。沉管灌注桩的应用范围受到严格限制，在软土地区仅限于在多层住宅的单排桩条基中使用。

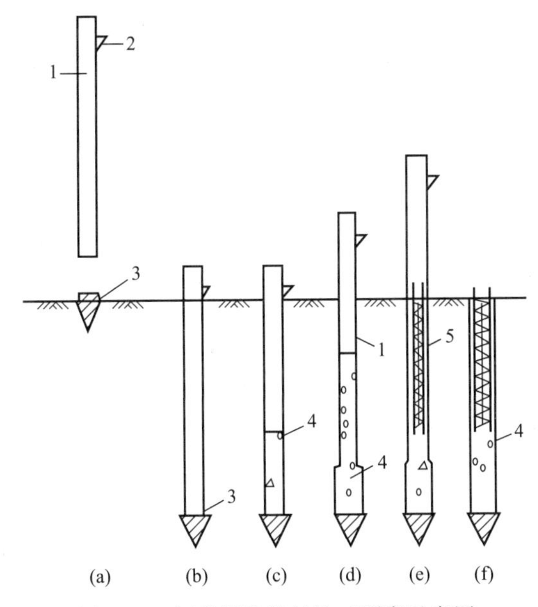

图10-4　沉管灌注桩的施工顺序示意图

(a) 打桩机就位；(b) 沉管；(c) 浇灌混凝土；(d) 边拔管边振动；

(e) 安放钢筋笼浇混凝土；(f) 成型

1—桩管；2—混凝土入口；3—预制桩尖；4—混凝土；5—钢筋笼

③ 扩底灌注桩　为了提高桩端土的支承力，常采用扩大桩底直径，形成扩底灌注桩。扩底灌注桩的扩底方式有挖扩、钻扩、爆扩和夯扩等。挖扩就是挖孔桩扩底，人工操作；钻扩是钻机开孔后，撑开钻头的扩孔刀刃使之旋转切土扩大桩孔，浇混凝土后，在底端形成扩

大桩端；爆扩是在现场开孔，炸药包放入孔底，浇第一次混凝土后引爆炸药包，使桩尖形成一个扩大的混凝土球体，再浇第二次混凝土；夯扩就是利用夯扩机夯击浇注的混凝土桩端，使其向四周挤土，形成大头后，再灌注上部混凝土。

10.1.2.3 基桩按承载性状分类

桩的承载性状指极限承载力状况下，基桩总侧阻力和总端阻力所占份额。基桩按承载性状不同，可分为摩擦型桩和端承型桩两类。承载性状的变化不仅与桩端持力层性质有关，还与桩的长径比、桩周土层性质、成桩工艺等有关。

（1）摩擦型桩

摩擦型桩的承载力以桩侧摩擦阻力为主，桩端阻力很小甚至可以忽略不计。摩擦型桩根据桩端阻力是否可以忽略不计，分为摩擦桩和端承摩擦桩：

① 摩擦桩　在承载能力极限状态下，桩顶竖向荷载由桩侧阻力（摩擦阻力）承受，桩端阻力小到可忽略不计的桩，称为摩擦桩。当软土层很厚，桩端达不到坚硬土层或岩层上，桩端阻力很小，此时的桩便是摩擦桩。

② 端承摩擦桩　在承载能力极限状态下，桩顶竖向荷载主要由桩侧阻力承受的桩称为端承摩擦桩。桩端阻力小，分担竖向荷载的比例小于50%。

（2）端承型桩

端承型桩的承载力以桩端阻力为主，桩侧摩擦阻力很小甚至可以忽略不计。端承型桩根据桩侧摩擦阻力是否可以忽略不计，分为端承桩和摩擦端承桩。

① 端承桩　在承载能力极限状态下，桩顶竖向荷载由桩端阻力承受，桩侧阻力小到可忽略不计的桩，称为端承桩。穿越软弱土层，桩端支承在坚硬土层或岩层上的桩，桩顶竖向荷载全部或绝大部分由桩尖处坚硬岩土层提供的端阻力承担，这便是端承桩。

② 摩擦端承桩　在承载能力极限状态下，桩顶竖向荷载主要由桩端阻力承受的桩称为摩擦端承桩。摩擦端承桩的桩侧摩阻力分担的荷载较小，一般小于50%。

10.1.2.4 基桩按设置效应分类

成桩方式对桩基的工程性状有显著影响，随着桩的设置方法的不同，桩孔处的排土量和桩周土所受的排挤作用也很不同。排挤作用会引起桩周土天然结构、应力状态和性质的变化，从而影响桩的承载力和变形性质，这些影响统称为桩的设置效应。因此，根据成桩方法和成桩过程的挤土效应，将桩分为非挤土桩、部分挤土桩和挤土桩三类。

① 非挤土桩　钻孔后再打入的预制桩和钻（冲或挖）孔桩在成孔过程中将孔中土体清除，不会产生设桩时的排挤土作用。由于桩周围土可能向桩孔内移动，因此，非排土桩的承载力常有所减小。

② 部分挤土桩　底端开口的钢管桩、H型钢桩、敞口预应力混凝土空心桩等，沉桩时对桩周土体稍有排挤作用，但土的强度和变形性质改变不大。由原状土测得的土的物理力学性质指标一般仍可用于估算桩的承载力和沉降。

③ 挤土桩　实心预制桩、闭口管桩、闭口预应力混凝土空心桩，沉管灌注桩、沉管夯扩灌注桩等，在成桩过程中，都将桩位处的土大量排挤开，因而使桩周某一范围内的土结构受到严重扰动破坏（重塑或土颗粒重新排列）。

成桩过程中的挤土效应对不同的土，影响不相同。挤土效应在松散土和非饱和填土中的影响是正面的，会起到加密、提高承载力的作用；在饱和黏土中的影响是负面的，会引发灌注桩断桩、缩颈等质量事故，对挤土预制混凝土桩和钢桩会导致桩体上浮，降低承载力，增大沉降；挤土效应还会造成周边房屋、市政设施受损。

对于非挤土桩，由于其既不存在挤土负面效应，又具有穿越各种硬夹层、嵌岩和进入各类硬持力层的能力，桩的几何尺寸和单桩承载力可调空间大。因此，钻（挖）孔灌注桩使用范围大，尤其以高重建筑物更为合适。

10.1.2.5 基桩按桩径大小分类

基桩按桩径（设计直径 d）大小，可分为如下三类：①小直径桩：$d \leqslant 250\text{mm}$；②中等直径桩：$250\text{mm} < d < 800\text{mm}$；③大直径桩：$d \geqslant 800\text{mm}$。

桩径大小影响桩的承载力性状，大直径钻（挖、冲）孔桩成桩过程中，孔壁的松弛变形导致侧阻力降低的效应随桩径增大而增大，桩端阻力则随直径的增大而减小。这种尺寸效应与土的性质有关，黏性土、粉土与砂土、碎石类土相比，尺寸效应相对较弱。

10.1.3 灌注桩质量检测

灌注桩是在地下隐蔽条件下成型的，虽有施工过程中的基本检验、监督和记录，但仍不能保证不存在质量缺陷，故需要进行必要的质量检测，以保证质量，减少隐患。特别是柱下采用一根或少数几根大直径桩的高层建筑及重型构筑物，桩基的质量检测就更为重要。目前已有多种桩身结构完整性的检测技术，有的用于普查，有的只用于抽查。常用的桩身质量检测方法有，开挖检查、钻芯法、声波检测法和动测法等。

① 开挖检查。这种方法只限于观察检查所开挖的外露部分。

② 钻芯法。在桩身内进行钻孔（桩径在800mm以上，钻芯直径在150mm以内），取混凝土芯样进行观察和进行单轴抗压试验，了解混凝土有无离析、空洞、桩底沉渣和入泥等现象以及材料强度。有条件时可采用钻孔电视直接观察孔壁、孔底质量。

③ 声波检测法。利用超声波在不同强度（或不同弹性模量）的混凝土中传播速度的变化来检测桩身质量。预先在桩中埋入3～4根金属管，试验时在其中一根管内放入发射器，在其他管中放入接收器，连续放下检测仪器，可以对不同深度进行检测。这种试验的接收放大器应该是高效率和抗干扰的，其检测结果较可靠。

④ 动测法。包括锤击、水电效应、机械阻抗、共振等低能量小应变动测法、PIT（桩身结构完整性分析仪）和PDA（打桩分析仪）等高能量大应变动测法等。这些方法对于等截面、均质性较好的预制桩的测试效果较可靠；对于灌注桩成形和混凝土质量的检验，已经过相当多工程实践的检验，具有一定的可靠性。目前各地已普遍采用动测法进行桩基检测。

10.2 单桩轴向荷载的传递

摩擦型桩和端承型桩是根据桩在极限荷载作用下桩侧摩阻力和桩端阻力的相对大小来划分的，实测证明，在对桩进行加荷时，桩侧摩阻力的发挥一般先于桩端阻力的发挥，即桩在较小桩顶荷载作用下时，桩顶荷载主要由桩侧摩阻力来承担。不同桩顶荷载水平下桩侧摩阻力和桩端阻力的相对大小是不同的，称桩在桩顶荷载作用下桩侧摩阻力和桩端阻力的发挥过程及其规律为桩的荷载传递。当由多根桩来共同承担上部结构传递下来的荷载且桩距不大时，相邻桩之间应力扩散的影响对桩荷载传递会产生重要的影响。当桩顶承台与地基土接触并承担一部分荷载时，承台的存在也对桩的荷载传递产生一定影响。为了研究这些因素对桩的荷载传递的影响，首先应了解单桩荷载传递情况。

10.2.1 单桩轴向荷载的分担

桩在顶部竖向荷载作用下，桩身向下位移。桩与周围土之间产生竖向摩擦力，桩端与土之间产生接触压力，前者称为侧摩阻力，后者称为端阻力，如图 10-5（a）所示。正是通过侧摩阻力和端阻力，将桩顶的竖向荷载传递给了桩周土和桩端土层。

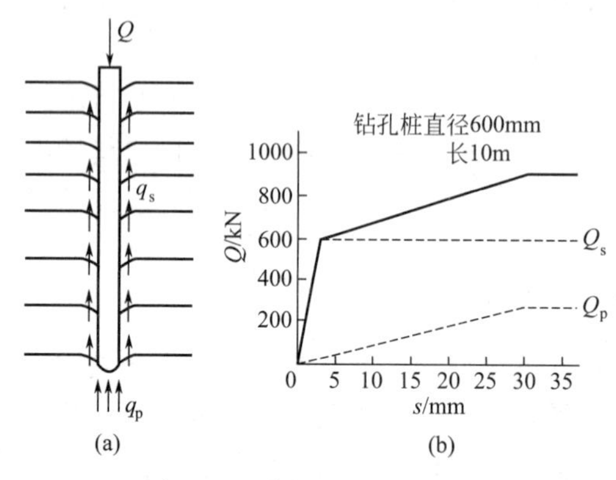

图 10-5 单桩竖向荷载传递

设桩的截面周长为 u_p，桩身横截面面积为 A_p，则桩的总端阻力 Q_p 和总侧阻力 Q_s 分别为：

$$Q_p = q_p A_p \tag{10-1}$$

$$Q_s = u_p \sum q_{si} l_i \tag{10-2}$$

式中 q_p——桩端土的单位面积上的端阻力；

q_{si}——桩周土的单位面积上的摩擦力（摩阻力）；

l_i——按土层划分的各段桩长度。

总端阻力和总侧阻力之和，就是桩顶竖向荷载 Q，即

$$Q = Q_p + Q_s = q_p A_P + u_p \sum q_{si} l_i \tag{10-3}$$

研究表明，桩端阻力和桩侧摩阻力不是同时发挥作用，也不是同时达到极限，如图10-5（b）所示。桩工作时总是桩侧摩阻力先发挥出来，然后桩端承载力才逐渐发挥作用。当桩顶位移很小时，端阻力 Q_p 几乎没有发挥作用，即接近于零，主要是侧摩阻力 Q_s 起作用；随着荷载的增加，桩身压缩量和位移量逐渐增加，当侧摩阻力 Q_s 增加达到极限值时，端阻力 Q_p 才担负全部荷载增量。在后期，Q_p 越来越大，直至桩端（桩尖）下地基土达到破坏。同时，荷载传递过程中，端阻力 Q_p 的发挥与地基土的性质有关，如桩端土坚硬，则 Q_p 很早就发挥阻力作用；如桩端土软弱，Q_p 则很晚才发挥阻力作用，甚至很少发挥阻力作用。

桩端阻力与土的性质、持力层上覆荷载（覆盖土层厚度）、桩径、桩顶作用力、时间及桩底端进入持力层深度等因素有关，其主要影响因素仍为桩底土的性质。桩底土的受压刚度和抗剪强度大，则桩底阻力也大。桩端极限阻力取决于持力层土的抗剪强度和上覆荷载以及桩径大小。由于桩底地基土层受压固结作用是逐渐完成的，因而桩端阻力将随土层固结度的提高而增长。模型和现场试验研究均表明，桩的承载力（主要是桩底阻力）随着桩的入土深

度，特别是进入持力层的深度而变化，这种特性称为深度效应。

桩侧摩阻力除与桩土间的相对位移有关外，还与土的性质、桩的刚度、时间因素和土中应力状态以及桩的施工方法等因素有关。桩侧摩阻力的分布十分复杂，目前尚难精确确定其分布规律。一般认为在黏性土中打入桩的桩侧摩阻力沿深度近乎抛物线分布，在桩顶处摩阻力等于零，桩身中段的摩阻力比桩的下段大；钻孔灌注桩从地面起呈线性增加，其深度仅为桩径的5～10倍，而后沿桩长的摩阻力分布则比较均匀。为简化起见，常近似假设打入桩侧摩阻力在地面处为零，沿桩入土深度呈线性分布；钻孔灌注桩侧摩阻力沿桩身均匀分布。

10.2.2 桩身轴力和截面位移

桩顶受竖向荷载作用后，桩身压缩而向下位移，桩侧表面受到土的向上摩阻力，桩端出现竖向位移和桩端反力，如图10-6（b）所示。任意深度z处桩身截面的轴力为

$$N(z)=Q-u_{\mathrm{P}}\int_0^z q_{\mathrm{s}}(z)\mathrm{d}z \tag{10-4}$$

在任意深度z处取一无限小桩段$\mathrm{d}z$,受力如图10-6(a)所示,由平衡关系

$$\sum F_z=0: N(z)-[N(z)+\mathrm{d}N(z)]-q_{\mathrm{s}}(z)u_{\mathrm{p}}\mathrm{d}z=0$$

得到

$$q_{\mathrm{s}}(z)=-\frac{1}{u_{\mathrm{P}}}\frac{\mathrm{d}N(z)}{\mathrm{d}z} \tag{10-5}$$

式中 u_{P}——桩身周长,m；

$q_{\mathrm{s}}(z)$——桩侧单位面积上的摩擦阻力,kPa。

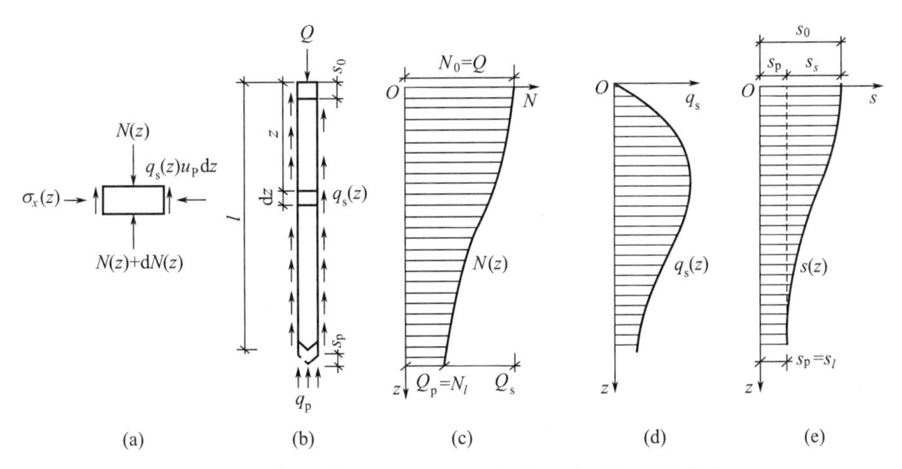

图10-6 桩的轴向力、位移和桩侧摩阻力沿深度的分布

设桩顶竖向位移为s_0，则任意深度z处的桩身竖向位移$s(z)$应为桩顶位移减去桩身压缩量

$$s(z)=s_0-\frac{1}{E_{\mathrm{P}}A_{\mathrm{P}}}\int_0^z N(z)\mathrm{d}z \tag{10-6}$$

式中 A_{P}——桩身截面面积，m^2；

E_{P}——桩身弹性模量，$\mathrm{kN/m^2}$。

桩端位移s_l应为

$$s_l=s_0-\frac{1}{E_{\mathrm{P}}A_{\mathrm{P}}}\int_0^l N(z)\mathrm{d}z \tag{10-7}$$

由上述公式可知，桩顶轴向压力 Q 沿桩身向下通过桩侧摩阻力逐步传给桩周土，因此桩身轴力 N 随深度递减。桩身截面位移随深度的增加而减小，桩端位移最小。就桩端位移而言，当 l 愈大，s_l 愈小；桩身材料弹性模量愈小，s_l 也愈小

单桩静载试验时，除了测定桩顶荷载 Q 作用下桩顶沉降 s_0 外，通过在桩身埋设应力或位移测试元件（钢筋应力计、应变片、应变杆等），利用上述公式即可求得轴力、侧阻力和竖向位移沿桩身的变化曲线，如图 10-6（c）、（d）、（e）所示。

10.2.3 桩侧负摩阻力

在一般情况下，桩受轴向荷载作用后，相对于桩侧土体向下位移，使土对桩产生向上作用的摩阻力，称为正摩阻力。但是，当桩周土体因某种原因发生下沉，且其沉降速率大于桩的下沉时，桩侧土就相对于桩产生向下位移，而使土对桩产生向下作用的摩阻力，此即负摩阻力。

桩侧负摩阻力的发生将使桩侧土的部分重力传递给桩。因此负摩阻力不但不能成为桩承载力的一部分，反而变成施加在桩上的外荷载。对于入土深度相同的桩来说，若有负摩阻力发生，则桩的外荷载增大，桩的承载力相对降低，桩基沉降量加大，这在确定桩的承载力和桩基设计中应予以注意。

桩身负摩阻力并不一定发生于整个软弱土层中，产生负摩阻力的范围就是桩侧土层对桩产生相对下沉的范围。它与桩侧土层的压缩、桩身弹性压缩变形和桩底下沉量有关。如下几种情况可能产生负摩阻力：

① 在桩附近地面大面积堆载，引起地面沉降；

② 土层中抽取地下水或其他原因地下水位下降，使土层产生自重固结下沉；

③ 桩穿过欠压密土层（如填土）进入硬持力层，欠压密土层产生自重固结下沉；

④ 桩数很多的密集群桩打桩时，使桩周土中产生很大的超孔隙水压力，打桩停止后桩周土在固结作用下引起下沉；

⑤ 在黄土、冻土中的桩，因黄土湿陷、冻土融化产生地面下沉。

如图 10-7（a）所示为一根承受竖向荷载的桩，桩身穿过正在固结中的土层支承于坚硬土层上。在图 10-7（b）中，曲线 1 表示土层不同深度的位移；曲线 2 为该桩的截面位移曲线。曲线 1 和曲线 2 之间的位移差（图中划上横线部分）为桩土之间的相对位移。两曲线的交点 O_1 为桩土之间不产生相对位移的截面位置，该处既没有正摩阻力，又没有负摩阻力，习惯上称为中性点。在中性点之上，即在桩的埋深 l_n 范围内，土层产生相对于桩身的向下位移，在桩侧出现负摩阻力 τ_{nz}。在 O_1 点之下，土层相对向上位移，因而在桩侧产生正摩阻力 τ_z。图 10-7（c）、（d）分别为桩侧摩阻力和桩身轴力分布曲线，其中 Q_n 为负摩阻力引起的桩身最大轴力，又称为下拉力；F_s 为总的正摩阻力。从图中可知，在中性点处桩身轴力达到最大值 $Q+Q_n$，而桩端总阻力则等于 $Q+(Q_n-F_s)$。

由于桩周土层的固结是随着时间而变化的，所以土层竖向位移和桩身截面位移都是时间的函数。在一定的桩顶荷载 Q 作用下，这两种位移都随时间而变，因此中性点的位置、摩阻力以及轴力都应发生变化。一般来说，中性点的位置，在初期多少是有变化的，它是随着桩的沉降增加而向上移动，当沉降趋于稳定，中性点也将稳定在某一固定的深度 l_n 处。

工程实测表明，在可压缩土层范围内，负摩阻力的作用长度，即中性点的稳定深度 l_n，

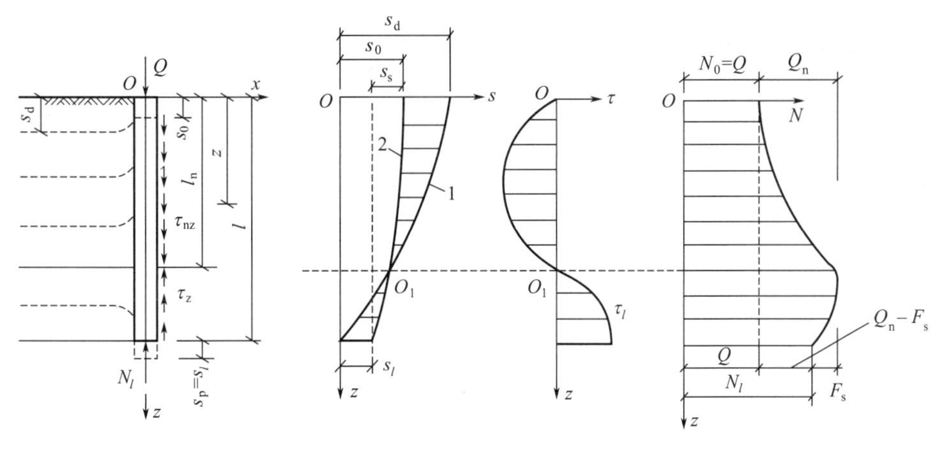

(a) 单桩　(b) 位移曲线　(c) 桩侧摩阻力分布曲线　(d) 桩身轴力分布曲线

图 10-7　单桩在产生负摩阻力时的荷载传递

1—土层竖向位移曲线；2—桩的截面位移曲线

是随桩端持力层的强度和刚度的增大而增加的，其深度比 l_n/l_0 的经验值列于表 10-2 中。

表 10-2　中性点深度比 l_n/l_0 的经验值

持力层性质	黏性土、粉土	中密以上砂	砾石、卵石	基岩
中性点深度比 l_n/l_0	0.5～0.6	0.7～0.8	0.9	1.0

注：1. l_n、l_0 分别为自桩顶算起的中性点深度和桩周软弱土层下限深度；

2. 桩穿越自重湿陷性黄土层时，l_n 可按表列值增大 10%（持力层为基岩除外）；

3. 当桩周土层固结与桩基固结沉降同时完成时，取 $l_n=0$；

4. 当桩周土层计算沉降量小于 20mm 时，l_n 应按表列值乘以 0.4～0.8 折减。

负摩阻力对于桩基承载力和沉降的影响随侧阻力分担荷载比、建筑物各桩基周围土层沉降均匀性、建筑物对不均匀沉降的敏感程度而异，因此，对于考虑负摩阻力验算承载力和沉降也应有所区别。①对于摩擦桩，当出现负摩擦力对基桩施加下拉荷载时，由于持力层压缩性较大，随之引起沉降。桩基沉降一出现，土对桩的相对位移便减小，负摩擦阻力便降低，直到转化为零。因此，一般情况下对于摩擦型桩基，可近似视中性点以上侧阻力为零计算桩基承载力。②对于端承桩，由于其桩端持力层较坚硬，受负摩阻力引起下拉荷载后不致产生沉降或沉降量较小，此时负摩阻力将长期作用于桩身中性点以上桩侧面。因此，应计算中性点以上负摩阻力形成的下拉荷载 Q_n，并以下拉荷载作为外荷载的一部分验算其承载力。

10.3 单桩竖向承载力特征值

确定单桩竖向承载力的方法有计算法、静载荷试验法、原位测试法以及经验参数法等。计算法是以刚塑性体理论为基础，按计算模型假定出不同的土体破坏滑动面形态，导出不同的极限桩端阻力理论表达式，用以计算桩端阻力；而以土的抗剪强度及侧压力系数得出桩侧阻力。各种理论由于假定的滑动面形态不同，致使各表达式中的承载力系数相差很大，工程设计中均未采用此类方式确定单桩竖向承载力。以原位测试所得出的相关指标确定单桩承载力，以及根据土的物理力学指标与承载力参数之间的经验关系确定单桩承载力这两种方法，在工程设计中均有应用，对桩进行静载荷试验确定单桩竖向承载力则是最为可靠的方法。

10.3.1 现场试桩法

现场试桩就是在建筑场地成桩后，选择某些桩进行静载荷试验，实测桩的承载力。试桩可在已打好的工程桩中选定，也可专门设置与工程桩相同的试验桩。试桩的施工方法以及试桩的材料、尺寸和入土深度均应与设计桩相同。试验时，在桩顶逐级施加轴向荷载，并测量每级荷载下不同时间的桩顶沉降，根据沉降与荷载及时间关系，分析确定单桩竖向极限承载力。在同一条件下的试桩数量，不宜少于总桩数的1%，且不应少于3根。由极限承载力可确定单桩竖向承载力特征值 R_a。

10.3.1.1 试验装置

桩顶竖向压力通过千斤顶施加。千斤顶下部与桩顶接触，上部以钢横梁为支点。承受千斤顶反力的横梁系统称为反力装置。反力装置可以采用锚桩、也可以采用堆载（图10-8）。

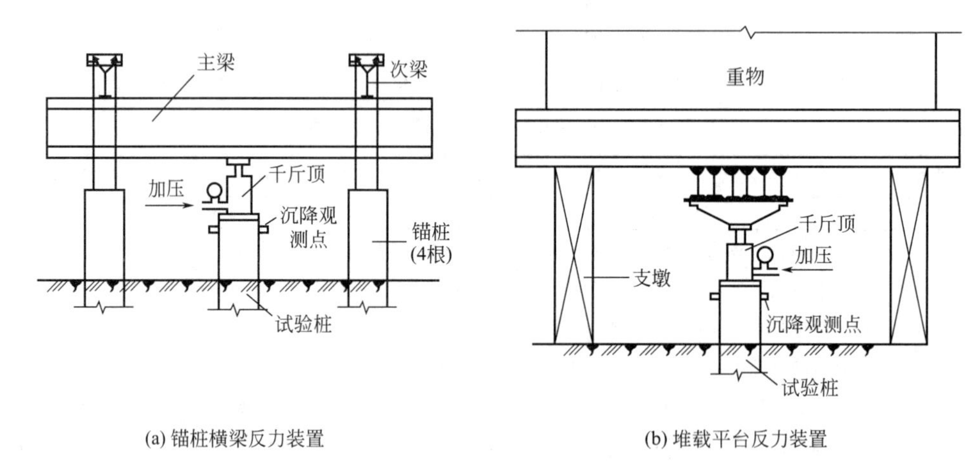

(a) 锚桩横梁反力装置　　(b) 堆载平台反力装置

图10-8　单桩静载荷试验装置

锚桩法是常用的一种反力加载装置，主要设备由锚桩、锚梁、横梁和油压千斤顶组成，如图10-8（a）所示。锚桩可根据需要布设4～6根。锚桩的入土深度等于或大于试桩的入土深度。锚桩与试桩的间距应不小于试桩桩径的4倍且大于2.0m，以减小对试桩的影响。桩顶沉降常用百分表或位移计量测定。观测装置的固定点（如基准桩）与试桩、锚桩的距离应大于或等于试桩或锚桩直径的4倍且大于2.0m，以避免受到试桩、锚桩位移的干扰。

千斤顶的反力除由锚桩承担外，也可由堆载平台的重力来平衡，如图10-8（b）所示。堆载施加于地基的压应力不宜超过地基承载力特征值，堆载的限值可根据其对试桩和对基准桩的影响确定，堆载量大时，宜利用桩（可利用工程桩）作为堆载的支点。

如图10-9所示为某建筑场地所采用的堆载平台反力系统（堆载反力装置），这种系统因其简单可靠、可重复使用，而被业界广泛采用。

10.3.1.2 测试方法

开始试验的时间规定为：预制桩在砂土中入土7天后；黏性土不得少于15天；对于饱和软黏土不得少于25天。灌注桩应在桩身混凝土达到设计强度后，才能进行。

试桩加载应分级进行，加载分级不应少于8级。每级荷载约为预估破坏荷载的1/10～

1/8。有时也采用递变加载方式，开始阶段每级荷载取预估破坏荷载的 1/5～1/2.5，终了阶段取 1/15～1/10。

图 10-9 堆载平台反力系统

测读沉降时间。在每级加荷后的第一小时内，按 5min、10min、15min、30min、45min、60min 各测读一次，以后每隔 30min 测读一次，直至沉降稳定为止。沉降稳定的标准，通常规定桩的沉降量连续两次在每小时内小于 0.1mm。待沉降稳定后，方可施加下一级荷载。循环加载观测，直到桩达到破坏状态，终止试验。

当出现下列条件之一时，桩已达破坏状态，可终止加载：

① 当荷载-沉降（Q-s）曲线上有可判定极限承载力的陡降段，且桩顶总沉降量超过 40mm；

② 本级荷载下桩的沉降量为前一级荷载下沉降量的 2 倍及以上（$\Delta s_{n+1}/\Delta s_n \geqslant 2$），且经 24h 尚未达到稳定；

③ 25m 以上的非嵌岩桩，Q-s 曲线呈缓变形时，桩顶总沉降量大于 60～80mm；

④ 在特殊条件下，可根据具体要求加载至桩顶总沉降量大于 100mm。

10.3.1.3 单桩极限承载力

试验加载终止以后，可根据荷载-沉降曲线或沉降-时间曲线来分析确定桩的极限承载力。

(1) 荷载-沉降曲线确定试验桩极限承载力

在由静载试验绘制的 Q-s 曲线上，以曲线出现明显下弯转折点所对应的作用荷载作为极限荷载 Q_u，如图 10-10 所示。这是因为在荷载超过极限荷载后，桩底下土达到破坏阶段发生大量塑性变形，使桩发生较大或较长时间仍不停止的沉降，所以在 Q-s 曲线上呈现出明显下弯转折点。

若本级荷载下桩的沉降量为前一级荷载下沉降量的 2 倍及以上（$\Delta s_{n+1}/\Delta s_n \geqslant 2$），且经 24h 尚未达到稳定，则取前一级荷载值为试验桩的极限承载力 Q_u。

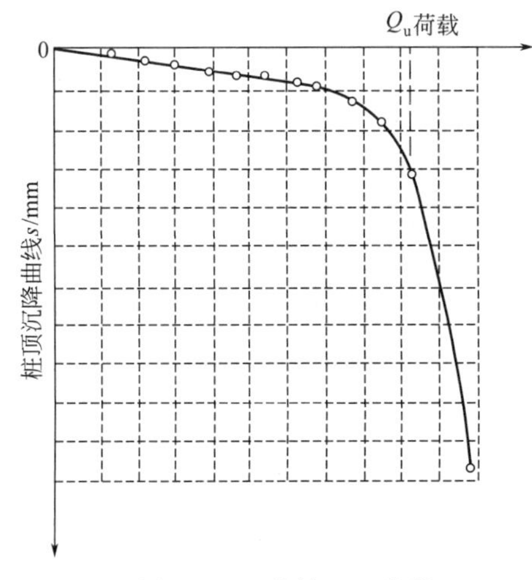

图 10-10 单桩 Q-s 曲线

当 Q-s 曲线呈缓变形时，取桩顶总沉降量 s=40mm 所对应的荷载值作为试验桩的极限承载力，当桩长大于 40m 时，宜考虑桩身的弹性压缩。

(2) 沉降时间曲线确定试验桩极限承载力

该方法是按沉降随时间的变化特征来确定极限荷载的。根据以往大量的试桩资料分析表明，桩在破坏荷载以前的每级下沉量 s 与时间 t 的对数呈线性关系（图 10-11）：

$$s = m\lg t \tag{10-8}$$

直线的斜率 m 在某种程度上反映了桩的

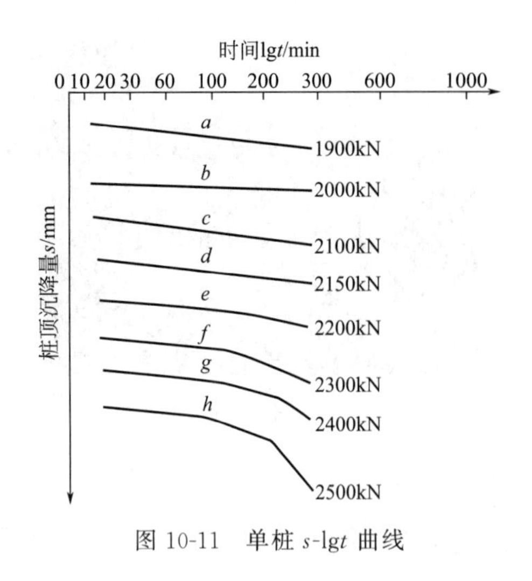

图 10-11 单桩 s-lg$t$ 曲线

沉降速率。m 值不是常数，它随着桩顶荷载的增加而增大，m 越大，桩的沉降速率越大。当桩上荷载继续增大时，如发现绘制的 s-lg$t$ 线不是直线而是折线，则说明在该级荷载作用下桩沉降急剧增大，此为地基土塑性变形急剧增大的结果，即是桩破坏的标志。因此可将相应于 s-lg$t$ 线型由直线变为折线的那一级荷载定为该桩的破坏荷载，其前一级荷载即为桩的极限荷载 Q_u。如图 10-11 所示的曲线，f 线起曲线转折明显，为地基破坏的标志，其前一级荷载（即 e 所对应的荷载）可定为极限荷载。

10.3.1.4 单桩竖向承载力特征值

单桩静载荷试验，每一根试验桩可以得到一个极限承载力或极限荷载。设现场有试桩数为 n，各桩的极限承载力分别为 Q_{u1}、Q_{u2}、…、Q_{un}，则平均值为

$$\overline{Q}_u=\frac{1}{n}(Q_{u1}+Q_{u2}+\cdots+Q_{un})=\frac{1}{n}\sum Q_{ui} \tag{10-9}$$

最大值和最小值之间的差值定义为极差：极差 $(\Delta Q_u)_{max}=Q_{umax}-Q_{umin}$。

当极差不超过平均值的 30%时，取平均值为单桩竖向极限承载力 Q_u：

$$Q_u=\overline{Q}_u=\frac{1}{n}\sum Q_{ui} \tag{10-10}$$

若极差超过平均值的 30%，宜增加试桩数量并分析极差过大的原因，结合工程具体情况确定极限承载力。对桩数为 3 根及 3 根以下的柱桩台，取最小值为单桩竖向极限承载力：

$$Q_u=Q_{umin}=\min(Q_{u1},Q_{u2},\cdots,Q_{un}) \tag{10-11}$$

单桩竖向承载力特征值 R_a 为单桩竖向极限承载力 Q_u 除以安全系数 K（取 $K=2$），即

$$R_a=\frac{Q_u}{K}=\frac{Q_u}{2} \tag{10-12}$$

10.3.2 经验公式估算法

初步设计时，单桩竖向承载力特征值可按式（10-13）估算：

$$R_a=q_{pa}A_p+u_p\sum q_{sia}l_i \tag{10-13}$$

式中 R_a——单桩竖向承载力特征值，kN；

q_{pa}、q_{sia}——桩端阻力、桩侧阻力特征值，kPa，由当地静载试验结果统计分析算得；

A_p——桩底端横截面面积，m^2；

u_p——桩身周边长度，m；

l_i——第 i 层岩土的厚度，m。

桩端嵌入完整及较完整的硬质岩中，当桩长较短且入岩较浅时，可按式（10-14）估算单桩竖向承载力特征值：

$$R_a=q_{pa}A_p \tag{10-14}$$

式中 q_{pa}——桩端岩石承载力特征值。

嵌岩灌注桩桩端以下三倍桩径范围内应无软弱夹层、断裂破碎带和洞穴分布；并应在桩底应力扩散范围内无岩体临空面。当桩端无沉渣时，桩端岩石承载力特征值应根据岩石饱和单轴抗压强度或按岩基载荷试验确定。

10.3.3 静力触探法

静力触探是将圆锥形的金属探头，以静力方式按一定的速率均匀压入土中。借助探头的传感器，测出探头侧阻 f_s 及端阻 q_c，据此即可算出单桩承载力。

静力触探与桩的静载荷试验虽有很大区别，但与桩打入土中的过程基本相似，所以可把静力触探近似看成是小尺寸打入桩的现场模拟试验。对于地基基础设计等级为丙级的建筑物，可采用静力触探法确定单桩竖向承载力。双桥探头（圆锥面积 $15cm^2$，锥角 60°，摩擦套筒高 21.85cm，侧面积 $300cm^2$）可同时测出 f_s 和 q_c，对于黏性土、粉土和砂土，可按式（10-15）计算单桩极限承载力：

$$Q_u=\alpha q_c A_p+u_p\sum l_i\beta_i f_{si} \tag{10-15}$$

式中 q_c——桩端平面上、下探头阻力，取桩端平面以上 $4d$ 范围内按土层厚度的探头阻力加权平均值，kPa，然后再与桩端平面以下 $1d$ 范围内的探头阻力进行平均（d 为桩的直径或边长）；

α——桩端阻力修正系数，对黏性土、粉土取 2/3，饱和砂土取 1/2；

f_{si}——第 i 层土的探头平均侧阻力，kPa；

β_i——第 i 层土桩侧阻力综合修正系数，按下列公式计算：

黏性土、粉土：
$$\beta_i=10.04\ (f_{si})^{-0.55} \tag{10-16}$$

砂土：
$$\beta_i=5.05\ (f_{si})^{-0.45} \tag{10-17}$$

单桩竖向承载力特征值仍然由式（10-12）计算确定。

除此之外，还可以采用标准贯入试验参数及动力打桩公式确定单桩竖向承载力特征值。当桩端持力层为密实砂卵石或其他承载力类似的土层时，对单桩竖向承载力很高的大直径端承型桩，可采用深层平板载荷试验确定桩端土的承载力特征值。

【例 10-1】 某建筑场地试桩 6 根，得到各试验桩的极限承载力如下（单位 kN）：830、850、780、750、820、890，试确定单桩竖向承载力特征值。

【解】

（1）平均值和极差

$$\overline{Q}_u=\frac{1}{n}\sum Q_{ui}=\frac{1}{6}\times(830+850+780+750+820+890)=820kN$$

$$(\Delta Q_u)_{max}=Q_{umax}-Q_{umin}=890-750=140kN$$

$$<30\%\overline{Q}_u=0.3\times 820=246kN$$

（2）一般桩基的单桩竖向承载力特征值

$$Q_u=\overline{Q}_u=820kN$$

$$R_a=Q_u/2=820/2=410kN$$

（3）桩数为 3 根及 3 根以下的柱桩台，单桩竖向承载力特征值

$$Q_u=Q_{umin}=750kN$$

$$R_a = Q_u/2 = 750/2 = 375\text{kN}$$

【例 10-2】 钢筋混凝土预制方桩，截面尺寸 450mm×450mm，长 18m。打穿 6m 厚的淤泥质土，进入黏土层。测得淤泥质土 $q_{sa}=5\text{kPa}$，黏土 $q_{sa}=35\text{kPa}$、$q_{pa}=1800\text{kPa}$，求单桩竖向承载力特征值。

【解】

（1）已知条件

$$A_p = 0.45\times0.45 = 0.2025\text{m}^2,\ u_p = 4\times0.45 = 1.8\text{m}$$

$$q_{s1a}=5\text{kPa},\ q_{s2a}=35\text{kPa},\ q_{pa}=1800\text{kPa}$$

$$l_1=6\text{m},\ l_2=12\text{m}$$

（2）由经验公式估算单桩竖向承载力特征值

$$R_a = q_{pa}A_p + u_p\sum q_{sia}l_i = 1800\times0.2025 + 1.8\times(5\times6+35\times12)$$
$$=1175\text{kN}$$

10.4 群桩竖向承载力和变形

除一柱一桩的大直径桩基础以外，桩基础都是由多根桩组成的桩群通过承台形成整体。群桩基础中基桩的承载力和整体的变形满足相应要求，桩基础才是安全的、可靠的。

10.4.1 群桩的工作特点

对于群桩基础，作用于承台上的荷载实际上是由桩和地基土共同承担，由于承台、地基土的相互作用情况不同，使桩端、桩侧阻力和地基土的阻力因桩基类型而异。

10.4.1.1 端承型群桩

端承型桩基持力层坚硬，桩顶沉降较小，桩侧摩阻力不易发挥，桩顶荷载基本上通过桩身直接传到桩端处土层上。而桩端处承压面积很小，各桩端的压力彼此互不影响，群桩中的一根桩和群桩以外的独立单桩没有什么差别（图 10-12）。因此，可近似认为端承型群桩基础中各基桩的工作性状与单桩基本一致；同时，由于桩的压缩变形很小，承台下桩间土基本不承受荷载，群桩基础的承载力就等于各单桩的承载力之和；群桩的沉降量也与单桩基本相同。

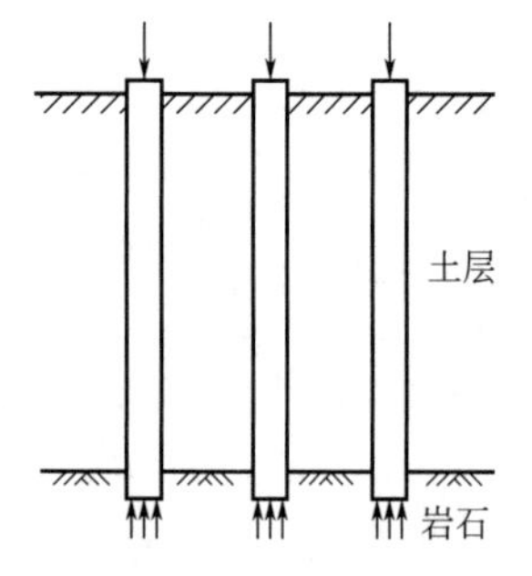

图 10-12 端承型群桩基础

10.4.1.2 摩擦型群桩

当基桩为摩擦桩，在桩基础的整个工作过程中承台与桩间土并不脱开，桩基础受竖向荷载时，承台底面地基土、桩间土及桩端以下地基土都得参与工作，承台、桩、土会相互影响共同作用，使摩擦型群桩的工作性状变得复杂。

受荷载的单根摩擦桩主要通过桩侧摩阻力将桩顶荷载传递到桩周及桩端土层中，其次通过桩端阻力传递到桩端以下地基。摩擦力沿深度扩散，如图 10-13（a）所示，在桩端平面上，附加应力分布直径 D（$D=2L\tan\theta+d$）比桩径 d 大得多。对于群桩，当桩距小于 D 时，在桩端处附加应力会产生重叠现象，即附加应力叠加，如图 10-13（b）所示。因此，群桩在桩端处土受到的压力比单独工作的单桩大，应力传递范围也比单桩深，应力影响深度及压缩层厚度也会增加，导致群桩的沉降量比单桩沉降量大。

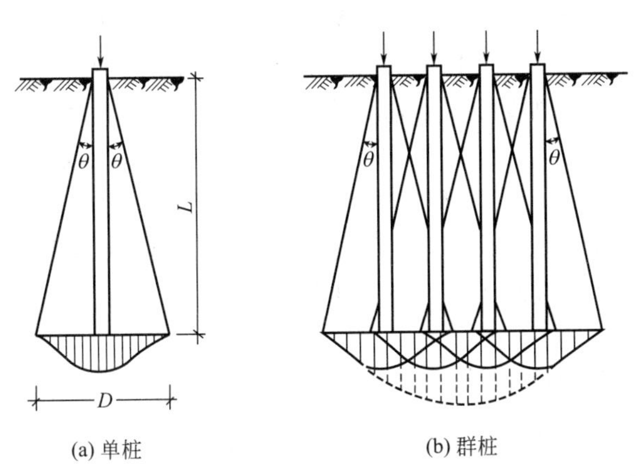

图 10-13 桩侧摩阻力的扩散作用与桩端平面上的压力分布

竖向荷载作用下的群桩基础，由于承台、桩与地基土相互作用，使桩侧阻力、桩端阻力、沉降等性状发生变化而明显不同于单桩，表现为群桩承载力往往不等于各单桩承载力之和，群桩沉降不等于平均荷载作用下单桩所对应的沉降，这种现象称为群桩效应。群桩效应与土的性质、桩距、桩数、桩的长细比、桩长、承台尺寸、承台刚度、桩端持力层及成桩方法等诸多因素有关。一般情况下，对于黏性土地基，群桩的承载力要小于单桩承载力之和；但在砂土地基中，打桩时靠近桩周的土被振密，群桩的承载力却大于单桩承载力之和。群桩效率系数定义为

$$\eta=\frac{群桩极限承载力}{单桩极限承载力之和} \tag{10-18}$$

η 值可能大于 1，也可能等于或小于 1。减小群桩效应不利影响的措施，是控制桩之间的中心距不应过小，这样就可以使土的附加应力不发生重叠。

10.4.2 承台下土的作用

摩擦型群桩在竖向荷载作用下，由于桩土相对位移，桩间土对承台产生一定的竖向抗力，成为桩基竖向承载力的一部分而分担荷载，这种效应称为承台效应。承台底地基土承载力特征值发挥率称为承台效应系数，用 η_c 表示。是否考虑承台效应是桩基设计中一个重要的问题。可分两种情况分析：一是“群桩”情况，认为群桩的承台底面与土分离（脱开），荷载全部由桩承担，承台底面的桩间土不分担荷载，这是传统的分析方法，偏于安全；二是“复合桩基”情况，由各基桩和承台底面的桩间土共同承担荷载。

根据实际工程观测，在下列一些情况中，出现地基土与承台脱空现象：①承受经常出现的动力作用，如铁路桥梁的桩基。②承台下存在可能产生负摩擦力的土层，如湿陷性黄土、

欠固结土、新填土、高灵敏软土以及可液化土；或由于降水地基土固结而与承台脱开。③在饱和软土中沉入密集桩群，引起超静孔隙水压力和土体隆起，随着时间推移，桩间土逐渐固结下沉而与承台脱离。显然这些情况下不能考虑承台下土对荷载的分担作用，即不考虑承台效应。

当承台底面与土保持接触而不脱离时，承台下桩间土的承载能力决定于桩和桩间土的刚度、承台与桩间土接触面积大小等。如对于那些建在一般土层上，桩长较短而桩距较大，或承台外围面积较大的桩基，承台下桩间土对荷载的分担效应则较显著。承台下土抗力的分布形式，随桩距、桩长、承台刚度等因素而变化，总的规律是，承台内区（桩群外包络线以内范围）由于桩土相互影响明显，土的竖向位移加大，导致内区土反力明显小于外区（承台悬挑部分），大体呈马鞍形双曲面分布型式；对于单排桩条基，由于承台外区面积比较大，故其土抗力显著大于多排桩桩基；由于存在群桩效应，桩侧土因桩的竖向位移而发生了剪切变形，承台下土的抗力要比平板基础底面下的土抗力低。

10.4.3 基桩竖向承载力特征值

桩基的群桩效应难以通过承台-桩-土相互作用分析的理论方法求解。《建筑桩基技术规范》（JGJ94—2008）根据大量基桩侧阻、端阻、承台土阻力测试结果，经统计分析，给出了基桩承载力特征值 R 的确定方法。

对于端承型桩基、桩数少于 4 根的摩擦型柱下独立桩基或由于地层土性、使用条件等因素不宜考虑承台效应时，基桩竖向承载力特征值应取单桩竖向承载力特征值 R_a。

对于符合下列条件之一的摩擦型桩基，宜考虑承台效应确定其复合基桩的竖向承载力特征值：①上部结构整体刚度较好、体型简单的建筑物或构筑物；②对差异沉降适应性较强的排架结构和柔性构筑物；③按变刚度调平原则设计的桩基相对弱化区；④软土地基的减沉复合疏桩基础。考虑承台效应的复合基桩竖向承载力特征值可按下列公式计算：

$$R=R_a+\eta_c f_{ak}A_c \tag{10-19}$$

$$A_c=(A-nA_{ps})/n \tag{10-20}$$

式中 η_c——承台效应系数，可按表 10-3 取值；

f_{ak}——承台下 1/2 承台宽度且不超过 5m 深度范围内各层土的地基承载力特征值按厚度加权的平均值，kPa；

A_c——计算基桩所对应的承台底净面积，m^2；

A_{ps}——桩身截面面积，m^2；

n——桩数；

A——承台计算域面积，m^2，对于柱下独立基础，A 为承台总面积；对于桩筏基础，A 为柱、墙筏板的 1/2 跨距和悬臂边 2.5 倍筏板厚度所围成的面积；桩集中布置于单片墙下的桩筏基础，取墙两边各 1/2 跨距围成的面积，按条形承台计算 η_c。

当承台底为可液化土、湿陷性土、高灵敏软土、欠固结土、新填土时，沉桩引起超孔隙水压力和土体隆起时，不考虑承台效应，取 $\eta_c=0$。

表 10-3 承台效应系数 η_c

B_c/l	s_a/d				
	3	4	5	6	>6
≤0.4	0.06～0.08	0.14～0.17	0.22～0.26	0.32～0.38	0.50～0.80
0.4～0.8	0.08～0.10	0.17～0.20	0.26～0.30	0.38～0.44	
>0.8	0.10～0.12	0.20～0.22	0.30～0.34	0.44～0.50	
单排桩条形承台	0.15～0.18	0.25～0.30	0.38～0.45	0.50～0.60	

注：1. 表中 s_a/d 为桩中心距与桩径之比；B_c/l 为承台宽度与桩长之比。当计算基桩为非正方形排列时，$s_a=\sqrt{A/n}$，A 为承台计算域面积，n 为总桩数；

2. 对于布置于墙下的箱、筏承台，η_c 可按单排桩条形承台取值；

3. 对于单排桩条形承台，当承台宽度小于 1.5d 时，η_c 按非条形承台取值；

4. 对于采用后注浆灌注桩的承台，η_c 宜取低值；

5. 对于饱和黏性土中的挤土桩基、软土地基上的桩基承台，η_c 宜取低值的 0.8 倍。

10.4.4 单桩承载力条件

轴心竖向力作用下，各桩均匀分担总的荷载，故群桩中单桩桩顶竖向力计算公式为：

$$Q_k=\frac{F_k+G_k}{n} \tag{10-21}$$

式中 F_k——相应于作用的标准组合时，作用于桩基承台顶面的竖向力，kN；

G_k——桩基承台自重及承台上土自重标准值，kN；

Q_k——相应于作用的标准组合时，轴心竖向力作用下任一单桩的竖向力，kN；

n——桩基中的桩数。

偏心受压的桩基，除受轴心压力以外，还承担弯矩作用，如图 10-14 所示。此时，可按材料力学偏心受压的理论计算各桩所受的竖向力标准值 Q_{ik}：

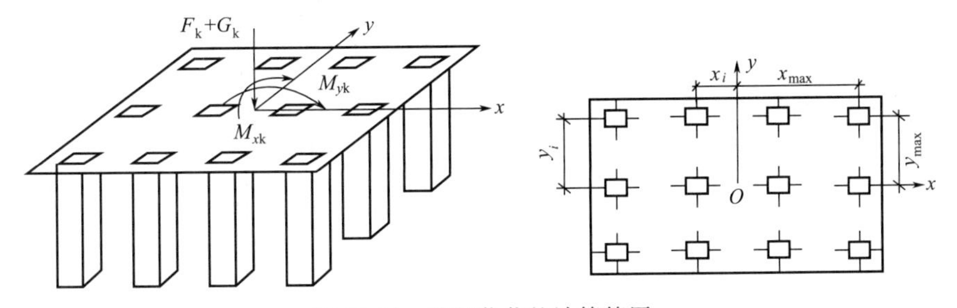

图 10-14 桩顶荷载的计算简图

$$Q_{ik}=\frac{F_k+G_k}{n}\pm\frac{M_{xk}y_i}{\sum y_i^2}\pm\frac{M_{yk}x_i}{\sum x_i^2} \tag{10-22}$$

式中 M_{xk}、M_{yk}——相应于作用的标准组合时，作用于承台底面通过桩群形心的 x 轴、y 轴的力矩，kN·m；

x_i、y_i——第 i 根桩分别至群桩形心的 y、x 轴线的距离，m。

偏心受压桩基，各桩受力不均匀。平均值可按式（10-21）计算；对于双向偏心受压桩基，受力最大的是两偏心方向边缘相交的一根角桩，最大竖向力为：

$$Q_{ik\max}=\frac{F_k+G_k}{n}+\frac{M_{xk}y_{\max}}{\sum y_i^2}+\frac{M_{yk}x_{\max}}{\sum x_i^2} \tag{10-23}$$

对于单向偏心受压桩基，受力最大的是偏心方向的一排边桩。设沿 x 方向偏心，则最大竖向力为

$$Q_{ik\max}=\frac{F_k+G_k}{n}+\frac{M_{yk}x_{\max}}{\sum x_i^2} \tag{10-24}$$

轴心竖向力作用下，单桩承载力计算应满足条件

$$Q_k\leqslant R_a \tag{10-25}$$

偏心竖向力作用下，单桩承载力计算除应满足式（10-25）外，尚应满足如下条件：

$$Q_{ik\max}\leqslant 1.2R_a \tag{10-26}$$

当考虑承台效应时，式（10-25）、式（10-26）中的 R_a 应换成复合基桩竖向承载力特征值 R，而 R 应按式（10-19）确定。

当作用于桩基上的外力主要为水平力或高层建筑承台下为软弱土、液化土层时，应对桩基的水平承载力进行验算。水平荷载作用下，单桩承载力计算还应满足式（10-27）的要求：

$$H_{ik}\leqslant R_{Ha} \tag{10-27}$$

式中 H_{ik}——相应于荷载效应标准组合时，作用于任一单桩的水平力，kN；

R_{Ha}——单桩水平承载力特征值，kN，由单桩水平载荷试验确定。

当水平推力较大时，可以设置斜桩。用斜桩来抵抗水平力是一项有效的措施，在桥梁桩基中采用较多。房屋建筑桩基都是采用低承台，依靠承台埋深大多可以解决水平力的问题，当水平力过大时，设置斜桩是一个不错的选择。

【例 10-3】 试验算图 10-15 所示桩基础的承载力。已知 $F_k=2035$kN，$M_k=330$kN·m，预制方桩边长 300mm，桩长 $l=8$m，地质剖面及桩的侧阻力特征值、端阻力特征值如图所示。

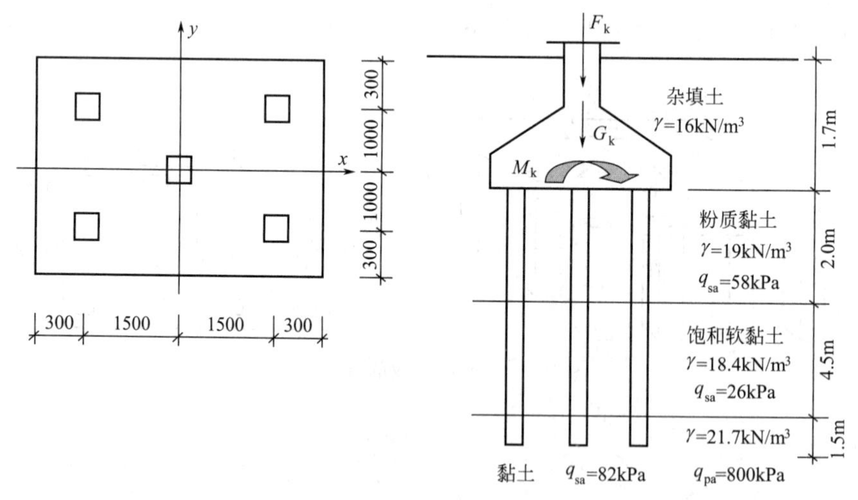

图 10-15 例 10-3 图

【解】

（1）单桩竖向承载力特征值

$$R_a=q_{pa}A_p+u_p\sum q_{sia}l_i$$
$$=800\times0.3^2+0.3\times4\times(58\times2.0+26\times4.5+82\times1.5)=499\text{kN}$$

(2) 单桩承载力验算

$$G_k=\gamma_G Ad=20\times3.6\times2.6\times1.7=318\text{kN}$$

$$\sum x_i^2=0+4\times1.5^2=9.0\text{m}^2$$

$$Q_k=\frac{F_k+G_k}{n}=\frac{2035+318}{5}=471\text{kN}<R_a=499\text{kN}$$

$$Q_{ik\max}=\frac{F_k+G_k}{n}+\frac{M_{yk}x_{\max}}{\sum x_i^2}=471+\frac{330\times1.5}{9.0}$$

$$=526\text{kN}<1.2R_a=1.2\times499=599\text{kN}$$

该桩基承载力满足要求。

10.4.5 群桩地基沉降计算

嵌岩桩、设计等级为丙级的建筑物桩基、对沉降无特殊要求的条形基础下不超过两排桩的桩基、吊车工作级别 A5 及 A5 以下的单层工业厂房且桩端下为密实土层的桩基，可不进行沉降验算。当有可靠地区经验时，对地质条件不复杂、荷载均匀、对沉降无特殊要求的端承型桩基也可不进行沉降验算。

但对于地基基础设计等级为甲级的建筑物桩基，体系复杂、荷载不均匀或桩端以下存在软弱土层的设计等级为乙级的建筑物桩基，摩擦型桩基，应进行沉降验算。

对于软弱土地基，出现了以控制沉降为目的而设置的桩基础。当考虑桩、土、承台共同工作时，基础的承载力可以满足要求，而下卧层变形过大，此时采用摩擦桩旨在减少沉降，以满足建筑物的使用要求。此时的用桩数量由沉降控制条件，即由允许沉降量计算确定所需桩数。

土体中桩基础的沉降由桩身压缩、桩端刺入变形和桩端平面以下土层受群桩荷载共同作用产生的整体压缩变形等几部分组成。摩擦桩基础沉降历时数年或更长时间，精确计算是一个非常复杂的问题。借用弹性理论的公式计算桩基础的沉降，将大量实际工程的长期观测值与计算值对比，引进修正系数，不失为一个实用方法。

桩基础的沉降可按实体深基础进行计算。所谓实体深基础，就是将群桩和桩间土假想为一个埋置较深的基础，如图 10-16 所示。从群桩外圈桩顶以角度 $\varphi/4$ 向下扩散至桩端，在桩端平面内形成的面积成为实体深基础的底面积（$a\times b$）。实体深基础底面边长

$$a=a_0+2l\tan(\varphi/4) \tag{10-28}$$

$$b=b_0+2l\tan(\varphi/4) \tag{10-29}$$

式中 a_0、b_0——群桩外围尺寸。

扩散角中的 φ 为桩长范围内各土层内摩擦角加权平均值，按下式计算

$$\varphi=(\sum\varphi_i l_i)/l \tag{10-30}$$

按作用准永久组合，不计入风荷载和地震作用，计算实体深基础底面的附加压力（总压力减去自重应力）p_0，由应力面积法公式计算基底中点沉降：

$$s'=\sum_{i=1}^{n}s'_i=\sum_{i=1}^{n}\frac{p_0}{E_{si}}(z_i\bar{\alpha}_i-z_{i-1}\bar{\alpha}_{i-1}) \tag{10-31}$$

再引进实体深基础计算桩基沉降计算经验系数 ψ_{ps}，即可得桩基最终沉降量的计算公式：

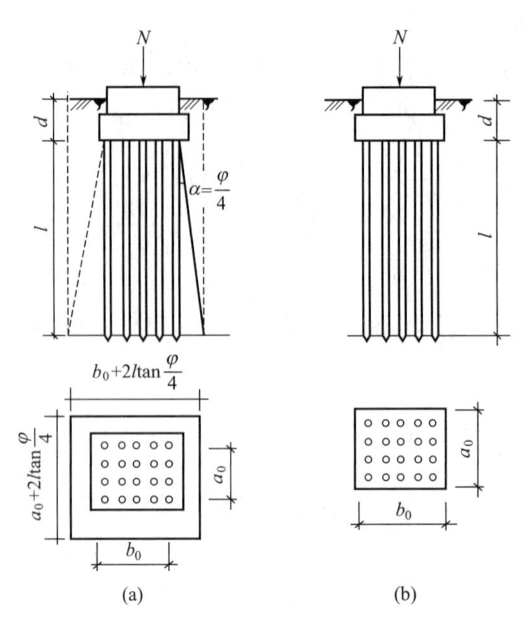

图 10-16　实体深基础的底面积

$$s=\psi_{ps}s'=\psi_{ps}\sum_{i=1}^{n}\frac{p_0}{E_{si}}(z_i\bar{\alpha}_i-z_{i-1}\bar{\alpha}_{i-1})\tag{10-32}$$

式中　s——桩基最终沉降量，mm；

ψ_{ps}——实体深基础计算桩基沉降经验系数，应根据地区桩基础沉降观测资料及经验统计确定。不具备条件时，可按表 10-4 选用；

n——地基压缩层（即受压层）范围内所划分的土层数；

p_0——对应于荷载效应准永久组合时的基础底面处的附加压力，kPa；

E_{si}——基础底面下第 i 层土的侧限压缩模量，MPa；

z_i、z_{i-1}——分别为基础底面至第 i 层和第 $i-1$ 层底面的距离，m；

$\bar{\alpha}_i$、$\bar{\alpha}_{i-1}$——分别为基础底面计算点至第 i 层和第 $i-1$ 层底面范围内平均附加应力系数。

表 10-4　实体深基础计算桩基沉降经验系数 ψ_{ps}

$\bar{E}_s$/MPa	≤15	25	35	≥45
ψ_{ps}	0.5	0.4	0.35	0.25

注：表内数值可以内插。

10.5 桩基础设计

桩基础的设计与浅基础、上部结构设计一样，应做到安全适用、技术先进、经济合理、确保质量、保护环境。桩基础的地基土应具有足够的承载力，且不产生过量的变形；桩身和承台应满足安全性、适用性和耐久性的要求，需要进行承载力极限状态计算、正常使用极限状态验算。桩基础设计就是选定桩型，确定桩的几何尺寸、桩数和平面布置，以满足地基条件；确定桩身材料、配筋，承台截面尺寸和配筋，以满足下部结构的功能要求。

桩基础设计，可以归纳为如下几个步骤：①选型定尺寸；②确定桩型和截面尺寸；③估算桩数并布置；④桩基础地基计算；⑤桩身结构设计；⑥钢筋混凝土承台设计；⑦绘制桩基施工图。

10.5.1 选型定尺寸

桩的类型、截面尺寸和桩长的确定，应从建筑物的具体情况出发，结合施工条件和地基土的地质条件综合考虑。

10.5.1.1 选取持力层

桩基宜选用中、低压缩性土层作为桩端持力层；同一结构单元内的桩基，不宜选用压缩性差异较大的土层作桩端持力层，不宜采用部分摩擦桩和部分端承桩。

考虑到各类持力层中成桩的可能性和难易程度，并保证桩端阻力的发挥，桩端进入持力层的最小深度宜为桩身直径的 1～3 倍。通常认为，对于黏性土、粉土不宜小于 $2d$，砂土不宜小于 $1.5d$，碎石类土不宜小于 $1d$。穿越软弱土层而支承在倾斜岩层上的桩，当风化岩层厚度小于 $2d$ 时，桩端应进入新鲜（微风化）岩层。端承桩嵌入较完整的未风化、微风化、中等风化硬质岩体的最小深度，不宜小于 0.5m，以确保桩端与岩体接触。

当存在软弱下卧层时桩端全端面以下坚硬持力层厚度不宜小于 $3d$。嵌岩桩（端承桩）在桩端全端面以下 $3d$ 范围内应无软弱夹层、断裂带、洞穴和空隙分布，这对荷载很大的柱下单桩（大直径灌注桩）更为重要。岩层表面往往起伏不定，且常有隐伏的沟槽，尤其在可溶性碳酸盐分布区，溶槽、石芽密布，此时桩端可能坐落在岩面隆起的斜面上而易招致滑动，为确保桩端和岩体的稳定，在桩端下应力影响范围内，应无岩体临空面（如沟、槽、洞穴的侧面，或倾斜、陡立的岩面）存在，且宜采用小直径的桩和条形或筏板式承台，这样较易满足桩端下持力层厚度要求，也有利于荷载的扩散。

10.5.1.2 确定桩型和截面尺寸

确定桩型一般应有三个步骤：

① 根据荷载水平和地层条件，参考文献资料和实践经验列出可用桩型；

② 根据施工能力、打桩设备及环境限制（噪声、振动）等因素，通过调查和实地考察决定桩型；

③ 通过计算，根据经济指标比较决定所采用的桩型。其中工期长短应作为参与经济比较的一项重要因素。

钻孔扩底灌注桩，桩身直径 300～600mm，扩底直径 800～1200mm，最大桩长 30m，可穿越一般性黏土及其填土、粉土、季节性冻土、膨胀土、非自重湿陷性黄土，持力层为硬黏土和密实砂土，只适合于地下水位以上施工。

人工挖孔扩底灌注桩，桩身直径 800～2000mm，扩底直径 1600～3000mm，最大桩长 30m，可穿越一般性黏土及其填土、季节性冻土、膨胀土、黄土、中间有硬夹层，持力层为硬黏土和软质岩石和风化岩石。适合于地下水位以上，地下水位以下也可以采用。

打入式混凝土预制桩，桩身直径 300～800mm，最大桩长 60m，单节桩长一般不超过 15m，可穿越一般性黏土及其填土、淤泥和淤泥质土、黄土、中间有砂夹层，持力层为硬黏土和密实砂土。静压桩可穿越一般性黏土及其填土、淤泥和淤泥质土、非自重湿陷性黄土，持力层为硬黏土和密实砂土。

10.5.1.3 设计承台底面标高及桩长

桩的类型和几何尺寸确定后，应初步确定承台底面标高。确定原则与浅基础相同，应方便施工、考虑结构要求、冻胀性要求等。

桩长是指自承台底面至桩端的长度。承台底面标高和持力层确定后，预估桩长就可确定。应选择较好土层作为桩基的持力层，如坚硬黏性土层、密实砂土层、碎石土层、基岩等。实际工程中，场地土层往往起伏不平或层面倾斜，或岩层产状复杂。实际桩长不同于预估桩长，施工中决定桩长的条件是：对于打入桩，主要由侧摩阻提供支承时，以设计桩底标高作为主要控制条件，以最后贯入度作为参考条件；主要由端承提供支承时，以最后贯入度作为控制条件，设计桩底标高作为参考条件。对于钻、挖、冲孔灌注桩，以验明持力层的岩土性质为主，同时注意核对标高。最后贯入度是指打桩结束之前每次锤击的沉入量，通常以最后每阵（10 击）的平均贯入量表示。一般要求最后二、三阵的贯入度为 10～30mm/阵（锤重、桩长者取大值），质量 7t 以上的单动蒸汽锤、柴油锤可增至 30～50mm/阵；振动沉桩者，可用 1min 作为一阵。

在设计中最后确定桩长时，还应考虑桩的制作、运输条件的可能性，沉桩设备的能力等因素。

10.5.2 估算桩数并布置

根据单桩竖向承载力条件初步估算所需基桩根数，再由桩的间距、边距要求在平面上进行布置，从而确定承台底面尺寸。

10.5.2.1 估算桩数

一个桩基础所需桩的根数可根据承台底面上的竖向荷载和单桩承载力特征值 R_a 按式（10-33）估算：

$$n=\mu \frac{F_k+G_k}{R_a} \tag{10-33}$$

式中 n——桩的根数；

F_k——荷载效应标准组合下，作用于承台顶面的竖向力，kN；

G_k——桩基承台和承台上土的自重标准值，kN，对稳定的地下水位以下部分应扣除水的浮力；

R_a——基桩竖向承载力特征值，kN；

μ——考虑偏心荷载时各桩受力不均而适当增加桩数的经验系数，桩基轴心受压时取 $\mu=1$；偏心受压时可取 $\mu=1.1$～1.2。

若承台尺寸尚未确定，则在式（10-33）中可取 $G_k=0$ 近似计算。估算的桩数是否合适，待桩位平面布置完成后，满足承载力条件和沉降计算后才能最后确定。

10.5.2.2 桩间距和边距

为了避免桩基础施工可能引起土的松弛效应和挤土效应对相邻基桩的不利影响，以及群桩效应对基桩承载力的不利影响，布设桩时，应根据土类成桩工艺以及排列确定桩的最小中心距。一般情况下，穿越饱和软土的挤土桩，要求桩中心距最大，部分挤土桩或穿越非饱和土的挤土桩次之，非挤土桩最小；对于大面积的桩群，桩的最小中心距宜适当加大。对于桩的排数为1～2排、桩数小于9根的其他情况摩擦型桩基，桩的最小中心距可适当减小。

摩擦桩的群桩中心距，从受力角度考虑最好是使各桩端平面处压力分布范围不相重叠，以充分发挥其承载能力。根据这一要求，经试验测定，中心距为$6d$。但桩距如采用$6d$就需要很大面积的承台，因此一般采用的群桩中心距均小于$6d$。为了使桩端平面处相邻桩作用于土的压应力重叠不至太多，不致因土体挤密而使桩挤不下去，根据经验规定打入桩的桩端平面处的中心距不小于$3d$。

规范规定：摩擦型桩的中心距不宜小于桩身直径的3倍；扩底灌注桩的中心距不宜小于扩底直径的1.5倍，当扩底直径大于2m时，桩端净距不宜小于1m。在确定桩距时尚应考虑施工工艺中挤土等效应对邻近桩的影响。

以控制沉降为目的设置桩基时，桩距可采用4～6倍桩身直径。

10.5.2.3 桩平面布置

排列基桩时，宜使桩群承载力合力点与竖向永久荷载合力作用点重合，并使基桩受水平力和力矩较大方向有较大的抗弯截面模量。桩在平面内可以布置成方形（或矩形）网格或三角形网格（梅花式）等形式，如图10-17所示。

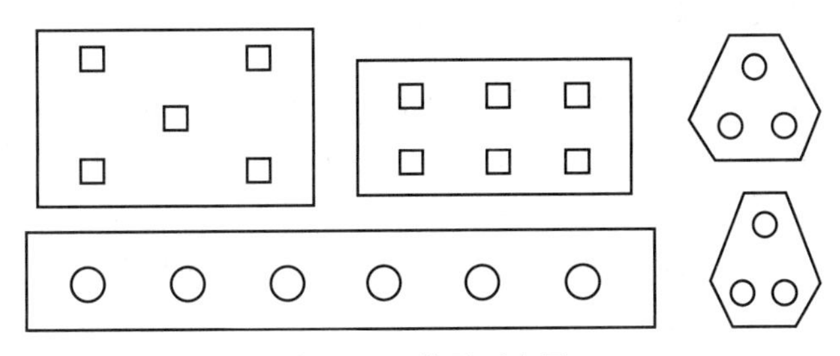

图10-17 桩平面布置

对于桩箱基础、剪力墙结构桩筏基础，宜将桩布置于墙下。对于框架-核心筒结构桩筏基础应按荷载分布考虑相互影响，将桩相对集中布置于核心筒和柱下；外围框架柱宜采用复合桩基，有合适桩端持力层时，桩长宜减小。

在有门洞的墙下布桩时，应将桩设置在门洞的两侧。梁式或板式承台下的群桩，布桩时应注意使梁、板中的弯矩尽量减小，即多布设在柱、墙下，使上部荷载尽快传递给桩基。

为了节省承台用料和减少承台施工的工作量，在可能情况下，墙下应尽量采用单排桩基，柱下的桩数也应尽量减少；对于大直径灌注桩可采用一柱一桩，此时可设置承台，也可不设置承台、将桩与柱直接连接。一般来说，桩数较少而桩长较大的摩擦型桩，无论在承台的设计和施工方面，还是在提高群桩的承载力以及减小桩基沉降量方面，都比桩数多而桩长小的桩基优越。同一结构单元宜避免采用不同类型的桩。同一基础的邻桩桩底高差，对于非嵌岩桩，不宜超过相邻桩的中心距，对于摩擦型桩，在相同土层中不宜超过桩长的1/10。

桩平面布置好以后，根据桩间距和边距，就可初步确定承台底面尺寸。

10.5.3 桩基础地基计算

桩基础地基计算包括单桩承载力验算和地基变形验算两个方面。

在初步确定桩数n和桩的平面布置完成之后，即可验算桩基中单桩竖向承载力，以保证地基安全。轴心受压桩基，按式（10-25）验算单桩竖向承载力；偏心受压桩基，按式（10-25）和式（10-26）验算单桩竖向承载力，按式（10-27）验算单桩水平承载力。

桩基础的变形验算要求桩基沉降变形计算值不得超过建筑物的地基变形允许值。桩基的沉降变形参数有沉降量，沉降差，整体倾斜和局部倾斜。其中整体倾斜是指建筑物桩基础倾斜方向两端点的沉降差与其距离的比值，而局部倾斜则是指墙下条形承台沿纵向某一长度范围内桩基础两点的沉降差与其距离的比值。变形指标按下列规定采用：

① 由于土层厚度与性质不均匀、荷载差异、体形复杂、相互影响等因素引起的地基沉降变形，对于砌体承重结构应由局部倾斜控制；

② 对于多层或高层建筑和高耸结构应由整体倾斜值控制；

③ 当其结构为框架、框架-剪力墙、框架-核心筒结构时，尚应控制柱（墙）之间的差异沉降。

10.5.4 桩身结构设计

桩身结构设计包括选择混凝土强度等级和钢筋配置，桩身承载力验算，预制桩尚应进行运输、吊装和锤击等过程中的承载力和抗裂验算。

10.5.4.1 桩身混凝土强度等级和钢筋配置构造要求

桩身混凝土最低强度等级与桩身所处环境条件有关。设计使用年限不少于 50 年时，非腐蚀环境中预制钢筋混凝土桩的混凝土强度等级不应低于 C30，预应力桩不应低于 C40，灌注桩的混凝土不应低于 C25；二 b 类环境及三类、四类、五类微腐蚀环境中不应低于 C30。设计使用年限不少于 100 年的桩，桩身混凝土强度等级宜适当提高。水下灌注混凝土的桩身混凝土强度等级不宜高于 C40。

灌注桩主筋（纵筋）混凝土保护层厚度不应小于 50mm；预制桩不应小于 45mm，预应力管桩不应小于 35mm；腐蚀环境中的灌注桩不应小于 55mm。

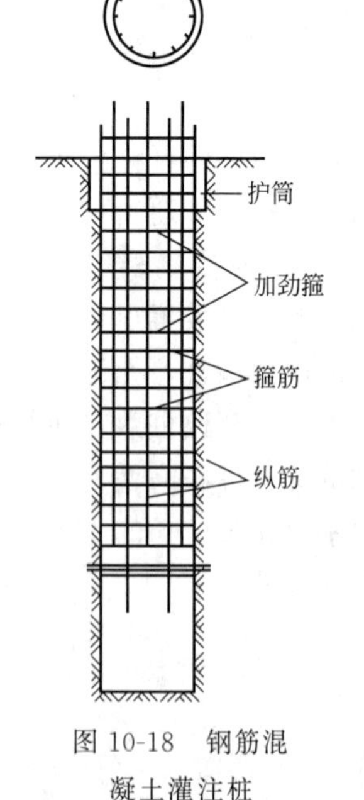

图 10-18 钢筋混凝土灌注桩

（1）灌注桩的配筋要求

灌注桩（图 10-18）纵筋最小配筋率不宜小于 0.20%～0.65%（小直径取大值），腐蚀环境中的灌注桩主筋直径不宜小于 16mm，非腐蚀环境中灌注桩主筋直径不应小于 12mm。箍筋应采用螺旋式，直径不应小于 6mm，间距宜为 200～300mm；桩顶以下 5 倍桩径范围内的箍筋应加密，间距不大于 100mm；当桩身位于液化土层范围内时箍筋应加密；当钢筋笼长度超过 4m 时，应每隔 2m 设一道直径不小于 12mm 的焊接加劲箍筋。

钻孔灌注桩构造钢筋的长度不宜小于桩长的 2/3；桩施工在基坑开挖前完成时，其钢筋长度不宜小于基坑深度的 1.5 倍。

（2）预制桩的配筋要求

预制桩主筋（纵筋）的最小配筋率不宜小于 0.8%（锤击沉桩）、0.6%（静压桩），预应力桩不应小于 0.5%。预制桩主筋直径不宜小于 14mm，桩顶以下 3～5 倍桩身直径范围内，箍筋宜适当加密；打入桩应在桩顶设置钢筋网片。

预制桩的桩尖可将主筋合拢焊接在桩尖辅助钢筋上，如图

10-19 所示。对于持力层为密实砂和碎石类土时，宜在桩尖处包以钢板桩靴，加强桩尖。预制桩的分节长度应根据施工条件及运输条件确定；每根桩的接头数量不宜超过 3 个。

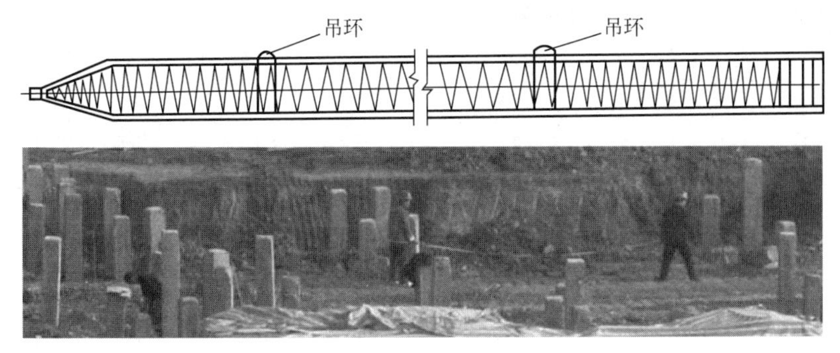

图 10-19 钢筋混凝土预制桩

预应力混凝土空心桩采用离心成型先张法工艺，依据国家标准进行生产，可按产品型号选用。预应力混凝土桩的连接可采用端板焊接连接、法兰连接、机械啮合连接、螺纹连接。

10.5.4.2 桩身承载力验算

混凝土轴心受压桩，桩身承载力按式（10-34）验算：

$$Q \leqslant \psi_c f_c A_p \tag{10-34}$$

式中 Q——相应于作用（荷载）的基本组合时的单桩竖向力设计值，kN；

ψ_c——工作条件系数，钢筋混凝土预制桩取 0.75，预应力混凝土桩取 0.55～0.65，灌注桩取 0.6～0.8（水下灌注桩、长桩或混凝土强度等级高于 C35 时用低值）；

f_c——混凝土轴心抗压强度设计值，kPa；

A_p——桩身横截面面积，m^2。

当桩顶以下 5 倍桩身直径范围内螺旋式箍筋间距不大于 100mm 且钢筋耐久性得到保证的灌注桩，可适当计入桩身纵向钢筋的抗压作用。

10.5.4.3 预制桩运输吊装验算

预制桩吊装运输（调运）时单吊点和双吊点的设置，应按吊点（或支点）跨间正弯矩与吊点处的负弯矩相等的原则进行布置。单吊点位置距离桩顶 $0.293l$，双吊点位置距离桩顶和桩尖距离均为 $0.207l$（l 为桩长）。桩的自重作为外荷载，设线荷载集度为 q，则最大弯矩为

$$M_{\max}=\begin{cases}0.0429ql^2 & \text{单吊点起吊}\\ 0.0214ql^2 & \text{双吊点起吊}\end{cases} \tag{10-35}$$

单吊点引起的弯矩比双吊点大，按该工况进行桩身截面设计。考虑预制桩吊运时可能受到振动和冲击的影响，计算吊运弯矩时应乘以 1.5 的动力系数。由弯矩设计值验算抗弯承载力，由弯矩标准值用换算截面法计算混凝土的拉应力，检验抗裂度。

10.5.5 钢筋混凝土承台设计

钢筋混凝土承台形式可分为板式承台和梁式承台两种。对于板式承台，当受荷载作用后，其破坏特征可能是受弯开裂破坏，也可能是冲切或剪切破坏。当承台厚度不够，配筋率

较低时，常会发生受弯破坏；当厚度较小，则可能产生冲切破坏，即沿柱边或变阶处形成近45°的破坏锥体，或者在角桩处形成近45°的破坏锥体。承台也可能产生剪切破坏。可见，承台应有足够的厚度，且底部应配置足量的受力钢筋。

10.5.5.1 承台构造要求

(1) 承台尺寸

柱下独立桩基承台的最小宽度不应小于500mm，边桩中心到承台边缘的距离不应小于桩的边长或直径，且桩的外边缘至承台边缘的距离不应小于150mm。对于墙下条形承台梁，桩的外边缘至承台梁边缘的距离不应小于75mm。

承台的最小厚度不应小于300mm。

(2) 承台混凝土

承台混凝土强度等级不应低于C20；纵向钢筋的混凝土保护层厚度不应小于70mm，当有混凝土垫层时，不应小于50mm；且不应小于桩头嵌入承台内的长度。

垫层混凝土强度等级C10或C15，厚度100mm。

(3) 承台配筋

对于矩形承台，钢筋应按双向均匀通长布置［图10-20(a)］，钢筋直径不小于10mm，间距不大于200mm；对于三桩承台，钢筋应按三向板带均匀布置，且最里面的三根钢筋围成的三角形应在柱截面范围内［图10-20(b)］。条形承台梁的主筋除满足计算要求外，尚应符合现行国家标准《混凝土结构设计规范（2015年版）》(GB 50010) 关于最小配筋率的规定，主筋直径不宜小于12mm，架立筋不宜小于10mm，箍筋直径不宜小于6mm［图10-20(c)］。

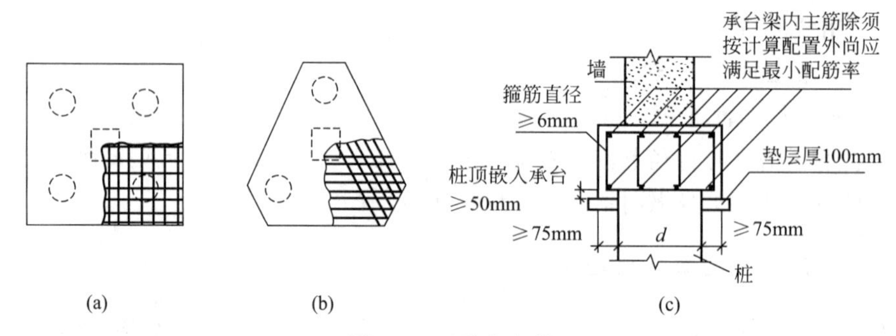

图10-20 承台配筋

柱下独立桩基础承台的最小配筋率不应小于0.15%。

钢筋锚固长度自边桩内侧（当为圆桩时，应将其直径乘以0.886等效为方桩）算起，锚固长度不应小于35倍钢筋直径，当不满足时应将钢筋向上弯折，此时钢筋水平段的长度不应小于25倍钢筋直径，弯折段的长度不应小于10倍钢筋直径。

桩顶嵌入承台内的长度不应小于50mm。主筋伸入承台内的锚固长度不应小于钢筋直径(HPB300)的30倍和钢筋直径(HRB335和HRB400)的35倍。对于大直径灌注桩，当采用一柱一桩时，可设置承台或将桩和柱直接连接。

(4) 承台之间的连接

承台之间的连接应符合下列要求。

① 单桩承台，应在两个互相垂直的方向上设置连系梁。

② 两桩承台，应在其短向设置连系梁。

③ 有抗震要求的柱下独立承台，宜在两个主轴方向设置连系梁。

④ 连系梁顶面宜与承台位于同一标高。连系梁的宽度不应小于 250mm，梁的高度可取承台中心距的 1/15～1/10，宜不小于 400mm。

⑤ 连系梁的主筋应按计算要求确定。连系梁内上下纵向钢筋直径不应小于 12mm 且不应少于 2 根，并应按受拉要求锚入承台。

10.5.5.2 承台受弯计算

承台受弯计算的关键在于计算截面弯矩，当弯矩确定后，就可按《结构设计原理》或《混凝土结构基本原理》所述方法进行配筋计算。

(1) 板式承台受弯计算

经大量模型试验表明，柱下独立桩基承台受荷载作用后，挠曲裂缝在平行于柱边的两个方向交替出现，承台在两个方向交替呈梁式承担荷载，最大弯矩产生于平行柱边两个方向的屈服线处，即柱下独立桩基承台呈梁式破坏。因此，多桩矩形承台弯矩计算截面应取在柱边和承台高度变化处（杯口外侧或台阶边缘），如图 10-21（a）所示。承台正截面弯矩设计值可按式（10-36）计算：

$$\left.\begin{aligned}M_x &= \sum N_i y_i \\ M_y &= \sum N_i x_i\end{aligned}\right\} \tag{10-36}$$

式中 M_x、M_y——分别为垂直 y 轴和 x 轴方向计算截面处的弯矩设计值，kN·m；

x_i、y_i——垂直 y 轴和 x 轴方向自桩轴线到相应计算截面的距离，m；

N_i——扣除承台和其上填土自重后相应于作用（荷载）的基本组合时的第 i 桩竖向力设计值，kN。

对于柱下三桩承台，其受弯破坏模式也呈梁式破坏，屈服线也位于柱边两正交方向，如图 10-21（b）、(c) 所示。对于如图 10-21（b）所示的等边三桩承台，其正截面弯矩设计值可按式（10-37）计算：

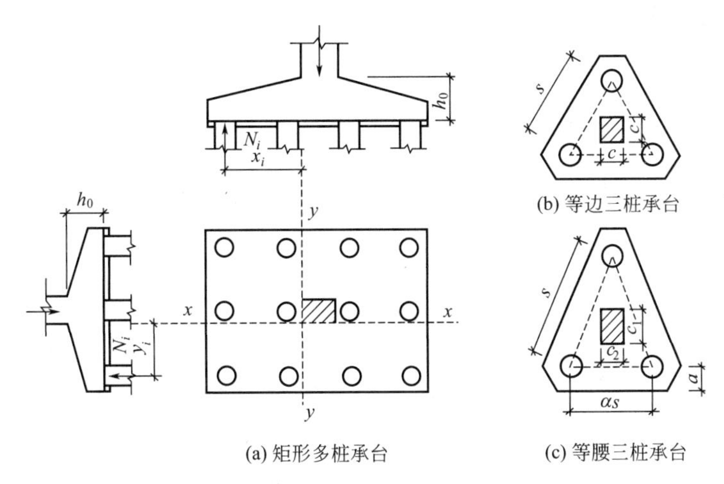

图 10-21 承台弯矩计算示意图

$$M = \frac{N_{max}}{3}\left(s - \frac{\sqrt{3}}{4}c\right) \tag{10-37}$$

式中 M——由承台形心至承台边缘距离范围内板带的弯矩设计值，kN·m；

N_{max}——扣除承台和其上填土自重后的三桩中相应于作用的基本组合时的最大单桩竖向力设计值，kN；

s——桩中心距，m；

c——方柱边长，圆柱时 $c=0.886d$（d 为圆柱直径）。

对于如图 10-21（c）所示的等腰三桩承台，其弯矩设计值为

$$M_1=\frac{N_{max}}{3}\left(s-\frac{0.75}{\sqrt{4-\alpha^2}}c_1\right) \tag{10-38}$$

$$M_2=\frac{N_{max}}{3}\left(\alpha s-\frac{0.75}{\sqrt{4-\alpha^2}}c_2\right) \tag{10-39}$$

式中 M_1、M_2——分别为由承台形心到两腰边缘和底边的距离范围内板带的弯矩设计值，kN·m；

s——长向桩距（中心距），m；

α——短向桩距与长向桩距之比，当 $\alpha<0.5$ 时，应按变截面的二桩承台设计；

c_1、c_2——分别为垂直于、平行于承台底边的柱截面边长，m。

（2）梁式承台受弯计算

梁式承台可分为柱下条形承台梁和墙下条形承台梁两种。

对于柱下条形承台梁，一般情况下可按倒置的连续梁对待，就是将桩顶反力作为承台梁上的集中荷载，柱作为梁支座，按普通连续梁分析其内力。当桩端持力层较硬且桩与柱的轴线不重合时，则可将桩视为不动支座，按连续梁计算。

对于墙下条形承台梁，对梁上墙体荷载的分布假定不同，产生不同的内力计算方法：

① 不考虑墙梁的共同作用，将墙体荷载作为承台梁上的均布荷载，按普通连续梁计算弯矩及剪力。

② 按钢筋混凝土过梁的荷载取值方法确定承台梁上的荷载。

③ 倒梁法。即将承台梁上墙体视作半无限平面弹性地基，承台梁视为桩顶荷载作用下的倒置弹性地基梁，按弹性理论求解梁的反力，经简化后作为承台梁上的荷载，再按连续梁计算弯矩和剪力。

10.5.5.3 承台受冲切计算

当承台截面高度不足时，可能沿柱边缘或角桩边缘发生冲切破坏，故承台的截面高度或承台厚度由冲切承载力条件确定。

（1）板式承台受冲切计算

柱下桩基独立承台的冲切破坏，可能由柱对承台板的冲切而引起，也可能由桩对承台板的冲切引起。冲切破坏时，会沿柱底周边或桩顶周边以近 45°的扩散线围成锥体面，使锥体面上混凝土被拉裂（图 10-22）。当独立柱桩基承台的中部厚度不足时，则可能因柱对承台板的冲切使承台破坏，所以，由承台板受柱冲切承载力来决定板中部的厚度。同理，为避免桩（主要是承台边缘的角桩）对承台的冲切破坏，由承台板受角桩冲切的承载力来决定承台板边缘的厚度。

① 柱或变阶处对承台的冲切。计算时是将柱底与承台交接处范围内面积作为锥体顶面，或者是将承台变阶处周长所围成的面积作为锥体顶面，扩散线位置由锥体顶面边缘与相应的桩顶内边缘连线所决定（图 10-22），且锥体斜面与承台底面夹角不小于 45°。

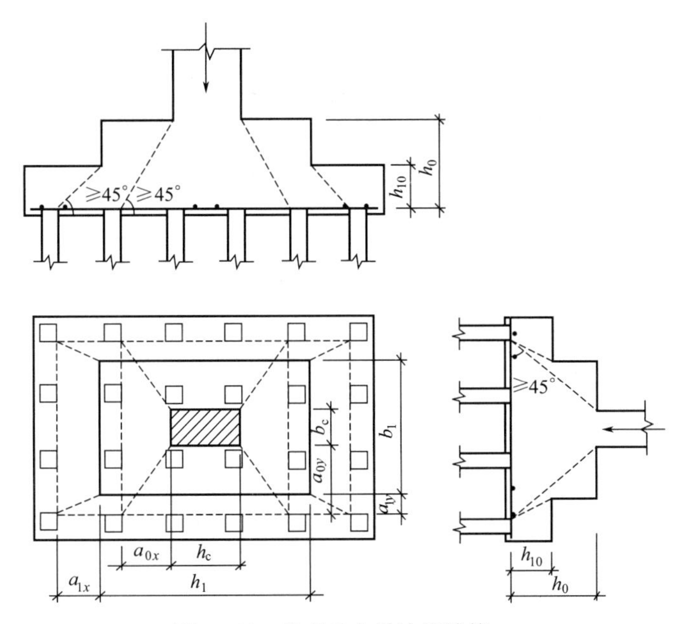

图 10-22 柱对承台的冲切计算

柱下矩形独立承台受柱冲切的承载力条件为：

$$F_l \leqslant 2[\alpha_{0x}(b_c + a_{0y}) + \alpha_{0y}(h_c + a_{0x})]\beta_{hp} f_t h_0 \tag{10-40}$$

$$F_l = F - \sum N_i \tag{10-41}$$

$$\alpha_{0x} = 0.84/(\lambda_{0x} + 0.2) \tag{10-42}$$

$$\alpha_{0y} = 0.84/(\lambda_{0y} + 0.2) \tag{10-43}$$

式中 F_l——扣除承台及其上填土自重，作用在冲切破坏锥体上相应于作用的基本组合时的冲切力设计值，kN，冲切破坏锥体应采用自柱边或承台变阶处至相应桩顶边缘连线构成的锥体，锥体与承台底面的夹角不小于 45°（图 10-22）；

β_{hp}——受冲切承载力截面高度影响系数，当 $h \leqslant 800$mm 时，β_{hp} 取 1.0，$h \geqslant 2000$mm 时，β_{hp} 取 0.9，其间按线性内插法取值；

f_t——混凝土轴心抗拉强度设计值，kPa；

h_0——承台冲切破坏锥体的有效高度，m；

α_{0x}、α_{0y}——冲切系数；

λ_{0x}、λ_{0y}——冲跨比，$\lambda_{0x} = a_{0x}/h_0$、$\lambda_{0y} = a_{0y}/h_0$，$a_{0x}$、$a_{0y}$ 为柱边或变阶处至桩边的水平距离；当 $a_{0x}(a_{0y}) < 0.25h_0$ 时，取 $a_{0x}(a_{0y}) = 0.25h_0$；当 $a_{0x}(a_{0y}) > h_0$ 时，取 $a_{0x}(a_{0y}) = h_0$；

F——柱根部轴力设计值，kN；

$\sum N_i$——冲切破坏锥体范围内各桩的净反力设计值之和，kN。

对中低压缩性土上的承台，当承台与地基土之间没有脱空现象时，可根据地区经验适当减小柱下桩基础独立承台受冲切计算的承台厚度。

② 角桩对承台的冲切。对位于柱（墙）冲切破坏锥体以外的基桩，也应考虑其对承台的冲切破坏，承台受角桩冲切破坏的计算简图见图 10-23。矩形承台受角桩冲切的承载力按下列公式计算：

$$N_l \leqslant [\alpha_{1x}(c_2 + a_{1y}/2) + \alpha_{1y}(c_1 + a_{1x}/2)]\beta_{hp} f_t h_0 \tag{10-44}$$

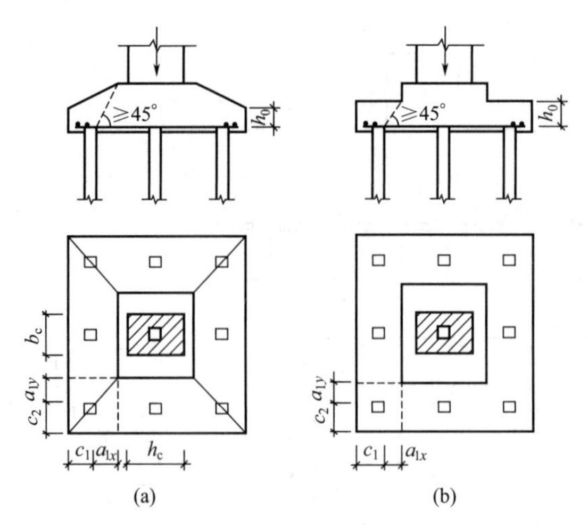

图 10-23 矩形承台角桩冲切验算

$$\alpha_{1x}=\frac{0.56}{\lambda_{1x}+0.2} \tag{10-45}$$

$$\alpha_{1y}=\frac{0.56}{\lambda_{1y}+0.2} \tag{10-46}$$

式中 N_l——扣除承台和其上填土自重后的角桩桩顶相应于作用的基本组合时的竖向力设计值，kN；

α_{1x}、α_{1y}——角桩冲切系数；

c_1、c_2——从角桩内侧边缘至承台外边缘的距离，m；

λ_{1x}、λ_{1y}——角桩冲跨比，其值应满足 0.25～1.0，$\lambda_{1x}=a_{1x}/h_0$，$\lambda_{1y}=a_{1y}/h_0$；

h_0——承台外边缘的有效高度，m；

a_{1x}、a_{1y}——从承台底角桩内边缘引 45°冲切线与承台顶面或承台变阶处相交点至角桩内边缘的水平距离，m；当柱边缘或承台变阶处位于该 45°冲切线以内时，则取由柱边或变阶处与桩内边缘连线为冲切锥体的锥线。

对于三桩三角形承台，则应分别验算承台三角形顶部角桩及三角形底部角桩对承台的冲切作用，如图 10-24 所示。三桩三角形承台受角桩冲切的承载力，可按下列公式进行计算：

对三角形底部角桩：

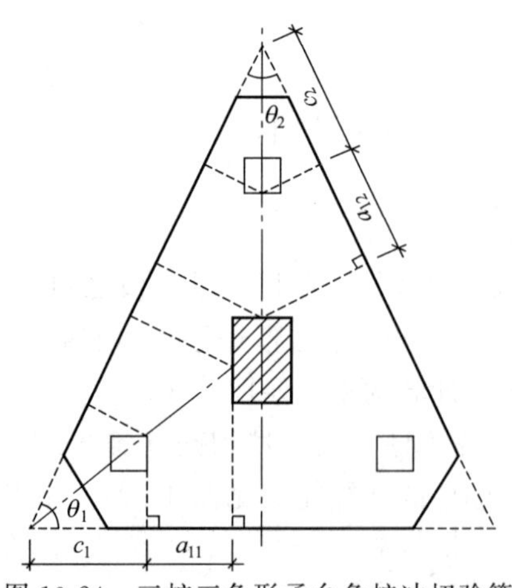

图 10-24 三桩三角形承台角桩冲切验算

$$N_l \leqslant \alpha_{11}(2c_1+a_{11})\beta_{hp}\tan\frac{\theta_1}{2}f_t h_0 \tag{10-47}$$

$$\alpha_{11}=\frac{0.56}{\lambda_{11}+0.2} \tag{10-48}$$

对三角形顶部角桩：

$$N_l \leqslant \alpha_{12}(2c_2+a_{12})\beta_{hp}\tan\frac{\theta_2}{2}f_t h_0 \tag{10-49}$$

$$\alpha_{12}=\frac{0.56}{\lambda_{12}+0.2} \tag{10-50}$$

式中 λ_{11}、λ_{12}——角桩冲跨比，其值应满足 0.25～1.0 的要求，$\lambda_{11}=a_{11}/h_0$，$\lambda_{12}=a_{12}/h_0$；

a_{11}、a_{12}——从承台底角桩内边缘向相邻承台边引 45°冲切线与承台顶面相交点至角桩内边缘的水平距离，m；当柱位于该 45°线以内时，则取由柱边与桩内边缘连线为冲切锥体的锥线。

(2) 承台梁受冲切计算

对于墙下承台梁，当梁受到桩反力作用后，由于墙体与承台梁的共同工作，使承台梁具有很高的抵抗桩的冲切破坏能力，因此不需验算桩对承台梁的冲切作用。

对于柱下承台梁，其抗冲切计算可参照板式承台的受冲切计算方法，分别考虑柱及桩对承台梁的冲切作用。

10.5.5.4 承台受剪计算

(1) 承台板受剪计算

板式承台的剪切破坏面往往为通过柱边（墙边）和桩边连线形成的斜截面。承台板的斜截面受剪承载力与剪跨比的大小密切相关，斜截面受剪承载力应按下列公式计算：

$$V \leqslant \frac{1.75}{\lambda+1}\beta_{hs}f_t b_0 h_0 \tag{10-51}$$

$$\beta_{hs}=(800/h_0)^{1/4} \tag{10-52}$$

式中 V——扣除承台及其上填土自重后，相应于作用的基本组合时的斜截面的最大剪力设计值，kN；

β_{hs}——受剪切承载力截面高度影响系数，$h_0<800$mm 时，h_0 取 800mm；$h_0>2000$mm 时，h_0 取 2000mm；

b_0——承台计算截面处的计算宽度，m；

h_0——计算宽度处的承台有效高度，m；

λ——计算截面的剪跨比，$\lambda_x=a_x/h_0$，$\lambda_y=a_y/h_0$；a_x、a_y 为柱边或承台变阶处至 x，y 方向计算一排桩的桩边的水平距离，当 $\lambda<0.25$ 时取 $\lambda=0.25$，当 $\lambda>3$ 时取 $\lambda=3$。

当柱边外布设多排桩时，会形成多个剪切斜截面，此时，对每一个斜截面都应按上述要求计算其受剪承载力。

在采用式（10-51）、式（10-52）计算承台斜截面受剪承载力时，对阶梯形及锥形承台柱边纵横两方向计算截面的计算宽度，需采用折算宽度的计算方法确定。

对于阶梯形柱下矩形独立承台，应分别在变阶处（A_1—A_1，B_1—B_1）及柱边处

（A_2—A_2，B_2—B_2）进行斜截面受剪计算，如图 10-25 所示。

在计算变阶处截面 A_1—A_1 及 B_1—B_1 处的斜截面受剪承载力时，其截面的有效高度为 h_{01}，计算宽度分别为 b_{y1} 及 b_{x1}；

计算柱边截面 A_2—A_2 及 B_2—B_2 处的斜截面受剪承载力时，其截面有效高度应为 $h_{01}+h_{02}$，此时截面计算宽度应按下列公式求算：

对 A_2—A_2：

$$b_{y0}=\frac{b_{y1}h_{01}+b_{y2}h_{02}}{h_{01}+h_{02}} \tag{10-53}$$

对 B_2—B_2：

$$b_{x0}=\frac{b_{x1}h_{01}+b_{x2}h_{02}}{h_{01}+h_{02}} \tag{10-54}$$

对于锥形承台，则应对 A—A 及 B—B 两个截面进行受剪承载力计算，见图 10-26。截面有效高度均为 h_0，其两个方向截面的计算宽度应按下列公式计算：

对 A—A：

$$b_{y0}=\left[1-0.5\frac{h_1}{h_0}\left(1-\frac{b_{y2}}{b_{y1}}\right)\right]b_{y1} \tag{10-55}$$

对 B—B：

$$b_{x0}=\left[1-0.5\frac{h_1}{h_0}\left(1-\frac{b_{x2}}{b_{x1}}\right)\right]b_{x1} \tag{10-56}$$

（2）砌体墙下条形承台梁受剪计算

砌体墙下条形承台梁配有箍筋但未配弯起筋时，斜截面的受剪承载力计算式为：

$$V\leqslant 0.7f_t b_0 h_0+f_{yv}\frac{A_{sv}}{s}h_0 \tag{10-57}$$

式中 A_{sv}——配置在同一截面内箍筋各肢的全部截面面积，mm^2；

s——沿构件长度方向箍筋的间距，mm；

f_{yv}——箍筋抗拉强度设计值，N/mm^2。

其他符号同前。

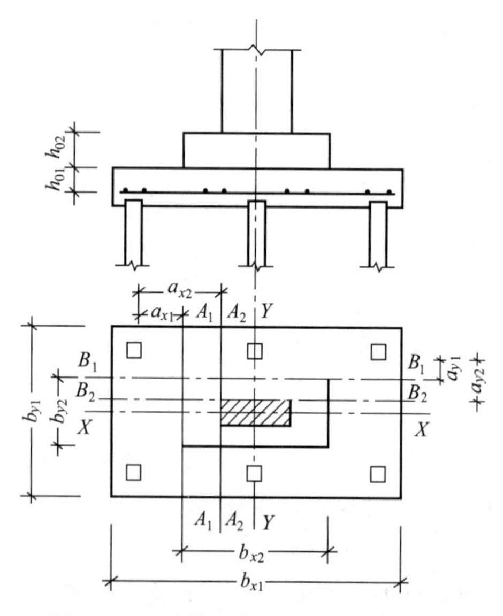

图 10-25 阶梯形承台斜截面受剪计算

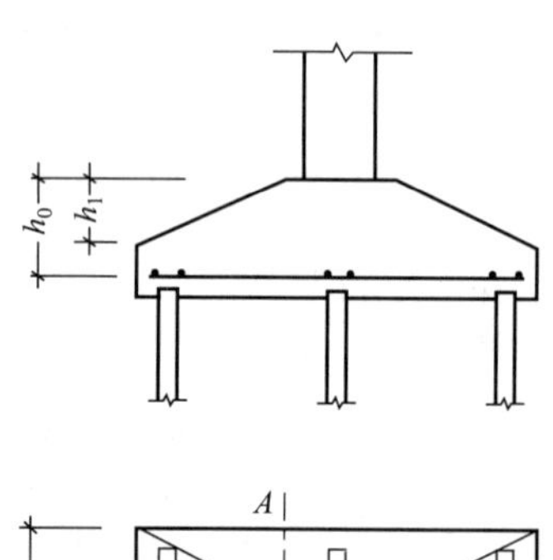

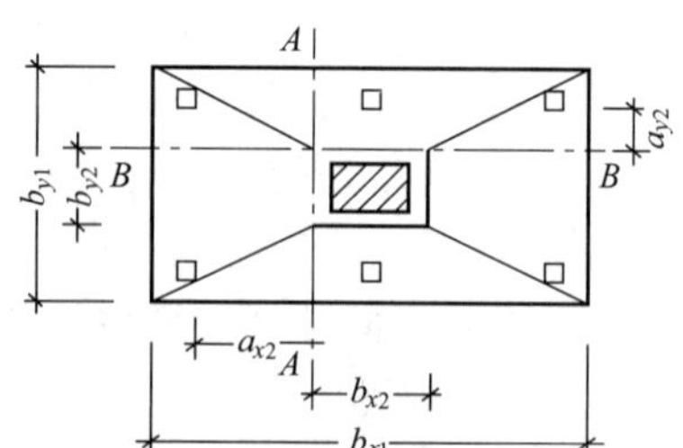

图 10-26 锥形承台受剪计算

砌体墙下承台梁配有箍筋和弯起钢筋时，斜截面的受剪承载力计算式则为：

$$V\leqslant 0.7f_t b_0 h_0+f_{yv}\frac{A_{sv}}{s}h_0+0.8f_y A_{sb}\sin\alpha_s \tag{10-58}$$

式中 A_{sb}——同一弯起平面内弯起钢筋的截面面积，mm^2；

f_{yv}——弯起钢筋的抗拉强度设计值，N/mm^2；

α_s——斜截面上弯起钢筋与承台底面的夹角，(°)。

(3) 柱下条形承台梁受剪计算

柱下条形承台梁，当配有箍筋但未配弯起钢筋时，其斜截面的受剪承载力可按式 (10-59) 计算：

$$V \leqslant \frac{1.75}{\lambda+1} f_t b h_0 + f_{yv} \frac{A_{sv}}{s} h_0 \tag{10-59}$$

式中 λ——计算截面的剪跨比，$\lambda = a/h_0$，a 为柱边至桩边的水平距离；当 $\lambda < 1.5$ 时，取 $\lambda = 1.5$；当 $\lambda > 3$ 时，取 $\lambda = 3$。

对于柱下承台梁，其构造与一般连续梁近似，受荷载后的最大剪力发生在柱与最近的一根桩之间，斜截面的受剪承载力也按以上公式计算。需注意，对承台梁的柱和桩边缘处；受拉区弯起钢筋弯起点处；受拉区箍筋数与间距改变处及承台梁宽、高改变处等位置的截面，都应考虑承台梁斜截面的受剪承载力并按上述方法计算。

10.5.5.5 局部受压承载力计算

对于柱下桩基承台（板式承台或梁式承台），当承台混凝土强度等级低于柱或桩的混凝土强度等级时，应验算柱下或桩上承台的局部受压承载力，计算按混凝土结构设计规范要求进行。

【例 10-4】 场地条件简单的某乙级建筑桩基础如图 10-27 所示，柱截面尺寸为 450mm×600mm，作用在基础顶面的荷载效应标准组合值分别为 $F_k = 2800kN$，$M_k = 350kN \cdot m$（作

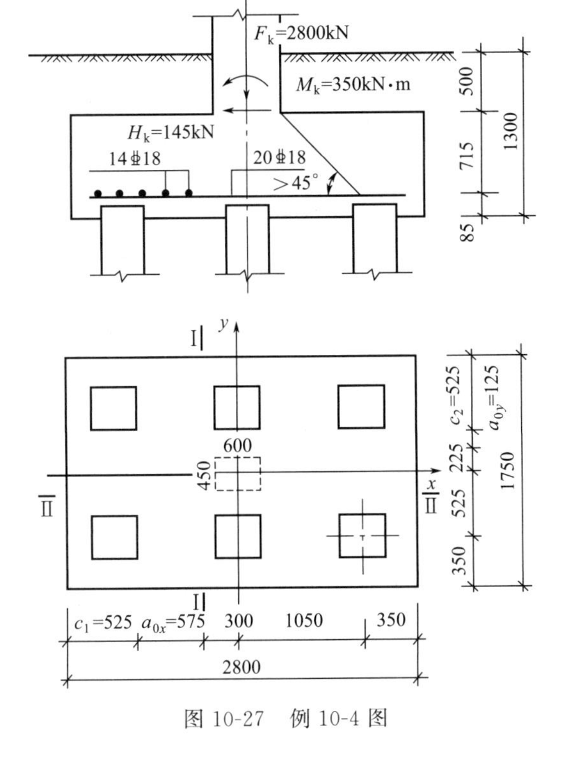

图 10-27 例 10-4 图

用在长边方向)，$H_k=145\text{kN}$，基本组合的设计值分别为 $F=3654\text{kN}$，$M=455\text{kN}\cdot\text{m}$，$H=188\text{kN}$。拟采用截面为 350mm×350mm 的预制混凝土方桩，桩长 15m，已确定基桩竖向承载力特征值 $R_a=540\text{kN}$，水平承载力特征值 $R_{Ha}=45\text{kN}$。预制桩采用 C30 混凝土，HPB300 级热轧光圆钢筋；承台和柱的混凝土强度等级为 C30，配置 HRB400 级热轧带肋钢筋。设计使用年限 50 年，土质无腐蚀性，试设计该桩基础。

【解】

C30 混凝土：$f_c=14.3\text{N/mm}^2=14300\text{kPa}$，$f_t=1.43\text{N/mm}^2=1430\text{kPa}$

HPB300 级钢筋：$f_y=270\text{N/mm}^2$，HRB400 级钢筋：$f_y=360\text{N/mm}^2$

基桩持力层、桩材、桩型、外形尺寸及承载力特征值均已确定。

1. 估算桩数并确定承台尺寸

确定桩数（承台尺寸和埋深未知，暂按 F_k 估算）

$$n\geqslant\mu\frac{F_k+G_k}{R_a}\approx1.1\times\frac{2800}{540}=5.7$$

暂取 6 根，桩距 $s=3d=3\times0.35\text{m}=1.05\text{m}$，按矩形布置，如图 10-27 所示。

取承台长边和短边尺寸为：

$$L_c=2\times(0.35+1.05)=2.8\text{m},\ B_c=2\times0.35+1.05=1.75\text{m}$$

承台埋深 1.3m，初定承台高 800mm，桩顶伸入承台 50mm，钢筋的混凝土保护层最小厚度 70mm，综合考虑取保护层厚度为 $c_c=75\text{mm}$，则纵筋合力中心到承台边缘的距离 a_s 应为保护层厚度加钢筋外径的一半，近似取钢筋外径为 20mm，所以 $a_s\approx75+20/2=85\text{mm}$。承台截面的有效高度为

$$h_0=h-a_s=800-85=715\text{mm}=0.715\text{m}$$

2. 桩基承载力验算

(1) 竖向承载力

承台及其上填土自重

$$G_k=\gamma_G Ad=20\times2.8\times1.75\times1.3=127.4\text{kN}$$

基桩承载力

$$Q_k=\frac{F_k+G_k}{n}=\frac{2800+127.4}{6}=487.9\text{kN}<R_a=540\text{kN}$$

$$Q_{ik\max}=Q_k+\frac{(M_k+H_kh)\ x_{\max}}{\sum x_i^2}=487.9+\frac{(350+145\times0.8)\ \times1.05}{4\times1.05^2}$$

$$=599\text{kN}<1.2R_a=1.2\times540=648\text{kN}，竖向承载力满足要求。$$

(2) 基桩水平承载力

$$H_{1k}=\frac{H_k}{n}=\frac{145}{6}=24.2\text{kN}<R_{Ha}=45\text{kN}，满足要求。$$

3. 承台冲切验算

桩顶竖向力设计值

$$N=\frac{F}{n}=\frac{3654}{6}=609\text{kN}$$

$$N_{\max}=\frac{F}{n}+\frac{(M+Hh)x_{\max}}{\sum x_i^2}=609+\frac{(455+188\times0.8)\times1.05}{4\times1.05^2}=753.1\text{kN}$$

(1) 柱边冲切

$$\lambda_{0x}=\frac{a_{0x}}{h_0}=\frac{575}{715}=0.804，在 0.25\sim1.0 的范围内$$

$$\alpha_{0x}=\frac{0.84}{\lambda_{0x}+0.2}=\frac{0.84}{0.804+0.2}=0.837$$

$$\lambda_{0y}=\frac{a_{0y}}{h_0}=\frac{125}{715}=0.175<0.25，取 \lambda_{0y}=0.25$$

$$\alpha_{0y}=\frac{0.84}{\lambda_{0y}+0.2}=\frac{0.84}{0.25+0.2}=1.867$$

因为 $h=800\text{mm}$，所以 $\beta_{hp}=1.0$，柱边冲切承载力验算：

$$2[\alpha_{0x}(b_c+a_{0y})+\alpha_{0y}(h_c+a_{0x})]\beta_{hp}f_t h_0$$

$$=2\times[0.837\times(0.45+0.125)+1.867\times(0.600+0.575)]\times1.0\times1430\times0.715\text{kN}$$

$=5470\text{kN}>F_l=F-\sum N_i=3654-0=3654\text{kN}$，符合要求。

(2)角桩向上冲切

$$c_1=c_2=0.525\text{m},a_{1x}=a_{0x},\lambda_{1x}=\lambda_{0x},a_{1y}=a_{0y},\lambda_{1y}=\lambda_{0y}。$$

$$\alpha_{1x}=\frac{0.56}{\lambda_{1x}+0.2}=\frac{0.56}{0.804+0.2}=0.558$$

$$\alpha_{1y}=\frac{0.56}{\lambda_{1y}+0.2}=\frac{0.56}{0.25+0.2}=1.244$$

$$[\alpha_{1x}(c_2+a_{1y}/2)+\alpha_{0y}(c_1+a_{1x}/2)]\beta_{hp}f_t h_0$$

$$=[0.558\times(0.525+0.125/2)+1.244\times(0.525+0.575/2)]\times1.0\times1430\times0.715\text{kN}$$

$=1368.6\text{kN}>N_{max}=753.1\text{kN}$，符合要求。

4. 承台受剪切承载力计算

剪跨比与冲切比相同，故对Ⅰ—Ⅰ斜截面：

$$\lambda_x=\lambda_{0x}=0.804(介于 0.25\sim3)$$

$h_0=715\text{mm}<800\text{mm}$，取 $h_0=800\text{mm}$ 计算受剪切承载力截面高度影响系数

$$\beta_{hs}=\left(\frac{800}{h_0}\right)^{1/4}=\left(\frac{800}{800}\right)^{1/4}=1.0$$

$$\frac{1.75}{\lambda+1}\beta_{hs}f_t b_0 h_0=\frac{1.75}{0.804+1}\times1.0\times1430\times1.75\times0.715=1735.7\text{kN}$$

$$>V=2N_{max}=2\times753.1=1506.2\text{kN}，满足要求$$

Ⅱ—Ⅱ斜截面 λ 按 0.25 计，其受剪切承载力更大，故不必再验算。

而且，承台混凝土强度等级与柱、桩的混凝土强度等级相同，故无需验算承台板的局部受压承载力。

5. 承台受弯承载力计算

柱边Ⅰ—Ⅰ截面：

$$M_y=\sum N_i x_i=2\times753.1\times0.75=1129.7\text{kN}\cdot\text{m}$$

$$A_{sI}=\frac{M_y}{0.9f_y h_0}=\frac{1129.7\times10^6}{0.9\times360\times715}=4877\text{mm}^2$$

$$\rho=\frac{A_{sI}}{bh}=\frac{4877}{1750\times800}-0.35\%>0.15\%，满足最小配筋率的要求。$$

实际选用20Φ18，$A_s=5090\text{mm}^2$，沿平行x轴方向均匀布置。

柱边Ⅱ—Ⅱ截面：

$$M_x=\sum N_i y_i=3\times609\times0.3=548.1\text{kN}\cdot\text{m}$$

$$A_{s\text{Ⅱ}}=\frac{M_x}{0.9f_y(h_0-d)}=\frac{548.1\times10^6}{0.9\times360\times(715-20)}=2434\text{mm}^2$$

$$\rho=\frac{A_{s\text{Ⅱ}}}{bh}=\frac{2434}{2800\times800}=0.11\%<0.15\%\text{，不满足最小配筋率的要求。}$$

按最小配筋率确定钢筋面积：$A_{s\text{Ⅱ},\min}=0.15\%\times2800\times800=3360\text{mm}^2$。

实际选用14Φ18，$A_s=3562\text{mm}^2$，沿平行y轴方向均匀布置。

6. 桩身承载力验算

承台及其上填土自重设计值

$$G=\gamma_G G_k=1.2\times127.4=152.9\text{kN}$$

受力最大的基桩轴向力设计值

$$Q_{\max}=\frac{F+G}{n}+\frac{(M+Hh)x_{\max}}{\sum x_i^2}=\frac{G}{n}+\frac{F}{n}+\frac{(M+Hh)x_{\max}}{\sum x_i^2}$$

$$=\frac{G}{n}+N_{\max}=\frac{152.9}{6}+753.1=778.6\text{kN}$$

工作条件系数$\psi_c=0.75$

$$\psi_c f_c A_p=0.75\times14300\times0.35^2=1313.8\text{kN}>Q_{\max}=778.6\text{kN}$$

桩身承载力满足要求。

7. 桩身截面设计

预制桩主筋保护层厚度不应小于45mm，现取45mm，则

$$a_s\approx45+20/2=55\text{mm}$$

$$h_0=h-a_s=350-55=295\text{mm}$$

单吊点起吊时弯矩最大，取桩的重力密度为25kN/m³，考虑振动和冲击影响的动力系数取$K=1.5$

$$M=KM_{\max}=K\times0.0429ql^2=1.5\times0.0429\times(25\times0.35^2)\times15^2$$

$$=44.3\text{kN}\cdot\text{m}$$

$$x=h_0-\sqrt{h_0^2-\frac{2M}{\alpha_1 f_c b}}=295-\sqrt{295^2-\frac{2\times44.3\times10^6}{1.0\times14.3\times350}}=31.7\text{mm}$$

$$A_s=\frac{\alpha_1 f_c bx}{f_y}=\frac{1.0\times14.3\times350\times31.7}{270}=587.6\text{mm}^2$$

每侧配3ϕ16，面积603mm²。因为起吊方向的吊点处为负弯矩，吊点到桩端之间为正弯矩，故应对称配筋，加上起吊方向的不确定性，方桩的每侧配筋相同，所以整个截面共配置8ϕ16，面积$A_s=1608\text{mm}^2$。验算配筋率

$$\rho=\frac{A_s}{bh}=\frac{1608}{350\times350}=1.31\%>\rho_{\min}=0.8\%\text{，满足要求}$$

箍筋配置为：ϕ6@200 (2)，加密区ϕ6@100 (2)。

思考题

10.1 哪些情况下可以考虑采用桩基础?

10.2 试分别根据桩的承载性状和桩的施工方法对基桩进行分类。

10.3 预制桩与灌注桩都有哪些优缺点?它们各自的适应场合是什么?

10.4 单桩竖向荷载如何传递?

10.5 群桩效应的含义是什么?

10.6 何谓桩的负摩阻力?在哪些情况下会产生负摩阻力?

10.7 静载荷试验时,桩的破坏状态应如何确定?

10.8 承台的作用是什么?

10.9 桩基承载力的验算有哪几方面的内容?

10.10 桩基础设计的主要步骤是哪些?

10.11 桩基承台设计包括哪些内容?

选择题

10.1 群桩基础中的单桩称为(　　)。

A. 单桩基础　B. 桩基　C. 复合桩基　D. 基桩

10.2 下列桩中,不属于挤土桩的是(　　)。

A. 沉管灌注桩　B. 下端封闭的管桩

C. 开口预应力混凝土管桩　D. 木桩

10.3 基桩按施工方法不同,可分为(　　)两大类。

A. 挤土桩和非挤土桩　B. 预制桩和灌注桩

C. 钢桩和混凝土桩　D. 端承桩和摩擦桩

10.4 下列哪一项不属于桩基承载能力极限状态计算的内容(　　)。

A. 承台的抗冲切验算　B. 承台的抗剪切验算

C. 桩身结构计算　D. 裂缝宽度验算

10.5 若在地层中存在比较多的大孤石而又无法排除,则宜选用(　　)。

A. 钢筋混凝土预制桩　B. 预应力管桩

C. 木桩　D. 冲孔混凝土灌注桩

10.6 桩侧负摩阻力的产生,使桩的竖向承载力(　　)。

A. 增大　B. 减小　C. 不变　D. 有时增大,有时减小

10.7 桩基承台发生冲切的原因是(　　)。

A. 钢筋保护层不足　B. 底板配筋不足

C. 承台的有效高度不足　D. 承台平面尺寸过大

10.8 在不出现负摩阻力的情况下,摩擦桩桩身轴力分布的特点之一是(　　)。

A. 桩顶轴力最大　B. 桩顶轴力最小

C. 桩端轴力最大　D. 桩身轴力为一常数

10.9 桩基础设计时，确定桩长要考虑的因素很多，但最关键的是（　　）。

A. 施工的可能性　　B. 桩基的承载力

C. 选择桩端持力层　　D. 桩基的沉降量

计算题

10.1 某建筑场地现场试桩4根，得到极限承载力分别为：620kN、550kN、580kN、660kN，试确定单桩承载力特征值。

10.2 某工程地基土表层为杂填土，厚1.0m；第二层为软塑黏土，厚6m，$q_{sa}=18kPa$；第三层为可塑性粉质黏土，厚7.5m，$q_{sa}=35kPa$，$q_{pa}=870kPa$。桩基础承台底面位于天然地面以下1.0m，钢筋混凝土预制桩截面300mm×300mm，桩长8m，试确单桩承载力特征值。

10.3 某钢筋混凝土框架结构，拟采用直径为600mm的钻孔灌注桩基础。场地土质情况如下：第一层填土，厚度1.5；第二层淤泥质土，厚度7.2m，$q_{sa}=12kPa$；第三层粉质黏土，厚度3.3m，$q_{sa}=35kPa$；第四层中砂，厚度15.7m，$q_{sa}=80kPa$，$q_{pa}=1500kPa$。设承台底面位于天然地面下1.5m，承台厚度取800mm，桩端进入砂土层1.2m。上部结构传至承台顶面的荷载标准值为：竖向力5000kN，水平力120kN，力矩360kN·m，试确定桩数，并验算单桩竖向承载力。

10.4 现需设计一框架内柱（截面为350mm×450mm）的预制桩基础。柱底截面处的荷载效应标准组合值分别为：轴向力$F_k=2000kN$、弯矩$M_k=120kN \cdot m$、水平力$H_k=100kN$，荷载效应基本组合设计值分别为$F=2500kN$、$M=180kN \cdot m$、$H=100kN$，设预制桩截面为350mm×350mm，$R_a=620kN$，承台埋深1.50m。试确定所需桩数，并设计该桩基础承台。

第11章 软弱地基处理

内容提要

本章主要内容为地基处理概述，工程上常用的地基处理(加固)方法：换土垫层法、碾压夯实法、深层挤密法、排水固结法、胶结加固法。

基本要求

通过本章的学习，要求了解软弱地基的特点，熟悉各种软弱地基处理方法加固地基的原理和适用范围，掌握各种地基处理的施工要点,掌握换土垫层的设计。

11.1 地基处理概述

地基处理或地基加固，是人为改善土的工程性质或地基组成，使之适应基础工程需要所采取的措施。地基处理的对象是软弱土和不良土，处理的目的是为了满足地基承载力和地基变形之要求。经过加固的地基称为人工地基，而未经处理的地基则称为天然地基。

11.1.1 软弱地基和不良地基的概念

由软弱土组成的地基称为软弱地基。软弱土主要包括淤泥、淤泥质土、冲填土、杂填土和其他高压缩性土，其次还包括泥炭、泥炭质土、松散的饱和细砂和粉砂等。

通常将淤泥和淤泥质土称为软土。软土的鉴别应符合下列要求：①外观以灰色为主的细粒土；②天然含水量大于或等于液限；③天然孔隙比大于或等于1.0。软土具有较好的层理，在互层中伴随有少数较密实的颗粒较粗的粉土或砂层。我国软土分布广泛，按工程性质结合自然地质地理环境，由北至南划分三个地区。沿秦岭走向东至连云港为Ⅰ、Ⅱ地区的界线，沿苗岭、南岭走向东至莆田海边为Ⅱ、Ⅲ地区的分界线。

冲填土是用挖泥船或泥浆泵将泥砂夹带大量水分吹送到江河岸边或沿海滩涂而沉积，多用于沿海滩涂开发及河漫滩造地。颗粒具有明显的分选性，在入泥口附近颗粒较粗，远处颗粒变细；在深度方向存在明显的层理。

杂填土是含有建筑垃圾、工业废料、生活垃圾等杂物的填土。成分复杂，分布不均匀，结构松散。性能和堆填龄期有关。

在湖相和沼泽静水、缓慢的流水环境中沉积，经生物化学作用形成的含有大量未分解的腐殖质，有机质含量大于60%的土为泥炭，有机质含量大于或等于10%且小于或等于60%的土为泥炭质土。

松散的饱和细砂和粉砂，承受静力荷载作用时，强度较高，但受到振动作用（地震，机械振动）时，会产生液化或丧失承载力。

物理力学性质特殊且对工程不利的土，称为不良土。由不良土层组成的地基称为不良土地基。常见的不良土有湿陷性黄土、膨胀土、红黏土、冻土、盐渍土、岩溶、土洞等。

11.1.2 软弱地基的工程特性

强度低、压缩性大是软弱地基的共性，但不同的软弱土，工程性能又具有个性，下面分别予以介绍。关于不良地基的特性，将在本书第12章讲述。

11.1.2.1 软土的工程特性

软弱地基以软土为代表。软土一般是第四纪后期在滨海、湖泊、河滩、三角洲、冰碛等地质沉积环境下沉积形成的，广泛分布于我国东南沿海地区和内陆江河湖泊的周围，主要表现为高压缩性、低强度、高灵敏度和低透水性。工程特性分述如下。

① 含水量较高，孔隙比较大。软土主要是由黏粒和粉粒组成的，呈絮状结构，并含少量的有机质。黏粒的矿物成分为蒙脱石、高岭石和伊利石，这些矿物晶粒很细，呈薄片状，表面带负电荷，它与周围介质的水和阳离子相互作用，形成偶极水分子，并吸附于表面形成水膜。软土含水量一般为35%～80%，可高达200%；孔隙比在1～2变化，最大6左右。

② 抗剪强度很低。根据土工试验的结果，我国软土的天然不排水抗剪强度一般小于20kPa，其变化范围约在5～25kPa。有效内摩擦角$\varphi'=20°\sim35°$。正常固结的软土层的不排水剪切强度往往是随离地表深度的增加而增大，每米的增长率为1～2kPa。在荷载作用下，如果地基能够排水固结，软土的强度将产生显著的变化，土层的固结速率愈快，软土的强度增加愈大。加速软土层的固结速率是改善软土强度特性的一项有效途径。

③ 压缩性较高。一般正常固结的软土层的压缩系数$a_{1-2}=0.5\sim1.5\text{MPa}^{-1}$，最大可达到$a_{1-2}=4.5\text{MPa}^{-1}$；压缩指数$C_c=0.35\sim0.75$，随天然含水量的增大而增大。天然状态的软土层大多数属于正常固结状态，但也有部分是属于超固结状态，近代海岸滩涂沉积为欠固结状态。欠固结状态土在荷载作用下将产生较大沉降。

④ 渗透性很小。软土的渗透系数一般为$(i\times10^{-5})\sim(i\times10^{-6}\text{mm/s})$，所以在荷载作用下固结速率很慢。若软土层的厚度超过10m，要使土层达到较大的固结度（80%～90%）往往需要5～10年之久。软土层的渗透性有明显的各向异性，水平向的渗透系数往往比垂直向的渗透系数大，特别是含有水平夹砂层的软土层表现更为显著，这是改善软土层工程特性的一个有利因素。

⑤ 具有明显的结构性。软土一般为絮状结构，尤以海相黏土更为明显。这种土一旦受到扰动，其强度显著降低，甚至呈流动状态。土的结构性常用灵敏度S_t表示，我国沿海软土的灵敏度一般为4～10，属于高灵敏土。因此，在软土层中进行地基处理和基坑开挖，若不注意避免扰动土的结构，就会加剧土体的变形，降低地基土的强度，影响地基处理的效果。

⑥ 具有明显的流变性。在荷载的作用下，软土承受剪应力作用产生缓慢的剪切变形，并可能导致抗剪强度的衰减，在主固结沉降完毕之后还可能继续产生可观的次固结沉降。

11.1.2.2 冲填土的工程特性

冲填土是人为地用水力方式冲填而沉降的土，其工程特性主要表现在以下几个方面。

① 含水量较大。冲填土的含水量一般大于液限，呈流动状态。停止冲填后，表面自然蒸发形成龟裂，但下部排水条件差，仍呈流动状态。

② 龄期影响性能。冲填早期强度低、压缩性高，在自重作用下的固结尚未完成，属欠固结土。随着静置时间的增加，自重引起的沉降逐渐完成，可成为正常固结土。

③ 颗粒组成影响性能。砂性冲填土，固结情况较好，性能类似于天然沉积的砂土；黏性冲填土性能较差，强度和压缩性指标都次于同类天然沉积土。

11.1.2.3 杂填土的工程特性

杂填土是人类活动形成的无规律的沉积物，具有以下特性：①成分复杂，厚薄不均，规律性差；②工程性质随堆填龄期而变化；③同一场地压缩性和强度差异明显，极易造成不均匀沉降。

11.1.3 地基处理方法简介

地基处理或地基加固的方法很多，主要有换土垫层法、碾压与夯实法、深层挤密法、排水固结法、胶结加固法和加筋法等。

11.1.3.1 换土垫层法

利用砂土、碎石土、灰土等材料替换地基中的软弱土层，分层压实后作为基底垫层，从而到达提高承载力，减小变形的目的。这种方法从根本上解决了软土地基的问题，效果最好。软土地基的地下水位较高，开挖深度受限，换土垫层的处理深度一般不超过3m。

换土垫层法适用于处理浅层软弱地基，也可用于处理湿陷性黄土地基（只能用灰土垫层）、膨胀土地基、季节性冻土地基。

11.1.3.2 碾压与夯实法

通过机械碾压或夯击，使土层密实（孔隙比减小），从而提高地基土的承载力，减少部分沉降量，消除或部分消除黄土的湿陷性，改善土的抗液化性能。

碾压与夯实法适合于处理砂土地基、含水量不高的黏性土地基、人工填土地基。受设备机械能量的限制，碾压法只能加固浅层土；重锤夯实法和强夯法的处理深度要深一些。

11.1.3.3 深层挤密法

利用打桩、振动、冲击等方法在软弱土中成孔，并灌入砂、碎石、石灰等材料形成桩体。一方面，桩体挤占一部分土体空间，使土孔隙比减小，增加密实程度；另一方面，桩和桩间土一起构成复合地基，地基承载力大大提高，变形相应减小。

深层挤密法适用于处理软土、砂土、粉土、黏粒含量不高的黏性土、人工填土、杂填土等地基。

11.1.3.4 排水固结法

软土地基事先在附加应力作用下，排除孔隙水，减小孔隙比，产生固结变形，这样可以减小地基的沉降和不均匀沉降，提高地基承载力。地基处理时需要施加外荷载来产生附加应力，同时还要设置排水通道，加速固结。附加应力的产生方法有堆载预压、真空预压和降水预压，排水通道可设置砂井（普通砂井）、袋装砂井、塑料排水板等。

排水固结法是处理软弱黏性土地基的常用方法。

11.1.3.5 胶结加固法

在土中注入水泥浆或其他浆液，或直接掺入水泥、石灰等固化材料，在地基土中形成若干根柱状或片状固化体。固化体与周围土体组成复合地基，从而达到地基加固的目的。

胶结加固法适用于处理淤泥、淤泥质土、砂土、粉土、湿陷性黄土等地基，特别适用于对已建成的工程地基事故处理。

11.1.3.6 加筋法

在土中设置土工合成材料，土与合成材料形成整体共同受力，合成材料成为筋，承受拉力。这是利用土工合成材料的强度较高、韧性较好的力学性能，以扩散土中应力，增大土体的刚度和抗拉强度；土工织物还能起到反滤、排水和隔离的作用，借以提高地基承载力。

加筋法适用于软土地基、杂填土地基的处理，尤其适用于基础托换工程。

上述各种地基处理方法都有各自的特点和作用机理，在不同的土类中产生不同的加固效果和局限性，没有哪一种方法是万能的。对于每一项工程必须进行综合考虑，通过几种可能采用的地基处理方案进行比较，选择一种技术可靠、经济合理、施工可行的方案，它既可以是单一的地基处理方法，也可以是多种地基处理方法的综合处理。

11.2 换土垫层法

换土垫层是通过人工或机械挖去基础底面以下处理范围内的部分或全部软土或不良土，然后分层换填质地坚硬、强度较高、性能稳定、且具有抗腐蚀性的砂土、碎石土、灰土或矿渣等材料。换填土层应压实（夯实或振实），压实系数达到规定要求。

11.2.1 土垫层的作用

换土垫层法中，土垫层的主要作用是：提高软弱地基的承载力，减少软弱地基的沉降量，加速软弱土层的排水固结，改善不良土的性能。

① 提高软弱地基的承载力。垫层承载力高于软土的承载力，以垫层直接与基础接触，基底可承担较大的压力，而且通过扩散作用，减小了垫层传至下面软弱土层的附加应力，故地基的承载力提高了。

② 减少软弱地基的沉降量。一般情况下，基础下浅层地基的沉降量在总沉降量中所占的比例是比较大的。以条形基础为例，在相当于基础宽度的深度范围内沉降量占总沉降量的50%左右，同时由侧向变形而引起的沉降，理论上也是浅层部分占的比例较大，若以密实的砂土或碎石土代替浅层软弱土，那么就可以减少大部分的沉降量。由于垫层对应力的扩散作

用，作用在下卧土层上的压力较小，这样也会相应减少下卧土层的沉降量。

③ 加速软弱土层的排水固结。建筑物的不透水基础直接与软弱土层接触时，软弱土地基中的水被迫绕基础两侧排出，因而使基底下的软弱土不易固结，形成较大的孔隙水压力，还可能导致由于地基土强度降低而产生塑性破坏的危险。砂垫层提供了基底下的排水面，不但可以使基础下面的孔隙水压力迅速消散，避免地基土的塑性破坏，还可以加速砂垫层下软弱土层的固结及其强度的提高，然而固结的效果只限于表层，深部的影响就不显著了。

④ 改善不良土的性能。在季节性冻土地区，可防止冻胀，因为垫层材料是粗颗粒材料，孔隙较大，不易形成毛细现象，故可防止寒冷地区中水结冰而造成的冻胀；垫层可消除膨胀土的膨胀作用，消除湿陷性黄土的湿陷作用。

在各类工程中，砂垫层的作用是不同的，如房屋建筑物基础下的砂垫层主要起换土（置换）的作用；而在路堤和土坝等工程中，则主要是利用垫层起排水固结作用。

11.2.2 垫层的设计

垫层设计的主要内容是确定垫层的厚度和断面的合理宽度，如图 11-1 所示。根据建筑物对地基变形及稳定的要求，对于换土垫层，既要有足够的厚度置换可能被剪切破坏的软弱土层，又要有足够的宽度以防止垫层向两侧挤动。对于排水垫层，要有一定的厚度和宽度防止加荷过程中产生局部剪切破坏，同时形成一个排水层，促进软弱土层的固结。

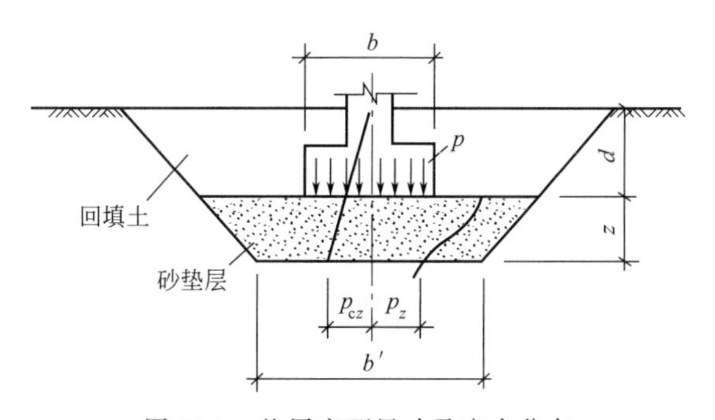

图 11-1 垫层底面尺寸及应力分布

11.2.2.1 垫层的厚度

垫层的层厚度 z 应根据需要置换软弱土的深度或下卧软弱土层的承载力确定，即要求在建筑物荷载作用下垫层地基不应产生剪切破坏，同时通过垫层传递至下卧软弱土层的应力也不产生局部剪切破坏：

$$p_z + p_{cz} \leqslant f_{az} \tag{11-1}$$

式中 f_{az}——垫层底面处经深度修正后的地基承载力特征值，kPa；

p_{cz}——垫层底面处土的自重应力，kPa；

p_z——相应于荷载效应标准组合时，垫层底面处的附加应力值，kPa。

计算垫层底面处的附加应力，可以采用第 4 章的角点法计算土中附加应力，也可以按第 9 章中的压力扩散法计算。后者计算方便，被广泛采用。

按压力扩散法，条形基础下垫层底面的附加压力为：

$$p_z=\frac{b\ (p_k-p_c)}{b+2z\tan\theta} \tag{11-2}$$

矩形基础下垫层底面的附加压力为：

$$p_z=\frac{bl(p_k-p_c)}{(b+2z\tan\theta)\ (l+2z\tan\theta)} \tag{11-3}$$

式中 l、b——基础底面的长度和宽度，m；

z——垫层的厚度，m；

p_k——相应于荷载效应标准组合时，基底的平均压力，kPa；

p_c——基础底面标高处土的自重应力，kPa；

θ——垫层的压力扩散角，(°)，可按表 11-1 采用。

表 11-1 压力扩散角 θ 单位：(°)

z/b	换填材料		
	中(粗、砾)砂、圆砾、角砾、石屑、卵石、碎石、矿渣	黏性土和粉土 ($8<I_p<14$)	灰土
0.25	20	6	30
≥0.50	30	23	

注：1. 当 $z/b<0.25$ 时，除灰土仍取 $\theta=30°$外，其余材料均取 $\theta=0°$；

2. 当 $0.25<z/b<0.5$ 时，θ 值可内插求得。

计算时，先假设一个垫层的厚度（0.5m 以上），然后用式（11-1）验算。若满足要求，则所选厚度可行；如不符合要求，则需改变厚度，重新验算，直至满足为止。

11.2.2.2 垫层底面尺寸

垫层的底面尺寸应以满足基础底面应力扩散和防止垫层向两侧挤出为原则进行设计。关于宽度计算，目前还缺乏可靠的方法，一般按下式计算或根据当地经验确定。

$$l'\geqslant l+2z\tan\theta \tag{11-4}$$

$$b'\geqslant b+2z\tan\theta \tag{11-5}$$

式中 l'、b'——垫层底面长度和宽度，m；

b——矩形基础或条形基础底面的宽度，m；

l——矩形基础底面的长度，m；

z——基础底面下垫层的厚度，m；

θ——垫层的压力扩散角，(°)，按表 11-1 取值，当 $z/b<0.25$ 时按 $z/b=0.25$ 查表。

垫层顶面每边比基础底面大 300mm，或从垫层底面两侧向上按当地开挖基坑经验的要求放坡，整片垫层的宽度可根据施工的要求适当加宽。

11.2.2.3 基底尺寸

基底尺寸由垫层承载力条件确定，计算方法见第 9 章。而垫层承载力特征值宜通过现场试验确定，当无试验资料时，可按表 11-2 选用。

表 11-2 各种垫层的承载力特征值 f_{ak} 单位：kPa

施工方法	换填材料类别	压实系数 λ_c	承载力特征值
碾压或振密	碎石、卵石	0.94～0.97	200～300
	砂夹石(其中碎石卵石占全重的 30%～50%)		200～250
	土夹石(其中碎石卵石占全重的 30%～50%)		150～200
	中砂、粗砂、砾砂		150～200
	黏性土和粉土(8<Ip<14)		130～180
	灰土	0.93～0.95	200～250
重锤夯实	土或灰土	0.93～0.95	150～200

11.2.2.4 地基变形

对于垫层下存在软弱下卧层的建筑，在进行地基变形计算时，应考虑邻近基础对软弱下卧层顶面应力叠加的影响。当超出原地面标高的垫层或换填材料的重度高于天然土层的重度时，宜早换填，并应考虑其附加荷载对建筑及邻近建筑的影响。

建筑物基础沉降等于垫层自身的变形量 s_1 与下卧土层的变形量 s_2 之和，应满足要求。

【例 11-1】 某砖混结构墙下条形基础，埋深 $d=0.8$m，作用于基础顶面的竖向荷载标准值 $F_k=130$kN/m。地基土第一层为素填土，厚度 1.3m，重度 17.5kN/m^3；第二层为淤泥质土，厚度 7.2m，重度 17.8kN/m^3，$f_{ak}=75$kPa；地下水位深 1.3m。试设计砂土垫层(参照表 11-2 取砂垫层的承载力特征值为 $f_a=150$kPa)。

【解】

(1) 基础底面宽度

$$b\geqslant\frac{F_k}{f_a-\gamma_G d}=\frac{130}{150-20\times0.80}=0.97\text{m，取 } b=1.0\text{m。}$$

(2) 设计垫层厚度

取 $z=0.9$m，如图 11-2 所示，则 $z/b=0.9/1.0=0.9>0.5$，查表 11-1 得压力扩散角 $\theta=30°$。验算垫层底淤泥质土的承载力。

基底平均压力和基底土自重应力

$$p_k=\frac{F_k+G_k}{b}=\frac{130+20\times1.0\times0.8}{1.0}=146\text{kPa}$$

$$p_c=\gamma_1 d=17.5\times0.8=14\text{kPa}$$

垫层底面土的自重应力

$$\begin{aligned}p_{cz}&=\gamma_1 h_1+\gamma'_2(d+z-h_1)\\&=17.5\times1.3+(17.8-10)\times(0.8+0.9-1.3)\\&=25.9\text{kPa}\end{aligned}$$

垫层底面以上土的加权平均重度

$$\gamma_m=p_{cz}/(d+z)=25.9/(0.8+0.9)=15.2\text{kN/m}^3$$

垫层底面土的附加压力

$$p_z=\frac{b(p_k-p_c)}{b+2z\tan\theta}=\frac{1.0\times(146-14)}{1.0+2\times0.9\times\tan30°}=64.7\text{kPa}$$

按深度修正的淤泥质土承载力特征值（修正系数 $\eta_d=1.0$）

$$f_{az}=f_{ak}+\eta_d\gamma_m(d+z-0.5)=75+1.0\times15.2\times(0.8+0.9-0.5)=93.2\text{kPa}$$

$p_z+p_{cz}=64.7+25.9=90.6\text{kPa}<f_{az}=93.2\text{kPa}$，承载力满足要求。

(3) 垫层宽度

$b'\geqslant b+2z\tan\theta=1.0+2\times0.9\times\tan30^\circ=2.04\text{m}$，取 $b'=2.1\text{m}$（图 11-2）。

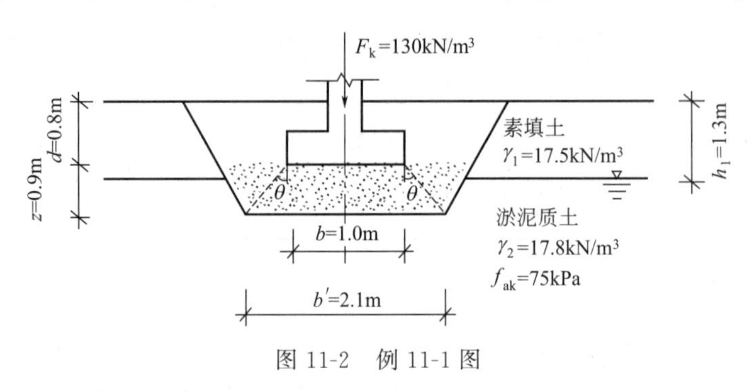

图 11-2　例 11-1 图

11.2.3　垫层的施工要点

① 垫层材料　垫层的材料可选用黏性土、砂土、碎石土、石屑、矿渣、灰土（石灰与土体积比为 3∶7 或 2∶8）。细砂虽然也可以作垫层，但不易压实，且强度不高，一般不选用。垫层用料虽然要求不高，但不均匀系数不能小于 5，有机质含量、含泥量和水稳性不良的物质不宜超过 2%，且不希望掺有大石块。

② 基坑开挖与回填　开挖基坑铺设垫层时，必须避免扰动软土层的表面和破坏坑底土的结构。因此基坑开挖后，应立即回填，不能暴露过久或浸水，更不得任意践踏坑底。

当采用碎石垫层时，为了避免碎石挤入土中，应在坑底先铺一层砂，然后再铺碎石垫层。

③ 分层压实　垫层施工按密实土体的方法有平板振动、机械碾压等。砂土垫层施工一般采用平板振动器，分层振实。底层松砂虚铺厚度 150～200mm，其余分层铺设厚度为200～250mm。下层密实度检验合格后，方可进行上层施工。对于基坑面积大的垫层施工，通常采用机械碾压法，每层铺设厚度 200～300mm，平碾压实 6～8 遍、羊足碾压实 8～16 遍。

11.3　碾压和夯实法

碾压法、夯实法处理软弱地基是利用机械能来改变土层的物理性质和结构，从而提高地基的承载力，减小压缩变形（沉降）。按作用机理的不同，又可分为机械碾压法、振动压实法、重锤夯实法和强夯法等。蛙夯机（图 11-3）的夯击功能很小，影响深度很浅，只能应用于整平基槽或局部压实。

11.3.1　机械碾压法

机械碾压法是一种采用平碾、羊足碾、压路机（图 11-4）、推土机或其他压实机械压实松软土的方法。这种方法常用于大面积填土的压实和杂填土地基的处理，碾压的效果主要决定于被压实土的含水量和压实机械的压实能量。在实际工程中若要求获得较好的压实效果，应根据碾压机械的压实能量，控制碾压土的含水量（通常取最优含水量±2%），选择适合的

图 11-3 蛙夯机

图 11-4 压路机

分层碾压厚度和遍数，一般可以通过现场碾压试验确定。

填土的碾压，通常用8～12t的平碾或5～16t的羊足碾，每层铺土厚度为200～300mm，碾压8～12遍；大面积高填方，可采用冲击式压路机，每层填土厚度为800～1200mm，压实影响深度可达5m，有效压实深度1m，每小时压实面积可高达2万平方米，碾压效率高。碾压后填土地基的施工质量常以压实系数λ_c控制，在主要受力层范围内一般要求$\lambda_c>0.96$。

11.3.2 振动压实法

振动压实法是一种在地基表面施加振动把浅层松散土振实的方法。振动压实机的原理是利用电动机带动两个偏心质量块，以相同的速度按相反的方向转动，从而产生很大的垂直振动力，施加于地基。压实机质量2t，振动力为50～100kN，频率为1160～1180r/min，振幅为3.5mm，并能通过操纵机械使它前后移动或转弯。

振动压实方法主要用于处理砂土、炉碴、碎石等无黏性土为主的填土，振动压实的效果决定于被压实土的成分和振动的时间，振动的时间越长，效果越好。但超过一定时间后，振动的效果就趋于稳定。所以在施工之前应先进行试振，确定振动所需的时间和产生的下沉量。对于炉灰和细粒填土，振实的时间为3～5min，有效的振实深度为1.2～1.5m；一般杂填土经过振实后，地基承载力特征值可以达到100～120kPa。如地下水位太高，则将影响振实的效果。另外应注意振动对周围建筑物的影响，振源与建筑物的距离应大于3m。

振动压实应先从基础边缘放出600mm左右，先振基槽两边，后振中间，当振动机原地振动地基不再下沉时，振实合格，并由轻便触探试验检验其均匀性和影响深度。

11.3.3 重锤夯实法

重锤夯实法是利用起重机将重锤提到一定高度，然后使其自由落下，重复夯打，把地基表层夯实。这种方法可用于处理非饱和黏性土或杂填土，提高其强度，减少其压缩性和不均匀性，也可用于处理湿陷性黄土，消除其湿陷性。

重锤夯实法的主要机具是起重机和重锤。重锤夯实的效果与锤质量、锤底的直径、落距、夯击的遍数、夯实土的种类和含水量有密切关系。合理选定上述参数和控制土的含水量，才能达到较好的夯实效果，因此在施工时，一方面，控制含水量，使土在最优含水量条件下夯实，另一方面，若夯实土的含水量发生变化，则可以调节夯实功的大小，使夯实功适应土的实际含水量。一般情况下，增大夯实功或增加夯击的遍数可以提高夯实的效果。但是当土夯实到达某一密实度时，再增大夯实功和夯击遍数，土的密度却不再增大了，甚至有时会使土的密实度降低。夯实功和夯击的遍数一般通过现场试验确定，根据实践经验，夯实的影响深度约为重锤底直径的一倍左右；夯实后杂填土地基的承载力特征值一般可以达到100～150kPa。

对于地下水位离地表很近或软弱土层埋置很浅的情况，重锤夯实可能产生橡皮土的不良的效果，所以要求重锤夯实的影响深度高出地下水位0.8m以上，且不宜存在饱和软土层。

11.3.4 强夯法

强夯法是在重锤夯实法的基础上发展起来的，1969年首次在法国成功应用。强夯法锤的质量8～40t（最大可达200t），从高度8～20m（最高为40m）处自由下落，对较厚的软土层进行强力夯实，又称为动力固结法或动力压密法。巨大的冲击能量在土中产生很大的冲击波和动应力，从而提高土的强度，降低压缩性，改善土的振动液化条件，消除湿陷性黄土的湿陷性。强夯法还能提高土层的均匀程度，减少差异沉降。图11-5所示为某工地强夯法施工现场，可见夯点布置、夯锤（特重锤）和起吊设备。

图11-5 强夯法施工现场

11.3.4.1 强夯法的作用机理

强夯加固地基主要是由于强大的夯击能在地基中产生强烈的冲击波和动应力对土体作用的结果。由强夯产生的冲击波，按其在土中的传播和对土作用的特性可分为体波和面波两类。体波包括纵波（压缩波）和横波（剪切波），从夯击点向地基深处传播，对地基土起压缩和剪切作用，可能引起地基土的压密固结。面波从夯击点沿地表面传播，对地基不起加固作用，而使地基表面松动。因此，强夯的结果，在地基中沿深度常形成性质不同的三个作用区。在地基表层受到面波和剪切波的干扰形成松动区；在松动区下面某一深度，受到压缩波的作用，使土层产生沉降和土体的压密，形成加固区；在加固区下面，冲击波逐渐衰减，不足以使土产生塑性变形，对地基不起加固作用，称为弹性区。

由于土体本身的性质不同和施工工艺的不同，强夯法的加固机理也就不同，可分为动力挤密、动力固结和动力置换三种。

① 动力挤密。在冲击荷载（动荷载）作用下，在多孔隙、粗颗粒、非饱和土中，土粒

发生相对位移，孔隙中气体被挤出，孔隙比下降、密实度增加，土体承载力提高、变形减小。

② 动力固结。在饱和的细粒土中，土体在强大的夯击能作用下，产生孔隙水压力使土体结构破坏，土颗粒间出现裂隙，形成排水通道，土的渗透性发生改变。随着孔隙水压力的逐渐消散，土开始密实，形成动力固结。固结后的土体抗剪强度提高、压缩模量增大。

③ 动力置换。在饱和软土（淤泥、淤泥质土）中，通过强夯将碎石填充于土体中，碎石置换了软土部分空间，形成复合地基，承载力提高。

11.3.4.2 强夯法的设计

为了使强夯加固达到预期的效果，首先应根据建筑物对地基加固深度的要求，确定所需的夯击能量，然后根据被加固地基的土类，按其强夯的机理选择锤重（或质量）、落高、夯击点间距、排列、夯击遍数、每遍夯击点的击数和每遍间歇的时间等。

强夯法的有效加固深度应根据现场试夯或当地经验确定。夯击的能量 E 与加固深度 z 的关系，可用经验公式（梅纳公式）估算：

$$z=m\sqrt{E}=m\sqrt{Wh} \tag{11-6}$$

式中 z——有效加固深度，m；

W——锤质量，t；

h——落高，m；

m——经验系数，它与波在土中传播的速度及土吸收能量的能力有关。根据我国的实践经验，m 值为 0.40～0.80，碎石土、砂土等为 0.45～0.50，粉土、黏性土、湿陷性黄土等为 0.45～0.50。

单击夯击能量和效应加固深度的关系，也可参考表 11-3 取值。锤重和落高决定于加固深度所需的能量，锤重有 100kN、150kN、200kN、300kN 等，落高则由起重设备来决定。当夯击的能量确定后，便可根据施工设备的条件选择锤重和落高，并通过现场试夯确定。

表 11-3 强夯法的有效加固深度 单位：m

单击夯击能/kJ	碎石土、砂土等粗颗粒	粉土、黏性土、湿陷性黄土等细颗粒土
1000	5.0～6.0	4.0～5.0
2000	6.0～7.0	5.0～6.0
3000	7.0～8.0	6.0～7.0
4000	8.0～9.0	7.0～8.0
5000	9.0～9.5	8.0～8.5
6000	9.5～10.0	8.5～9.0
8000	10.0～10.5	9.0～9.5

夯击遍数应根据地基土的性质确定，可采用点夯 2～3 遍。最后以低能量满夯（锤印搭接）1～2 遍，每遍夯击数一般 5～10 击。每遍夯击间歇时间决定孔隙水压力消散的速率，对于砂土地基间歇时间很短，甚至可以连续夯击，对于黏性土一般为 15～30 天。

夯击点的位置可根据基底平面形状，采用等边三角形、等腰三角形、或正方形布置。夯点间距 5～9m。第一遍夯点距离不宜太小，为夯锤直径的 3～4 倍，第二、三遍的距离逐渐减小。对处理深度较深或单击夯击能量较大的工程，第一遍夯击点的间距宜适当增大。

强夯处理范围应大于建筑物基础范围，每边超出基础外缘的宽度宜为基础底下设计处理深度的 1/2～2/3，并不宜小于 3m。

强夯法适用于处理砂土、碎石土、低饱和度的黏性土、粉土、湿陷性黄土等。在饱和软弱土地基采用强夯法时，应通过现场试验获得效果后才宜采用。这种方法不足之处是施工振动大，噪声大，影响附近建筑物，所以在城市中不宜采用。

11.3.4.3 强夯法的施工要点

强夯法的施工工序可概括为以下 7 步：

① 清理平整场地，测量高程，标出第一遍夯点位置。

② 起重机就位，夯锤对准夯点位置。

③ 测量夯前锤顶高程。

④ 将夯锤提升到预定高度，并自由落下，测量锤顶高程。重复夯击，直到满足该夯点规定的夯击次数及控制标准。

⑤ 重复②～④步，对其他夯点进行夯击，直至完成第一遍所有夯点的夯击。

⑥ 用推土机填平夯坑，测量场地高程，停歇规定的间隔时间，待孔隙水压力消散。

⑦ 重复①～⑥步，完成其他遍数的夯击，最后用低能量满夯，测量场地高程。

开始夯击时形成一个夯坑，第一击下沉较大，连续多次夯击后，下沉逐渐减少。第④步中收锤的标准，应符合下述条件：

① 最后两击的平均夯沉量：单击夯击能小于 4000kJ 时不大于 50mm，单击夯击能为 4000～6000kJ 时不大于 100mm，单击夯击能大于 6000kJ 时不大于 200mm；

② 不因夯坑过深而发生起锤困难；

③ 夯坑周围地面不出现明显裂隙或不发生过大的隆起。

11.4 深层挤密法

通过振动或冲击荷载在软弱地基中成孔，再将砂、碎石等材料压入土中，形成的大直径密实桩体，称为挤密桩。根据挤密桩的材料不同，可分为砂桩、碎石桩、石灰桩、CFG 桩等。深层挤密法就是通过桩体挤密土体，形成桩体和桩间土组成的复合地基，从而改善地基的工程性能，提高承载力、减小沉降。深层挤密法适宜于加固粉砂细砂地基、粉土地基、松散填土地基和湿陷性黄土地基，也可用于处理可液化地基。

挤密桩对粉土、砂土和软弱黏性土的加固机理不相同。对砂土和粉土的加固是挤压密实，即桩对周围土体产生很大的横向挤压应力，使地基中等于桩管体积的砂土或粉土挤向四周的土层，桩间土的孔隙比减小，到达挤压密实的目的，地基承载力可提高 2～5 倍。当砂土地基被挤密到临界孔隙比以下时，还可防止振动液化（或地震液化）。

挤密桩对周围的软弱黏性土主要起置换和排水作用。密实的桩体在软弱黏性土中代替了与其体积相等的软弱土，发生了置换；桩体中的砂、碎石透水性好，可加快排水，石灰桩中的石灰还可以吸水，使地基固结加快。通过置换和排水，改善了地基的工程性能，提高了地基承载力和整体稳定性。

11.4.1 挤密砂桩

砂桩有振动成桩和锤击成桩两种施工工艺。振动成桩法就是在振动机的振动作用下，把带有底盖（或砂塞）的套管打入到规定深度，然后投入砂料，再排砂于土中，并振动密实变成桩。单管锤击成桩法是将桩管锤击打入土层，然后在管内灌砂，拔管后形成桩体；双管锤击成桩法是先将内外管打入到规定深度，拔起内管、向外管内灌砂，放下内管到外管的砂面上，拔起外管到与内管底面齐平，锤击内外管、将砂压实，再拔起内管、向外管内灌砂。

挤密砂桩的加固区域应大于基底范围，超出基底边缘每边1～3排砂桩，桩在平面内通常布置成正三角形（梅花形布置）和正方形。砂桩直径d可采用300～800mm，对于饱和黏性土地基宜选用较大的直径。

砂桩的间距s应通过现场试验确定或由下述公式估算。对于松散粉土和砂土地基（$s\leqslant 4.5d$）：

$$s=0.95d\sqrt{\frac{1+e_0}{e_0-e}}\text{（梅花形布置）} \tag{11-7}$$

$$s=0.89d\sqrt{\frac{1+e_0}{e_0-e}}\text{（正方形布置）} \tag{11-8}$$

式中 d——砂桩的直径，mm；

e_0——地基处理前的孔隙比；

e——地基处理后要求达到的孔隙比，$e=e_{max}-D_r(e_{max}-e_{min})$；

D_r——挤密后要求达到的相对密实度，可以取0.70～0.80；

e_{max}、e_{min}——砂土的最大和最小孔隙比。

对于黏性土地基（$s\leqslant 3d$）：

$$s=1.08\sqrt{A_e}\text{（梅花形布置）} \tag{11-9}$$

$$s=\sqrt{A_e}\text{（正方形布置）} \tag{11-10}$$

式中 A_e——一根桩分担的处理面积，mm^2。

砂桩的长度应根据加固土层的厚度、软弱土层的性质和工程要求通过计算确定；对可液化的地基，砂桩长度应按现行《建筑抗震设计规范（2016年版）》(GB 50011—2010）的有关规定采用。一般情况下，桩长在8～20m变化。

① 软土层厚度不大时，桩可以穿过软土层；

② 软土层厚度较大时，对按稳定性控制的工程，桩长应不小于最危险滑动面以下1～2m的深度；对按变形控制的工程，桩长应满足复合地基的沉降量不超过建筑物的地基变形允许值，并满足软弱下卧层承载力要求；

③ 桩长不宜小于4m。

关于估算加固后达到的承载力特征值，可通过现场标准贯入试验锤击数估算，或用现场载荷试验确定地基承载力特征值。

11.4.2 挤密碎石桩

碎石桩是利用振动、冲击等方法在软土中成孔后，再将碎石挤入土中形成大直径的由碎石所构成的密实桩体，其加固地基的机理与挤密砂桩相似。对砂土、粉土具有置换和挤密作用；对软弱黏性土，以置换作用为主，兼具不同程度的挤密和促进排水的作用。

碎石桩的直径一般为 700～1200mm；加固地基的范围、布桩方式和桩长的确定方法与砂桩相同，桩距可以按式（11-7）～式（11-10）计算，一般桩距可取 1.5～2.5m。

碎石桩的制桩工艺有湿法和干法两种，湿法制成的桩称为振冲碎石桩，干法制成的桩称为干振碎石桩。

11.4.2.1 振冲碎石桩

振冲法是 20 世纪 30 年代德国提出，最初用来加固松散地基，20 年以后开始用于加固黏土类地基。振冲法是振动水冲法的简称，利用水冲成孔，并利用振动加固地基。其主要的施工机具是振冲器、吊机和水泵。振冲器是一个类似于插入式混凝土振捣器的机具，其外壳直径 200～450mm，长 2～5m，质量 2～5t，筒内主要由一组偏心块、潜水电机和通水管三部分组成，利用一个偏心体的旋转产生一定频率和振幅的水平向振动力进行振冲挤密或振冲置换，如图 11-6 所示。振冲器有两个功能，一是产生水平向振动力（40～90kN）作用于周围土体，二是从端部和侧部进行射水和补给水。振动力是加固地基的主要因素，射水起协助振动力在土中使振冲器钻进成孔，并在成孔后清孔及实现护壁作用。

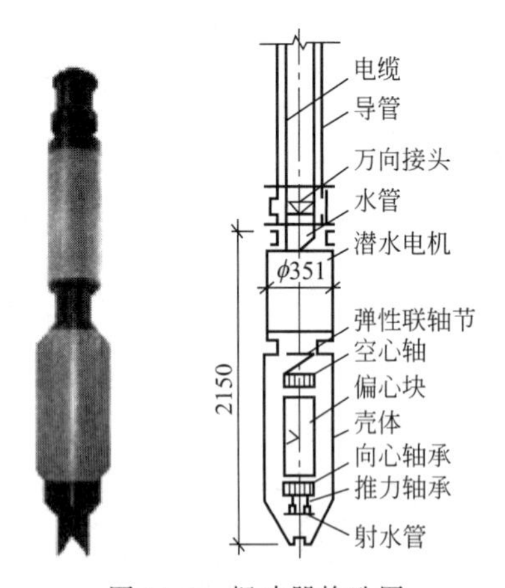

图 11-6 振冲器构造图

振冲法的施工过程如图 11-7 所示。首先用吊车或卷扬机把振冲器就位，打开喷水口，开动振冲器，在振冲作用下使振冲器沉到需要加固的深度；然后经过清孔，用循环水带出孔中稠泥浆，边往孔内回填碎石（粒径不宜大于 80mm，常用粒径 20～50mm），边喷水振动，使碎石密实。逐渐上提振冲器，重复前面过程，直至碎石到达地面。从而在地基中形成一根具有相当直径的密实桩体，同时孔周围一定范围内的土体也被挤密。孔内填料的密实度，可以从振动所消耗的电量来反映，用电流变化来控制。

振冲法的施工一般是按“先中间后周边”或“一边推向另一边”的顺序进行，便于挤走部分软土。在

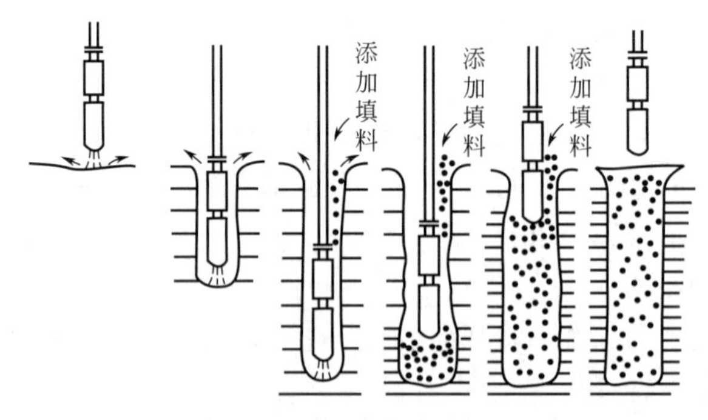

图 11-7 振冲法施工过程

软黏土地基中施工时，要考虑减少对地基土的扰动，宜用间隔挑打的方式。在既有建筑物邻近施工时，应注意减少制桩对邻近建筑物的影响（采用合理的施工顺序和功率较小

的振冲器)。

振冲法适用于砂土、粉土、黏性土、填土及软土，但对于不排水抗剪强度小于20kPa的软土地基和黄土地基，要慎重使用，应通过现场试验确定其适用性。

不加填料的振冲加密适用于处理黏粒含量不大于10%的中砂、粗砂地基，通过振冲挤密提高地基的承载力。

11.4.2.2　干振碎石桩

干振碎石桩是对振冲碎石桩的一种改进，它可以克服施工过程中及其后一段时间内桩间土含水量增加，导致强度降低及施工过程中大量排泥浆、污染环境等缺点。

干振碎石桩的主要施工设备是干法振动成孔器，如图11-8（a）所示。首先利用振动成孔器制成孔，将桩孔中的土体挤入周围土体，如图11-8（b）所示；然后提升成孔器，向孔内倒入约1m厚的碎石，见图11-8（c）；再用振动成孔器进行捣实，要求达到密实电流并留振10～15s，见图11-8（d）；最后提起振动成孔器。如此分段填料振实，直到形成碎石桩，如图11-8（e）、(f)、(g）所示。

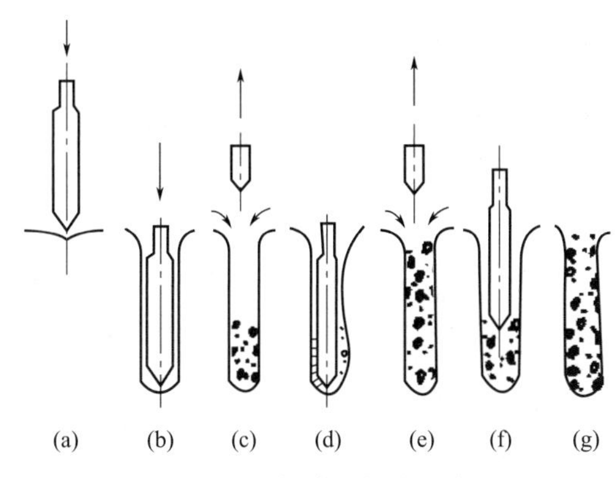

图11-8　干振碎石桩施工流程

干振碎石桩适用于加固松散的非饱和黏性土（含水量$w<25\%$)、素填土、杂填土和Ⅱ级以上非自重湿陷性场地的黄土，加固深度6m左右；干振碎石桩不适宜加固砂土和孔隙比$e<0.85$的饱和黏性土。

11.4.3　挤密石灰桩

制砂桩的工艺在软土中用生石灰制成的桩体，称为石灰桩。石灰桩的主要作用是对桩周围土的挤密，并通过生石灰消解吸水、膨胀、发热及离子交换等作用，使桩体硬化，形成复合地基，从而改善地基土的物理、力学性质，提高承载力、减小沉降。

石灰桩的挤密作用体现在成孔挤密、膨胀挤密、脱水挤密和胶结作用四个方面。

① 成孔挤密　施工沉管成孔后占据一部分地基土方体积，将土挤向四周，这种挤密效果在地下水位以上更明显。

② 膨胀挤密　生石灰吸水膨胀，对桩间土产生很大的挤压力，使土密实。地下水位以下的软土，膨胀挤密起主导作用。

③ 脱水挤密　1kg生石灰消解反应要吸收0.32kg的水，并放出大量的热量，提升地基土的温度，使土中产生一定的汽化脱水。土中含水量下降，孔隙比减小，土颗粒靠拢挤密。

加固区的地下水位也有一定的下降，土中有效自重应力增大，有利于土的固结。

④ 胶结作用　生石灰吸水生成的消石灰 $Ca(OH)_2$，一部分与土中 CO_2 反应生成碳酸钙，使桩结硬；另一部分与土中二氧化硅和氧化铝产生化学反应，生成水化硅酸钙、水化铝酸钙等水化产物，完成离子交换。离子交换形成的这些水化产物，对土颗粒产生胶结作用，使土颗粒排列趋于紧密。

石灰桩自身的承载力较低，在桩土复合地基中的作用较小。为了提高石灰桩的强度，可在石灰中加入 20%～30%的粉煤灰或火山灰，这也有利于离子交换作用或胶结作用。

石灰桩的桩径一般为 150～400mm，桩距可取 3 倍桩径，平面上布置成梅花形或正方形。因与桩相距 3～4 倍桩径的原状土得不到加固，故大面积加固至少需要 2 排护桩。

11.4.4 挤密 CFG 桩

CFG 桩是水泥粉煤灰碎石桩（Cement-Flyash-Gravel Pile）的简称。它是由水泥、粉煤灰、碎石、石屑或砂等混合料加水拌合形成的高黏结强度桩，并由桩间土和褥垫层一起组成复合地基的地基处理方法，如图 11-9 所示。

图 11-9　CFG 桩施工现场

CFG 桩适合于加固黏性土地基、粉土地基、砂土地基和已自重固结的素填土地基。对淤泥质土应按地区经验或通过现场试验确定其适用性。

CFG 桩加固地基的机理包括置换作用（桩体作用）、挤密作用和褥垫作用。当用于挤密效果好的土层时，既有置换作用，又有挤密作用；当用于挤密效果差的土层时，只有置换作用。褥垫是在桩顶和基础之间铺设的一层砂或碎石垫层，厚度 150～300mm，其作用在于合理调整地基（桩土复合地基）的压缩性。

水泥粉煤灰碎石桩可只在基础范围内布置，桩径宜取 350～600mm。桩距应根据设计要求的复合地基承载力、土性、施工工艺等确定，一般为 3～5 倍桩径。桩的长度宜穿过软弱土层，进入承载力相对较高的土层。

施工工艺仍然是沉管法，其工序为沉管、投料、拔管。CFG 桩施工完成后 7d 即可开槽，若基坑深度不大于 1.5m，可人工开挖；当基坑深度超过 1.5m 时，可先机械开挖，后人工开挖。开挖清底后，可铺设褥垫并压实。褥垫层虚铺面积比基础宽度大，其宽出的部分不宜小于褥垫层的厚度。

11.5 排水固结法

饱和软土在荷载作用下产生排水固结，其抗剪强度会得到相应提高，压缩变形也会减小。利用这一原理加固或处理软弱地基的方法，称为排水固结法。

排水固结由加压系统和排水系统组成。加压系统为引起固结作用的荷载，是排水固结的动力，通常采用堆载法、真空法、降低地下水位法来对地基施加压力；排水系统是为改善地基原有排水边界条件、增加孔隙水的排出路径、缩短排水距离而设置的竖向和水平向排水体。通常采用普通砂井、袋装砂井或塑料排水带作为竖向排水体，用砂垫层作为水平排水体。

11.5.1 排水固结法的原理

排水固结法就是利用地基排水固结规律，采用各种排水技术措施处理饱和软弱土的一种方法，其基本原理可用图 11-10 所示的室内压缩试验曲线来说明。在压缩曲线中，当试样的天然压力为 σ_0'时，对应的孔隙比为 e_0，如图中的 a 点，当压力增量达到固结完成的 $\Delta\sigma$时，孔隙比变化至 c 点，孔隙比减少了 Δe；与此同时，在抗剪强度 τ_f 与固结压力 σ_c'的变化曲线中，抗剪强度随固结压力的增大也由 a 点提高至 c 点，增长了 $\Delta\tau_f$。如果从 c 点卸除压力 $\Delta\sigma'$，则土样产生膨胀，曲线由 c 返回到 f 点，然后又从 f 点再加压力 $\Delta\sigma'$至完全固结，土样再压缩沿虚线至 c'点，相应的强度也从 f 点增大至 c'点。

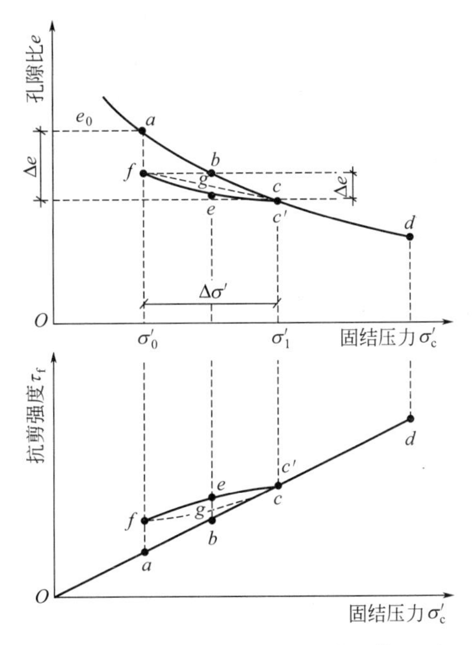

图 11-10 室内压实试验说明排水固结法原理

由此可见，地基受压固结时，一方面，孔隙比减少，土体被压缩，抗剪强度也相应提高，另一方面，卸荷再压缩时，固结压力同样从 σ_0'增加 $\Delta\sigma'$，而孔隙比仅减少 $\Delta e'$，因为土体已变为超固结状态的压缩，所以 $\Delta e'$比 Δe 小得多，抗剪强度也有所提高。排水固结法就是利用这一变化规律来处理软弱土地基的，设计和施工应注意地基的沉降问题和稳定问题。

地基土层的排水固结效果与它的排水边界有关。根据固结理论，在达到同一固结度时，固结所需的时间与排水距离的平方成正比。如图 11-11（a）所示，软弱土层越厚，一维固结所需的时间越长，如果淤泥质土层厚度大于 10～20m，要达到较大固结度（$U>80\%$），所需的时间要几年至十几年。为了加速固结，最有效的办法就是在天然土层中增加排水途径，缩短排水距离。在天然地基中设置垂直向排水体（砂井等），如图 11-11（b）所示，这就是缩短排水距离的最好措施。所以砂井的作用就是增加排水通道，缩短排水距离，加速地基的固结，加速抗剪强度的增长，加速沉降的发展。在地基处理中，主要是利用这些加速作用，缩短预压工程的预压期，在短期内达到较好的固结效果，使沉降提前完成，加速地基土强度的增长，使地基承载力提高的速率始终大于施工荷载增长的速率，以保证地基的稳定性。

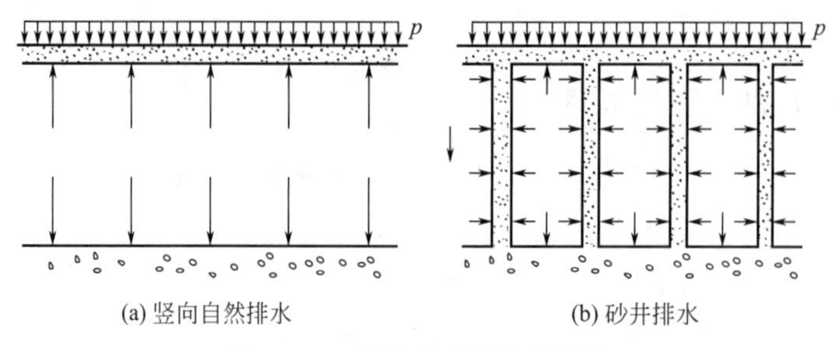

(a) 竖向自然排水　　(b) 砂井排水

图 11-11　不同排水边界的排水

必须指出的是，排水固结法的应用条件，除了设置砂井等排水体以外，还必须要有预压荷载、预压时间和适用的土类等条件。预压荷载是个关键问题，因为施加预压荷载后才能引起地基的排水固结。预压时间是通过设计来确定，如果实际工程有充裕的时间条件，可考虑用天然地基排水条件进行排水固结，反之，则采用不同间距和深度的砂井，加速地基固结。

排水固结法适用于处理各类淤泥、淤泥质土。对于砂土和粉土，因透水性良好，无须用砂井排水固结处理地基；含水平夹砂或粉砂层的饱和软土，因为水平向透水性良好，不用砂井处理地基也可获得良好的固结效果。对于泥炭及透水性极小的流塑状态饱和软土，在很小的荷载作用下，地基土就出现较大的剪切变形，排水固结效果很差。

11.5.2 排水固结法的预压荷载

排水固结法处理软弱地基时，使地基产生固结压力的荷载一是外加预压荷载（堆载预压、真空预压），二是通过减小地基土的孔隙水压力而增加固结压力（降水预压）。

11.5.2.1 堆载预压

所谓堆载预压，就是在待处理或加固的场地上堆填物料，利用物料的重力给地基施加固结压力。堆填物一般以散料为主，如土、石料、砖块等。大面积施工通常采用自卸汽车与推土机联合作业。

预压荷载的大小应根据设计要求确定。对于沉降有严格限制的建筑物，应采用超载预压法处理，超载量大小应根据预压时间内要求完成的变形量通过计算确定，并宜使预压荷载下受压土层各点的有效竖向应力大于建筑物荷载引起的相应点的附加应力。

通常采用分级加荷的方式，施加荷载的速度要保证在该级荷载作用下，地基的强度和稳定性。可用变形控制施工速度，竖向变形每天不超过 10mm，边桩水平位移每天不超过 4mm。

堆载顶面的范围不应小于建筑物基础外缘所包围的范围，而且堆载要均匀，避免局部堆载过高导致地基局部失稳。

11.5.2.2 真空预压

真空预压是先在地面铺设一层透水的砂垫层，然后铺设密封膜材，最后采用射流式真空泵抽气。膜下气压减小，与膜上大气压形成压力差，即膜内垫层负压。压力差值（负压大小）相当于作用于膜上的预压荷载，以此对地基施加预压力。

膜的密封质量是真空预压成功的关键。密封膜应选用抗老化性能好、韧性大、抗穿刺能力强的不透气材料，比如普通聚氯乙烯薄膜、线性聚乙烯薄膜。密封膜宜铺设3层，以确保自身的密封性能。膜周边可采用挖沟折铺、平铺并用黏土压边等方法密封。

真空预压和堆载预压相比，有如下优点：①不需堆载材料，节省运输与造价；②场地清洁，噪声小；③不需分期加荷，工期短；④可在很软的地基上采用。

11.5.2.3 降水预压

井点降水预压，是借井点抽水降低地下水位以增加土的有效自重应力，从而达到预压目的。井点降水一般是先用高压射水将井管（外径28～50mm，下端具有1～2m长的滤水管）沉到所需深度，并将井管顶用管路与真空泵相连，借助真空泵的吸力使地下水位下降，形成漏斗状的水位线。采用多层轻型井点或喷射井点，降水效果更加显著。

水位每下降1m，相应的预压荷载为10kPa。若水位下降6m，则预压荷载可达60kPa，相当于堆高3m左右的砂石压力。

降水预压使土中孔隙水压力降低，不会使土发生破坏，故可不需控制加荷速度，可一次降水到所需深度，加快固结时间。

11.5.3 排水固结法的排水体

排水固结法中的排水体有普通砂井、袋装砂井和塑料排水带等。

11.5.3.1 普通砂井

普通砂井简称砂井，在平面上布置成梅花形和正方形两种形式，如图11-12所示。大面积荷载作用下，可以认为每个砂井为一独立的排水系统。梅花形布置时，每个砂井的影响范围（有效排水范围）为一个正六边形，而正方形布置的砂井则为一个正方形。为了简化计算，将每个砂井排水影响面积用等面积的圆来代替，该圆的直径 d_e 和砂井间距 l 的关系为：

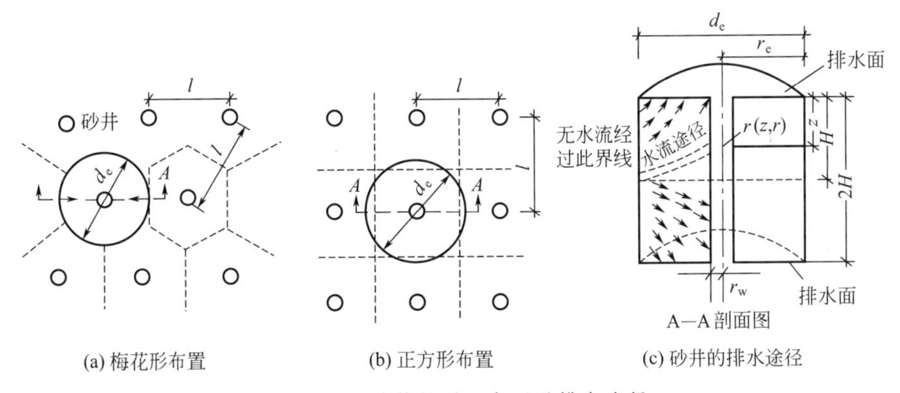

(a) 梅花形布置　(b) 正方形布置　(c) 砂井的排水途径

图11-12 砂井的平面布置及排水途径

$$d_e=1.05l \text{（梅花形布置）} \tag{11-11}$$

$$d_e=1.128l \text{（正方形布置）} \tag{11-12}$$

设砂井的直径为 d_w，则定义井径比 n 为

$$n=d_e/d_w \tag{11-13}$$

砂井的间距 l 由井径比 n 确定。普通砂井直径为300～500mm，取 $n=6$～8，由式（11-11）～式（11-13）就可确定砂井间距 l。

砂井的深度取决于土层的分布、地基中的附加应力大小、施工期限和条件、地基的稳定性等因素。对以地基抗滑稳定性控制的工程，砂井深度至少应超过最危险滑动面 2.0m；对以变形控制的建筑，砂井深度应根据在限定预压时间内需完成的变形量确定。砂井宜穿透受压土层。

为使砂井具有良好的排水通道，砂井顶部应铺设砂垫层，厚度一般为 0.5～1.0m。

砂井和堆载结合形成砂井堆载预压，如图 11-13 所示。砂井与真空预压结合形成砂井真空预压。1925 年美国人丹尼尔•莫兰首次应用砂井堆载法加固公路软土地基，次年获得专利。我国从 20 世纪 50 年代开始研究和应用砂井加固软弱地基，已有近七十年的历史。

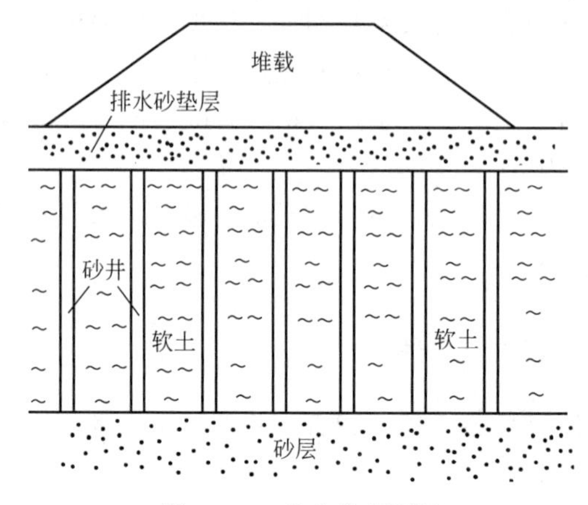

图 11-13 砂井堆载预压

砂井的施工一般是先在地基中成孔，再在孔内灌砂形成砂井。其成孔的典型方法有套管法、射水法、螺旋钻成孔法和爆破法，实践中发现存在一些缺点，比如套管法成孔会扰动周围软土，射水法成孔对含水量高的软土地基施工质量难以保证，螺旋钻成孔法在含水量高的软土中难以做到孔壁直立、施工过程中需要排除废土。对含水量很高的软土，应用砂井容易产生颈缩、断颈或错位现象。

11.5.3.2 袋装砂井

袋装砂井是用具有一定伸缩性和抗拉强度很高的聚丙烯或聚乙烯编织袋装满砂子，沉入土层中，是对普通砂井的改进和发展。袋装砂井直径一般为 70～120mm，井径比为 15～25，间距可由式（11-11）或式（11-12）计算确定。袋装砂井再结合地面堆载预压或真空预压，就能很好地加固软弱地基。如图 11-14 所示为袋装砂井真空预压处理软土地基的平面布置图。

袋装砂井一般采用导管式振动打设机械施工，工艺流程为：设备定位→施打或沉入导管→穿入砂袋→就地灌砂→拔管。砂袋留出孔口长度应保证伸入砂垫层至少 300mm，并不得卧倒。

与普通砂井相比，袋装砂井的优点是：施工工艺和机具简单，用砂量少，排水效率高，成孔对软土扰动小，施工速度快，工程造价低。

11.5.3.3 塑料排水带

塑料排水带根据结构形式可分为多孔质单一结构型和复合结构型两类。单一结构型是用单一材料聚氯乙烯经特殊加工制成的，具有很多连通的孔隙，透水性好；复合结构型是由两种材料组合而成，塑料芯带外套透水挡泥滤膜。

塑料排水带可以按砂井设计，其井径比 n 一般大于 20。计算时将塑料排水带换算成相当直径的砂井，按两种排水体与周围土接触面积相等的原则进行换算，得到当量直径 d_p 为

$$d_p=\frac{2(b+t)}{\pi} \tag{11-14}$$

式中 b——塑料排水带的宽度，mm；

t——塑料排水带的厚度，mm。

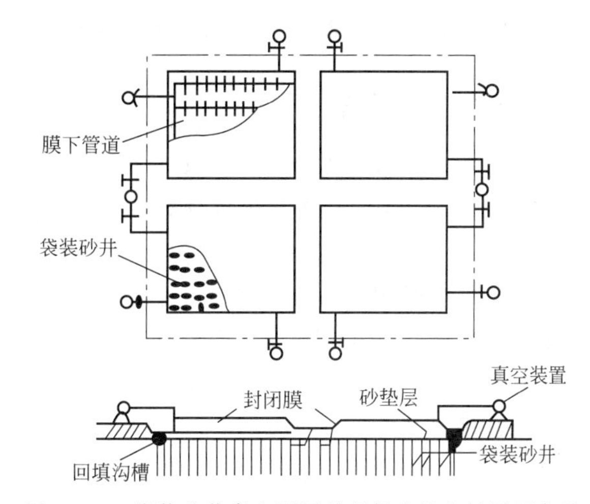

图 11-14 袋装砂井真空预压处理软土地基的平面布置

塑料排水带是用专门插板机将其插入地层中，然后在地面加载预压（或真空预压），土中水沿塑料带的通道溢出，从而使地基土得到加固。其施工流程为：准备→插入塑料带→拔管→剪断塑料带。移机，进行下一循环作业。

11.6 胶结加固法

胶结加固法是指利用水泥浆液、黏土浆液或其他化学浆液，采用压力注入、高压喷射或深层搅拌等使浆液与土颗粒胶结起来，以改善地基土的物理力学性质的地基处理方法。胶结加固法主要包括灌浆法，旋喷法和深层搅拌法。

11.6.1 灌浆法

灌浆法又称为注浆法，它利用气压、液压或电化学原理，通过注浆管将加固液注入土层或岩层中。浆液以渗透、填充方式挤出和置换土粒间或岩石裂隙中的水和空气，凝固后把土粒或裂隙胶结成整体，形成强度大、防水防渗性能好的结石体。

灌浆法所用浆液由主剂、溶剂及各种外加剂混合而成，通常以主剂作为浆液的名称。灌浆液体有水泥浆液、化学浆液等。水泥浆液无毒、材料来源广、价格较低、灌浆形成的水泥复合体具有较好的物理力学性质和耐久性，是国内外常用的压力灌浆材料。化学浆液的初始黏度小，可灌注地基中细小裂缝或孔隙。但是，化学浆液的造价较高，有的具有一定的毒性，易造成环境污染，工程应用受到一定限制。

水泥浆液大量采用普通硅酸盐水泥，在某些特殊条件下也可以采用矿渣水泥、火山灰水泥等品种。水泥浆液含有水泥颗粒，属于粒状浆液，对孔隙小的土层虽然在压力下也难以压进，只适用于加固粗砂、砾砂、大裂隙岩石等孔隙直径大于 0.2mm 的地基。如果获得超细水泥，则可用于对细砂地基的加固。

化学浆液中常用的是水玻璃（硅酸钠：$Na_2O \cdot nSiO_2$）为主剂的浆液，因其无毒、价廉、流动性好而被很多工程采用。硅酸钠浆液加固地基的方法称为硅化法，分单液法和双液法。单液法是使用单一的水玻璃溶液，对于渗透系数 $k=0.1\sim80$m/d 的土能起到很好的胶结作用。双液法常用水玻璃—氯化钙溶液、水玻璃—水泥浆液等，两种物质在土中反应形成

硅胶等物质，适用于渗透系数 $k>2.0\mathrm{m/d}$ 的砂类土。

11.6.2 旋喷法

旋喷法是旋转喷射法的简称，是高压喷射注浆法的一种形式。高压喷射注浆法是利用高压喷射化学浆液与土混合固化处理地基的一种方法。它是将带有特殊喷嘴的注浆管沉入预定的深度后，以 20MPa 的高压喷射冲击破坏土体，并使浆液与土混合，经过凝结固化形成加固体。按注浆的形式分为旋转喷射（旋喷）注浆、定向喷射（定喷）注浆和摆动喷射（摆喷）注浆三种类型。其中旋喷注浆形成柱状体，定喷形成壁状或板状，摆喷形成扇状墙。旋喷用于加固地基，定喷和摆喷常用于基坑防渗和边坡稳定等工程。

旋喷注浆法的施工程序如图 11-15 所示。首先用钻机钻孔至设计处理深度，然后用高压脉冲泵，通过安装在钻杆下端的特殊喷射装置，向四周土喷射化学浆液。在喷射化学浆液的同时，钻杆以一定的速度旋转，并逐渐往上提升。高压射流使一定范围内土体结构遭受到破坏并与化学浆液强制混合，胶结硬化后即在地基中形成比较均匀的圆柱体，称为旋喷桩。

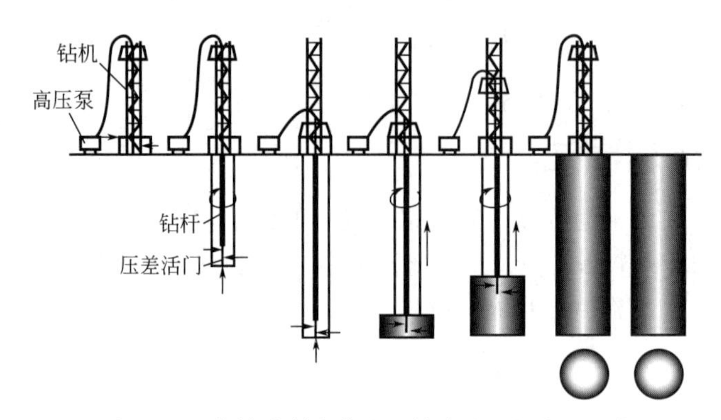

图 11-15 旋转喷射注浆法（旋喷法）的施工程序

高压旋喷注浆法的主要设备是高压脉冲泵（要求工作压力在 20MPa 以上）和带有特殊喷嘴的钻头。脉冲泵把旋喷时所需要的浆液，低压吸入，并借助于喷嘴高压排出，使浆液具有很大的动能，以达到破坏土体，搅拌浆液。装在钻头侧面的喷嘴是旋喷灌浆的关键部件，一般是由耐磨的钨合金制成。高压泵输出的浆液通过喷嘴后具有很大的动能，这种高速喷流，能破坏周围土的结构。旋喷时的压力、喷嘴的形状和喷嘴回旋的速度等对所形成的旋喷桩的质量影响很大。

旋喷桩的浆液有多种，一般应根据土质条件和工程设计的要求来选择，同时也要考虑材料的来源、价格和对环境的污染等因素。目前使用的是以水泥浆液为主，当土的透水性较大或地下水流速较大时，为了防止浆液流失，常在浆液中加速凝剂，如三乙醇胺和氯化钙等。在软弱土地基中，所形成的旋喷桩试样的极限抗压强度可达 3.0～5.0MPa。桩体的直径随着地基土的性质及旋喷压力的大小而变化，在软土中旋喷压力为 5～10MPa 时，旋喷桩的直径约 0.8m。

高压喷射注浆法适用于加固淤泥、淤泥质土、黏性土、粉土、砂土、湿陷性黄土、素填土和碎石土等地基。适用范围广，施工简便，可控制固结体形状和尺寸。对于建筑物地基的加固作用，是形成由旋喷桩和土组成的复合地基，其承载力应由现场载荷试验确定。此法加固费用较高，只在其他加固方法效果不理想时才考虑选用。

11.6.3 深层搅拌法

深层搅拌法系利用水泥作固结剂，通过特制的搅拌机械，在地基中将水泥和土体强制拌和，使软弱土硬结成整体，形成具有水稳性和足够强度的水泥土桩或地下连续墙。水泥土桩与地基土组成复合地基，承载力提高，变形下降。桩径一般采用500mm或550mm，桩长宜穿过软弱土层。水泥土搅拌桩从施工工艺上可分为水泥浆搅拌法（湿法）和粉体喷射搅拌法（干法）两种。

深层搅拌法施工时，无振动和噪声，对相邻建筑物无不良影响，可在市区内施工。

11.6.3.1 水泥浆搅拌法

水泥浆液搅拌法，是将一定配比的水泥浆注入土中搅拌形成水泥土桩。中国1978年生产出第一台深层搅拌机，1980年首次在上海宝山钢铁总厂软土地基加固中获得成功。

水泥浆搅拌法的施工步骤为：①深层搅拌机就位、对中；②搅拌机沿导向架搅拌下沉到设计深度；③开启灰浆泵将制备好的水泥浆压入地基；④喷浆、搅拌、提升，直至设计高程，关闭灰浆泵；⑤搅拌机搅拌下沉到加固深度；⑥搅拌提升出地面。搅拌机移位，重复①～⑥步进行下一个桩位的施工。

11.6.3.2 粉体喷射搅拌法

粉体喷射搅拌法以水泥粉作为固化剂。搅拌机下沉到加固深度后，边提升、边喷射、边搅拌，使水泥粉和深层软土充分拌和，直到设计高程为止。粉体喷射搅拌法形成的水泥土桩，如图11-16所示。

图11-16 粉体喷射搅拌法形成的水泥土桩

粉喷水泥土桩的强度、刚度均高于原位土体，且优于砂桩和碎石桩，但低于混凝土桩。与旋转喷射法（旋喷法）相比，水泥用量少，费用低。粉喷法的技术经济效果明显，目前使用较多。

思考题

11.1 什么是软弱土？

11.2 软土一般具有哪些工程特性？

11.3 砂垫层的主要作用是什么？

11.4 机械碾压法加固地基的机理是什么？

11.5 什么是重锤夯实法？其应用范围在哪些方面？

11.6 振冲法是如何加固地基的？

11.7 挤密桩的加固机理是什么？

11.8 排水固结法中，排水体有哪些？

11.9 排水砂井和挤密砂桩的作用有什么不同？

11.10 试述灌浆法的作用。

11.11 高压旋喷注浆法适用于加固哪些类型的地基土?

选择题

11.1 夯实深层地基土宜采用的方法是（　　）。

A. 强夯法　B. 重锤夯实法　C. 分层压实法　D. 振动碾压法

11.2 碎石桩加固砂土、粉土地基的作用是置换土层和（　　）。

A. 换土垫层　B. 碾压夯实　C. 排水固结　D. 挤密土层

11.3 排水固结法由排水系统和（　　）系统组成。

A. 固结　B. 加压　C. 监控　D. 管理

11.4 垫层顶面每边宜超出基础底边不小于（　　），或从垫层底面两侧向上按当地开挖基坑经验的要求放坡。

A. 100mm　B. 200mm　C. 300mm　D. 500mm

11.5 对于哪类地基土，采用排水固结预压法处理时要慎重?（　　）

A. 淤泥和淤泥质土　B. 饱和软黏土　C. 泥炭土　D. 冲填土

11.6 采用平碾、羊足碾、压路机、推土机或其他压实机械压实松软土的方法是（　　）。

A. 机械碾压法　B. 重锤夯实法　C. 振动压实法　D. 强夯法

11.7 下列地基中，适宜用旋喷法处理的是（　　）。

A. 砂土和粉土　B. 软土　C. 黏性土　D. ABC

11.8 当天然孔隙比（　　）时，称为淤泥。

A. $e>1.5$　B. $e<1.5$　C. $1.0<e<1.5$　D. $e<1.0$

11.9 深层搅拌法加固地基是形成（　　）。

A. 密实天然地基　B. 水泥土桩地基

C. 桩土复合地基　D. 水泥土地基

计算题

11.1 某四层砖混结构住宅，承重墙下为条形基础，基底宽 1.2m，埋深 1.0m，上部建筑物作用于基础顶面的荷载标准值 $F_k=120\text{kN/m}$。场地土质条件为第一层粉质黏土，厚 1.0m，重度为 17.5kN/m^3；第二层为淤泥质土，厚 15.0m，重度为 17.8kN/m^3，含水量 $w=65\%$，地基承载力特征值 $f_{ak}=45\text{kPa}$；第三层为密实的砂砾石。地下水距地表为 1.0m。经研究分析，采用砂垫层处理方案，设砂垫层的承载力特征值 $f_{ak}=150\text{kPa}$，试确定砂垫层厚度和垫层底面宽度（假定垫层厚度为 1.0m 进行试算，若不满足需增大厚度再算）。

11.2 某湿陷性黄土地基采用强夯法处理，拟采用圆底夯锤质量 12t、落距 15m，已知梅纳公式修正系数 m 为 0.48，试估算此强夯处理的有效加固深度?

11.3 设软土场地拟采用袋装砂井堆载预压，取袋装砂井直径 $d_w=80\text{mm}$，井径比 $n=18$，分别按梅花形和正方形布置袋装砂井，试确定合理间距 l。

第12章 区域性地基

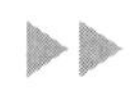

内容提要

区域性地基带有地域特色，本章主要介绍山区地基，膨胀土地基，湿陷性黄土地基，红黏土地基和地震液化地基。

基本要求

了解山区地基的概念、类型、防治措施；了解地震液化地基的特征、判别和抗震措施；了解膨胀土地基、湿陷性黄土地基和红黏土地基的分布范围、特征和防治对策；掌握膨胀土地基、湿陷性黄土地基和红黏土地基的评价方法及其地基处理措施。

12.1 山区地基

山区地基的设计应重视潜在的地质灾害对建筑安全的影响，滑坡、泥石流、崩塌以及岩溶、土洞强烈发育的地段，不应选作建设场地。

12.1.1 山区地基的特点和类型

山区地区的地基由于地质条件复杂，与平原地区地基相比，具有以下特点。

① 地表高差悬殊，地基类型各异。在山区，平坦的场地很少，斜坡场地平整后，建筑物基础经常会一部分在挖方区，另一部分在填方区。挖方区可以采用天然地基，而填方区却是人工地基。公路选线的原则之一是顺山沿水，为了生活方便，沿公路建房已是不争的事实。当斜坡较大，路边没有平整的场地，只能修建面山背水的所谓现代“吊脚楼”，如图12-1所示。由于地表高差悬殊，导致了基础标高悬殊。

图12-1 山区基础标高悬殊的建筑群

② 基岩埋藏浅，且起伏变化大。山区基岩一般埋藏都较浅，且有部分岩石露出地表，覆盖层土质厚薄不均匀。建筑物基础可能部分在基岩上，部分在土层上，甚至个别基础跨在两种岩土之上。

③ 山区地基中常会遇到大块孤石、个别石芽或局部软土等成因不同的岩土层。

④ 不良地质现象会给建筑物造成直接的或潜在的威胁。

⑤ 山区汇水面积广，地表水径流较快，如遇暴雨极易造成滑坡、崩塌等事故。

⑥ 位于斜坡地段的地基，有可能失去稳定。

以上山区地基的特点，主要表现为地基的不均匀性和场地的稳定性两个方面。通常采用的地基类型有岩石地基、土岩组合地基和压实填土地基三种。

① 岩石地基。建筑物直接支承在岩体上，岩体成为建筑物的地基。岩体是被交错裂隙面切割的岩块所组成的，有别于岩石。个别小岩块的物理力学性能优于岩体的物理力学性能，所以岩块的性质并不能代表岩体的性质。通常将岩块的承载力乘以一个折减系数，作为岩体的承载力。

② 土岩组合地基。在建筑物的主要受力层范围内，由土和个别岩块或下卧基岩共同形成的地基，称为土岩组合地基。这种地基具有不均匀性，变形也不均匀。

③ 压实填土地基。以压实或夯实填土作为持力层的地基，称为压实填土地基。在山区或丘陵地区，场地填方的地基为压实填土地基，在平原地区有时也采用填土作为建筑物或其他工程的地基持力层。

12.1.2 岩石地基

在一般的房屋建筑荷载作用下，岩石地基的强度和变形都能满足上部结构的要求。地基承载力与基底宽度和基础埋置深度无关，承载力特征值无须修正。但是，如果是强风化或全风化的岩石，地基承载力特征值需要按风化成的相应土类进行修正。

岩石地基的基础，常采用直接砌筑基础或墙体、杯口基础和锚杆基础等形式。

(1) 直接砌筑基础或墙体

只需清除基岩表面不同程度的风化层，将基础直接砌筑在基岩上即可。当上部结构传来的荷载较小，或者岩石地基的承载力较高时，在砌体承重的民用建筑中，可在清除基岩表面风化层后的岩体上直接砌筑墙体，而不必专门做基础。

(2) 杯口基础

对于预制柱承重的建筑物，如果荷载和偏心均较小，可以做成杯口基础。方式之一是直接在基岩中开凿基坑，做成杯口，然后将柱插入，再用C30混凝土将柱子周围振捣密实，使其与基岩连成整体［图12-2(a)］；方式之二是在基岩表面上浇筑钢筋混凝土杯口，并将杯口用锚杆锚固在基岩内形成锚杆杯口［图12-2(b)］。

(3) 锚杆基础

对于现浇钢筋混凝土柱，当为轴心受压或小偏心受压时，可将柱子的钢筋直接插入基岩孔做成锚杆基础［图12-3(a)］；当柱子为大偏心受压，或岩石承载能力较低时，可将柱子底部放大做成大放脚，以便布置较多的锚杆，以承受较大的偏心拉力［图12-3(b)］。

岩石锚杆基础适用于直接建在基岩上的柱基，以及承受拉力或水平力较大的建筑物基础。锚杆孔一般是利用钻机或风镐在基岩中钻成的，多为圆柱形，但为了增大抗拔力，下部孔径可以扩大。锚杆基础应与基岩连成整体，并应符合下列要求：

① 锚杆孔直径 d_1，宜取锚杆直径 d 的 3 倍，但不应小于一倍锚杆直径加 50mm，即 $d_1=3d$，且 $d_1 \geqslant d+50$mm。最外侧锚杆孔边缘到柱边缘的距离≥150mm，锚杆插入部分的端部距离孔底 50mm 的位置，有效锚固长度 $l>40d$。

② 锚杆插入上部结构的长度，应符合钢筋锚固长度的要求［参见现行《混凝土结构设计规范（2015 年版）》GB 50010—2010］。

③ 锚杆宜采用热轧带肋钢筋，水泥砂浆强度不宜低于 30MPa，细石混凝土强度不宜低于 C30。灌浆前，应将锚杆孔清理干净。

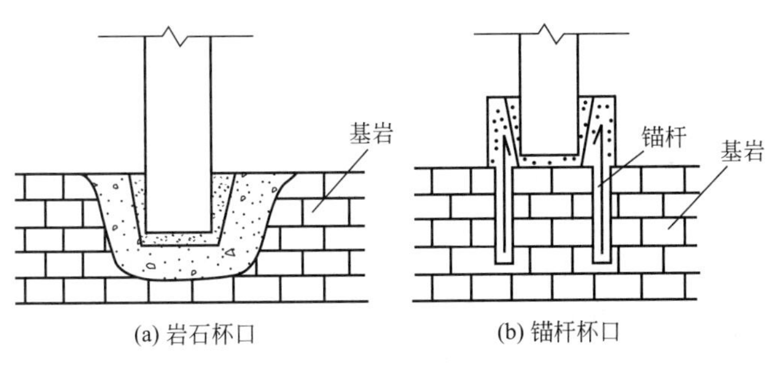

图 12-2 岩石地基上的杯口基础

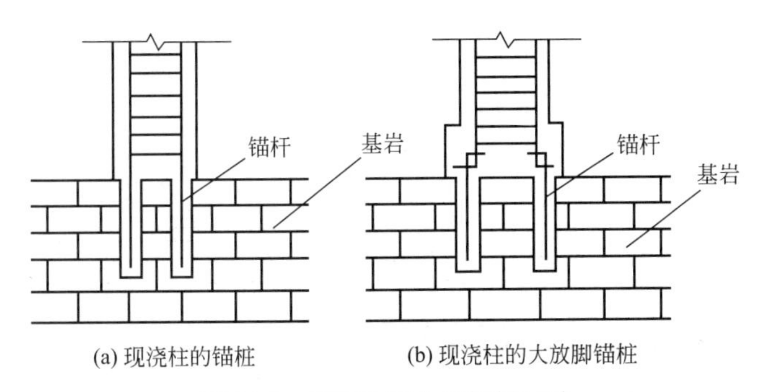

图 12-3 岩石地基上的锚杆基础

12.1.3 土岩组合地基

建筑地基的主要受力层范围内，如遇下列情况之一者，属于土岩组合地基：①下卧基岩表面坡度较大的地基；②石芽密布并有出露的地基；③大块孤石或个别石芽出露的地基。这类地基由于基岩的起伏比较大，上覆土层厚薄不一，且可能存在石芽、大块孤石，故应特别注意地基的不均匀性。

12.1.3.1 下卧基岩表面坡度较大的地基

下卧基岩表面坡度较大，上覆土层厚度差异较大，可能引起建筑物倾斜或土层沿岩面滑动而失稳。所以，设计时要作变形验算，当变形超过规定值时，宜选用调整基础宽度、埋深或采用深基础等方法来解决。如图 12-4 所示，下卧基岩单向倾斜，可将基底沿基岩倾斜方向分段加深做成阶梯形，使下部土层厚度趋于一致，从而使沉降均匀。

如果建筑物位于沟谷部位，下卧基岩表面往往呈 V 字形，若岩石坡度平缓且上覆土层强度较高，对于中小型建筑物，只需加强上部结构刚度，而不必作地基处理；下卧基岩呈倒

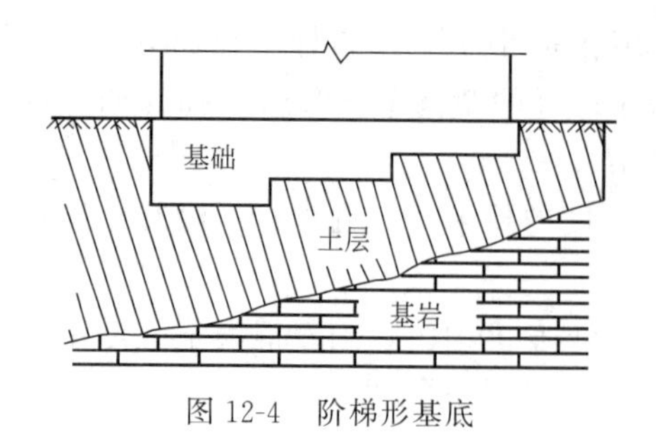

图 12-4 阶梯形基底

V字形时，即中间土层薄，两边土层厚，可致建筑物在两个倾斜面的交界处出现裂缝。遇到这种情况，可将建筑物在倾斜面的交界处用沉降缝分开，形成两个建筑单元。沉降缝宽度宜取 30～50mm，在特殊情况下可适当加宽。

12.1.3.2 石芽密布并有出露的地基

地基中有石芽密布并有出露的情况多发生在岩溶地区，基岩起伏很大，石芽之间为覆盖土所充填。当石芽间距小于 2m，其间为硬塑或坚硬状态的红黏土时，对于房屋为六层和六层以下的砌体承重结构、三层和三层以下的框架结构或具有 15t 和 15t 以下吊车的单层排架结构，若基底压力小于 200kPa，则可不做地基处理。

如不能满足上述要求时，可利用经检验稳定性可靠的石芽作支墩式基础（图 12-5），也可在石芽出露部位作褥垫（将局部较硬岩层凿去一定厚度，垫以较软的材料，似在硬层上铺一张软垫）。褥垫的作用是合理调整地基的压缩性。褥垫可采用炉渣、中砂、粗砂、土夹石等材料，其厚度宜取 300～500mm，夯填度❶应根据试验确定。当石芽之间有较厚的软弱土层时，可用碎石、土夹石等进行置换。

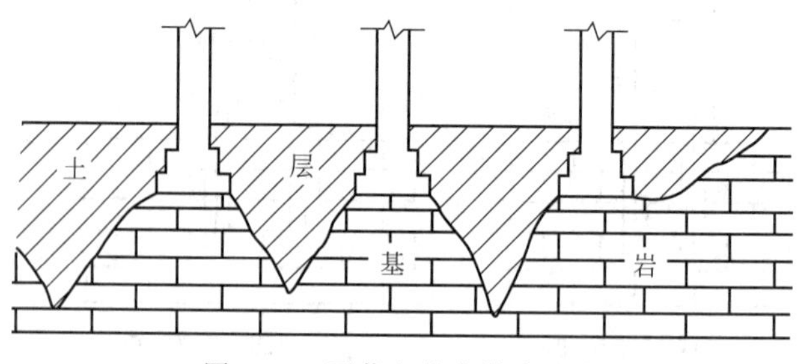

图 12-5 石芽上的支墩式基础

12.1.3.3 大块孤石或个别石芽出露的地基

在山前洪积层或冰碛层中，建筑物地基常有大块孤石出现；在岩溶地区基坑内可能遇到个别石芽出露。这类地基处理不善，极易在土与岩石交界处，造成建筑物开裂。

当土层的承载力特征值大于 150kPa、房屋为单层排架结构或一、二层砌体承重结构时，宜在基础与岩石接触的部位采用褥垫进行处理，如图 12-6 所示。对于多层砌体承重结构，应根据土质情况，结合建筑、结构措施进行综合处理，比如调整建筑平面、设置沉降缝，也可采用桩基础或梁、拱跨越等处理措施。

12.1.4 压实填土地基

分层压实和分层夯实的填土，统称为压实填土。压实填土地基包括压实填土及其下部天然土层两部分，压实填土地基的变形也包括压实填土及其下部天然土层的变形。

---

❶ 夯填度为褥垫夯实后的厚度与虚铺厚度的比值。当无资料时，对中、粗砂可取 0.87±0.05；对土夹石（其中碎石含量为 20%～30%）可取 0.70±0.05。

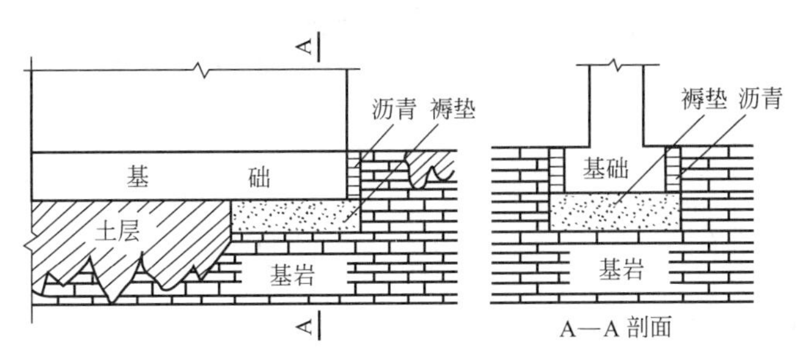

图 12-6　褥垫的构造图

当利用压实填土作为建筑工程的地基持力层时，在平整场地前，应根据结构类型、填料性质和现场条件等，对拟压实的填土提出质量要求。未经检验查明以及不符合质量要求的压实填土，均不得作为建筑工程的持力层。

压实填土的填料，应符合下列规定：①级配良好的砂土或碎石土；以卵石、砾石、块石或岩石碎屑作为填料时，分层压实时其最大粒径不宜大于 200mm，分层夯实时其最大粒径不宜大于 400mm；②性能稳定的矿渣、煤渣等工业废料；③以粉质黏土、粉土作为填料时，其含水量宜为最优含水量，最优含水量 w_{op} 可采用击实试验确定；④挖高填低或开山填沟的土料和石料，应符合设计要求；⑤不得使用淤泥、耕土、冻土、膨胀土以及有机质含量大于 5%的土。

压实填土层底面下卧层的土质，对压实地基的变形有直接影响，为消除隐患，铺填料前，首先应查明并清除场地内填土层底面以下的耕土和软弱土层。压实设备选定后，应在现场通过试验确定分层填料的虚铺厚度和分层压实的遍数，取得必要的施工参数后，再进行压实填土的施工（图 12-7），以确保压实填土的施工质量。

图 12-7　压实施工现场

在雨季、冬季施工时，应采取防雨、防冻措施，防止填料（粉质黏土、粉土）受雨水淋湿或冻结，并应采取措置防止出现“橡皮”土。

压实填土的施工缝各层应错开搭接，不宜在相同的部位留施工缝。并且在施工缝处应适当增加压实遍数。此外，还应避免在工程的主要部位或主要承重部位留施工缝。压实填土施工结束后，宜及时进行基础施工。当不能及时施工基础和主体工程时，可采取必要的保护措施，防止压实填土表层直接日晒或受雨水泡软。

压实填土的质量以压实系数 λ_c 控制，并应根据结构类型和压实填土所在部位按表 12-1 的数值确定。

表 12-1 压实填土地基压实系数控制值

结构类型	填土部位	压实系数 λ_c	控制含水量/%
砌体承重结构和框架结构	在地基主要受力层范围内	≥0.97	$w_{op}\pm2$
	在地基主要受力层范围以下	≥0.95	
排架结构	在地基主要受力层范围内	≥0.96	
	在地基主要受力层范围以下	≥0.94	

注：1. 压实系数 λ_c 为压实填土的控制干密度 ρ_d 与最大干密度 ρ_{max} 的比值，w_{op} 为最优含水量；

2. 地坪垫层以下及基础底面标高以上的压实填土，压实系数不应小于 0.94。

压实填土的边坡设计应控制坡高和坡比。边坡的坡比与其高度密切相关，如土性指标相同，边坡愈高，坡比愈大，坡体的滑动趋势就愈大。为了提高其稳定性，通常将坡比放缓，但坡比太缓，压实的土方量会增大，不一定经济合理。因此，坡比不宜太缓，也不宜太陡，坡比和坡高应有一个合适的关系。不同填土类别、不同坡高的边坡坡度允许值，按表 12-2 确定。

表 12-2 压实填土的边坡坡度允许值

填土类别	边坡坡度允许值(高宽比)		压实系数 λ_c
	坡高在 8m 以内	坡高为 8～15m	
碎石、卵石	(1∶1.50)～(1∶1.25)	(1∶1.75)～(1∶1.50)	0.94～0.97
砂夹石(其中碎石、卵石占全重 30%～50%)	(1∶1.50)～(1∶1.25)	(1∶1.75)～(1∶1.50)	
土夹石(其中碎石、卵石占全重 30%～50%)	(1∶1.50)～(1∶1.25)	(1∶2.00)～(1∶1.50)	
粉质黏土、黏粒含量 ρ_c≥10%的土	(1∶1.75)～(1∶1.50)	(1∶2.25)～(1∶1.75)	

在斜坡上进行压实填土，应考虑压实填土沿斜坡滑动的可能，并应根据天然地面的实际坡度验算其稳定性。当天然地面坡度大于 20%时，填料前，宜将斜坡的坡面挖成高、低不平或挖成若干台阶，使压实填土与斜坡坡面紧密接触，形成整体，防止压实填土向下滑动。此外，还应将斜坡顶面以上的雨水有组织地引向远处，防止雨水流向压实的填土内。

12.2 膨胀土地基

膨胀土是黏性土的一种。土中黏粒成分主要由亲水性矿物组成，具有明显的遇水膨胀，失水收缩的特性。随着季节的变化，干湿交替使膨胀土出现反复的胀缩变形，这将影响到建筑物地基和边坡的稳定性，引起房屋和构筑物开裂。

目前膨胀土的工程问题，已成为世界性的研究课题。在我国，据不完全统计，在膨胀土地区修建的各类工业与民用建筑物因胀缩变形而致损坏或破坏的大约有 1000 万平方米；近年在膨胀土地区修建的高速公路，也出现了病害。这都引起了广泛的关注和有关管理、勘察、设计、施工等部门的重视。

12.2.1 膨胀土的特性

膨胀土（图 12-8）在世界各地广泛分布，迄今已经发现存在膨胀土的国家达到 40 余个，遍及六大洲。我国膨胀土的分布也较广，河南、河北、山东、山西、陕西、四川、湖北、湖南、安徽、江苏、云南、贵州、广西、广东、海南等二十余个省（自治区）的 300 多个县（市）都有这种土存在。除少数形成于第四纪全新世（Q_4）外，其他地质年代多属第四纪晚更新世（Q_3）或更早。

12.2.1.1 膨胀土具有的特征

在自然状态下，膨胀土具有以下特征，可以据此初步判定场地土是否属于膨胀土。①多分布在二级或二级以上阶地、山前丘陵和盆地边缘；②地形平缓，无明显自然陡坎；③常见浅层滑坡、地裂、新开挖的路堑、边坡、基槽易发生坍塌；④裂隙发育、方向不规则，常有光滑面和擦痕，裂隙中常充填灰白、灰绿色黏土；⑤干时坚硬，遇水软化，自然条件下呈坚硬或硬塑状态；⑥自由膨胀率一般大于40%；⑦未经处理的建筑物成群破坏，低层较多层严重，刚性结构较柔性结构严重；⑧建筑物开裂多发生在旱季，裂缝宽度随季节变化。

图 12-8　膨胀土

除此以外，我国膨胀土的黏粒含量一般都较高，其中粒径小于0.002mm的胶体颗粒含量一般都超过20%，天然含水量接近或略等于塑限，液限大于40，塑性指数$I_P>17$，液性指数I_L常小于零。膨胀土在通常情况下强度较高，压缩性低，很容易被误认为是良好地基。

12.2.1.2　膨胀土胀缩变形的内因

膨胀土的胀缩变形，在内、外因素共同作用下产生。其中主要的内在因素有：

① 矿物成分。膨胀土主要由蒙脱石、伊利石等亲水性矿物组成。蒙脱石，也叫“胶岭石”“微晶高岭石”，亲水性强，具有既易吸水又易失水的强烈活动性，吸水和失水是胀缩的一个重要原因。伊利石，又叫“水云母”，亲水性虽比蒙脱石低，但也有较高的活动性。蒙脱石矿物吸附外来的阳离子的类型对土的胀缩性也有影响，如吸附钠离子（蒙脱石钠）时就具有特别强烈的胀缩性。我国云南蒙自、河北邯郸、河南平顶山等地的膨胀土以蒙脱石含量为主，而安徽合肥、四川成都、湖北十堰市郧阳区、山东临沂等地则以伊利石含量为主。

② 微观结构特征。膨胀土的胀缩变形，不仅取决于矿物成分，而且还取决于这些矿物在空间上的分布特征。显微镜观察发现，矿物颗粒彼此叠聚成微集聚体基本结构单元，膨胀土的微观结构表现为集聚体与集聚体彼此面—面接触形成分散结构，这种结构具有很大的吸水膨胀和失水收缩的能力。

③ 黏粒的含量。黏粒颗粒细小，比面积大，具有很大的表面能，对水分和水中阳离子的吸附能力强。土中黏粒含量愈多，则土的胀缩性愈强。

④ 土的密度和含水量。土的胀缩表现为土体积的增大和减小，在一定条件下，土的天然孔隙比e和天然含水量都会影响土的胀缩变形。因为膨胀土的密度大，孔隙比就小，所以浸水膨胀强烈，失水收缩小；反之，浸水膨胀小，失水收缩大。膨胀土的初始含水量与膨胀后含水量接近，土的膨胀就小，收缩的可能性和收缩值就大；若二者差值愈大，则土的膨胀可能性及膨胀值就愈大，收缩就愈小。

⑤ 土的结构强度。结构强度愈大，土体限制胀缩变形的能力也愈大；当土的结构受到破坏后，土的胀缩性随之会增强。

12.2.1.3　膨胀土胀缩变形的外因

膨胀土胀缩变形的外在因素就是水对膨胀土的作用，或者更确切地说，水分的迁移是控制土胀、缩特性的关键外在因素。因为只有土中存在着可能产生水分迁移的梯度和进行水分迁移的途径，才有可能引起土的膨胀或收缩。

12.2.2 膨胀土地基评价

膨胀土地区的岩土工程评价，除通常的地基承载力确定、稳定性验算和变形量计算外，还应计算土的膨胀变形量、收缩变形量和胀缩变形量，分析膨胀土对工程的破坏机制，估计膨胀力的大小，并划分胀缩等级。

12.2.2.1 胀缩性指标

膨胀土的胀缩性指标有自由膨胀率，膨胀率，膨胀力，竖向线缩率和收缩系数等项。

(1) 自由膨胀率 δ_{ef}

自由膨胀率，是指人工制备的干土粉样，在无结构力影响下浸泡于水中，经充分吸水膨胀后所增加的体积与原体积的百分比。试验时取代表性风干土样碾碎过 0.5mm 筛，并在 100～105℃温度下烘干至恒重，然后经无颈漏斗注入量杯（容积 10mL），盛满刮平后，将土试样倒入盛有蒸馏水的量筒（容积 50mL）内，再加入凝聚剂并用搅拌器上下均匀搅拌 10 次。土粒下沉后，每隔一定时间读取土样体积数，直至认为膨胀到达稳定为止。自由膨胀率按式（12-1）计算：

$$\delta_{ef}=\frac{V_w-V_0}{V_0}\times 100 \tag{12-1}$$

式中 δ_{ef}——自由膨胀率，%；

V_w——浸水膨胀稳定后的土样体积，cm^3；

V_0——试样原有体积（即量土杯的容积），$10cm^3$。

自由膨胀率的大小与土的矿物成分有关。黏粒的矿物成分主要是蒙脱石钠时，δ_{ef} 一般在 100%以上；蒙脱石钙 δ_{ef} 达 80%以上；以伊利石为主并含少量蒙脱石时，δ_{ef} 在 50%～80%；主要是伊利石，含少量其他矿物成分时，δ_{ef} 达 40%～70%；如为高岭石时，δ_{ef} 小于 40%。

自由膨胀率 $\delta_{ef}\geqslant 40\%$ 的土可定为膨胀土，而 $\delta_{ef}<40\%$ 的土则可认为是非膨胀土。

(2) 膨胀率 δ_{ep}

膨胀率是在一定压力 p 作用下，处于侧限条件下的原状土试样，在浸水膨胀稳定后土样增加的高度与原高度之比。可按式（12-2）计算膨胀率

$$\delta_{ep}=\frac{h_w-h_0}{h_0}\times 100 \tag{12-2}$$

式中 δ_{ep}——压力 p 时的膨胀率，%；

h_w——土样浸水膨胀稳定后的高度，mm；

h_0——土样的原始高度，mm。

膨胀率反映土在压力 p 作用下膨胀后孔隙比的变化。采用不同的压力进行试验，可以得到不同膨胀率数值，从而了解膨胀率和压力的关系：压力小时，膨胀率大；压力大时，膨胀率小。工程中为了比较不同土的膨胀性，需要统一规定压力值，我国一般采用 $p=50kPa$。

(3) 膨胀力 p_e

原状土试样在体积不变时，由于浸水膨胀而产生的最大内应力，称为膨胀力，用符号 p_e 表示，单位为千帕（kPa）。

膨胀力等于膨胀率为零（$\delta_{ep}=0$）时土样所受到的压力，通常采用压缩膨胀法、自由膨胀法、等容法等试验方法来测定。其值与土的初始密度有密切关系，初始密度越大，膨胀力也越大。

（4）竖向线缩率 δ_s

竖向线缩率是指土的竖向收缩变形与试样原始高度的百分比。试验时把土样从环刀中推出后，置于20℃恒温环境下干缩（或在15～40℃自然条件下干缩）。每隔一定时间测记一次试样高度和试样质量，以计算收缩含水量 w 和竖向线缩率。竖向线缩率按式（12-3）计算：

$$\delta_s=\frac{h_0-h}{h_0}\times 100 \tag{12-3}$$

式中 δ_s——竖向线缩率，%；

h_0——土试样的原始高度，mm；

h——在试验过程中测得的某次试样高度，mm。

（5）收缩系数 λ_s

以含水量 w 为横坐标，竖向线缩率 δ_s 为纵坐标，绘制的关系曲线称为收缩曲线，如图12-9所示。当含水量减小时，土的收缩过程分为三个阶段：收缩阶段、过渡阶段和微缩阶段。在收缩阶段中，含水量每降低1%时，所对应的竖向线缩率的变化值定义为收缩系数。收缩系数用 λ_s 表示，由图12-9可知：

$$\lambda_s=\frac{\Delta\delta_s}{\Delta w} \tag{12-4}$$

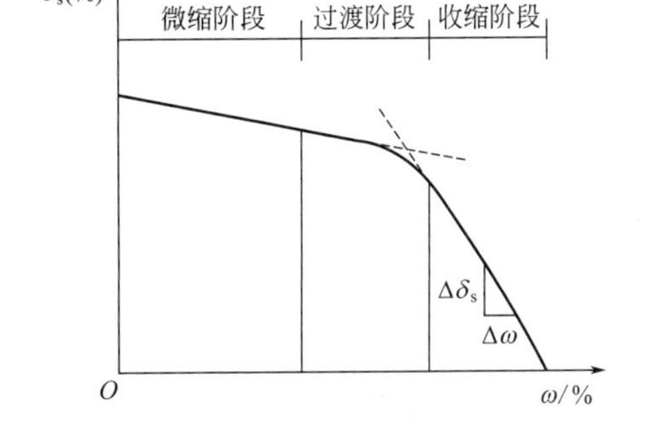

图12-9 收缩曲线

12.2.2.2 膨胀土的膨胀潜势

不同胀缩性能的膨胀土对建筑物的危害程度不同。调查表明：自由膨胀率较小的膨胀土，膨胀潜势较弱，建筑物损坏轻微；自由膨胀率大的膨胀土，膨胀潜势强，较多建筑物遭到严重破坏。膨胀土的膨胀潜势，依据自由膨胀率分为弱、中、强三类，详见表12-3。

表12-3 膨胀土的膨胀潜势分类

自由膨胀率 δ_{ef}/%	$40\leqslant\delta_{ef}<65$	$65\leqslant\delta_{ef}<90$	$\delta_{ef}\geqslant 90$
膨胀潜势	弱	中	强

12.2.2.3 膨胀土地基的胀缩等级

膨胀土地基的胀缩等级是膨胀土地基最重要的评价内容，应根据地基的膨胀、收缩变形对低层砖混结构房屋的影响程度进行，地基的胀缩等级按表12-4进行分级。

膨胀土地基分级变形量 s_c 与膨胀变形量、收缩变形量有关，可采用分层总和法计算。

（1）膨胀变形量

$$\delta_e=\psi_e\sum_{i=1}^{n}\delta_{epi}h_i \tag{12-5}$$

式中 δ_e——地基土的膨胀变形量，mm；

ψ_e——计算膨胀变形量的经验系数，宜根据当地经验确定，无经验时，三层或三层以下建筑物，可采用0.6；

δ_{epi}——基础底面以下第i层土在平均自重压力与平均附加压力之和作用下的膨胀率，由室内试验确定；

h_i——第i层土的计算厚度，mm，分层计算一般取为基础宽度的0.4倍；

n——自基础底面至计算深度z_n内所划分的土层数［图12-10（a）］，计算深度应根据大气影响深度确定；有浸水时，可按浸水影响深度确定。

大气影响深度应由各气候区的深层变形观测或含水量观测及地温观测资料确定，如汉中3.0m，唐山4m，临沂3.5m，南京3m，合肥3m，许昌4m，桂林3.5m，广州3.5m，贵阳3m，成都3m，昆明5m。

表12-4 膨胀土地基的胀缩等级

地基分级变形量s_c/mm	级别	破坏程度
$15 \leqslant s_c < 35$	Ⅰ	轻微
$35 \leqslant s_c < 70$	Ⅱ	中等
$s_c \geqslant 70$	Ⅲ	严重

（2）收缩变形量

$$\delta_s = \psi_s \sum_{i=1}^{n} \lambda_{si} \Delta w_i h_i \tag{12-6}$$

式中 δ_s——地基土的收缩变形量，mm；

ψ_s——计算收缩变形量的经验系数，宜根据当地经验确定，无经验时，三层或三层以下建筑物，可采用0.8；

λ_{si}——第i层土的收缩系数，由室内试验确定；

Δw_i——地基土收缩过程中，第i层土可能发生的含水量变化的平均值（以小数表示）；

h_i——第i层土的计算厚度，mm；

n——自基础底面至计算深度z_n内所划分的土层数，计算深度应根据大气影响深度确定；当有热源影响时，应按热源影响深度确定。

在计算深度内，各土层的含水量变化值［图12-10（b）］，应按下列公式计算：

$$\Delta w_i = \Delta w_1 - (\Delta w_1 - 0.01)\frac{z_i - 1}{z_n - 1} \tag{12-7}$$

$$\Delta w_1 = w_1 - \psi_w w_p \tag{12-8}$$

式中 w_1、w_p——为地表以下1m处土的天然含水量和塑限含水量（以小数表示）；

ψ_w——土的湿度系数，其值详见《膨胀土地区建筑技术规范》；

z_i——第i层土的深度，m；

z_n——计算深度，m，可取大气影响深度；在计算深度内有稳定的地下水时，可计算至水位以上3m。

若在地表以下4m土层深度内存在不透水的基岩，则可假定含水量的变化值为常数［图12-10（c）］。

（3）胀缩变形量

胀缩变形量由膨胀变形量和收缩变形量两部分构成，按式（12-9）计算

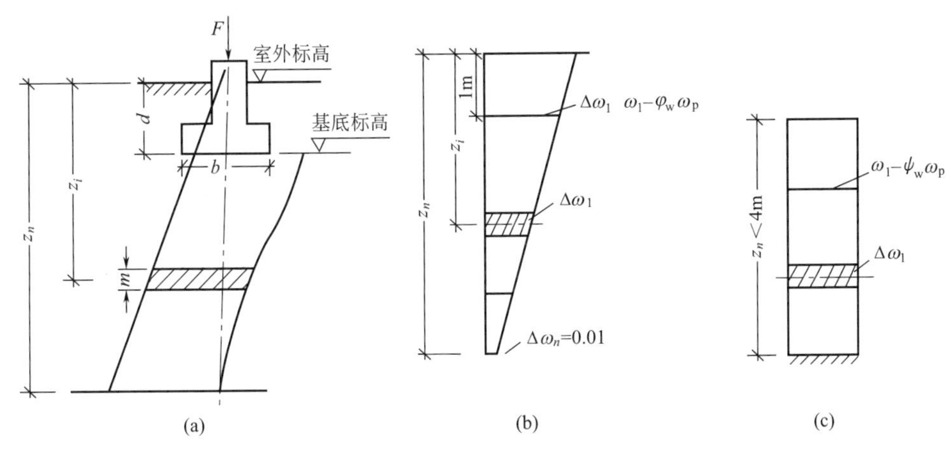

图 12-10 地基土变形计算示意图

$$s=\psi\sum_{i=1}^{n}(\delta_{epi}+\lambda_{si}\Delta\omega_i)h_i \tag{12-9}$$

式中 s——地基土的胀缩变形量（以小数表示），mm；

ψ——计算胀缩变形量的经验系数，可取 0.7。

计算地基分级变形量 s_c 时，膨胀率采用的压力为 50kPa。当离地表 1m 处地基土的天然含水量等于或接近最小值时，或地面有覆盖且无蒸发可能时，以及建筑物在使用期间经常有水浸湿的地基，可按膨胀变形量计算地基分级变形量，即 $s_c=s_e$；当离地表 1m 处地基土的天然含水量大于 1.2 倍塑限含水量时，或直接受高温作用的地基，可按收缩变形量计算地基分级变形量，即 $s_c=s_s$；其他情况下，按胀缩变形量计算地基分级变形量，即 $s_c=s$。

12.2.2.4 膨胀土地基的稳定性

边坡及边坡上建筑工程结构时，可能存在稳定性问题，如图 12-11 所示为施工开挖的膨胀土边坡在雨季失稳垮塌的案例。因此，对边坡及位于边坡上的建筑物，应进行稳定性验算，并应考虑坡体内含水量变化的影响。验算按下列规定进行：

① 土质均匀且无节理面时，按圆弧滑动法验算稳定性；

② 土层较薄，土层与岩层间存在软弱层及层状膨胀岩土时，取最不利的软弱层面为滑动面进行稳定性验算；

③ 层状构造的膨胀土，如层面与坡面斜交，且交角小于 45°，验算层面滑动的稳定性；

④ 对具有胀缩裂缝和地裂缝的膨胀土边坡，应验算沿裂缝的滑动稳定性。

图 12-11 开挖的膨胀土边坡雨季失稳垮塌案例

验算稳定性时，必须考虑建筑物和堆料的荷载，抗剪强度应为土体沿滑动面的抗剪强度，稳定安全系数可取1.2。

12.2.3 膨胀土地基的工程措施

膨胀土的成因、性质不同，造成的工程病害也各式各样。以下一些工程措施可避免或减轻膨胀土的工程病害。

12.2.3.1 选择较好的场地

膨胀土地区建筑场地的选择原则是，选择排水通畅或易于进行排水处理的地形条件，选择地形条件比较简单、土质比较均匀、膨胀性较弱、坡度小于14°的平坦场地，尽量避免地形复杂、地裂、冲沟、地下溶沟、溶槽发育和可能发生浅层滑坡、地下水位变化剧烈的地段。

场地的平面布置应使同一建筑物地基土的分级变形量之差，不宜大于35mm；竖向设计宜保持自然地形，避免大挖大填；挖方和填方地基上的砖混结构房屋，应考虑挖填部分土的水分变化所造成的危害；还应考虑到场地内排水系统的管道渗水或排泄不畅对建筑物升降变形的影响；对变形有严格要求的建筑物，应布置在膨胀土埋藏较深、胀缩等级较低或地形较平坦的地段。

12.2.3.2 确定合理的基础埋深

（1）浅基础埋深

为了减少建筑物变形的不均匀程度，大气影响深度是决定天然地基上浅基础埋深的一个因素。避开受大气影响胀缩变形活动剧烈的土层（该深度可按大气影响深度值乘以0.45采用），确定一个最小埋深是必要的。目前，确定基础埋深的方法，是以地基胀缩变形为10mm（或以下）所对应的深度作为基础的最小埋深。根据这样一个原则，在不同胀缩等级地基上的基础最小埋深是不相同的。Ⅰ级膨胀土地基的基础埋深较浅，Ⅲ级膨胀土地基的基础埋深较深。设计时可通过计算胀缩变形量来确定基础埋置深度，但一般不应小于1m。

建筑物避免胀缩变形危害的另一个有效措施，是采用人工地基。比如采用换土垫层法，挖去膨胀土，换填非膨胀土、灰土、砂土、碎石土等；还可以采用化学固化处理，利用石灰、水泥或其他固化材料与膨胀土中的膨胀矿物发生化学反应，以达到降低膨胀潜势的目的。

（2）深基础埋深

膨胀土地区对重要的建筑物或变形敏感的建筑物，应考虑采用桩基础。若桩端不能达到基岩顶面，但应穿透膨胀土层。桩端进入膨胀土活动区以下，不小于4倍桩径及1倍扩大端直径，且应＞1.5m。为了减少和消除桩基周围膨胀土对建筑物桩基的作用，宜采用钻孔、挖孔（扩底）灌注桩；同时为了消除桩基受膨胀作用的危害，可在膨胀深度范围内，对桩墩本身沿桩周及承台用非膨胀土做隔离层。

12.2.3.3 建筑措施

建筑物的体型力求简单，尽量避免平面凹凸曲折和立面高低不一。建筑有效措施主要包括沉降缝的设置、散水和地坪三个方面。

① 设置沉降缝。若建筑体型复杂，为了减小建筑物的不均匀沉降，应将建筑物分成若干具有较大刚度的独立单元。设置沉降缝的位置为：地基不均匀处；土的胀缩强弱不均匀处；建筑平面转折部位，因为阴角容易积水，土中水分不易蒸发，而阳角变形往往很大；建筑物高度或荷载有显著差异的部位；建筑结构类型或基础类型不同处；挖方填方交接处。

② 做较宽的散水。散水的作用是保护地基土免受地表水直接浸入，阻止土中水蒸发，从而减少气候对土中含水量的影响，减少房屋的变形幅度和变形差。其宽度一般不小于1.2m，在平坦场地中等膨胀土地基上，采用宽度大于2m的宽散水能收到较好的效果。

③ 地坪设计。地坪应与墙体脱开，并做好柔性防水接缝，大面积地坪应分格（每3m做分格）做变形缝，或采用预制块铺设，对于要求严格的地坪，应增设灰土垫层或砂垫层，也可采用架空地坪。

12.2.3.4 结构措施

较均匀的弱膨胀土地基，可采用条形基础；基础埋深较大或条形基础基底压力较小时，宜采用墙下单独基础。

在膨胀土地基上，承重砌体结构可采用拉结较好的实心砖墙，不可采用空斗墙、砌块墙或无砂混凝土砌块砌体；应避免采用对变形敏感的砖拱结构和无筋中型砌块结构。为了加强建筑物的整体刚度，可适当设置钢筋混凝土圈梁。排架结构的工业厂房，宜采用单独柱基础承重，墙体砌筑在地梁上，地梁底部与地面应脱空100～150mm。Ⅲ级膨胀土地基上的建筑物如不采取以基础深埋为主的措施，可适当增设构造柱。外廊式房屋应采用悬挑结构。

12.2.3.5 施工措施

膨胀土地区的建筑物，应根据设计要求、场地条件和施工季节，做好施工组织设计。在施工过程中尽量减少地基土中含水量的变化，以便减少土的胀缩变形。场地施工前应完成挡土墙、护坡、防洪沟、排水沟等工程，施工用水应妥善管理，防止水流入基槽内。基槽不应暴晒或浸泡，雨季施工应有防水措施。尽量不采取大面积开挖的施工方法，当挖方至基底标高时，宜及时浇筑混凝土垫层或封底。基础施工完毕后，应及时回填并分层夯实。

对于混凝土灌注桩，在钻孔或挖孔过程中不得向孔内注水，孔底虚土经处理后，方可向孔内浇灌混凝土。

建筑结构底层现浇钢筋混凝土板（梁），宜采用架空或桁架支模方式，避免直接支撑在膨胀土上；散水施工前应先夯实基土，伸缩缝内的防水材料应填密实，并略高于散水，或做成脊背形；管道及其附属构筑物的施工，宜采用分段、快速作业法。当管道、电缆沟穿过建筑物基础时，应做好接头，管道敷设完成后，应及时回填、加盖或封面。

12.3 湿陷性黄土地基

黄土是在干旱、半干旱地区气候条件下形成的一种特殊的第四纪陆相沉积物，由未经固结的50%以上的粉土颗粒所组成，一般呈黄色、褐黄色或灰黄色，富含易溶盐及石灰质结核（姜石）。受风力搬运堆积，又未经次生扰动，不具层理的黄土为原生黄土；而由风成以外的其他成因堆积而成的，常具有层理和砂或砾石类夹层的黄土为次生黄土或黄土状土。

在天然状态下，黄土的强度一般较高，压缩性较低。但有的黄土，在一定压力作用下，受水浸湿后，结构迅速破坏而发生显著附加沉陷，导致建筑物破坏，具有这种特征的黄土称为湿陷性黄土。多起事故分析表明，遇水湿陷是黄土地区建筑地基事故的主要原因，其地基基础的设计和施工都需特别对待与处理。不具有湿陷性质的黄土，则称为非湿陷性黄土，这类黄土地基与普通土地基没有什么区别。

12.3.1 湿陷性黄土的分布和特征

12.3.1.1 黄土的地层划分

按黄土形成年代的早晚，分为老黄土和新黄土，见表12-5。形成于早更新世（Q_1）的午城黄土和中更新世（Q_2）的离石黄土属于老黄土，形成于晚更新世（Q_3）的马兰黄土和全新世（Q_4）的黄土状土为新黄土。

午城黄土形成时间最早，土质密实。颗粒均匀，压缩性低，无湿陷性。离石黄土，分上下两部分，下部黄土色灰褐，较坚实，无湿陷性；上部黄土色浅灰褐，无湿陷性或轻微湿陷性。马兰黄土，结构疏松，土质较均匀，一般具有湿陷性。黄土状土，也就是次生黄土，因为形成历史较晚，结构松散，土质不均匀；特别是新近堆积黄土，沉积年代更短，压缩性高，承载力低，均匀性差。黄土状土外貌和物理性质与马兰黄土差别不大，但力学性质远逊于马兰黄土，具有较强的湿陷性和较高的压缩性。

表12-5 黄土的地层划分

时代		地层的划分	说明
全新世(Q_4)黄土	新黄土	黄土状土	一般具湿陷性
晚更新世(Q_3)黄土		马兰黄土	
中更新世(Q_2)黄土	老黄土	离石黄土	上部部分土层具湿陷性
早更新世(Q_1)黄土		午城黄土	不具湿陷性

注：全新世（Q_4）黄土包括湿陷性（Q_4^1）黄土和新近堆积（Q_4^2）黄土。

12.3.1.2 湿陷性黄土的分布

我国黄土的分布范围较广，面积约60万平方公里，占世界黄土分布总面积的5%。在我国，黄土高原（图12-12）是湿陷性黄土的典型分布区。黄土高原在地理上指秦岭及渭河平原以北、长城以南、太行山以西、洮河及乌鞘岭以东的广大地区，行政区域包括甘肃省中、东部，陕西省中、北部，山西全省和河南西部。黄土高原黄土广布，厚度为50～80m，陇东、陕北可达150m。湿陷性黄土的厚度各地不一，比如：兰州一带，一级阶地5m以内，二级阶地5～16m，三、四级阶地可达27m；西安及其附近，一级阶地3m以内，二级阶地5～10m，三、四级阶地12m；三门峡所辖范围，8～12m；太原及其周边，一、二级阶地2～10m，三、四级阶地17m。

从工程地质角度出发，我国湿陷性黄土，共分七个大区，即Ⅰ陇西地区，Ⅱ陇东—陕北—晋西地区，Ⅲ关中地区，Ⅳ山西—冀北地区，Ⅴ河南地区，Ⅵ冀鲁地区，Ⅶ边缘地区。其中陇西地区、陇东—陕北—晋西地区自重湿陷性黄土分布很广，厚度大于10m。自重湿陷迅速，湿陷性强，对工程建设危害极大；河南地区、冀鲁地区、边缘地区一般为非自重湿陷性黄土，厚约5m，湿陷性较弱，压缩性低，对工程建设危害性较小；关中地区、山西—

图 12-12 黄土高原上的黄土地

冀北地区则自重湿陷性黄土及非自重湿陷性黄土均有分布。

12.3.1.3 湿陷性黄土的特征

我国湿陷性黄土一般具有下列主要特征：①颜色以黄色、褐黄色、灰黄色为主；②颗粒组成以粉粒（0.005～0.05mm）为主，含量一般超过60%；③孔隙比 e 在1.0左右或更大，呈疏松状态；④含有较多的可溶盐类，例如碳酸盐、硫酸盐、氯化物；⑤竖直节理发育，能保持直立的天然边坡；⑥一般具有肉眼可见的大孔隙（故黄土又称为大孔土）。

根据上述特征，黄土湿陷的比较合理的解释是：以粉粒为骨架的多孔、大孔结构是黄土湿陷的内在原因。黄土受水浸湿时，结合水膜增厚而楔入颗粒之间，于是，结合水联结消失，盐类溶于水中，骨架强度随着降低，土体在上覆土层的自重应力或附加应力与自重应力共同作用下，其结构迅速破坏，土粒滑向大孔，粒间孔隙减小，从而引起附加沉陷。

12.3.2 黄土湿陷性的评定

12.3.2.1 黄土湿陷性指标

反映黄土湿陷性的主要指标有湿陷系数、自重湿陷系数和湿陷起始压力三个，均由试验测定。

（1）湿陷系数

湿陷系数是指单位厚度的环刀试样，在一定压力下，下沉稳定后，试样浸水饱和所产生的附加下沉，用 δ_s 表示。湿陷系数 δ_s 值应按式（12-10）计算：

$$\delta_s=\frac{h_p-h'_p}{h_0} \tag{12-10}$$

式中 h_p——保持天然湿度和结构的试样，加至一定压力时，下沉稳定后的高度，mm；

h'_p——上述加压稳定后的土试样，在浸水饱和时附加下沉稳定后的高度，mm；

h_0——土试样的原始高度，mm。

黄土的湿陷系数是研究与评价黄土湿陷性的重要参数，与土样承受的压力有关。试验压力，应自基础底面（如基底标高不确定时，自地面下1.5m）算起：基底下10m以内的土层应用200kPa，10m以下至非湿陷性黄土层顶面，应用其上覆土的饱和自重压力（当大于300kPa时，仍应用300kPa）；当基底压力大于300kPa时，宜用实际压力；对压缩性较高的新近堆积黄土，基底下5m以内的土层宜用100～150kPa压力，5～10m和10m以下至非湿陷性黄土层顶面，应分别用200kPa和上覆土的饱和自重压力。

根据湿陷性系数，可以对黄土的湿陷性进行判定。当湿陷性系数$\delta_s<0.015$时，应定为非湿陷性黄土，当$\delta_s \geqslant 0.015$时，应定为湿陷性黄土。湿陷性黄土的湿陷程度，可根据湿陷系数δ_s值的大小分为下列三种：

① 当$0.015 \leqslant \delta_s \leqslant 0.03$时，湿陷性轻微；

② 当$0.03<\delta_s \leqslant 0.07$时，湿陷性中等；

③ 当$\delta_s>0.07$时，湿陷性强烈。

【例12-1】 黄土试样高$h_0=20$mm，在200kPa压力下稳定后的高度为$h_p=19.60$mm，浸水稳定后的高度为$h'_p=18.38$mm，试判断是否是湿陷性黄土。

【解】

$$\delta_s=\frac{h_p-h'_p}{h_0}=\frac{19.60-18.38}{20}=0.061>0.015 \text{ 且介于 } 0.03 \sim 0.07$$

所以该黄土为湿陷性黄土，湿陷性中等。

(2) 自重湿陷系数

自重湿陷系数是指单位厚度的环刀试样，在上覆土的饱和自重压力下，下沉稳定后，试样浸水饱和所产生的附加下沉，用δ_{zs}表示。自重湿陷系数δ_{zs}值应按式(12-11)计算

$$\delta_{zs}=\frac{h_z-h'_z}{h_0} \tag{12-11}$$

式中 h_z——保持天然湿度和结构的试样，加压至该试样上覆土的饱和自重压力时，下沉稳定后的高度，mm；

h'_z——上述加压稳定后的试样，在浸水(饱和)作用下，附加下沉稳定后的高度，mm；

h_0——土试样的原始高度，mm。

(3) 湿陷起始压力

黄土虽然是在干旱或半干旱气候条件形成的欠压密土，但并不是在任何荷载条件下受水浸湿都会产生湿陷。因黄土本身具有一定的结构强度，当压力较小时受水浸湿，由于它在颗粒接触处所产生的剪应力小于其结构强度，与一般黏性土一样，只产生少量的压缩变形，只有当压力增大到某一数值以至于剪应力大于其结构强度时，下沉速度才突然加快，从而反映出湿陷的特点。湿陷起始压力p_{sh}是指黄土受水浸湿后，开始产生湿陷时的相应压力。

湿陷性黄土的湿陷起始压力，与土的成因、地理位置、地貌特征和气候条件等因素有关，应由试验确定。当按现场静载荷试验结果确定时，应在p-s_s(压力与浸水下沉量)曲线上，取其转折点所对应的压力作为湿陷起始压力值。当曲线上的转折点不明显时，可取下沉量(s_s)与压板直径(d)之比值等于0.017所对应的压力作为湿陷起始压力。当按室内压缩试验结果确定时，在p-δ_s曲线上宜取$\delta_s=0.015$所对应的压力作为湿陷起始压力值。

湿陷起始压力是一个有一定实用价值的指标。理论上讲，只要基底压力不超过湿陷起始压力，地基土就不会湿陷。

12.3.2.2 湿陷性黄土场地的湿陷类型

在黄土地区岩土勘察中，应在现场采用试坑浸水试验确定自重湿陷量的实测值Δ'_{zs}。而自重湿陷量的计算值Δ_{zs}，则是依据室内试验测定的自重湿陷系数δ_{zs}，按式(12-12)

计算：

$$\Delta_{zs}=\beta_0\sum_{i=1}^{n}\delta_{zsi}h_i \tag{12-12}$$

式中 δ_{zsi}——第 i 层土的自重湿陷系数；

h_i——第 i 层土的厚度，mm；

β_0——因地区土质而异的修正系数，在缺乏实测资料时，可按下列规定取值：陇西地区取 1.50，陇东—陕北—晋西地区取 1.20，关中地区取 0.90，其他地区取 0.50。

自重湿陷量的计算值 Δ_{zs}，应自天然地面（当挖、填方的厚度和面积较大时，应自设计地面）算起，至其下非湿陷性黄土层的顶面止，其中自重湿陷系数 δ_{zs} 值小于 0.015 的土层不累计。

湿陷性黄土场地的湿陷类型由 Δ'_{zs} 或 Δ_{zs} 判定：

当 Δ'_{zs} 或 $\Delta_{zs}\leqslant 70$mm 时，应定为非自重湿陷性场地；

当 Δ'_{zs} 或 $\Delta_{zs}>70$mm 时，应定为自重湿陷性场地。

当自重湿陷量的实测值和计算值出现矛盾时，应按自重湿陷量的实测值判定。

12.3.2.3 湿陷性黄土地基的湿陷等级

湿陷性黄土地基受水浸湿饱和，湿陷量的计算值 Δ_s 应按式（12-13）计算：

$$\Delta_s=\sum_{i=1}^{n}\beta\delta_{si}h_i \tag{12-13}$$

式中 δ_{si}——第 i 层土的湿陷系数；

h_i——第 i 层土的厚度，mm；

β——考虑基底下地基土的受水浸湿可能性和侧向挤出等因素的修正系数，在缺乏实测资料时，可按下列规定取值：①基底下 0～5m 深度内，取 $\beta=1.50$；②基底下 5～10m 深度内，取 $\beta=1$；③基底下 10m 以下至非湿陷性黄土顶面，在自重湿陷性黄土场地，可取工程所在地区的 β_0 值。

湿陷量的计算值 Δ_s 的计算深度，应自基础底面（如基底标高不确定时，自地面下 1.50m）算起；在非自重湿陷性黄土场地，累计至基底下 10m（或地基压缩层）深度止；在自重湿陷性黄土场地，累计至非湿陷性黄土层的顶面止。其中湿陷系数 δ_s（10m 以下为 δ_{zs}）小于 0.015 的土层不累计。

湿陷性黄土地基的湿陷等级，应根据湿陷量的计算值和自重湿陷量的计算值等因素，按表 12-6 判定。

表 12-6 湿陷性黄土地基的湿陷等级

Δ_s/mm	湿陷类型		
	非自重湿陷性场地	自重湿陷性场地	
	$\Delta_{zs}\leqslant 70$mm	70mm$<\Delta_{zs}\leqslant 350$mm	$\Delta_{zs}>350$mm
$\Delta_s\leqslant 300$	Ⅰ(轻微)	Ⅱ(中等)	—
$300<\Delta_s\leqslant 700$	Ⅱ(中等)	Ⅱ(中等)或Ⅲ(严重)①	Ⅲ(严重)
$\Delta_s>700$	Ⅱ(中等)	Ⅲ(严重)	Ⅳ(很严重)

① 当湿陷量的计算值 $\Delta_s>600$mm、自重湿陷量的计算值 $\Delta_{zs}>300$mm 时，可判为Ⅲ级，其他情况可判为Ⅱ级。

【例 12-2】 陇东地区某建筑场地初步勘察时，2 号探井土样试验得到的自重湿陷系数、湿陷系数如下：

土样编号	2-1	2-2	2-3	2-4	2-5	2-6	2-7	2-8	2-9	2-10
取土深度/m	1.5	2.5	3.5	4.5	5.5	6.5	7.5	8.5	9.5	10.5
δ_{zs}	0.002	0.013	0.022	0.012	0.031	0.075	0.060	0.012	0.001	0.008
δ_s	0.085	0.059	0.076	0.028	0.094	0.091	0.071	0.039	0.002	0.001

基础埋深为 1.50m，无大的挖方、填方，试确定该场地的湿陷类型、地基湿陷等级。

【解】

（1）场地类型

场地类型由自重湿陷量的计算值来判别。而自重湿陷量的计算值 Δ_{zs}，无大的挖填方应自天然地面算起，至其下非湿陷性黄土层的顶面止，其中自重湿陷系数 δ_{zs} 值小于 0.015 的土层不累计。陇东地区 β_0 取 1.20。所以

$$\Delta_{zs}=\beta_0\sum_{i=1}^{n}\delta_{zsi}h_i=1.20\times(0.022+0.031+0.075+0.060)\times1000$$
$$=225.6\text{mm}>70\text{mm}$$

应定为自重湿陷性场地。

（2）地基湿陷等级

地基湿陷等级由湿陷量的计算值和自重湿陷量的计算值判定。湿陷量的计算值 Δ_s 的计算深度，应自基础底面算起，在自重湿陷性黄土场地，累计至非湿陷性黄土层的顶面止。其中湿陷系数 δ_s 小于 0.015 的土层不累计。基底下 0～5m 深度内，取 $\beta=1.50$；基底下 5～10m 深度内，取 $\beta=1$；基底下 10m 以下至非湿陷性黄土顶面，可取工程所在地区的 β_0 值。所以

$$\Delta_s=\sum_{i=1}^{n}\beta\delta_{si}h_i$$
$$=1.50\times0.085\times500+1.50\times(0.059+0.076+0.028+0.094)\times1000+$$
$$1.50\times0.091\times500+1\times0.091\times500+1\times(0.071+0.039)\times1000$$
$$=63.75+385.5+68.25+45.5+110$$
$$=673\text{mm}$$

由于 $\Delta_{zs}>70$mm，且<350mm，300mm$<\Delta_s=673$mm<700mm，所以查表 12.6 为Ⅱ级或Ⅲ级。但从表的注可知，尽管 $\Delta_s=673$mm>600mm，但 $\Delta_{zs}=225.6$mm<300mm，属于其他情况，所以最后判定地基的湿陷等级为Ⅱ级（中等）。

12.3.3 湿陷性黄土地基的工程措施

拟建在湿陷性黄土场地上的建筑物，根据其重要性、地基受水浸湿可能性的大小和在使用期间对不均匀沉降限制的严格程度，分为甲、乙、丙、丁四类。甲类建筑物包括高度大于 60m 和 14 层及 14 层以上体型复杂的建筑，高度大于 50m 的构筑物，高度大于 100m 的高耸结构，特别重要的建筑，地基受水浸湿可能性大的重要建筑，对不均匀沉降有严格限制的建筑；乙类建筑物包括高度为 24～60m 的建筑物，高度为 30～50m 的构筑物，高度为 50～100m 的高耸结构，地基受水浸湿可能性较大的重要建筑，地基受水浸湿可能性大的一般建

筑；丙类为除乙类建筑物以外的一般建筑和构造物；丁类为次要建筑物。

根据湿陷性黄土地区的建筑经验，地基工程措施对于甲、乙、丙类建筑以地基处理为主，防水措施、结构措施为辅；而对于丁类建筑，则以防水措施为主。

12.3.3.1 地基处理

当地基的变形（湿陷、压缩）或承载力不能满足设计要求时，直接在天然土层上进行建筑或仅采取防水措施和结构措施，往往不能保证建筑物的安全与正常使用，因此，应针对不同土质和建筑物类别，在地基压缩层内或湿陷性黄土层内采取处理措施，以改善土的物理力学性质，使土的压缩性降低、承载力提高、湿陷性消除。

湿陷性黄土地基处理的主要目的有两个：一是消除其全部湿陷量，使处理后的地基变为非湿陷黄土地基，或采用桩基础穿透全部湿陷性黄土层，使上部荷载通过桩基础传递至压缩性低或较低的非湿陷性黄土（岩）层上，防止地基产生湿陷，当湿陷性黄土层较薄时，也可直接将基础设置在非湿陷性黄土（岩）层上；二是消除地基的部分湿陷量，控制下部未处理湿陷性黄土层的剩余湿陷量或湿陷起始压力值符合规定要求。

湿陷性黄土地基的常用处理方法有垫层法、强夯法、挤密法和预浸水法等。

（1）垫层法

垫层法是一种浅层处理湿陷性黄土地基的传统方法，在湿陷性黄土地区使用较广泛，具有因地制宜、就地取材和施工简便等特点，处理土层厚度为1～3m。

垫层材料有非湿陷性土和灰土。灰土垫层中消石灰（熟石灰、氢氧化钙）与土的体积配合比，宜为2∶8或3∶7（即二八灰土或三七灰土），过筛并拌和均匀。在最优或接近最优含水量下，分层回填、分层夯（压）实至设计标高。

（2）强夯法

特重锤、高落距的强夯法，属于动力固结法，它适用于对地下水位以上、饱和度 $S_r \leqslant 60\%$ 的湿陷性黄土地基的处理，其处理土层的厚度为3～12m。

在正式夯击施工之前，应先在场地内选择有代表性的地段进行试夯或试验性施工，以确定在不同夯击能下消除湿陷性黄土的有效深度，为设计、施工提供有关参数。

（3）挤密法

挤密法就是利用沉管、爆扩、冲击、夯扩等方法，在湿陷性黄土地基中挤密填料孔，再用素土、灰土或水泥土，分层回填夯实，以加固湿陷性黄土地基，提高其强度、减少湿陷性和压缩性。

挤密法适用于对地下水位以上、饱和度 $S_r \leqslant 65\%$ 的湿陷性黄土地基进行加固处理，可处理的湿陷性黄土层厚度一般为5～15m。

（4）预浸水法

预浸水法是利用黄土浸水后产生自重湿陷的特性，对自重湿陷性黄土场地的地基进行大面积浸水处理，可以大幅度消除黄土的湿陷性。

预浸水法适用于自重湿陷性黄土场地，地基湿陷等级为Ⅲ级或Ⅳ级，可消除地面下6m以下湿陷性黄土层的全部湿陷性。6m以上的浅层土，因压力不足而可能仍有显著湿陷性，尚需要采取垫层法或其他方法处理。

12.3.3.2 防水措施

防水措施是以减小水浸入地基，从而消除湿陷性黄土产生湿陷的外因。

（1）场地的防水、排水

尽量选择排水畅通的地形、或利于组织场地排水的地形，避开洪水威胁的地段，避开新建水库等可能引起地下水位上升的地段。

（2）单体建筑的防水、排水

单层和多层建筑物的屋面，宜采用外排水；当采用有组织外排水时，宜选用耐用材料的水落管，其末端距离散水面不应大于 300mm，并不应设置在沉降缝处；集水面积大的外水落管，应接入专设的雨水明沟或管道。

建筑物的周围必须设置散水。其坡度不得小于 0.05，散水外缘应略高于平整后的场地，散水的宽度按下列规定采用：当屋面为无组织排水时，檐口高度在 8m 以内宜为 1.50m；檐口高度超过 8m，每增高 4m 宜增宽 250mm，但最宽不宜大于 2.50m。当屋面为有组织排水时，在自重湿陷性黄土场地不得小于 1.50m。

（3）管道和地面的防水、排水

室内的给水、排水管道应尽量明装，室外管道的布置应尽量远离建筑物。检漏管沟应做好防水处理。经常受水浸湿或可能积水的地面，应按防水地面设计。

此外，在湿陷性黄土场地，对建筑物及其附属工程进行施工，应根据湿陷性黄土的特点和设计要求，采取措施防止施工用水和场地雨水流入建筑物地基（或基坑内）引起湿陷。建筑场地的防洪工程应提前施工，并应在汛期前完成。

12.3.3.3 结构措施

当地基不处理或仅消除地基的部分湿陷量时，结构设计时需要采取相应措施。结构措施是使建筑物在地基一旦遭受局部浸水的情况下，能够适应或减少不均匀沉降。根据建筑物的类别、地基湿陷等级或地基处理后下部未处理湿陷性黄土层的湿陷起始压力值或剩余湿陷量以及建筑物的不均匀沉降、倾斜和构件等不利情况，采取下列结构措施：选择适宜的结构体系和基础型式，选用轻质墙体材料（如多孔砖、空心砌块），加强结构的整体性与空间刚度，预留适应沉降的净空等。

12.4 红黏土地基

红黏土是石灰岩、白云岩等碳酸盐岩系出露区，岩石在炎热湿润的气候条件下，经岩溶化、红土化作用之后，形成的高塑性黏土，一般呈红色。红黏土的化学成分以 SiO_2、Fe_2O_3、Al_2O_3 为主，矿物成分则以石英和高岭石（或伊利石）为主。红黏土常堆积于山麓坡地，丘陵、谷地等处。颜色为棕红或褐黄，覆盖于碳酸盐岩系之上，其液限大于或等于 50％的高塑性黏土，可以判定为原生红黏土；原生红黏土经搬运、沉积后仍保留其基本特征，且其液限大于 45％的黏土，为次生红黏土。

12.4.1 红黏土地基的特性与评价

12.4.1.1 红黏土的分布

红黏土分布在地球表面上北纬 35°到南纬 35°之间，我国则主要分布在北纬 33°以南，即长江以南地区，特别是云贵高原，总面积约 34 万平方公里。红黏土主要为残积土和坡积土，因而多分布在山区或丘陵地带，以云南、贵州、广西最为典型，且分布广泛。湖南、湖北、四川、江西、浙江、安徽、江苏、广东、福建诸省是红黏土分布区，北方的山东、河北、河南、辽宁、内蒙古等省区也有局部分布，近年来在西藏东部河谷地带也发现有红黏土。

红黏土的厚度变化受地形、地貌及构造岩性的控制，与原始地形和下伏基岩面的起伏变化密切相关。分布在盆地或洼地时，其厚度变化大体是边缘较薄，向中间逐渐增厚；分布在基岩面或风化面上时，则取决于基岩起伏和风化层深度，当下卧基岩溶蚀强烈，溶沟、溶槽、溶隙、石芽等较发育时，上覆红黏土的厚度变化极大，常有咫尺之隔，竟然会相差10～30m之多。就地区而论，贵州山地中的峰丛洼地、峰林谷地、溶丘坡地等的红黏土厚度一般为3～6m，超过10m者较少；云南溶蚀高原地区一般为7～8m，个别地段可达10～20m；湘西、鄂西、广西等地的丘陵、平原地带中的溶丘坡地和溶蚀平原，一般厚度在10m左右。

12.4.1.2 红黏土的特性

红黏土具有以下几个方面的基本特性。

① 液限大，天然含水量较大，饱和度一般大于80%，通常处于硬塑或可塑状态。红黏土的物理状态，除按液性指数 I_L 判断外，尚可由 $\alpha_w = w/w_L$ 来判断：坚硬 $\alpha_w \leqslant 0.55$，硬塑 $0.55 < \alpha_w \leqslant 0.70$，可塑 $0.70 < \alpha_w \leqslant 0.85$，软塑 $0.85 < \alpha_w \leqslant 1.00$，流塑 $\alpha_w > 1.00$。

② 孔隙比较大，而压缩性较低。特别是残积红黏土，孔隙比常超过0.9，甚至达2.0。先期固结压力和超固结比很大，除少数软塑状态的红黏土外，均为超固结土，压缩性较低。

③ 强度较高，变化范围大。强度一般较高，黏聚力的变化范围为40～90kPa，内摩擦角的变化范围为10°～30°或更大。

④ 膨胀性极弱。红黏土受水浸湿后，几乎没有什么膨胀，但某些土失水后具有一定的收缩性。这与粒度、矿物、胶结物情况有关，某些红土化程度低的“黄层”收缩性较强，应划入膨胀土的范畴。

⑤ 浸水后强度一般降低。部分含粗粒较多的红黏土，湿化崩解明显。

总之，红黏土是一种处于饱和状态、孔隙比较大、硬塑和可塑状态为主、中低压缩性、较高强度的黏性土，具有一定的收收缩性。

12.4.1.3 红黏土地基评价

红黏土的强度高，压缩性较低，如果分布均匀，又无岩溶、土洞存在，则是建筑物的较好地基。但现实中也存在以下一些问题。

① 红黏土厚度分布不均匀，其厚度与下卧基岩面的状态和风化深度有关。常因石灰岩表面石芽、溶沟等的存在，而使上覆红黏土的厚度在短距离内相差悬殊（有的在水平距离1m之间，厚度相差达8m），从而造成地基的不均匀性。

② 红黏土的含水量常随深度的增大而变大，孔隙比往往也有所增大，土质呈现出由硬变软的明显变化。在接近下卧基岩面处，土常呈软塑或流塑状态，其强度低，压缩性较大。

③ 有些地区的红黏土受水浸湿后体积膨胀，干燥失水后体积收缩，具有胀缩性。

④ 红黏土裂隙很发育，土层中常有隐伏岩溶和土洞存在，威胁建筑物的安全。

所以，轻型建筑物的基础埋深应大于大气影响急剧层的深度；炉窑等高温设备的基础应考虑地基土的不均匀收缩变形；在石芽出露的地段，应考虑地表水下渗形成的地面变形。应选择适宜的持力层和基础形式，基础宜浅埋，利用浅部硬壳层，并进行下卧层承载力验算。不能满足承载力和变形要求时，应进行地基处理或采用桩基础。基坑开挖时，宜采取保湿措施，边坡应及时维护，防止失水干缩。

12.4.2 红黏土地基的工程措施

针对红黏土的不良特征，通过外掺剂与土壤中阳离子进行离子交换，将这些原本吸附在土壤颗粒表面、亲水性高的阳离子代之以亲水性较低、黏结力较强的离子及其水合物而改变土壤的物理力学性质。这样，水分子就不易与土颗粒结合，在压力作用下，容易被排出。主要有石灰稳定处理、粉煤灰稳定处理、掺二灰处理、水泥稳定处理、土工合成材料加固法几种方法。

(1) 石灰、粉煤灰稳定处理

石灰、粉煤灰通过水化放热作用、吸水作用、促进土粒重新排列等作用降低含水量，还通过石灰中的 Ca^{2+}，Mg^{2+} 以及粉煤灰中的 SiO_2、Al_2O_3 及 CaO、MgO 等成分与黏土中的 K^+，Na^+ 发生阳离子交换，形成亲水性、分散性相对较弱的黏土团粒，加之石灰、粉煤灰在黏土中长期的碳酸化作用、凝胶作用、结晶作用等，从而改变黏土的化学物质组成及粒度组成，最终改变黏土的工程性质。二灰主要为生石灰、粉煤灰，按质量比 (1∶4) ～ (1∶5) 混合。掺二灰可发挥石灰和粉煤灰的各自特长，提高混合土的早期强度和最终强度。

(2) 水泥稳定处理

水泥处理红黏土的机理与磨细生石灰处理相似，主要是水泥矿物与土中水发生水化、水解反应，分解出 $Ca(OH)_2$ 及其他水化物。这些水化物自行硬化或与土颗粒相互作用形成水泥石骨架，从而提高粗粒成分，改善土的工程性质。同时，由于加入水泥，和土中水反应后的生成物共同作用，充填土颗粒之间的空隙，达到提高抗冻融破坏的目的。

(3) 土工合成材料加固法

受加筋土技术解决土体稳定、加固路基边坡的启示，土工合成材料加固法是近年来开始采用的一种新方法。通过在红黏土地基中分层铺设土工格栅（网），充分利用土工格栅（网）与红黏土填料间的摩擦力和咬合力，增大红黏土抗压强度，约束其变形，隔断外界因素影响，以达到稳定地基的目的。

12.4.3 岩溶的处理

红黏土分布的地区，常有隐伏的岩溶和土洞存在。所谓岩溶地貌，也叫喀斯特（Karst）地貌，是地表可溶性岩石受水的溶解作用和伴随的机械作用所形成的各种地貌的总称。如石芽、石沟、石林、峰林、溶斗、落水洞、暗河、溶洞、溶蚀洼地等，其岩层剖面如图 12-13 所示。在岩溶地貌发育地区，地面往往石骨嶙峋，奇峰林立；地表水系比较缺乏，但地下水系却比较发育。在进行工程建设时，必须注意渗漏和地下溶洞等的发育情况。我国广西、贵州、云南等省区广泛分布，是世界上岩溶地貌发育最典型的地区之一，这也成就了像桂林山水、云南石林（图 12-14）这样的具有世界性影响的地质地貌奇观。

由于可溶性岩石中，碳酸盐类如石灰岩、白云岩分布广泛，岩溶地区在我国与红黏土的分布区大体一致。此外，我国西部和西北部，在夹有石膏、岩盐（或石盐）的地层中，也存在局部的岩溶区。

在岩溶地区，岩土工程勘察时应查明岩溶洞穴的分布、形态和发育规律，岩层起伏、形

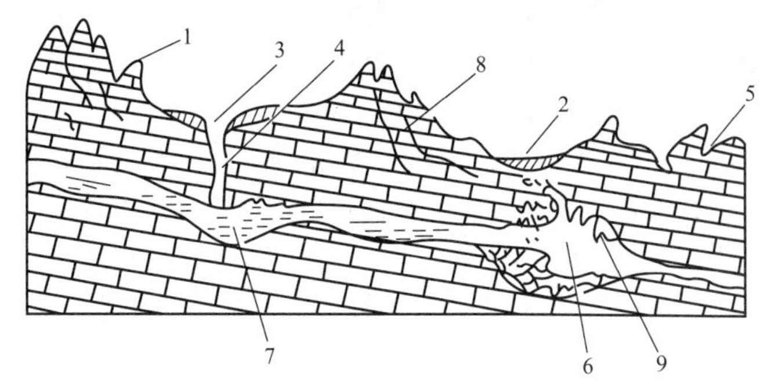

图 12-13 岩溶岩层剖面示意图

1—石芽、石林；2—塌陷洼地；3—漏斗；4—落水洞；
5—溶沟、溶槽；6—溶洞；7—暗河；8—溶蚀裂隙；9—钟乳石

(a) 桂林山水

(b) 云南石林

图 12-14 喀斯特地貌奇观

态和覆盖层厚度，地下水贮存条件、水位变化和运动规律，岩溶发育与地貌、构造、岩性、地下水的关系。当场地存在下列情况之一时，可以判断为未经处理不宜作为地基的不利地段：

① 浅层洞体或溶洞群，洞径大、且不稳定的地段；

② 埋藏的漏斗、槽谷等，并覆盖有软弱土体的地段；

③ 岩溶水排泄不畅，可能暂时淹没的地段。

一般情况下，应避免在上述地区从事建筑活动，如果一定要利用这些地段作为建筑场地时，应采取必要的防护措施和处理措施。

岩溶对建筑物地基的稳定性影响很大，应妥善对待与处理。在岩溶地区，当基础底面以下的土层厚度大于三倍独立基础底宽，或大于六倍条形基础底宽，且在使用期间不具备形成土洞的条件时，可不考虑岩溶对地基稳定性的影响。当基础位于微风化硬质岩石表面时，对于宽度小于 1m 的竖向溶蚀裂隙和落水洞近旁地段，可不考虑其对地基稳定性的影响。当岩体中存在倾斜软弱结构面时，应进行地基稳定性验算。

当溶洞的顶板与基础底面之间的土层厚度小于三倍独立基础底宽、或小于六倍条形基础底宽时，应根据洞体大小、顶板形状、岩体结构及强度、洞内填充情况及岩溶水活动等因素进行洞体稳定性分析。当地质条件符合下列情况之一时，可不考虑溶洞对地基稳定性的影响：

① 溶洞被压实的沉积物填满，其承载力超过 150kPa，且无被水冲蚀的可能性；

② 洞体较小，基础尺寸大于洞的平面尺寸，并有足够的支承长度；

③ 微风化的硬质岩石中，洞体顶板厚度接近或大于洞跨。

如果在不稳定的岩溶地区进行建筑，对地基稳定性有影响的岩溶洞穴，应根据其位置、大小、埋深、围岩稳定性和水文地质条件综合分析，因地制宜地采取下列处理措施：

① 对洞口较小的洞穴，宜采用镶补、嵌塞与跨盖等方法处理；

② 对洞口较大的洞穴，宜采用梁、板和拱等结构跨越。跨越结构应有可靠的支承面，或结构在岩石上的支承长度应大于梁高的 1.5 倍，也可用浆砌块石等办法堵塞措施；

③ 对于围岩不稳定、风化裂隙破碎岩体，可采用灌浆加固和清爆填塞等措施；

④ 对规模较大的洞穴，可采用洞底支撑或调整柱距等方法处理。

12.4.4 土洞的处理

土洞是岩溶地区上覆土层在地表水或地下水作用下形成的洞穴（图 12-15），常发育于岩溶地区覆盖层中。土洞的发生、发展受岩溶发育的各种因素如岩性、岩溶水、地质构造等控制。在存在土洞或地表塌陷的地段，在隐伏的基岩中必有洞穴等岩溶水通道。根据土洞的形成原因，可以分为地表水形成的土洞和地下水形成的土洞两类。地表水形成的土洞，是由于地表水下渗，土体内部被冲蚀而逐渐形成的；地下水形成的土洞，则是地下水位随季节升降频繁或人工降低地下水位时，水对结构性差的松软土产生潜蚀作用而形成的。

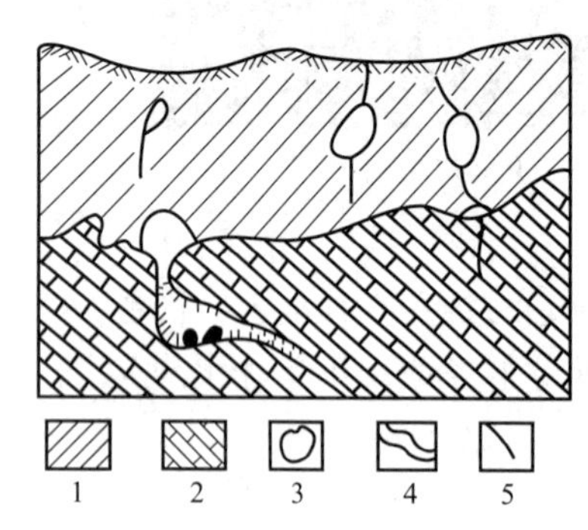

图 12-15 土洞剖面示意图

1—黏土；2—石灰岩；3—土洞；4—溶洞；5—裂隙

由于土洞具有埋藏浅、分布密度大、发育快、顶部覆盖层土的强度低等特点，因而对建筑物场地或地基的稳定性影响往往大于岩溶的影响。

有地下水强烈地活动于岩土交界的岩溶地区，应考虑由地下水作用所形成的土洞对建筑地基的影响，预估地下水位在使用期间变化的可能性。总平面图布置前，勘察单位应提出场地土洞发育程度的分区资料。施工时，应沿基槽认真查明基础下土洞的分布位置。

在地下水位高于基岩表面的岩溶地区，应考虑人工降低地下水引起土洞或地表塌陷的可能性。塌陷区的范围及方向可根据水文地质条件和抽水试验的观测结果综合分析确定。在塌陷范围内不允许采用天然地基。在已有建筑物附近抽水时，应考虑降水的影响。

对土洞常用的处理措施有截水防渗、挖填、灌砂、垫层、跨越、桩基等。

① 截水防渗处理。在建筑场地范围内，做好地表水截流、防渗、堵漏工作，以杜绝地表水渗入土层内。对形成土洞的地下水，当地质条件许可时，可采用截流、改道等方法，防止土洞和地表塌陷的发展。

② 挖填处理。该法常用于处理浅层土洞。对地表水形成的土洞和塌陷，可先挖除软土，然后用块石或毛石混凝土回填。对地下水形成的土洞和塌陷，可挖除软土，抛填块石后做反滤层，面层用黏土夯（压）实。

③ 灌砂处理。该法适用于处理埋藏深、洞径大的土洞。施工时在洞体范围的顶板上钻两个或多个不同直径的孔，50mm 直径的小孔用于排气，100mm 直径的大孔用于灌砂。在灌砂的同时，向洞内冲水，直至小孔冒砂为止。若洞内有水，灌砂困难，可用压力灌注 C15 细石混凝土、水泥或砾石。

④ 垫层处理。基底夯填黏性土夹碎石作为垫层，以提高基底标高，减小土洞顶板的附加压力；同时，碎石骨架还可降低垫层的沉降量及增加垫层的强度，黏性土充填于碎石之间，可防止地表水下渗。

⑤ 跨越处理。对于洞口较大的土洞，可采用梁、板或拱跨越土洞。

⑥ 采用桩基。对重要建筑物，当土洞较深时，可采用桩基础穿越土洞，将荷载传递到稳定的基岩上。

12.5 地震液化地基

某种原因引起的地面震动，称为地震。地震是一种自然现象，每年全世界要发生数百万次大大小小的地震，但绝大多数不造成危害。按成因不同，地震可分为构造地震，火山地震，陷落地震和诱发地震四类。其中构造地震是由地壳板块的运动、挤压而致岩层断裂或错动，占地震总次数的95%以上，是造成灾害的主要地震。2008 年 5 月 12 日四川汶川特大地震、2010 年 4 月 14 日青海玉树大地震，都属于构造地震。

某地区的地面及建筑物遭受到一次地震影响的强弱程度，称为地震烈度。我国的地震烈度，分为 12 度。地震烈度的判断标准：1～5 度以地面上的人感觉为主，6～10 度以房屋震害为主，11、12 度以地表现象为主。建筑结构 6 度开始设防。建筑结构的破坏严重与否，直接与地震引起的加速度有关。设防烈度与设计基本地震加速度的关系为：6 度 0.05g，7 度 0.10（0.15）g，8 度 0.20（0.30）g，9 度 0.40g，其中 g 为重力加速度。

地震对建筑物的影响可能是局部开裂、倾斜，也可能是房倒屋塌；对场地的影响不外乎地裂、山崩（图 12-16），滑坡；对地基的影响主要是液化。

图 12-16 地震对场地的破坏和地基的影响

12.5.1 地基液化的基本概念

饱和的砂土和粉土，在地震的突然作用下，孔隙水来不及排出，孔隙水压力迅速升高，有效应力减小，土的抗剪强度下降，丧失承载能力和刚度，表现出如液体一样的状态，这种现象称为液化，又称砂土液化。砂土液化在地震时的直接表现就是地面或屋面喷水冒砂（图 12-17），而地震过后，液化土层逐渐沉淀而造成地基、地面下陷，可导致房屋墙体开裂或倾斜、倒塌。1976 年唐山地震出现了地基液化，1999 年 9 月 21 日台湾地震也出现地基液化现象。

饱和砂土和粉土地震时是否液化，取决于土体本身的特性、原始静应力状态、振动特性

图 12-17 地基液化导致房内冒砂

以及地震烈度的大小。大量的地震调查和室内试验研究都证明，土的颗粒粗、级配优良、密度高、排水条件好、所受静荷载大，都有利于砂土的抗液化性能。

砂土液化的机理可以用图 12-18 来示意：假定砂土是一些均匀的圆球，排列如图 12-18（a）所示。若震前处于松散状态，当受水平方向的振动荷载作用时，颗粒要挤密，最终形成紧密的排列。在由松变密的过程中，如果土是饱和的，孔隙内充满水，且孔隙水在振动的短促期间内排不出去，就将出现从松到密的过渡阶段。这时颗粒离开原来位置，而又未落到新的稳定位置上，与四周颗粒脱离接触，处于悬浮状态。这种情况下颗粒的自重，连同作用在颗粒上的荷载将全部由水承担。

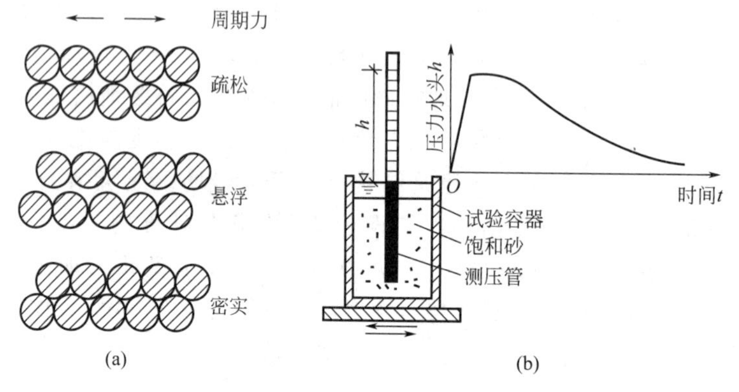

图 12-18 砂土液化的机理

图 12-18（b）中表示容器内装填饱和砂，并在砂中装一测压管。摇动容器，即可见测压管水位迅速上升。这种现象表明饱和砂中因振动出现超静孔隙水压力。根据有效应力原理，土的抗剪强度为：

$$\tau_f=(\sigma-u)\tan\varphi' \tag{12-14}$$

显然，孔隙水压力 u 增加，抗剪强度 τ_f 随之减小。如果振动强烈，孔隙水压力增长很快而又消散不了，则可能发展成 $\sigma=u$，导致 $\tau_f=0$。这时，土颗粒完全悬浮于水中，成为黏滞流体、抗剪强度和抗剪刚度几乎都等于零，土体处于流动状态，这就是液化现象，或称为“完全液化”。

广义的“液化”通常还包括振动时孔隙水压力升高而丧失部分强度的现象，有时也称为“部分液化”。

12.5.2 液化地基的判别

饱和松散砂土或粉土层是否产生液化，取决于土体本身的原始应力状态及震动特性。根据近年来对液化判别的研究经验，我国将液化分为“两步液化”，即初步判别和标准贯入判别。凡经过初步判别为不液化的或不考虑液化影响，可不进行第二步判别。

对于饱和砂土和饱和粉土（不含黄土）的液化判别和地基处理，6 度时，一般情况下可不进行液化判别和处理，但对液化沉陷敏感的乙类建筑可按 7 度的要求进行判别和处理，

7～9度时，乙类建筑可按本地区抗震设防烈度的要求进行判别和处理。因此，现行《建筑抗震设计规范》作出如下强制性规定：存在饱和砂土和粉土（不包括黄土）的地基，除6度设防外，应进行液化判别；存在液化土层的地基，应根据建筑的抗震设防类别、地基的液化等级，结合具体情况采取相应的措施。

12.5.2.1 初步判别

以地质年代、黏粒含量、地下水位及上覆非液化土层厚度等作为判断条件。饱和砂土或粉土（不含黄土），当符合下列条件之一时，可初步判别为不液化或可不考虑液化影响：

① 地质年代为第四纪晚更新世（Q_3）及其以前时，7、8度时可判为不液化；

② 粉土的黏粒（粒径小于0.005mm的颗粒）含量百分率，7度、8度和9度分别不小于10、13和16时，可判为不液化土；

③ 浅埋天然地基的建筑，当上覆非液化土层厚度和地下水位深度符合下列条件之一时，可不考虑液化影响：

$$d_u > d_0 + d_b - 2 \tag{12-15}$$

$$d_w > d_0 + d_b - 3 \tag{12-16}$$

$$d_u + d_w > 1.5d_0 + 2d_b - 4.5 \tag{12-17}$$

式中 d_w——地下水位深度，m，宜按设计基准期内年平均最高水位采用，也可按近期内年最高水位采用；

d_u——上覆非液化土层厚度，m，计算时宜将淤泥和淤泥质土层扣除；

d_b——基础埋置深度，m，不超过2m时应采用2m；

d_0——液化土特征深度，按表12-7采用。

表12-7 液化土特征深度取值 单位：m

饱和土类别	烈度		
	7度	8度	9度
粉土	6	7	8
砂土	7	8	9

12.5.2.2 标准贯入试验判别

当初步判别不能排除时，就有可能是液化地基，此时还需要进一步进行判别。应采用标准贯入试验判别法判别地面以下20m深度范围内土的液化；对于可不进行天然地基及基础的抗震承载力验算的各类建筑，可只判别地面下15m范围内土的液化。设饱和土标准贯入锤击数（未经杆长修正）N，则用N与临界值N_{cr}比较来确定是否会液化。液化条件为：

$$N \leqslant N_{cr} \tag{12-18}$$

在地面下20m深度范围内，液化判别标准贯入锤击数临界值：

$$N_{cr} = N_0\beta[\ln(0.6d_s + 1.5) - 0.1d_w]\sqrt{3/\rho_c} \tag{12-19}$$

式中 N_{cr}——液化判别标准贯入锤击数临界值；

N_0——液化判别标准贯入锤击数基准值，按表12-8采用；

β——调整系数，设计地震第一组取0.80，第二组取0.95，第三组取1.05；

d_s——饱和土标准贯入试验点深度，m；

d_w——地下水位深度，m；

ρ_c——黏粒含量百分率，当小于 3 或是砂土时，均应取 3。

表 12-8　液化判别标准贯入锤击数基准值

设计基本地震加速度(g)	0.10	0.15	0.20	0.30	0.40
液化判别标准贯入锤击数基准值	7	10	12	16	19

12.5.2.3　地基液化等级

地基的液化指数 I_{lE}按式（12-20）定义：

$$I_{lE}=\sum_{i=1}^{n}\left(1-\frac{N_i}{N_{cri}}\right)d_iW_i \tag{12-20}$$

式中　n——判别深度内每一个钻孔标准贯入试验点总数；

N_i、N_{cri}——i 点标准贯入锤击数的实测值和临界值，当实测值大于临界值时应取临界值；当只需要判别 15m 范围以内的液化时，15m 以下的实测值可按临界值采用；

d_i——第 i 点所代表的土层厚度，m，可采用与该标准贯入试验点相邻的上下两标准贯入试验点深度差的一半，但上界不高于地下水位深度，下界不深于液化深度；

W_i——第 i 层考虑单位土层厚度的层位影响权函数值（单位为 m^{-1}）。当该层中点深度不大于 5m 时应采用 10，等于 20m 时采用零值，5～20m 时应按线性内插法取值。

由液化指数，按表 12-9 确定地基的液化等级，相应的震害现象，见表 12-10。

表 12-9　液化等级

液化等级	轻微	中等	严重
液化指数 I_{lE}	$0\leqslant I_{lE}\leqslant 6$	$6<I_{lE}\leqslant 18$	$I_{lE}>18$

表 12-10　液化等级与相应的震害现象

液化等级	地面喷水冒砂情况	对建筑物的危害情况
轻微	地面无喷水冒砂，或仅在洼地、河边有零星的喷水冒砂点	危害性小，一般不致引起明显的震害
中等	喷水冒砂可能性大，从轻微到严重均有，多数属中等	危害性较大，可造成不均匀沉陷和开裂，有时不均匀沉陷可达 200mm
严重	一般喷水冒砂都很严重，地面变形很明显	危害性大，不均匀沉陷可能大于 200mm，高重心结构可能产生不允许的倾斜

12.5.3　液化地基的工程措施

抗液化措施应根据建筑的抗震设防类别、地基的液化等级，结合具体的工程情况综合确定。《建筑抗震设计规范（2016 年版）》（GB 50011—2010）要求：当液化砂土层、粉土层较平坦且均匀时，宜按表 12-11 选用抗液化措施；尚可计入上部荷载对液化危害的影响，根据液化震陷量的估计适当调整抗液化措施。不宜将未经处理的液化土层作为天然地基持力层。

表 12-11 抗液化措施

建筑抗震设防类别	地基液化等级		
	轻微	中等	严重
乙类	部分消除液化沉陷，或对基础和上部结构处理	全部消除液化沉陷，或部分消除液化沉陷且对基础和上部结构处理	全部消除液化沉陷
丙类	基础和上部结构处理，亦可不采取措施	基础和上部结构处理，或更高要求的措施	全部消除液化沉陷，或部分消除液化沉陷且对基础和上部结构处理
丁类	可不采取措施	可不采取措施	基础和上部结构处理，或其他经济的措施

12.5.3.1 全部消除地基液化沉陷的措施

全部消除地基液化沉陷可采用桩基、深基础、土层加密法、挖除全部液化土层等措施。

① 桩基——伸入液化深度以下稳定土层中的长度（不包括桩尖部分）应按计算确定，且对碎石土，砾，粗、中砂，坚硬黏性土和密实粉土尚不应小于 0.8m，对其他非岩石土尚不宜小于 1.5m。

② 深基础——基础底面应埋入液化深度以下的稳定土层中，其深度不应小于 0.5m。

③ 土层加密法（如振冲、振动加密、挤密碎石桩、强夯等）——应处理至液化深度下界，振冲和挤密碎石桩加固后，桩间土的标准贯入锤击数不宜小于液化判别标准贯入锤击数临界值。

④ 用非液化土替换全部液化土层，或增加上覆非液化土层的厚度。

⑤ 在采用加密法或换土法处理时，在基础边缘以外的处理宽度，应超过基础底面下处理深度的 1/2，且不小于基础宽度的 1/5。

12.5.3.2 部分消除地基液化沉陷的措施

全部消除液化沉陷，成本较高，对于重要性稍低的建筑物，可采用部分消除液化沉陷。部分消除地基液化沉陷的措施应符合下列要求：

① 处理深度应使处理后的地基液化指数减少，其值不宜大于 5；大面积筏基、箱基的中心区域，处理后的液化指数可比上述规定降低 1；对独立基础和条形基础，尚不应小于基础底面下液化土特征深度和基础宽度的较大值。中心区域指位于基础外边界以内沿长宽方向距外边界大于相应方向 1/4 长度的区域。

② 采用振冲和挤密碎石桩加固后，桩间土的标准贯入锤击数不宜小于液化判别标准贯入锤击数临界值。

③ 基础边缘以外的处理宽度，应超过基础底面下处理深度的 1/2，且不小于基础宽度的 1/5。

④ 采取减小液化震陷的其他方法，如增厚上覆非液化土层的厚度和改善周边的排水条件等。

12.5.3.3 减轻液化影响的基础和上部结构的处理措施

为减轻液化的影响，可对基础和上部结构进行处理，主要措施有：

① 选择合适的基础埋深。

② 调整基础底面积，减少基础偏心。

③ 加强基础的整体性和刚度，如采用箱基、筏基或钢筋混凝土交叉条形基础，加设基础圈梁等。

④ 减轻荷载，增强上部结构的整体刚度和均匀对称性，合理设置沉降缝，避免采用对不均匀沉降敏感的结构形式等。

⑤ 管道穿过建筑处应预留足够尺寸或采用柔性接头等。

思考题

12.1 如何区分岩石地基和土岩组合地基?

12.2 石芽密布并有出露的地基，在什么情况下可以不做地基处理?

12.3 膨胀土有何特征，如何判别其膨胀潜势?

12.4 影响膨胀土胀缩特性的内在因素是什么?

12.5 膨胀土地基的工程处理措施有哪些?

12.6 黄土产生湿陷的原因是什么?

12.7 湿陷性黄土地基的湿陷等级如何确定?

12.8 湿陷起始压力 p_{sh} 在工程上有何意义?

12.9 红黏土有何特性?

12.10 岩溶和土洞地基的工程措施有哪些?

12.11 地震中地基液化的表现形式是什么?

选择题

12.1 由于地表水的运动引起的冲蚀和潜蚀作用，在隐伏岩溶上的红黏土层常有（　　）,因而影响场地的稳定性。

A. 裂隙存在　　B. 滑坡存在　　C. 土洞存在　　D. 石芽存在

12.2 膨胀土系指土中黏粒成分主要由（　　）组成，同时具有显著的吸水膨胀和失水收缩两种变形特性的黏性土。

A. 原生矿物　　B. 次生矿物　　C. 非金属矿物　　D. 亲水性矿物

12.3 我国区域性特殊土的种类较多，其中西北地区主要分布的是（　　）。

A. 湿陷性黄土　　B. 多年冻土　　C. 膨胀土　　D. 红黏土

12.4 膨胀土的胀缩性可按（　　），将其膨胀潜势分为强、中等和弱三个类别。

A. 膨胀力　　B. 自由膨胀率　　C. 膨胀率　　D. 收缩系数

12.5 通常用（　　）把湿陷性黄土分为弱湿陷性黄土，中等湿陷性黄土和强湿陷性黄土三类。

A. 自重湿陷量　　B. 分级湿陷量　　C. 自重湿陷系数　　D. 湿陷系数

12.6 黄土地区地基事故的主要原因是在一定压力下，由于黄土（　　）而引起建筑物不均匀沉降所造成的。

A. 具有可溶盐类　　B. 具有大孔隙　　C. 湿陷　　D. 竖向节理发育

计算题

12.1 在某膨胀土地区拟修建一幢三层砖混住宅，基础埋深1m，地表以下1m的湿度系数为0.7，大气影响深度4m，场地土样的试验资料如表12-12所示：

表12-12 进场地土样的试验资料

取土点	取土深度/m	天然含水量 w/%	塑限 w_p/%	自由膨胀率 δ_{ef}/%	50kPa膨胀率 δ_{e50}/%	收缩系数 λ_s
1	1.0	33	32	60	0.50	0.40
2	2.0	28	28	70	3.60	0.70
3	3.0	23	26	75	2.50	0.75
4	4.0	26	26	85	2.10	0.85
5	5.0	25	28	60	1.30	0.90

要求：

（1）评价土层的膨胀潜势；

（2）计算地基的胀缩变形量；

（3）确定地基的胀缩等级。

12.2 关中地区某建筑场地，自重湿陷量的计算值Δ_{zs}=265mm，基础底面以下各土层的湿陷系数和土层厚度分别为：第一层土$\delta_{s1}=0.045$，$h_1=2$m；第二层土$\delta_{s2}=0.052$，$h_2=2$m；第三层土$\delta_{s3}=0.024$，$h_3=2$m；第四层土$\delta_{s4}=0.012$，$h_4=2$m；第五层土$\delta_{s5}=0.005$，$h_5=2$m。试判断该黄土地基的湿陷等级。

习题参考答案

第 1 章

选择题 1.1～1.10：A　D　B　A　D　C　A　D　B　C

第 2 章

选择题 2.1～2.8：B　D　A　C　D　B　C　A

计算题：

2.1　0.679mm/s

2.2　不会产生流砂

第 3 章

选择题 3.1～3.10：A　B　B　A　D　B　B　C　C　D

计算题：

3.1　$e=0.805$，$n=44.6\%$，$S_r=42.6\%$

3.2　8.7g

3.3　$\gamma=18.4\text{kN/m}^3$，$\gamma'=9.7\text{kN/m}^3$，$e=0.76$，粉质黏土、硬塑

3.4　中砂

3.5　略

第 4 章

选择题 4.1～4.15：B　C　C　B　C　B　A　B　B　A　D　B　D　C　A

计算题：

4.1　34kPa，106.2kPa，141.1kPa，160.3kPa

4.2　36.8kPa

4.3　184kPa

4.4　200.4kPa，99.6kPa

4.5　91.7kPa

4.6　109.6kPa

4.7　125kPa，96.5kPa；250kPa，131kPa

4.8　17.2kPa

4.9　79.4kPa

4.10　53.1kPa

第 5 章

选择题 5.1～5.10：A　B　A　D　C　A　B　A　B　C

计算题：

5.1　$a=1.1\text{MPa}^{-1}$，$E_s=1.82\text{MPa}$

5.2　$a=1.0\text{MPa}^{-1}$，$E_s=2.1\text{MPa}$

5.3　$E_s=8.5\text{MPa}$，$s=0.035\text{cm}$

5.4　s=155.9mm

5.5　51.4mm

5.6　91.9mm

5.7　U=60%

5.8　s=406.3mm

5.9　C_v=0.591cm^2/h，t_{90}=3.69a

5.10　C_v=0.170cm^2/h，t_{60}=17.3a

第6章

选择题6.1～6.14：C　C　A　C　D　D　A　A　A　D　A　A　B　D

计算题：

6.1（1）c=21kPa，φ=17.3°；（2）不会发生剪切破坏

6.2　574kPa

6.3　（1）75kPa，45°；（2）56°；（3）146.9kPa，69.5kPa

6.4　c=0，φ=26.6°；无黏性土

6.5　σ_3=240kPa>σ_{3f}=138kPa，故不会发生剪切破坏。也可用其他计算方法说明。

6.6　440kPa，45°

6.7　c=0，φ=30°

6.8　（1）p_{cr}=155.2kPa，$p_{1/4}$=214.6kPa；（2）p_{cr}=155.2kPa，$p_{1/4}$=186.5kPa

6.9　1087kPa

第7章

选择题7.1～7.10：A　C　B　A　A　C　C　D　D　B

计算题：

7.1　32.8kPa，95.6kN/m，距底边1.67m

7.2　120.4kN/m，距底边1.4m

7.3　43.3kN/m，距墙底1.34m

7.4　104.1kN/m

7.5　（1）73.78kN/m　（2）9008.9kN/m

7.6　91.1kN/m，距墙底1.67m，25°

7.7　K_t=3.18>1.6，K_s=1.24<1.3，不满足要求

第8章

选择题8.1～8.8：C　B　A　B　A　C　D　C

第9章

选择题9.1～9.12：C　D　D　B　C　A　C　B　C　D　B　C

计算题：

9.1　353.0kPa

9.2　170.3kPa

9.3　A≥7.65m^2，取基底尺寸为2.80m×2.80m，面积A=7.84m^2。

9.4　基底尺寸2.70m×1.80m，能满足持力层和软弱下卧层承载力。

9.5～9.10　无唯一解答（或不存在标准答案）。

第10章

选择题 10.1～10.9：D　C　B　D　D　B　C　A　C

计算题：

10.1　一般桩基 300kN，桩数为 3 根及以下的柱桩台 275kN

10.2　292kN

10.3　6 根桩

10.4　无唯一解答（或不存在标准答案）。

第 11 章

选择题 11.1～11.9：A　D　B　C　C　A　D　A　C

计算题：

11.1　1.7m，3.2m

11.2　6.44m

11.3　1.37m（梅花形布置），1.28m（正方形布置）

第 12 章

选择题 12.1～12.6：C　D　A　B　D　C

计算题：

12.1　（1）膨胀潜势中；（2）s＝127.9mm；（3）地基膨胀等级Ⅲ级

12.2　Δ_s＝351mm，地基湿陷等级Ⅱ级（中等）

参 考 文 献

[1] GB 50007—2011《建筑地基基础设计规范》.

[2] JGJ 94—2008《建筑桩基础技术规范》.

[3] GB 50010—2010《混凝土结构设计规范》(2015 年版).

[4] GB 50003—2011《砌体结构设计规范》.

[5] GB 50011—2010《建筑抗震设计规范》(2016 年版).

[6] GB 50021—2001《岩土工程勘察规范》(2009 年版).

[7] GB 50025—2004《湿陷性黄土地区建筑规范》.

[8] JGJ 167—2009《湿陷性黄土地区建筑基坑工程安全技术规程》.

[9] 孔军. 土力学与地基基础. 北京: 中国电力出版社, 2005.

[10] 李飞, 高向阳. 土力学. 北京: 中国水利水电出版社, 知识产权出版社, 2006.

[11] 侯兆霞, 刘中欣, 武春龙. 特殊土地基. 北京: 中国建材工业出版社, 2007.

[12] 刘辉, 赵晖. 基础工程. 北京: 人民交通出版社, 2008.

[13] 李章政. 弹性力学. 北京: 中国电力出版社, 2010.

[14] 李章政. 砌体结构. 北京: 化学工业出版社, 2015.

[15] 李章政, 陈妍如, 侯蕾. 材料力学. 武汉: 武汉理工大学出版社, 2016.

[16] 李章政. 土力学与基础工程. 第 2 版. 武汉: 武汉大学出版社, 2017.

[17] 李章政. 混凝土结构基本原理. 第 2 版. 武汉: 武汉大学出版社, 2017.

[18] 于景杰, 俞宾辉, 栾焕强. 建筑地基基础设计计算实例. 北京: 中国水利水电出版社, 知识产权出版社, 2008.

[19] 龚晓楠. 地基处理手册. 北京: 中国建筑工业出版社, 2008.

[20] 吴敏之. 软弱地基处理技术. 北京: 人民交通出版社, 2010.